物联网通信技术及实例

曾宪武　包淑萍　著

WULIANWANG TONGXIN JISHU
JI SHILI

化学工业出版社
·北京·

内容简介

本书主要围绕物联网高层和底层通信系统所涉及的技术展开，全面系统地介绍了物联网通信系统的构成及六大发展趋势，数据通信的基础理论和 IP 通信技术，正交频分复用、非正交多址和多天线技术，典型的 LPWA 技术和新出现的 6TiSCH 技术，窄带物联网技术及实例，机器对机器通信技术，5G 在车联网与工业 4.0 中的应用，物联网常用的通信协议等。

本书为从事物联网通信技术开发与应用的专业人士及其相关领域的专业人士提供了参考，也可作为物联网工程专业及相近专业的本科生与研究生的教材。

图书在版编目（CIP）数据

物联网通信技术及实例/曾宪武，包淑萍著. —北京：化学工业出版社，2023.8

ISBN 978-7-122-43468-5

Ⅰ. ①物… Ⅱ. ①曾… ②包… Ⅲ. ①物联网-通信技术-研究 Ⅳ. ①TP393.4②TP18

中国国家版本馆 CIP 数据核字（2023）第 084922 号

责任编辑：金林茹　　文字编辑：吴开亮　林　丹
责任校对：李　爽　　装帧设计：王晓宇

出版发行：化学工业出版社
（北京市东城区青年湖南街 13 号　邮政编码 100011）
印　　装：三河市延风印装有限公司
787mm×1092mm　1/16　印张 19¾　字数 503 千字
2024 年 3 月北京第 1 版第 1 次印刷

购书咨询：010-64518888
售后服务：010-64518899
网　　址：http://www.cip.com.cn
凡购买本书，如有缺损质量问题，本社销售中心负责调换。

定　　价：128.00 元　

前言
PREFACE

物联网是近几十年来发展起来的新兴信息技术，是计算机、通信、自动控制等学科高度交叉融合的产物。物联网发展至今，为社会、经济及人们日常生活提供了一系列新服务。物联网的应用几乎是无限的，它实现了网络世界与物理世界的无缝集成，扩展了人与人之间以及人或物与物之间的通信与信息交互。通信作为物联网有机联通的载体和信息交互的桥梁，在物联网技术发展中扮演着至关重要的角色。物联网在 5G 及新的通信技术的助力下将更加快速地发展。

从物联网层次与架构来看，物联网通信系统可以分为基于互联网的高层通信系统和通过网关与互联网汇集的底层通信系统。显然，高层通信系统是互联网，可以基于 IP 进行信息交互，因此可以将其看成一个全球性的 IP 通信基础设施；底层通信系统服务于物联网终端，而物联网终端是异构的，即其所具有的感知控制功能、所采用的通信方式与通信协议等均可以不同，一般来说，这些异构的物联网终端大都采用无线通信方式。

海量的物联网终端可以通过短距无线通信技术、低功耗广域无线通信技术或移动通信网将感知到的信息传送到互联网。由于物联网终端的异构性和资源的有限性，促使采用多种不同的通信技术来解决传送问题和路由问题，可以认为底层通信技术及其解决方案是物联网通信系统的核心，也是最复杂的。

本书主要介绍物联网通信的高层和底层通信系统所涉及的技术，共分 8 章。第 1 章主要讨论物联网通信系统的构成及六大发展趋势；第 2 章主要介绍数据通信所涉及的基础理论和数学工具、无线传输信道的特性和 IP 通信技术等；第 3 章主要介绍正交频分复用、非正交多址和多天线技术等；第 4 章主要讨论一些典型的 LPWA 技术和新出现的 6TiSCH 技术；第 5 章主要介绍窄带物联网（NB-IoT）技术与部署及应用于医疗看护的实例；第 6 章主要介绍机器对机器通信（M2M）技术；第 7 章重点介绍 5G 在车联网与工业 4.0 中的应用；第 8 章主要介绍应用协议、服务发现协议、基础设施协议等物联网常用的通信协议。

本书在写作过程中得到了北京科技大学王志良教授和北京物联网学会专家、青岛科技大学物联网工程教研室全体老师的大力协助，在此表示衷心的感谢！

由于物联网及其通信技术发展迅速，以及笔者的水平有限，书中难免有不当之处，敬请读者批评指正。

著者

目录

CONTENTS

第 1 章

概述

物联网是近几十年来发展起来的新兴信息技术，为社会、经济及人们日常生活提供了一系列新服务。物联网应用几乎是无限的，它实现了网络世界与物理世界的无缝集成[1]。物联网将物理实体与虚拟实体的“物”连接到互联网，以商定的协议进行交互，从而实现智能识别、定位、跟踪、监控和管理“物”的目标[2]。它是基于互联网的扩展，它扩展了人与人之间以及人（或物）与物之间的信息交互。作为物联网有机联通的载体和信息交互的桥梁，通信扮演着至关重要的角色。

1.1 物联网的定义、目标、特征、服务、架构和元素

物联网通信技术是服务于物联网的。物联网所提供的服务具有多样性，其提供的服务以信息的方式呈现给被服务者，这种多样性包括了各种异构的感知控制设备、各种通信方式、各种应用软件等物联网元素。

1.1.1 物联网定义及其目标

物联网作为一种新发展起来的信息技术，目前还没有一个公认的定义。但各个机构、学界从不同角度都给出了自己的定义、前景和目标。

例如，IoT（internet of things，物联网）、IoE（internet of everything，万物互联）、M2M（machine to machine，机器到机器）、CoT（cloud of things，物联云）、WoT（web of things，物联网络），是标准化机构（ITU、ETSI、IETF、OneM2M、OASIS、W3C、NIST 等）、联盟（IERC、IoT-i、IoT-SRA、MCMC、UK FISG 等）、项目（IoT-A、iCore、CASAGRAS、ETP EPoSS、CERP 等）、行业（例如 Cisco、IBM、Gartner、IDC、Bosch 等）采用的具有相同或不同含义的相关术语。

物联网被认为是从两个[3]或三个[4]主要方面来定义，即“面向互联网”“面向物”和“面向语义”的观点。

（1）面向互联网定义

根据面向互联网的观点，物联网被视为一种全球基础设施，可实现虚拟和物理对象之间的连接。ITU-T Y.2060 建议书将物联网定义为信息社会的全球基础设施，通过现有的和不断发展的可互操作的信息和通信技术互联物理的或虚拟的“物”来实现高级服务[5]。

ISO/IEC JTC 也给出了类似的定义，将物联网定义为互联的物的基础设施，是人、系统和信息资源以及智能服务，它们能够处理物理和虚拟世界的信息并做出反应[6]。

（2）面向物定义

面向物的观点将“物”视为“物理实体”或“虚拟实体”。Al-Fuqaha 等人[7]将物联网视为一种技术，使物理对象能够看到、听到、思考、共享信息、协调决策和执行工作。

在 IEEE 的特别报告中，物联网被定义为“物品网络——每个物品都嵌入了传感器——连接到互联网”。OASIS 使用类似的方法将物联网描述为“互联网通过无处不在的传感器连接到物理世界的系统”。与此观点相关的定义是 M2M。ETSI 将 M2M 定义为两个或更多实体之间的通信，这些实体不一定需要任何直接的人为干预。

（3）面向语义定义

“利用适当的建模解决方案，对物体进行描述，对物联网产生的数据进行推理，适应物联网需求的语义执行环境和架构、可扩展性存储和通信基础设施。”

面向语义的定义来源于 IPSO（IP for smart objects）联盟。根据 IPSO 的观点，IP 协议栈是一种高级协议，它连接大量的通信设施，在微小、电池供电的嵌入式设备上运行。面向语义的物联网理念产生于该事实：物联网的物体数量将极多，因此有关如何表征、存储、相互连接、搜索和组织物联网产生的信息将变得很有挑战性[8]。在这种情况下，语义技术将发挥重要作用。与物联网相关的更远的构想被称为“物网”（web of things），根据其定义的网络标准，被用于连接和整合到包含嵌入式设备或计算机的物品中。

（4）智能服务和应用

基于上述定义，可以将物联网定义为基于互联网的计算范例，它提供物理和虚拟对象之间的无缝连接，提供自适应功能配置和智能服务与应用。

1.1.2 物联网的主要特征与服务

物联网应该具有以下三个特征[9]。

① 综合感知　应用包括条码、RFID、传感器、语音与图像识别等技术在内的感知设备随时随地获取“物”的信息，并通过通信网络使人们能够与现实世界进行远程交互。

② 可靠的传输　通过各种通信技术及包含互联网在内的通信网络，可以随时获得物的信息。这里的通信技术包括各种有线和无线传输技术、交换技术、网络技术和网关技术。

③ 智能处理　将物联网所获取的数据以合理的方式进行智能处理，为人们及时提供所需的信息服务。智能处理可以以集中的方式在云计算中进行，也可以以分布的方式在雾计算中进行。

由于物联网定义的多样性，目前难以给出一种具有普适性的定义，因此需要考虑物联网的共性。文献[1]从服务的角度描述了物联网所具有的共性。这些共性为：

① 全球性的基础设施　物联网提供了全球性的基础设施。由于互联网为全球性的信息交互提供了强大而坚实的基础，因此，构建于互联网基础上的物联网也是全球性的基础设施。这些设施提供了比互联网更加广泛、更加多样、更加复杂的信息和服务。

② 无缝互联　物联网扩展了互联网的功能和特性，尤其是其提供的无缝互联。这种无缝互联体现在四个“any”上，即 anytime、anywhere、anyone 和 anything。这意味着人与人、人与物、物与物可以在任何时空维度上互联。

③ 异构性的、交互性的网络　物联网是一个异构性的、交互性的网络。异构性体现在许多方面和层次，如感知与执行设备的多样化、短距离通信技术的多样化、标准与协议的多

样化等均导致了物联网的异构性。

物联网不但提供获取信息的服务，而且可以依据所获取的信息进行决策，同时还需要将决策反馈到执行实体（这个实体可以是人、虚拟的实体或物理性执行机构），因此，物联网是交互性网络。这种交互性可以是一对一的、一对多的或多对多的。

④ 智能服务　物联网提供了基于辨识、感知、联网与处理功能的智能服务。目前物联网所应用的 RFID 技术是基于辨识的智能服务。无线传感器网络是集感知、联网与处理功能于一体的智能服务的范例。

⑤ 物理的与虚拟的"物"具有唯一的身份与地址　物联网之所以能够提供广泛的服务，其基本要求就是物联网中的物理的与虚拟的"物"应具有唯一的身份与地址。身份可以表示"物"的本体属性，而地址表示"物"的空间属性。虽然物联网中的"物"是信息的源和宿，但从时空的维度来看，"物"在时空空间中是唯一的，而表征这种唯一性的特征就是其身份与地址。

⑥ 具有智能接口的自配置的智能体　物联网中存在大量的智能体，这些智能体是具有存储与计算功能的实体，具有计算、通信和交互功能。智能体应根据服务需求的变化进行自我功能的配置，同时也有具有交互能力的智能接口以满足通信、交互等服务需求。

⑦ 开放的、可交互的标准　物联网的构建需要标准，这些标准应是开放的、可交互的。开放性可保证物联网持续演进，可交互性是提供物联网服务的必要条件。

⑧ 集成了多种新兴技术的堆栈　物联网是新兴的信息技术，也是多种新兴技术的有机组合体，各种新兴技术在物联网中的应用构成了多种新兴技术的堆栈。

1.1.3　物联网架构、元素

物联网应该能够通过包括互联网在内的通信网连接海量的异构对象，因此非常需要灵活的分层架构。

在已经提出的众多模型中，最基本的模型采用了三层架构[8,10-12]，包括应用层、网络层和感知层。在最近的文献中，提出了一些其他模型，它们为物联网架构增加了更多的抽象[3,13-15]。图 1.1 给出了物联网的一些常见的架构。图 1.1（d）所示架构采用了五层，下面简要地讨论这五个层次。

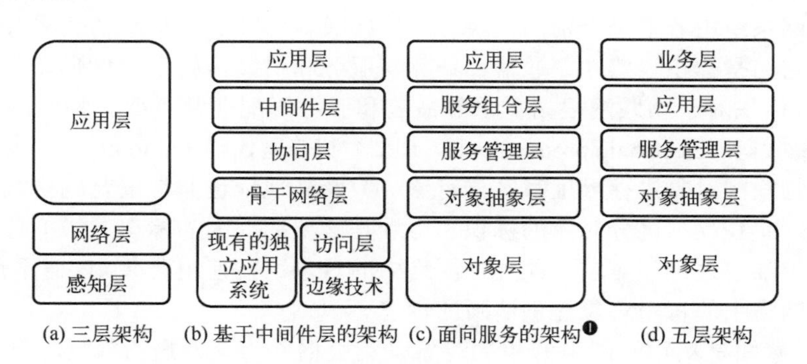

图 1.1　物联网架构[13-15]

① 对象层　物联网架构的第一层为对象（设备或感知）层，主要是获取并处理信息的

❶ 面向服务的架构，SOA，即 service-oriented architecture。

物理感知设备，包括传感器和执行器，它们执行不同的功能。对象（感知）层需要采用标准化的即插即用机制来配置异构对象。对象（感知）层通过通信信道将获取的信息数据数字化并传输到对象抽象层。该层将生成海量的物联网数据，这些数据具有“大数据”的特征，即容量大、种类多、存储速度快并具有较大的应用价值。

② 对象抽象层　对象抽象层是将对象（感知）层获取的数据通过短距离通信信道传送给服务管理层。可以通过诸如 RFID、蜂窝移动通信（2G/3G/4G/5G）、无线局域网、蓝牙、红外、无线传感器网络等技术将数据传送给服务管理层。云计算与边缘技术、数据管理与处理等功能也可以包括在对象抽象层。

③ 服务管理层　服务管理层或中间件层根据地址和名称将服务与对其的请求进行配对。该层使物联网应用能够应用异构对象，而无须考虑特定的硬件平台。此外，该层处理接收的数据、做出决策，并通过网络协议提供所需的服务。

④ 应用层　应用层为用户的服务请求提供服务。例如，服务层可以向用户提供其所处位置所需的各种参数等。该层对于物联网的重要性在于：它能够为用户提供高品质的智能服务以满足用户所需。应用层涵盖了许多应用领域，如智能家居、智能建筑、运输、工业自动化和智慧医疗等。

⑤ 业务层　业务层管理整个物联网系统的活动和服务。该层的职责是基于从应用层接收的数据构建业务模型和流程图等。它还应能设计、分析、实施、评估、监控和开发与物联网系统相关的元素。业务层使得支持基于大数据分析的决策流程成为可能。此外，该层实现了对对象层、对象抽象层、服务管理层、应用层四层的监视和管理。此外，该层将每层的输出与预期输出进行比较，以增强服务并维护用户的隐私。

三层架构模型不符合实际物联网环境，例如“网络层”未能涵盖所有将数据传输到物联网平台的基础技术。此外，三层架构模型旨在满足特定类型的通信媒介的需求，如无线传感器网络。更重要的是，这些层应该在资源受限的设备上运行，而在基于 SOA（面向服务）的架构中具有类似“服务组合”的层，需要相当多的时间和能量来与其他设备通信并集成所需服务。

在五层模型中，应用层是最终用户与物联网系统交互的接口。它还为业务层提供了一个界面，可以进行高级分析和生成报告。该层也处理访问应用层中数据的控制机制。因此，五层架构是物联网最适用的模型。

整个物联网系统由若干个类别的模块有机地构成。文献[7]将整个物联网系统分为了 6 个主要的元素，它们是标识、感知、通信、计算、服务和语义，如表 1.1 所示。

① 标识　标识对于物联网根据需求的命名和服务匹配非常重要。物联网有许多识别方法，如电子产品代码（electronic product code，EPC）和普适代码（ubiquitous code，uCode）[15]。此外，其对于物联网对象进行寻址时区分对象 ID 及其地址也非常重要。物联网对象的寻址方法包括 IPv6 和 IPv4。区分对象的标识和地址是必要的，因为标识方法不是全局唯一的，因此寻址有助于唯一地标识对象。此外，网络中的对象可能使用公共 IP 而不是私有 IP。标识方法用于为网络中的每个对象提供清晰的标志。

② 感知　感知是从物联网中的相关对象采集数据并将其发送给数据存储系统，同时分析所获取的数据，并根据服务所需进行特定的操作。物联网的传感器可以是智能传感器、执行器或可穿戴传感设备。

③ 通信　在物联网中，各种异构对象通过通信网络互联在一起，以此提供特定的智能服务。通常，物联网对象（节点）运行在复杂环境中，其通信链路是有噪、有损的，并应以低功耗运行。

④ 计算　具有处理和计算能力的微控制器、微处理器、SoC、FPGA 等硬件是物联网的重要元素。目前已开发了各种硬件平台来运行物联网应用，如 Arduino、UDOO、FriendlyARM、Intel Galileo、Raspberry Pi、.NET Gadgeteer、BeagleBone、Cubieboard、Z1、WiSense 和 Tmote-Sky[7]。

此外，许多软件平台用于提供物联网功能。在这些平台中，非常重要的软件是操作系统，它是整个计算系统运行的核心和基础。

云平台是物联网的另一个重要的计算部分。云平台为智能对象提供设施，以便将数据发送到云，实时处理大数据，并将大数据中提取的知识提供给用户。

⑤ 服务　物联网服务可分为四类[16]：身份相关服务（identity-related service）、信息聚合服务（information aggregation service）、协同感知服务（collaborative-aware service）和普适服务（ubiquitous service）。相比于其他服务类型，身份相关服务是最基本和最重要的服务。

⑥ 语义　物联网中的语义是指通过不同的机制智能地提取知识以提供用户所需服务的能力。知识提取包括发现和应用资源与建模信息。此外，它还包括识别和分析数据，以便用户了解提供准确服务的正确决策[17]。语义 Web 技术（如 resource description framework，RDF）和 Web 本体语言（web ontology language，OWL）支持物联网语义。2011 年起，W3C（world wide web consortium）采用了高效 XML 交换（efficient XML interchange，EXI）格式作为互联网架构的建议[18]。

表 1.1　物联网元素与常用技术

物联网元素		常用技术
标识	命名	EPC、uCode
	寻址	IPv4、IPv6
感知		智能传感器、可穿戴设备、传感设备、嵌入式传感器、RFID 标签
通信		RFID、NFC、UWB、蓝牙、IEEE 802.15.4、Wi-Fi、蜂窝移动
计算	硬件	智能体、Arduino、Phidgets、Intel Galileo、Raspberry Pi、.NET Gadgeteer、BeagleBone、Cubieboard、智能手机
	软件	OS（Contiki、TinyOS、LiteOS、RIOT OS、Android），云计算等
服务		身份相关服务（电子商务）、信息聚合服务（智能电网）、协同感知服务（智能家居）、普适服务（智慧城市）
语义		RDF、OWL、EXI

1.2　物联网通信系统的构成

从物联网的感知层、网络层和应用层的三层架构来看，构成物联网的通信系统可以分为基于互联网的高层通信系统和通过网关与互联网汇集的底层通信系统。显然，高层通信系统是互联网，可以基于 IP 通信协议传送信息，因此可以将其看成一个全球性的 IP 通信基础设施[19]。

1.2.1　各构成要素概述

物联网需要不同的无线通信网络、通信基础设施的支持[20-21]。在物联网中，各种通信标准、各层的相关协议、物联网网关集成在一起构建一个完整的系统[3-4]，系统的构成如图 1.2 所示。全球性互联网遵循 TCP/IP 和 IPv4/6 协议，并为高速有线和无线通信提供基础设施。

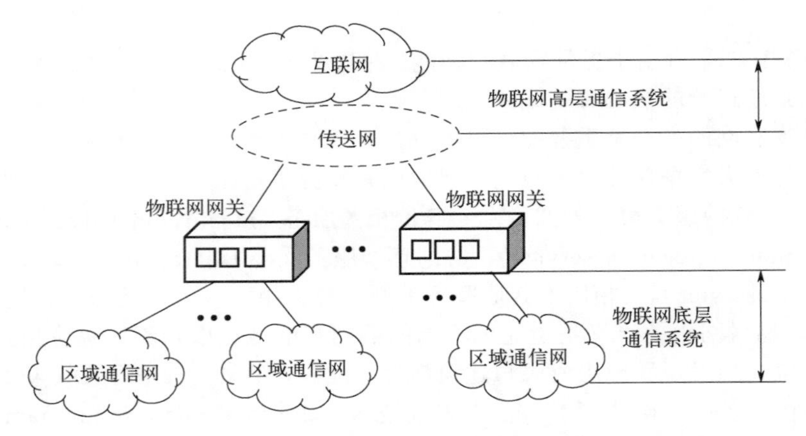

图 1.2 物联网通信系统的构成[21]

区域通信网是将各种物联网终端与物联网网关互联，然后通过网关与物联网高层通信系统互联，其特点是传输距离近，传输方式灵活，所采用的通信协议多样且复杂。若干个区域通信网构成了物联网底层通信系统。区域通信网主要的通信方式是短距离、低功率无线通信技术，是通信资源受限、能量资源受限的通信方式，包括了蓝牙、红外、无线传感器网络等在内的中短距离、低功耗无线通信技术。

物联网高层通信系统由传送网与互联网构成。互联网由各种诸如交换机、路由器和主机等网络设备构成。传送网由各种公众通信基础设施构成，主要包括公众固定网、公众移动通信网、公众数据网及其他专用网。目前的公众固定网、公众移动通信网、公众数据网主要有 PSTN（public switched telephone network，公众电话交换网）、3G/4G/5G 蜂窝移动通信系统、DDN（digital data network，数字数据网）、ATM（asynchronous transfer mode，异步传输模式）、FR（frame-relay，帧中继）等，它们为互联网提供了数据传送平台，是互联网的基础通信设施。互联网作为全球性的基础设施，为物联网提供了信息存储、信息传送、信息处理等各项基础服务，为物联网的综合应用层提供了信息承载平台，保障了物联网在各专业领域的应用。

1.2.2 对通信及安全的要求

（1）对通信的要求

从整体上来看，物联网的通信系统是一种典型的异构通信系统，但从应用的角度来看，它却是一种典型的基于 IP 的通信系统，因此需要从 IP 关心的物理层（PHY 层）、介质访问控制层（MAC 层）和网络层这三个层次对物联网通信提出要求，要特别关心物联网底层通信系统对这三个层次的要求。鉴于无线通信的灵活性、便捷性特点，物联网底层通信系统大多采用无线通信，而无线通信具有开放性使信号易截获，信道有时变性、衰落性与多径性等缺憾，因而必须满足 PHY 层、MAC 层和网络层的通信要求。

其中，无线技术的覆盖范围、数据传输速率和容量是 PHY 层的主要关注点；MAC 层通常涉及信道访问机制、冲突避免技术和引入的延迟。在网络层中，了解网络中的所有节点以确定发送方和接收方之间的“最快路由”始终是重要的。由于物联网终端受资源限制，因此满足成本、复杂性和功耗的要求是附加任务。表 1.2 列出了选择无线技术的完整通信要求。

表 1.2 通信要求

层	要求
PHY 层（物理层）	最大无线链路覆盖范围 包括衰减在内的最大耦合损耗 传输信号时的最大功率损耗 最大数据传输速率 各种流量模式下系统的容量 PHY 层安全性和相关方法
MAC 层（介质访问控制层）	介质访问所需的时间 处理紧急业务的方法
网络层	有关网络中所有节点的信息
所有这三层	设备功耗、成本和复杂性

（2）对安全的要求

真实性、机密性和完整性是物联网安全的重要组成部分。机密性是确保只有授权用户才能拥有无法被非授权用户窃听的数据的访问权限。完整性是系统在通信期间保护数据免受任何干扰的能力。真实性决定通信中涉及的节点和正在传输的数据都是合法的。如今，各种扩频技术和物理层安全（PLS）技术被用于避免数据泄露。将这些与 MAC 层中使用的加密算法集成在一起可提供更高的安全性。表 1.3 给出物联网的安全要求。

表 1.3 安全要求

层	要求
PHY 层（物理层）	安全的数据传播技术 PLS（物理层安全）技术
所有这三层	真实性、机密性和完整性

1.3 物联网通信技术的现状与发展

借助应用于物联网的多种通信技术，全球各种物联网终端连接数持续上升，产业物联网后来居上，已经成为我国乃至全球数字经济发展的强劲动力。

1.3.1 物联网产业发展现状及通信技术应用现状

全球移动通信系统协会（GSMA）统计数据显示，2010—2020 年全球物联网设备连接数量高速增长，复合增长率达 19%。2020 年，全球物联网设备连接数高达 126 亿个。GSMA 预测，2025 年全球物联网设备（包括蜂窝及非蜂窝）联网数将达到约 246 亿个。万物互联成为全球网络未来发展的重要方向[22]。

我国物联网连接数全球占比高达 30%，到 2025 年，预计我国物联网连接数将达到 80.1 亿个，年复合增长率 14.1%。截至 2020 年，我国物联网产业规模突破 1.7 万亿元，“十三五”期间物联网总体产业规模保持 20%的年均增长率[23]。

（1）低功耗的广域网目前仍然占据主导地位

2020 年整个物联网 90%的连接属于低功耗的广域网领域。万物互联趋势下，传统移动蜂窝网络的高使用成本和高功耗催生了专为物联网连接设计的低功耗广域连接技术，对应中低速率应用场景，拥有广覆盖、扩展性强等特征，更符合室外、大规模接入的物联网应用[22]。截至目前，NB-IoT 和 LoRa 的全球节点数都已经超过 2 亿个，而且被广泛应用于很多行业。

（2）近距离通信技术应用广泛

对于智能可穿戴设备、办公设备无线互联等应用场景，蓝牙、RFID 因成本低、技术成熟等特性而得到广泛应用。

（3）蜂窝物联网网络协同发展成为网络整合先行者[23]

蜂窝物联网网络是基于蜂窝移动通信技术的物联网网络，因应用场景不同，主要涵盖面向大部分低速率应用的窄带物联网（narrow band internet of things，NB-IoT）网络，面向中速率和语音应用的 LTE Cat1 网络，面向更高速率、更低时延应用的 5G 移动网络。2020 年 5 月，工信部印发了《关于深入推进移动物联网全面发展的通知》，与 2017 年《工业和信息化部办公厅关于全面推进移动物联网（NB-IoT）建设发展的通知》重点布局 NB-IoT 网络不同，新通知明确要求建立 NB-IoT、LTE Cat1、5G 协同发展的蜂窝物联网网络体系，蜂窝物联网的整合加速到来。

（4）IPv6 为物联网提供了新的助力[23]

① IPv6 助力物联网规模化发展。随着物联网向“万物互联”的演进，IP 地址的需求量也呈指数增长，传统 IPv4 地址资源耗尽的问题日益凸显，IPv6 与物联网融合探索成为必然趋势。一是 IPv6 拥有巨大的地址资源，可支持大约 3.4×10^{38} 个地址，完全可以满足物联网海量节点的标识需求，物联网设备无须像采用 IPv4 时通过平台进行转发，可以直接从网络进行访问。二是 IPv6 引入了探测节点移动的特殊方法，可以很好地支持移动性，满足物联网移动终端应用需求。三是 IPv6 支持基于传送数据特征的动态网络服务质量等级调整，可实现对物联网不同应用需求的服务质量的精细化控制。

② 物联网 IPv6 标准化持续推进。国际互联网工程任务组（the Internet Engineering Task Force，IETF）和国际电信联盟（International Telecommunication Union，ITU）等标准组织一直在研究制定物联网 IPv6 协议标准。ITU-T SG13 研究 IPv6 对下一代网络（next generation network，NGN）的影响，IETF 6LoWPAN（IPv6 over lowpower wireless personal area network）、RoLL（routing over low power and lossy networks）、CoRE（constrained restful environment）3 个工作组进行物联网 IPv6 网络方面的研究。其中 6LoWPAN 工作组主要研究如何将 IPv6 协议适配到低速率无线个域网 IEEE 802.15.4 MAC 层和 PHY 层协议栈上。RoLL 工作组主要研究低功耗网络中的路由协议，制定各个场景的路由需求以及传感器网络的路由协议。CoRE 工作组主要研究资源受限网络环境下的信息读取操控问题，旨在制定轻量级的应用层协议（constrained application protocol，CoAP）。

③ 我国物联网 IPv6 升级改造取得初步成果。物联网 IPv6 升级改造涉及多个层面，其中网络改造推进速度最快，云平台次之，物联网终端最慢。一是网络基础设施全面支持 IPv6。LTE 网络和固定网络 IPv6 升级改造全面完成，三大运营商完成了全国多地的 LTE 网络、城域网网络 IPv6 改造，骨干直联点实现 IPv6 互联互通，北京、上海、广州、郑州、成都等全部 13 个骨干网直联点完成了 IPv6 改造，IPv6 网络质量与 IPv4 基本相同。二是云平台的 IPv6 改造处于推进初期。阿里云、天翼云、腾讯云、沃云、华为云、移动云、百度云、京东云等已完成 IPv6 云主机、负载均衡、内容分发、域名解析、云桌面、对象存储、云数据库、应用程序接口（application programming interface，API）网关、Web 应用防火墙、分布式拒绝服务攻击（distributed denial of service，DDoS）高防、弹性入侵防御系统（intrusion prevention system，IPS）等公有云产品的 IPv6/IPv4 双栈化改造，公有云产品平均改造率超过 70%，但支持 IPv6 的云产品可用域的数量仍然偏少。三是部分物联网终端支持 IPv6。家庭网关和路由器方面，90%的设备可支持 IPv6，但 IPv6 管理功能较弱，均不支持查看用户信息；未来占比最大的产业物联网终端目前基本不支持 IPv6。

④ IPv6 应用于物联网仍面临诸多问题。一是 IPv6 存在应用适配技术问题。IPv6 在设计之初并未考虑物联网节点能耗及传输带宽等相关技术特性，应用于物联网还需要解决其报文过大、头部负载过重、MAC 地址过长、地址转换存在困难、报文泛滥、协议栈复杂、路由机制不适合等问题。二是物联网产品对 IPv6 支撑不足。当前物联网智能终端、物联网应用等支持 IPv6 管理的功能仍较弱。三是 IPv6 产业生态尚未建立。鉴于 IPv6 应用价值尚未显现，产业界对使用 IPv6 技术持观望的态度，很多仍继续使用传统的网络地址转换技术，部分企业独自在 IPv6 技术领域中摸索，产业生态难以短时间建立。

1.3.2 物联网通信技术的发展方向

目前就物联网通信技术而言，其发展主要集中在如下 6 个方向[24]。

（1）无源物联网

无源物联网，顾名思义，就是不接外部电源、不带电池。当然，所谓“无源”，并不是不用电，而是换了一种获取能量的方式。从进一步降低能耗与增加能量的获取两条技术路线出发，研究的主要方向有：基于 RFID/NFC 的无源 IoT、基于蓝牙的 IoT、基于 Wi-Fi 的无源 IoT、基于 LoRa 的无源 IoT、基于 5G 的无源 IoT 和从环境中获取能量的 IoT。无源是助推物联网连接数从百亿级迈向千亿级的关键。

（2）卫星物联网

目前，全球提供卫星物联网服务的企业已经有近百家，意在推出低轨物联网小卫星星座，为全球用户提供物联网服务。卫星物联网发展的关键取决于发射卫星成本的降低。由于高度集成化的硬件，使得卫星的尺寸更小、成本更低、功能更强大。发射技术的演进，尤其是一箭多星、可回收火箭、3D 打印发动机，使得发射成本不断降低。卫星物联网服务在价格上具备一定的竞争力。未来卫星物联网的连接数将在百万到千万的量级。另外，卫星与移动终端整合，将构成以陆基网络为核心、网随人动的统一网络基础设施[23]。

（3）5G R17 标准多项演进填补了速率、时延要求方面的空白

5G R17 标准即将冻结，新标准中有多项潜在的演进方向值得关注。其中，5G RedCap 无疑受到的关注度最高，其实质就是轻量级 5G。

从 5G 覆盖的业务场景来看：5G 定义了三大场景，eMBB 主要针对大带宽应用，URLLC 主要针对高可靠超低时延应用，而 mMTC 主要针对低速率、大连接的物联网应用。但其实这三者之外还存在一块空白的需求。例如，工业无线传感网：通信服务可靠性为 99.99%，端到端时延小于 100ms，参考带宽速率小于 2Mbit/s，并且设备大部分是静止的，电池至少能用几年。当然，对于安全类相关传感器，延迟要求达到 5～10ms。智慧城市视频监控：一些性价比较高的视频场景要求的带宽为 2～4Mbit/s，时延小于 500ms，可靠性在 99%～99.9%之间，高一级的视频则需要 7.5～25Mbit/s 的带宽。此类场景的业务模式以上行传输为主。可穿戴设备：智能可穿戴应用的参考带宽为下行 5～50Mbit/s，上行为 2～5Mbit/s，峰值速率下行最高 150Mbit/s、上行最高 50Mbit/s，设备的电池应能使用数天（最多 1～2 周）。很明显，这些用例的要求高于 NB-IoT，但低于 URLLC 和 eMBB。而 RedCap 可以填补这些空白，且可进一步降低成本。

另外，5G R17 还包括了 NB-IoT 和 eMTC 增强、IIoT 和 URLLC 增强、定位增强和非授

权频谱 NR 增强。

(4)5G 2C(5G to customer)的新突破

面向 5G，无论是需要大带宽的 VR/AR 应用，还是低时延的自动驾驶应用，或是大连接的抄表应用，5G 网络都能因地制宜地提供差异化的解决方案。这是由于 5G 提供了网络切片功能。在实际应用中，5G 网络切片可以发挥网络功能虚拟化、软件定义网络等技术，可以在理论上划分出更多虚拟网络。

此前，其实业界已经对 5G 2B 端的切片做了大量的探讨和实践，但是 2C 端的切片却往往被忽视。最近，5G 2C 领域迎来了两个非常大的突破：一个是展锐 5G 芯片的终端切片方案得到验证；另一个就是安卓 12 操作系统开始支持 5G 网络切片。相比于 2B 模式，5G 2C 的网络切片将带来以下几个方面变化：

第一，让普通公众真正感受到 5G 时代的到来。若 5G 手机支持切片功能，使用 5G 手机的用户就可以通过订购切片，享受专属的带宽、安全性、时延等网络服务。

第二，催生更多移动互联网业务和场景。如果 5G 网络切片在手机端真正成熟，我们就可以享受到许多颠覆性的体验。比如，做直播或者剪视频，可以充分借助网络切片的优势，开发体验更佳、形式更多、内容更丰富的业务和场景，形成 5G 时代新的移动互联网业态。

第三，增加运营商收入。随着 5G 的商用，5G 智能手机用户将大幅增加，未来数以亿计的用户都将是网络切片的潜在用户。5G 2C 的网络切片是分层分级的服务体系，提供分层分级的服务。

(5)下一代 Wi-Fi

Wi-Fi 一个特别重要的作用是能有效地分担移动通信网络的流量，大约 63%的移动通信流量是由 Wi-Fi 来分流。下一代 Wi-Fi 技术包含了两个分支，分别是对应高带宽设备（例如手机、电脑、电视）的 Wi-Fi 7，以及用于低功耗家庭物联网设备（例如各种智能电器和传感器）的 Wi-Fi HaLow。近期，Wi-Fi 联盟宣布开始对 Wi-Fi HaLow 进行认证。这项新功能支持在 sub-1GHz 频谱上进行远距离、低能耗的 Wi-Fi 传输，承诺穿墙范围超过 1km。该功能主要针对智能家居设备，从某种意义上来说，可以认为 LPWAN 低功耗广域网又增加了一个开始商用的新成员。

Wi-Fi 7 在 Wi-Fi 6 的基础上引入了多种新技术。具体来说，Wi-Fi 7 预计能够支持高达 30Gbit/s 的吞吐率，大约是 Wi-Fi 6 的 3 倍。随着 WLAN 技术的发展，家庭、企业等越来越依赖 Wi-Fi，而近年来出现的新型应用对吞吐率和时延要求也更高，比如 4K 和 8K 视频（传输速率可能会达到 20Gbit/s）、VR/AR、游戏（时延要求低于 5ms）、远程办公、在线视频会议和云计算等。虽然 Wi-Fi 6 已经重点关注了高密场景下的用户体验，然而面对上述更高要求的吞吐率和时延依旧无法完全满足需求。

此前，Wi-Fi 一直使用 2.4GHz 和 5GHz 频段部署。但随着 Wi-Fi 产业的快速发展，对无线电频谱资源的需求非常迫切。因此，正式商用推广的 Wi-Fi 6 增强版本 Wi-Fi 6E 就将 Wi-Fi 6 从原有 2.4GHz 和 5GHz 载波频段扩充到支持 6GHz 载波频段，Wi-Fi 7 也使用 6GHz 载波频段。目前，对于 6GHz（5925～7125MHz）频段，各国尚未给出明确的政策。我国尚未对 6GHz 给出明确的政策，似乎更加倾向于将该频段作为授权频段，供 5G、6G 移动通信使用。当前，我国 5G 发展全球领先优势已建立，通信管理部门也从频率高效使用和长远规划的角度出发，致力于为 5G 和未来 6G 技术寻求更多的 IMT 频率资源。

(6)超宽带技术(ultra wide band，UWB)

UWB 即超宽带通信，具有以下技术特点：

① 抗干扰性能强：UWB 采用跳时扩频信号，带宽在 1GHz 以上，可以轻松穿透多层室内墙体，并且其他窄带宽的通信系统（如蓝牙、对讲机、收音机等）对其不会干扰。

② 传输速率高：UWB 的数据传输速率可以达到每秒几十兆到几百兆比特，是蓝牙传输速率的几十倍，甚至百倍。

③ 发射功率小：UWB 系统发射功率非常小，小于 1mW 的发射功率就能实现通信，所以耗电量也非常小，这样就极大地延长了电源的续航时间。此外，发射功率越小，其电磁波辐射对人体的影响越小。

④ 定位精度高：UWB 采用超宽带无线通信，脉冲频率高，可在室内、地下精准定位，UWB 定位精度达到了厘米级。

2020 年 10 月，小米发布“一指连”技术，支持小米 UWB 技术的手机可以实现对智能设备的厘米级定位，指向任意智能设备都可直接定位，角度测量精度可达±3°，如同高精版“室内 GPS”。

2021 年 3 月，三星发布了 Galaxy SmartTag 追踪器，第二代产品除了支持低功耗蓝牙（BLE）之外，亦新增了对 UWB 的支持。

2021 年 4 月，苹果发布了“AirTag 智能追踪器”，当用户移动时，苹果的“精确查找”会借助 UWB 芯片精确测定用户与 AirTag 间的距离。

2021 年 5 月，OPPO 发布了专属于 OPPO Find X3 的系列配件——OPPO“一键联”手机壳套装。简单来说，这是一款支持 OPPO UWB 空间感知技术（超宽带技术）的手机配件，能用于智能家居。

据 ABI Research 预测，支持 UWB 的智能手机出货量将从 2019 年的 4200 万部以上增加到 2025 年的近 5.14 亿部，以用于解锁、无线支付等场景。手机是消费级产品控制的重要端口，随着 UWB 芯片价格的降低，将助推 UWB 整体解决方案成本的降低，因此 UWB 或许将进入大规模商用阶段，预计 UWB 应用将达到千万级规模。

本章小结

通信技术在物联网中扮演着至关重要的角色。从物联网的感知控制层、传输网络层和综合应用层的三层架构来看，构成物联网的通信系统可以分为两个基于互联网的高层通信系统和通过网关与互联网汇集的底层通信系统。显然，高层通信系统是互联网，可以基于 IP 传送信息，因此可以将其看成一个具有全球性的 IP 通信基础设施。

而底层通信系统则是一个异构的通信系统，该系统服务于感知控制设备（可称之为物联网终端），这些物联网终端是海量的，是面向应用领域的，因此这些海量的物联网终端是异构的，即其所具有的感知控制的功能可以不同，而且所采用的通信方式与通信协议也可以不同。一般来说，这些异构的物联网终端大都采用无线通信方式。

由数据通信发展起来的 IP 通信，构成了物联网高层通信系统的基石，即互联网，其承载并传送了由物联网终端感知的海量数据。大量的物联网终端通过短距无线通信技术、低功耗广域无线通信技术或移动通信网将感知到的信息传送到互联网。由于物联网终端的异构性和资源的有限性，促使采用多种不同的通信技术来解决传送问题和路由问题，因此出现了多种通信协议，包括应用、服务发现与基础设施协议，可以认为底层通信技术及其解决方案是构成物联网通信系统的核心，也是最为复杂的。

本章首先从物联网的定义、目标、特征、服务、架构和元素出发介绍并讨论了从多个视角给出的四个物联网定义，讨论了物联网的主要特征和服务；描述了物联网的架构、元素，物联网的元素包括标识、感知、通信、计算、服务和语义，其中通信是其元素中不可或缺的要素。其次，本章根据物联网的通信特点，给出了物联网通信系统的构成，从广义上讲，物联网与通信网一样，都应是全球性的信息基础设施，是基于IP通信所构建的信息服务基础网络，承担信息采集及应用的局部（或区域）网可认为是物联网通信网的底层通信系统，而实现全局（或全球）信息共享的网络可看作是物联网高层通信系统。物联网底层通信系统一般来说是一个异构的系统，因而对不同物理对象和应用，其构成、信息格式（或协议）、通信速率、传输方式也非常复杂，是构建物联网最为复杂的部分。由于无线通信具有不受地域限制的特点，因此，物联网底层通信系统大都采用无线通信进行信息传送。而物联网高层通信系统相对较为简单，它是在各种传送网基础上的 IP 通信网，采用统一的 IPv4/6 通信协议，可以以统一的信息格式（协议）实现全局（或全球）信息共享和应用。

物联网在 5G 及新的通信技术的助力下得到了快速的发展，所连接的物联网终端将在 2025 年达到 246 亿个。万物互联成为全球网络未来发展的重要方向。

低功耗的广域网目前仍然占据物联网通信的主导地位，蜂窝物联网成为网络整合者，IPv6 为物联网提供了新的助力。

参考文献

[1] Colakovic A，Hadžialic M. Internet of things（IoT）：A review of enabling technologies，challenges，and open research issues［J］. Computer Networks，2018，144：17-39（https:// doi.org/10.1016/j.comnet.2018.07.017）.

[2] Stankovic J A. Research directions for the Internet of things［J］. IEEE Internet of Things J.，2014，1（1（Feb.））：3-9.

[3] Atzori L，Iera A，Morabito G. The Internet of things：A survey［J］. Comput. Netw.，2010，54（15（October））：2787-2805.

[4] Gubbi J，Buyya R，Marusic，et al. Internet of things（IoT）：A vision，architectural elements，and future directions［J］. Future Gener. Comput. Syst.，2013，29（7）：1645-1660.

[5] Global information infrastructure，Internet protocol aspects and next-generation networks，next generation networks-frameworks and functional architecture models：Overview of the Internet of things［D］. ITU-T Recommendation Y. 2060 Series Y，2012.

[6] Internet of things（IoT）［R］. ISO/IEC JTC 1 Information Technology，2014 Preliminary Report.

[7] Al-Fuqaha A，Guizani M H，Mohammadi M，et al. Internet of things：A survey on enabling technologies，protocols，and applications［J］. IEEE Commun. Surv. and Tutorials，2015，17（4（June））：2347-2376.

[8] 曾宪武，包淑萍. 物联网导论［M］. 北京：电子工业出版社，2016.

[9] Liu T，Lu D. The application and development of IoT［J］. Proc. Int. Symp. Inf. Technol. Med. Educ.（ITME），2012，2：991-994.

[10] Khan R，Khan S U，Zaheer R，et al. Future Internet：The Internet of things architecture，possible applications and key challenges［C］. Proc. 10th Int. Conf. FIT，2012：257-260.

[11] Yang Z，Yue Y，Yu Y，et al. Study and application on the architecture and key technologies for IoT［C］. Proc. ICMT，2011：747-751.

[12] Miao W，Lu T J，Ling F Y，et al. Research on the architecture of Internet of things［C］. Proc. 3rd ICACTE，2010：V5-484-V5-487.

[13] Tan L，Wang N. Future Internet：The Internet of things［C］. Proc. 3rd ICACTE，2010：V5-376-V5-380.

[14] Chaqfeh M A，Mohamed N．Challenges in middleware solutions for the Internet of things [C]．Proc．Int．Conf．CTS，2012：21-26.

[15] Koshizuka N，Sakamura K．Ubiquitous ID：Standards for ubiquitous computing and the Internet of things [J]．IEEE Pervasive Comput.，2010，9（4）：98-101.

[16] Gigli M，Koo S．Internet of things：Services and applications categorization [J]．Adv．Internet Things，2011，1（2）：27-31.

[17] Barnaghi P，Wang W，Henson C，et al．Semantics for the Internet of things：Early progress and back to the future [J]．Proc．IJSWIS，2012，8（1）：1-21.

[18] Kamiya T，Schneider J．Efficient XML Interchange（EXI）Format 1.0 [R]．World wide web consortium，Cambridge，MA，USA，Recommend．REC-Exi-20110310，2011.

[19] 曾宪武，包淑萍．物联网与智能电网关键技术 [M]．北京：化学工业出版社，2020.

[20] Bhoyar P，Sahare P，Dhok S B，et al．Communication technologies and security challenges for Internet of things：A comprehensive review [J]．Int．J．Electron．Commun.（AEÜ），2019，99：81-99（https://doi.org/10.1016/j.aeue.2018.11.031）.

[21] Liu Y，Zhou G．Key technologies and applications of Internet of things [C]．2012 Fifth International Conference on Intelligent Computation Technology and Automation（ICICTA），IEEE，2012：197-200.

[22] https://www.iot101.com/mobile/news/1401.html.

[23] 陈敏，关欣，等．中国信通院物联网白皮书（2020 年）[R]．https：//baijiahao.baidu.com/s?id= 1687289523742182420&wfr=spider&for=pc.

[24] 王苏静．2022 年物联网通信技术六大风向 [R]．https://iot.ofweek.com/2021-12/ART-132216-8500-30540154.html.

第 2 章

数据通信与 IP 通信技术

物联网中的信息是以数据形式存在的[1]，这些信息一般通过数据通信的方式进行传送。数据通信一般由数据收发终端设备、传输设备和信道构成。对于物联网底层通信系统而言，其传输信道一般采用无线信道；而物联网高层通信系统一般由各种传送网构成的数据通信网构成。

物联网底层通信系统由于所面对的物理对象不同，应用目标不同，其数据通信中所承载信息的格式、协议也是不同的，这种异构性导致了物联网底层通信系统的复杂性，这种复杂性包括了调制方式、信道共享及复用方式、编码与差错控制、协议与路由等。相对而言，物联网高层通信系统相对简单，借助数据通信网以相对统一的 IPv4/6 协议进行数据传送、共享与应用。

2.1 数字传输基础

物联网通信系统是典型的数据通信系统，而数据都是以数字信号的形式来表达，所以有必要介绍一些数字传输系统的基础和分析工具。

在物联网通信系统中，无线通信通常占据了非常大的比例，底层物联网通信系统采用了各种无线通信技术。

无线传输的研究在很大程度上是研究二进制数字信号（通常称为基带信号）到调制射频信号[2]发射机中的信号转换，调制信号从发射机穿过大气层，信号被噪声和其他不需要的信号破坏，接收机接收该破坏信号，并尽可能恢复原始基带信号。为了分析这样的传输，有必要对时间、频率、概率、基带信号、调制射频信号、噪声和被噪声破坏的信号进行数学描述。本节简要介绍频谱分析与相关的统计方法。

频谱分析将在频域中刻画信号，并提供频域和时域间的关系。噪声和传播异常是导致完整恢复信号不确定性的随机因素，因此无法确定是否恢复信号。然而，采用统计方法，可以根据出错的概率来计算恢复的基带信号的保真度。

[1] 本书中有时将数据信号也称为数字信号，这两者间有不同含义，为方便起见，对具体含义不做区分，认为数据信息/信号与数字信息/信号是相同的。

[2] 射频信号是指高频无线信号。

2.1.1 非周期函数的谱分析

时间上的非周期函数是随时间不重复的函数。数字通信系统传输的二进制数据流通常是非周期函数流，脉冲由等概率的 1 或 0 构成，与流中其他脉冲的值无关。因此，非周期函数的频谱特性分析是数字传输的重要组成部分。

（1）傅里叶变换

一个非周期波形，如 $v(t)$，可以通过以下关系根据其频率特性来表示

$$v(t)=\int_{-\infty}^{\infty}V(f)\mathrm{e}^{\mathrm{j}2\pi ft}\mathrm{d}f \tag{2.1}$$

因子 $V(f)$ 是幅度谱密度或 $v(t)$ 的傅里叶变换[1]。由下式给出

$$V(f)=\int_{-\infty}^{\infty}v(t)\mathrm{e}^{-\mathrm{j}2\pi ft}\mathrm{d}t \tag{2.2}$$

因为 $V(f)$ 从 $-\infty$ 到 $+\infty$，即它存在于零频率轴的两侧，所以称为双边谱。

① 矩形脉冲及其傅里叶变换　考虑图 2.1（a）所示的脉冲 $v(t)$，幅度为 V，从 $t=-\tau/2$ 到 $t=\tau/2$。其傅里叶变换 $V(f)$ 由下式给出

$$V(f)=\int_{-\tau/2}^{\tau/2}V\mathrm{e}^{-\mathrm{j}2\pi ft}\mathrm{d}t=-\frac{V}{\mathrm{j}2\pi f}\left(\mathrm{e}^{-\mathrm{j}2\pi f\tau/2}-\mathrm{e}^{\mathrm{j}2\pi f\tau/2}\right)=V\tau\frac{\sin(\pi f\tau)}{\pi f\tau} \tag{2.3}$$

$\sin x/x$ 形式被称为采样函数 $Sa(x)$。$V(f)$ 的曲线如图 2.1（b）所示。可以看出，它是一个连续函数。这是所有非周期信号频谱的共同特征。我们还注意到它在 $\pm1/\tau,\pm2/\tau,\cdots$ 处有零点。

② 单位冲击脉冲　单位冲击脉冲的傅里叶变换 $V(f)$ 非常有用。根据定义，除了时间 $t=0$ 外，脉冲 $\delta(t)$ 的值为零，单位冲击脉冲具有以下性质

$$\int_{-\infty}^{\infty}\delta(t)\mathrm{d}t=1 \tag{2.4}$$

于是

$$V(f)=\int_{-\infty}^{\infty}\delta(t)\mathrm{e}^{-\mathrm{j}2\pi ft}\mathrm{d}t=1 \tag{2.5}$$

式（2.5）表明脉冲 $\delta(t)$ 的频谱具有恒定的幅度和相位，并且从 $-\infty$ 延伸到 $+\infty$。

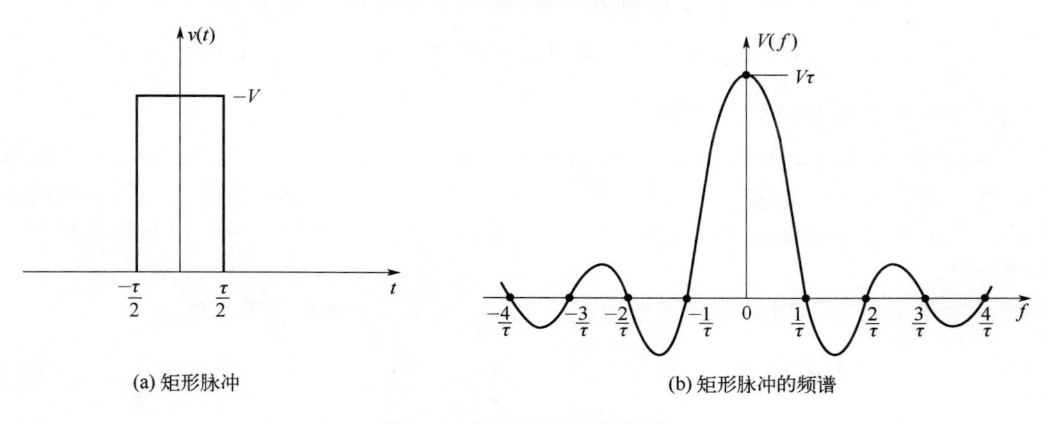

图 2.1　矩形脉冲及其频谱

③ 调制信号的傅里叶变换　非常重要的傅里叶变换的一个例子是分析当信号 $m(t)$ 与其傅里叶变换 $M(f)$ 和频率为 f_c 的正弦信号相乘时所产生的频域结果，即调制信号的频谱。在时域中，调制信号由下式给出

$$v(t)=m(t)\cos\left(2\pi f_c t\right)=m(t)\left[\frac{e^{j2\pi f_c t}+e^{-j2\pi f_c t}}{2}\right] \tag{2.6}$$

因此其傅里叶变换为

$$V(f)=\frac{1}{2}\int_{-\infty}^{\infty}m(t)e^{-j2\pi\left(f+f_c\right)t}dt+\frac{1}{2}\int_{-\infty}^{\infty}m(t)e^{-j2\pi\left(f-f_c\right)t}dt \tag{2.7}$$

由于

$$M(f)=\int_{-\infty}^{\infty}m(t)e^{-j2\pi ft}dt \tag{2.8}$$

因此

$$V(f)=\frac{1}{2}M\left(f+f_c\right)+\frac{1}{2}M\left(f-f_c\right) \tag{2.9}$$

幅度谱 $\left|M\left(f\right)\right|$，频带限制在 $-f_m$ 到 $+f_m$ 范围内，如图 2.2（a）所示。图 2.2（b）给出了 $\left|V(f)\right|$ 的相应幅度谱。

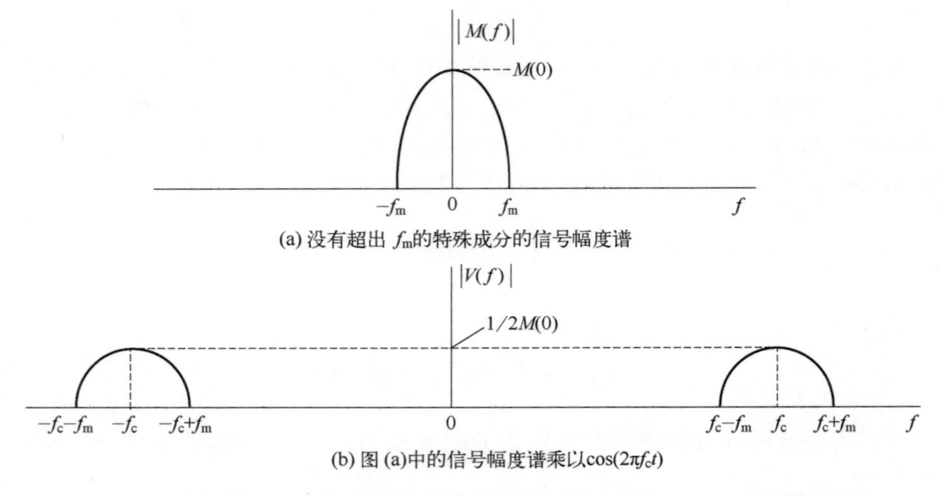

(a) 没有超出 f_m的特殊成分的信号幅度谱

(b) 图 (a)中的信号幅度谱乘以$\cos(2\pi f_c t)$

图 2.2　没有超出 f_m 的特殊成分的信号幅度谱及乘以 $\cos(2\pi f_c t)$ 的幅度谱

（2）离散与逆离散傅里叶变换

离散傅里叶变换（discrete Fourier transform，DFT）与傅里叶变换一样，将信号从时域变换到频域。离散傅里叶变换的输入是离散的，并且其非零值的持续时间是有限的持续时间。由于其输入函数是实数或复数的有限级数，因此 DFT 广泛用于信号处理中以分析采样信号中包含的频率。

将 N 个复 $x_0,\cdots,x_{N-1}$ 时域序列变换为 N 个复 $X_0,\cdots,X_{N-1}$ 频域序列的过程为

$$X_k=\sum_{n=0}^{N-1}x_n e^{-j\frac{2\pi kn}{N}},\quad k=0,\cdots,N-1 \tag{2.10}$$

逆离散傅里叶变换（inverse discrete Fourier transform，IDFT）将信号从频域变换到时域，

由下式给出

$$x_n = \sum_{k=0}^{N-1} X_k \mathrm{e}^{\mathrm{j}\frac{2\pi kn}{N}}, \quad n = 0, \cdots, N-1 \tag{2.11}$$

DFT 从时域样本的有限序列 x_n 计算 X_k，而 IDFT 从正弦分量的有限序列 X_k 计算 x_n。

（3）线性系统响应

线性系统是这样一种系统：在频域中，给定频率的输出幅度与该频率的输入幅度具有固定的比，并且该频率的输出相位与该频率的输入相位具有固定的差，与输入信号的绝对值无关。这样的系统可以通过复传递函数 $H(f)$ 来描述，即

$$H(f) = |H(f)| \mathrm{e}^{-\mathrm{j}\theta(2\pi f)} \tag{2.12}$$

其中，$|H(f)|$ 表示绝对幅度特性，$\theta(2\pi f)$ 表示 $H(f)$ 的相位特性。

考虑一个具有复传递函数 $H(f)$ 的线性系统，如图 2.3 所示，其输入信号为 $v_{\mathrm{i}}(t)$、输出信号为 $v_{\mathrm{o}}(t)$，相应的幅度谱密度为 $V_{\mathrm{i}}(f)$ 和 $V_{\mathrm{o}}(f)$。经过系统传递后，$V_{\mathrm{i}}(f)$ 将变为 $V_{\mathrm{i}}(f)H(f)$。于是

$$V_{\mathrm{o}}(f) = V_{\mathrm{i}}(f) H(f) \tag{2.13}$$

并且

$$v_{\mathrm{o}}(t) = \int_{-\infty}^{\infty} V_{\mathrm{i}}(f) H(f) \mathrm{e}^{\mathrm{j}2\pi ft} \mathrm{d}f \tag{2.14}$$

对于输入是单位冲激脉冲函数的情况，根据式（2.5），$V_{\mathrm{i}}(f) = 1$，并且

$$V_{\mathrm{o}}(f) = H(f) \tag{2.15}$$

因此，线性系统对单位冲击脉冲函数的输出响应是系统的传递函数。

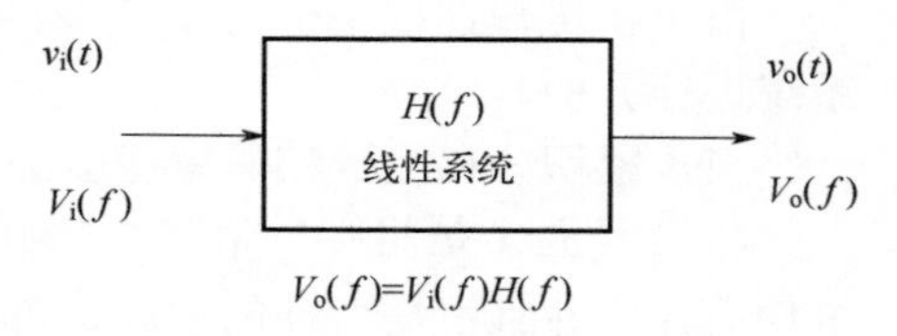

图 2.3　经过线性系统的信号传输

（4）能量和功率

在考虑通信系统中的能量和功率时，为方便起见，通常可以假设能量消耗在一个 1Ω 的电阻器上。在此假设下，我们将能量称为归一化能量，将功率称为归一化功率。可以证明，具有傅里叶变换 $V(f)$ 的非周期信号 $v(t)$ 的归一化能量 E 为

$$E = \int_{-\infty}^{\infty} [v(t)]^2 \,\mathrm{d}t = \int_{-\infty}^{\infty} |V(f)|^2 \,\mathrm{d}f \tag{2.16}$$

上述关系称为 Parseval 定理。如果需要实际能量，则只需将 E 除以 R。

信号的能量密度 $D_{\mathrm{e}}(f)$ 是 $\mathrm{d}E(f)/\mathrm{d}f$ 的因子。因此，对式（2.16）的右边进行微分，有

$$D_{\mathrm{e}}(f) = \frac{\mathrm{d}E(f)}{\mathrm{d}f} = |V(f)|^2 \tag{2.17}$$

对于单脉冲等非周期函数，归一化能量是有限的，但功率（即每单位时间的能量）接近零。因此，在这种情况下，功率有时是无意义的。然而，一系列二进制非周期性脉冲串确实具有有意义的平均归一化功率。功率 P 等于每个脉冲的归一化能量 E 乘以每秒脉冲数 f_{s}，即

$$P = Ef_{\mathrm{s}} \tag{2.18}$$

如果每个脉冲的持续时间为τ，则$f_s = 1/\tau$。将这个关系和式（2.16）代入式（2.18），得到

$$P = \frac{1}{\tau}\int_{-\infty}^{\infty}\left|V(f)\right|^2 \mathrm{d}f \tag{2.19}$$

信号的功率谱密度（power spectral density，PSD）$G(f)$是$\mathrm{d}P(f)/\mathrm{d}f$的因子。因此，对式（2.19）的右侧进行微分，有

$$G(f) = \frac{\mathrm{d}P(f)}{\mathrm{d}f} = \frac{1}{\tau}\left|V(f)\right|^2 \tag{2.20}$$

为了确定线性传递函数$H(f)$对归一化功率的影响，将式（2.13）代入式（2.19）。线性系统输出处的归一化功率P_o为

$$P_o = \frac{1}{\tau}\int_{-\infty}^{\infty}\left|H(f)\right|^2\left|V_i(f)\right|^2 \mathrm{d}f \tag{2.21}$$

此外，由式（2.13），我们有

$$\frac{\left|V_o(f)\right|^2}{\tau} = \frac{\left|V_i(f)\right|^2}{\tau}\left|H(f)\right|^2 \tag{2.22}$$

将式（2.20）代入式（2.22），我们得到线性系统输出端的功率谱密度$G_o(f)$与输入端的功率谱密度$G_i(f)$的关系为

$$G_o(f) = G_i(f)\left|H(f)\right|^2 \tag{2.23}$$

2.1.2 统计法

由于在传输过程中引入噪声和其他因素会导致不确定性，因此需要运用统计法对信号和系统进行分析。

（1）累积分布函数和概率密度函数

随机变量X是将唯一值$X(\lambda_i)$与随机事件各个结果λ_i相关联的函数。随机变量的值会因事件而异，并且根据事件的性质，可以是离散的或连续的。

随机变量的两个重要函数是累积分布函数（cumulative distribution function，CDF或cdf）和概率密度函数（probability density function，PDF或pdf）。

随机变量X的累积分布函数$F(x)$为

$$F(x) = P\left[X(\lambda) \leqslant x\right] \tag{2.24}$$

式中，$P[X(\lambda) \leqslant x]$为随机变量$X$取值$X(\lambda)$小于或等于量$x$的概率。

累积分布函数$F(x)$具有以下性质：

① $0 \leqslant F(x) \leqslant 1$；

② $F(x_1) \leqslant F(x_2)$，如果$x_1 \leqslant x_2$；

③ $F(-\infty) = 0$；

④ $F(+\infty) = 1$。

随机变量X的概率密度函数$f(x)$是$F(x)$的导数，因此由下式给出

$$f(x) = \frac{\mathrm{d}F(x)}{\mathrm{d}x} \tag{2.25}$$

概率密度函数$f(x)$具有以下性质：

① 对于所有 x，$f(x)\geqslant 0$；

② $\int_{-\infty}^{\infty} f(x)\mathrm{d}x = 1$。

另外，由式（2.24）与式（2.25），我们有

$$F(x)=\int_{-\infty}^{x} f(z)\mathrm{d}z \tag{2.26}$$

积分中的函数未表示为 x 的函数，因为根据式（2.24），x 在此处定义为固定量。它被表示为任意变量 z 的函数，其中 z 与 x 具有相同的维度，$f(z)$ 与 $f(x)$ 是相同的。

（2）均值、均方值与随机变量的方差

随机变量 X 的平均值或均值 m，也称为 X 的期望值，用 $\bar{X}$ 或 $E(X)$ 表示。对于离散随机变量 X_{d}，n 是值 $x_1,\cdots,x_n$ 的可能结果的总数，结果的概率为 $P\left(x_1\right),\cdots,P\left(x_n\right)$，则

$$m=\bar{X}_{\mathrm{d}}=E\left(X_{\mathrm{d}}\right)=\sum_{i=1}^{n} x_i P\left(x_i\right) \tag{2.27}$$

对于连续随机变量 X_{c}，其 PDF 为 $f(x)$，则

$$m=\bar{X}_{\mathrm{c}}=E\left(X_{\mathrm{c}}\right)=\int_{-\infty}^{\infty} x f(x)\mathrm{d}x \tag{2.28}$$

并且，均方值 $\bar{X}_{\mathrm{c}}^2$ 或 $E\left(X_{\mathrm{c}}^2\right)$ 为

$$\bar{X}_{\mathrm{c}}^2=E\left(X_{\mathrm{c}}^2\right)=\int_{-\infty}^{\infty} x^2 f(x)\mathrm{d}x \tag{2.29}$$

图 2.4 所示为任意一个连续随机变量的 PDF，有助于评估连续随机变量在其均值 m 附近的分布。该数字是 $X-m$ 的均方根（rms）值，称为 X 的标准偏差 σ。

标准差 σ 的平方称为 X 的方差，由下式给出

$$\sigma^2=E\left[(X-m)^2\right]=\int_{-\infty}^{\infty}(x-m)^2 f(x)\mathrm{d}x \tag{2.30}$$

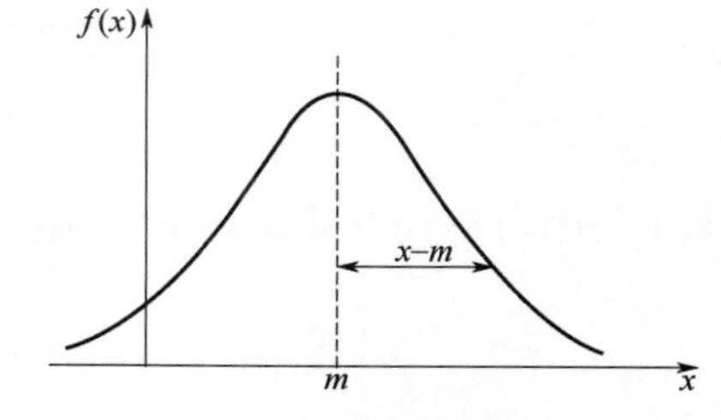

图 2.4　连续随机变量的概率分布函数（PDF）

方差 σ^2 和均方值 $E\left(X^2\right)$ 间的关系由下式给出

$$\begin{aligned}\sigma^2&=E\left[(X-m)^2\right]=E\left[X^2-2mX+m^2\right]\\&=E\left(X^2\right)-2mE(X)+m^2=E\left(X^2\right)-m^2\end{aligned} \tag{2.31}$$

我们注意到，对于平均值 $m=0$，方差 $\sigma^2=E\left(X^2\right)$。

（3）高斯概率密度函数

高斯概率密度函数（有时称为正态 PDF）常用于描述热噪声。热噪声是大气中电子、电阻器、晶体管等热运动的结果，在通信系统中是不可避免的。高斯概率密度函数 $f(x)$ 为

$$f(x)=\frac{1}{\sqrt{2\pi\sigma^2}}\mathrm{e}^{-(x-m)^2/\left(2\sigma^2\right)} \tag{2.32}$$

式中，m 为均值；σ 为方差。当 $m=0$ 及 $\sigma=1$ 时，得到归一化的高斯概率密度函数。高斯 PDF 如图 2.5（a）所示。

相应的高斯 PDF 的 CDF 由下式给出

$$F(x)=P\left[X(\lambda)\leqslant x\right]=\int_{-\infty}^{x}\frac{1}{\sqrt{2\pi\sigma^2}}\mathrm{e}^{-(z-m)^2/(2\sigma^2)}\mathrm{d}z \tag{2.33}$$

当 $m=0$ 时，所得到的归一化的高斯累积分布函数为

$$F(x)=\int_{-\infty}^{x}\frac{1}{\sqrt{2\pi\sigma^2}}\mathrm{e}^{-z^2/(2\sigma^2)}\mathrm{d}z \tag{2.34}$$

高斯累积分布函数如图 2.5（b）所示。在实际中，由于式（2.34）中的积分不容易得到，因此通常通过将其与误差函数联系起来进行计算。v 的误差函数定义为

$$\mathrm{erf}(v)=\frac{2}{\sqrt{\pi}}\int_0^v \mathrm{e}^{-u^2}\mathrm{d}u \tag{2.35}$$

并可证明 $\mathrm{erf}(0)=0$ 和 $\mathrm{erf}(\infty)=1$。

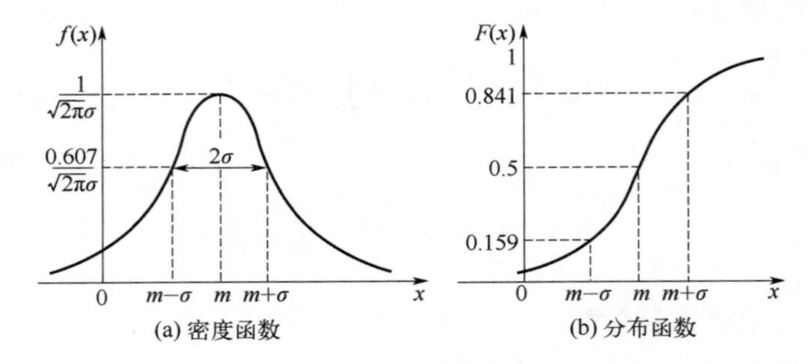

图 2.5　高斯随机变量

函数 $1-\mathrm{erf}(v)$ 称为互补误差函数 $\mathrm{erfc}(v)$。注意 $\int_0^v=\int_0^\infty-\int_v^\infty$，有

$$\begin{aligned}\mathrm{erfc}(v)&=1-\mathrm{erf}(v)=1-\left[\frac{2}{\sqrt{\pi}}\int_0^\infty \mathrm{e}^{-u^2}\mathrm{d}u-\frac{2}{\sqrt{\pi}}\int_v^\infty \mathrm{e}^{-u^2}\mathrm{d}u\right]\\&=1-\left[\mathrm{erf}(\infty)-\frac{2}{\sqrt{\pi}}\int_v^\infty \mathrm{e}^{-u^2}\mathrm{d}u\right]=\frac{2}{\sqrt{\pi}}\int_v^\infty \mathrm{e}^{-u^2}\mathrm{d}u\end{aligned} \tag{2.36}$$

$\mathrm{erfc}(v)$ 的列表值仅适用于正值 v。使用变换 $u\equiv x/(\sqrt{2}\sigma)$，可以证明式（2.34）的 $F(x)$ 可以用式（2.36）的互补误差函数表示

$$F(x)=\begin{cases}1-\dfrac{1}{2}\mathrm{erfc}\left(\dfrac{x}{\sqrt{2}\sigma}\right), & x\geqslant 0\\ \dfrac{1}{2}\mathrm{erfc}\left(\dfrac{|x|}{\sqrt{2}\sigma}\right), & x\leqslant 0\end{cases} \tag{2.37}$$

（4）瑞利概率密度函数

无线信号在空中传播经常受到多径衰落的影响。而瑞利 PDF 很好地刻画了多径衰落。无线传输中的其他现象也用瑞利 PDF 来刻画，瑞利概率分布是无线分析的重要工具。瑞利概率密度函数 $f(r)$ 定义为

$$f(r)=\begin{cases}\dfrac{r}{\alpha^2}\mathrm{e}^{-r^2/(2\alpha^2)}, & 0\leqslant r\leqslant\infty \\ 0, & r<0\end{cases} \tag{2.38}$$

因此相应的 CDF，即 $R(\lambda)$，不超过指定水平 r 的概率由下式给出

$$F(r)=P\left[R(\lambda)\leqslant r\right]=\begin{cases}1-\mathrm{e}^{-r^2/(2\alpha^2)}, & 0\leqslant r\leqslant\infty \\ 0, & r<0\end{cases} \tag{2.39}$$

图 2.6 给出了 $f(r)$ 与 r 的关系图。它的最大值为 $1/\left(\alpha\sqrt{\mathrm{e}}\right)$，出现在 $r=\alpha$ 处。其均值为 $\bar{R}=\sqrt{\pi/2}\cdot\alpha$，均方值 $\bar{R}^2=2\alpha^2$，因此，由式（2.31），方差 σ^2 为

$$\sigma^2=\left(2-\frac{\pi}{2}\right)\alpha^2 \tag{2.40}$$

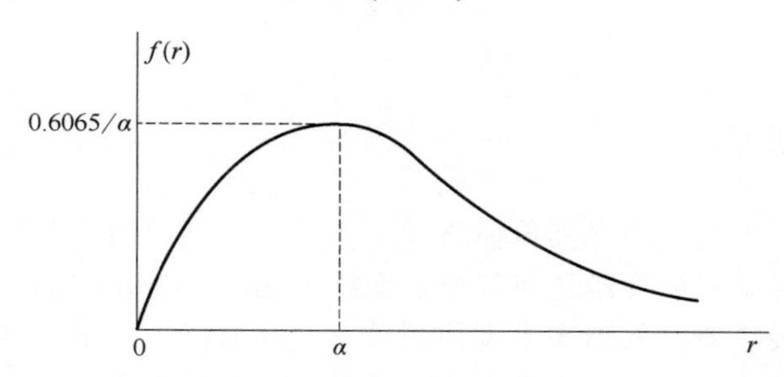

图 2.6　瑞利概率密度函数

（5）热噪声

白噪声被定义为功率谱密度恒定的随机信号，即与频率无关。真正的白噪声在物理上是无法实现的，因为无限频率范围内的恒定功率谱密度意味着无限功率。然而，如前所述具有高斯 PDF 的热噪声具有相对均匀的功率谱密度，在室温（290K）下高达约 1000W/Hz，在 29K 下高达约 100W/Hz。因此，出于实际通信分析的目的，它被视为白色。热噪声的一个简单模型是双边功率谱密度 $G_{\mathrm{n}}(f)$，由下式给出

$$G_{\mathrm{n}}(f)=\frac{N_{\mathrm{o}}}{2}\,(\mathrm{W/Hz}) \tag{2.41}$$

式中，N_{o} 为常数。

在典型的无线通信接收器中，输入信号及其热噪声通常通过以载频 f_{c} 为中心的对称带通滤波器，以最大限度地减少干扰和噪声。带通滤波器的宽度 W 通常比载波频率小。在这种情况下，过滤后的噪声可以用窄带表示。其中，滤波后的噪声电压 $n_{\mathrm{nb}}(t)$ 为

$$n_{\mathrm{nb}}(t)=n_{\mathrm{c}}(t)\cos\left(2\pi f_{\mathrm{c}}t\right)-n_{\mathrm{s}}(t)\sin\left(2\pi f_{\mathrm{c}}t\right) \tag{2.42}$$

式中，$n_{\mathrm{c}}(t)$ 和 $n_{\mathrm{s}}(t)$ 为均值为零、方差相等且相互独立的高斯随机过程。其功率谱密度 $G_{\mathrm{n_c}}(f)$ 和 $G_{\mathrm{n_s}}(f)$ 仅在 $-W/2$ 至 $W/2$ 范围内，并且与 $G_{\mathrm{n}}(f)$ 的关系为

$$G_{\mathrm{n_c}}(f)=G_{\mathrm{n_s}}(f)=2G_{\mathrm{n}}\left(f_{\mathrm{c}}+f\right) \tag{2.43}$$

（6）噪声过滤和噪声带宽

在接收器中，接收到的被热噪声污染的信号通常要进行滤波，以最小化相对于解调之前

的信号的噪声功率。如图 2.7 所示，输入两侧噪声功率谱密度为 $N_o/2$，滤波器的传递函数为 $H_r(f)$，输出噪声功率谱密度为 $G_{no}(f)$，则由式（2.23），有

$$G_{no}(f)=\frac{N_o}{2}\left|H_r(f)\right|^2 \tag{2.44}$$

因此，滤波器输出端的归一化噪声功率 P_o 由下式给出

$$P_o=\int_{-\infty}^{\infty}G_{no}(f)\mathrm{d}f=\frac{N_o}{2}\int_{-\infty}^{\infty}\left|H_r(f)\right|^2\mathrm{d}f \tag{2.45}$$

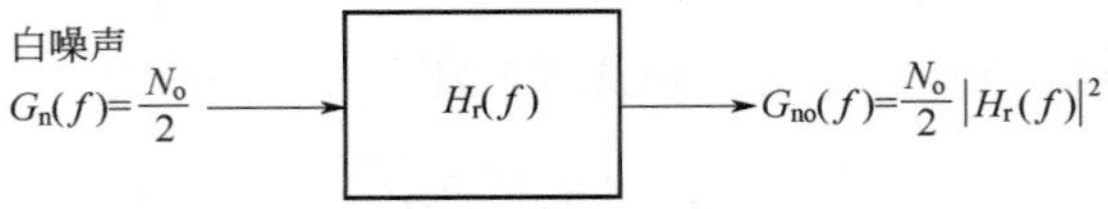

白噪声
$G_n(f)=\frac{N_o}{2}$ → $H_r(f)$ → $G_{no}(f)=\frac{N_o}{2}|H_r(f)|^2$

图 2.7　白噪声过滤

2.2 无线传输路径

无线通信系统通过无线电波在其传输路径上实现收发端通信。在理想情况下，传输路径没有障碍物，即在发射器和接收器之间有一条视线（line of sight，LOS），所发射信号将衰减某一固定量，从而在接收器输入端产生可预测且不失真的信号电平。这种衰减称为自由空间衰耗。然而，在真实的环境中，尤其在移动环境中，LOS 很少有，相反收发端之间主要是非视线（non-line of sight，NLOS），并且它们中间的地形和大气条件通常会导致接收到的信号明显偏离理想值。超出自由空间损失的接收信号的变化称为衰落。

一般来说，可靠通信的无线路径的最大长度取决于：①传播频率；②天线高度；③收发两端间的地形条件，特别是直接信号路径和地面障碍物之间的间隙或缺失；④路径上的大气条件；⑤无线电设备和天线系统的电气参数。对于工作在 1～10GHz 频段的移动系统，可靠通信的路径长度可能长达数千米，具体取决于周围的地形。然而，对于那些在 24～100GHz 频段运行的系统，路径长度受到更多限制，通常长度不到 1km，这种限制主要是由于更高的频率和较高的障碍导致更高的自由空间损失。本节将介绍理想环境中的传播，然后介绍各种类型的衰落以及衰落如何影响路径可靠性。由于天线是提供有效发射无线电波和接收无线电波的手段，因此首先对其特性进行简要介绍。

2.2.1 天线

（1）天线增益

天线增益是最重要的天线特性，它是衡量天线将其能量集中在特定方向上相对于各向同性辐射（即在所有方向上均等）的能力的量度。波束越集中，天线的增益就越高。可以证明[1]将辐射能量集中在一个小波束内的发射天线，即定向天线，在相对于各向同性辐射体的最大强度方向上所具有的增益 G 为

$$G(\mathrm{dB})=10\lg\frac{4\pi A_e}{\lambda^2} \tag{2.46}$$

式中，A_e 为天线孔径的有效面积；λ 为辐射信号的波长。

天线的物理面积 A_p 与其有效面积的关系为

$$A_e = \eta A_p \tag{2.47}$$

式中，η 为天线的效率因子。

式（2.46）表明定向天线的增益是频率平方的函数（$\lambda f = c$），因此，将频率加倍会使增益增加 6dB。它也是孔径面积的函数。例如对于抛物面天线，增益是天线直径平方的函数，因此将直径加倍会使增益增加 6dB。式（2.47）中的效率因子 η 解释了天线不是100%有效的事实。在抛物面天线的情况下，这是因为并非所有辐射器上的总入射功率都按照理论向前辐射，其中一些因边缘“溢出”而损失，一些因散热器表面未完美制造成所需形状而被误导，还有一些因馈电散热器的存在而被阻挡。抛物面天线的 η 标称值为 0.55（效率为 55%）。天线在接收模式下的运行与其在发射模式下的运行相反。图 2.8 给出了天线增益与其直轴（称为极轴或视轴）的角度偏差的关系图。它显示了大部分功率集中的主瓣。它还显示了可能对附近其他无线系统造成干扰的旁瓣和后瓣。

天线的波束宽度与其增益密切相关。天线增益越高，波束宽度越窄。波束宽度以弧度或度为单位度量，通常定义为与峰值场功率降低 3dB 的点相对的角度。波束宽度越窄，来自包括附近天线在内的外部源的干扰就越小。

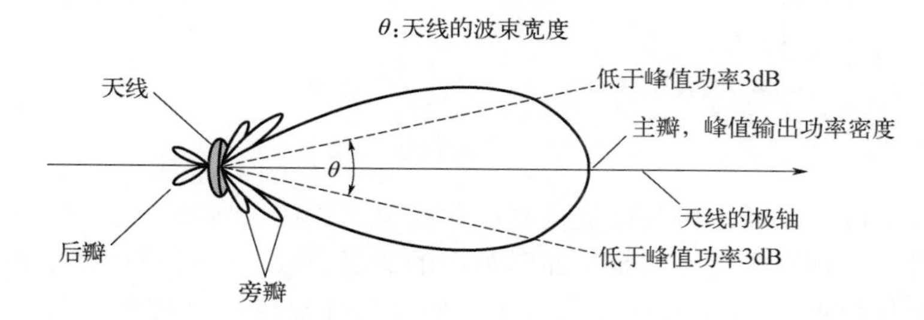

图 2.8　天线增益与其极点的角度偏差的关系

前后比是另一个重要的天线特性。它被定义为前向最大增益与后向最大增益的比值，通常以 dB 表示，后者是最大后瓣增益。然而，实际安装中的天线前后比可能与纯自由空间环境中的天线前后比有很大差异。这种变化是来自主瓣的能量在瓣内或附近的物体在后向上的前景反射。这些后向反射可以将纯自由空间的前后比降低 20～30dB。

天线的极化是指辐射波中电场的排列。在水平极化天线中，电场是水平的，而在垂直极化天线中，电场是垂直的。当信号以一种极化方式传输时，由于天线和路径的缺陷，一部分信号可能会转换为另一种极化方式。所期望接收到的极化的功率与非期望接收到的极化的功率之比称为交叉极化鉴别率。典型的交叉极化增益在 25～40dB 之间变化，具体取决于天线和路径。

另外，应注意到的是：通常为无线系统调节且与天线相关的参数是等效全向辐射功率（equivalent isotropically radiated power，EIRP）。该功率是提供给发射天线的功率 P_t 与发射天线增益 G_{ta} 的乘积。因此，我们有

$$\mathrm{EIRP} = P_t G_{ta} \tag{2.48}$$

（2）点对多点宽带无线天线

堆叠偶极子（stacked dipole）或共线阵列（collinear array）可用于移动通信基站，以提供全向覆盖。应该注意的是，它们实际上并没有提供真正的全向覆盖，这种覆盖在所有方向上都是相等的，是各向同性的，它们提供的只是水平（或接近水平）平面的全向覆盖。在垂

直平面中，它们的辐射能量随着其在越来越垂直的方向上传播而减少，直到它在真正的垂直方向上基本为零。最简单的全向天线是单个半波偶极子。其基本形式如图 2.9（a）所示，其水平和垂直辐射方向图如图 2.9（b）所示。该天线的理论增益仅为 2.15dB。通过简单地将相同的偶极子堆叠到垂直平面的单个结构中，并通过相位敏感网络同时馈送它们，可以获得较高增益。当垂直堆叠时，得到的天线是堆叠偶极子。在单个偶极子上所实现的增益是偶极子间距的函数，并且取决于堆叠的偶极子数量，偶极子中心到中心间距的峰值为 0.9～1.0 个波长。具有四个偶极子元件的堆叠偶极子的最大增益约为 8dB，而具有八个元件的堆叠偶极子的增益约为 11dB。

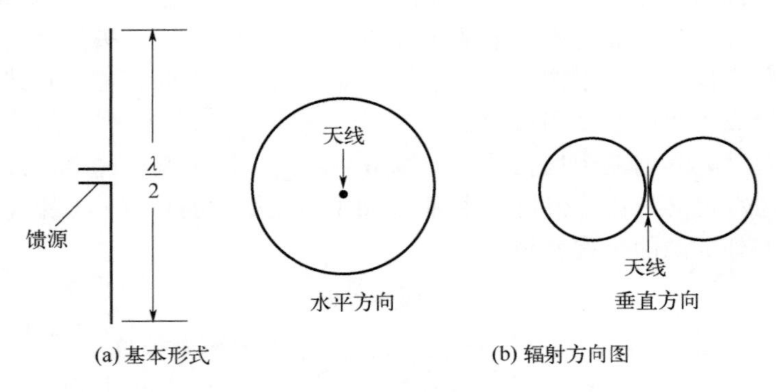

图 2.9　半波偶极天线

平面阵列或平板天线通常为基站提供扇区化覆盖。它的关键属性之一是其扁平的轮廓。平面阵列天线的一种物理实现方式是平面阵列中的偶极天线。元件可以是单极化的或双极化的，其中每个元件有两个相互垂直的偶极子。平面阵列提供二维控制，允许产生在水平和垂直坐标上都具有高度指向性的波束。尽管阵列中的每个偶极子都具有全向辐射模式，但它们通过网络巧妙地连接起来，从而沿着垂直于阵列平面的线在前向方向上产生方向性。图 2.10 给出了一个 4×4 单极化阵列。

平面天线的另一种物理实现方式是将“贴片”排列成平面阵列。每个贴片是一块矩形金属片，每侧大约为工作频率波长的一半，安装在一块用作接地平面的金属片上，但与之绝缘。馈电点位于矩形的一个边缘，对于交叉极化工作，两个馈电点位于垂直边上。图 2.11 是一个 2×2 贴片天线阵列的示意图。

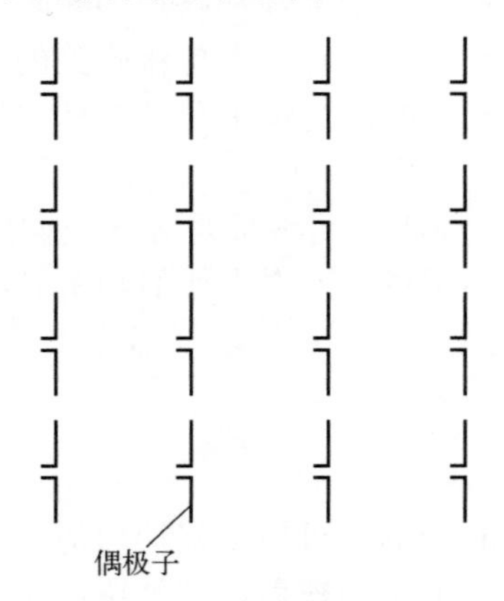

图 2.10　典型偶极子平面阵列

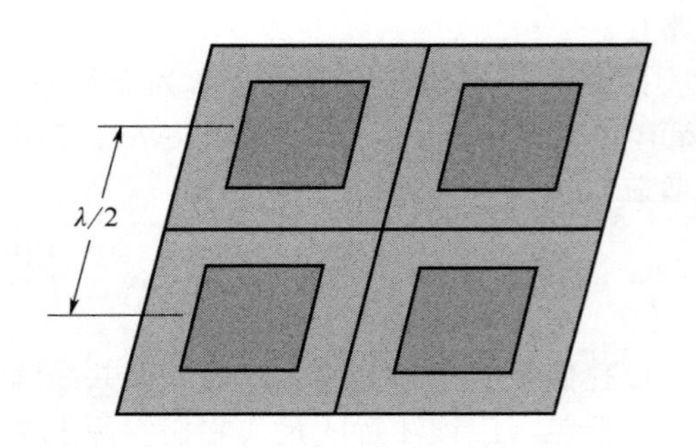

图 2.11　2×2 贴片天线阵列

如前所述，移动单元天线通常在 6GHz 以下是全向的。根据工作频率，它们通常是半波偶极子、四分之一波单极子（单极子是依赖于附近接地平面的单导体天线）或其复杂的变体。然而，在毫米范围内，定向天线是首选的，并且这种天线通常是平面阵列。由于无论单元的方向如何信号都需要方向性，因此在手机外壳周围的不同位置使用了多个阵列。

2.2.2 自由空间传播

（1）自由空间传播

综上所述，信号在无线路径上的传播受大气异常和中间地形的影响。如果没有任何此类干扰效应，将只会因自由空间而产生信号损耗。自由空间损耗定义为自由空间中两个各向同性天线之间的损耗。

考虑一个点源，它将信号功率 P_t 各向同性地辐射到自由空间中。由于半径为 d 的球体的表面积为 $4\pi d^2$，则以点源为中心的半径为 d 的球体上的辐射功率密度 $p(d)$ 为

$$p(d) = \frac{P_t}{4\pi d^2} \tag{2.49}$$

如果有效面积为 A_{ef} 的接收天线位于球体表面，则该天线接收到的功率 P_r 将等于球体上的功率密度乘以天线的有效面积，即

$$P_r = \frac{P_t A_{ef}}{4\pi d^2} \tag{2.50}$$

为了确定自由空间损耗，我们需要知道各向同性天线接收到的功率。但是，为了知道这一点，需要知道各向同性天线的有效面积。根据定义，各向同性天线的增益 G 为 1。将此增益值代入式（2.46），得到

$$A_{ef} = \frac{\lambda^2}{4\pi} \tag{2.51}$$

将式（2.51）代入式（2.50），我们将得到各向同性天线的功率接收器 P_r 与各向同性辐射器发射的功率 P_t 的关系如下

$$P_r = \frac{P_t}{\left(\frac{4\pi d}{\lambda}\right)^2} \tag{2.52}$$

式（2.52）右侧的分母表示各向同性天线之间的自由空间损耗 L_{fs}。它通常以对数形式表示，即

$$L_{fs}(\text{dB}) = 20\lg\frac{4\pi d}{\lambda} \tag{2.53}$$

将 $\lambda f = c$ 代入式（2.53），其中 c 是电磁波传播速度，对于自由空间传输等于 3×10^8m/s，我们得到

$$L_{fs}(\text{dB}) = 32.4 + 20\lg f + 20\lg d^2 \tag{2.54}$$

式中，f 为以 MHz 为单位的传输频率；d 为以 km 为单位的传输距离。

（2）视线非衰落（衰减）接收信号电平

借助自由空间损耗关系，还可以建立用于计算典型无线链路中的接收器输入功率 P_r 的公式。假设没有衰减或阻塞损失，从发射器输出功率 P_t 开始，只需考虑发射器输出和接收器输

入之间的所有增益和损耗。这些增益和损耗（以 dB 为单位）按顺序为：

L_{tf}：发射器天线馈线的损耗（同轴电缆或波导，取决于频率）；

G_{ta}：发射天线的增益；

L_{fs}：自由空间损耗；

G_{ra}：接收天线的增益；

L_{rf}：接收器天线馈线的损耗。

于是

$$P_{\text{r}} = P_{\text{t}} - L_{\text{tf}} + G_{\text{ta}} - L_{\text{fs}} + G_{\text{ra}} - L_{\text{rf}} = P_{\text{t}} - L_{\text{sl}} \tag{2.55}$$

式中，$L_{\text{sl}} = L_{\text{tf}} - G_{\text{ta}} + L_{\text{fs}} - G_{\text{ra}} + L_{\text{rf}}$ 为截面损耗或净路径损耗。

对于固定的 LOS 无线链路，例如在固定无线接入系统中，仅由自由空间损失导致的接收输入功率 P_{r} 通常被设计为高于可接受的错误概率的最小可接收或阈值功率 P_{th}。这种功率差经过精心设计，因此如果信号由于各种大气和地形影响而衰减，它只会在一小部分时间内低于其阈值水平。这种内置的功率差称为链路衰落余量，由下式给出

$$\text{衰落余量} = P_{\text{r}} - P_{\text{th}} \tag{2.56}$$

2.2.3 衰落

除了大气效应外，无线信号在大气中的传播还受到其路径中或附近的地形特征的影响。可能影响传播的地形特征包括树木、山丘等尖锐的投影点，池塘和湖泊等反射面，以及建筑物等。这些特征可能导致反射或衍射信号。在相对较短传播路径上受大气影响的可能因素包括雨、水蒸气和氧气。

（1）菲涅耳区

地形特征与无线信号直接路径的接近程度会影响它们对合成信号的接收。菲涅耳区是一种以非常有意义的方式定义接近度的方法。在研究无线信号的衍射时，菲涅耳区的概念非常有用。因此，在介绍衍射之前，有必要对菲涅耳区进行概述。

第一个菲涅耳区定义为包含所有点的区域，从这些点可以反射波，使得两段反射路径的总长度超过或小于直接路径的一半波长 $\lambda/2$。第 n 个菲涅耳区定义为包含所有点的区域，从这些点可以反射波，使得两段反射路径的长度大于直接路径的 $(n-1)\lambda/2$，或小于等于 $n\lambda/2$。在路径平面中围绕直接路径的菲涅耳区的边界是椭圆体，而在垂直于路径的平面中是圆形。图 2.12 所示为视线路径上的第一和第二菲涅耳区边界。从直接路径到第 n 个菲涅耳区外边界的垂直距离 F_n 由以下等式近似

$$F_n = \left(\frac{n\lambda d_{n1} d_{n2}}{d}\right)^{\frac{1}{2}} \tag{2.57}$$

式中，d_{n1} 为从路径一端到所确定的 F_n 点的距离；d_{n2} 为从路径另一端到所确定的 F_n 点的距离；d 为路径长度，等于 $d_{n1} + d_{n2}$；λ、d_{n1}、d_{n2} 和 d 采用相同的度量单位。

具体来说

$$F_1 = 17.3\left(\frac{d_{11} d_{12}}{fd}\right)^{\frac{1}{2}} (\text{m}) \tag{2.58}$$

式中，d_{11}、d_{12} 和 d 单位为 km，f 单位为 GHz。

因此，对于在 2GHz 下运行的 1km 路径，根据式（2.58），出现在路径中间的 F_1 的最大值为 6.1m。然而，对于典型的 1km、25GHz 路径，F_1 最大值仅为 1.73m。

到达接收器的大部分功率都包含在第一个菲涅耳区的边界内（下一节将详细介绍），因此，位于该边界之外的地形特征（除了高反射表面）一般不会显著影响接收信号的电平。对于在该边界处反射的信号，由于反射而获得 $\lambda/2$ 相移，其在接收天线处相对于直接信号的总相移为 λ，因此反射信号与直接信号相加。然而，对于经历零相移的信号，如具有大入射角的垂直极化反射信号，接收天线处的总相对相移为 $\lambda/2$，因此导致直接信号的部分抵消。反射信号所导致的信号强度最大可能增加 6dB。然而，理论上可能的最大损失是无限多的分贝，实际上可能超过 40dB。

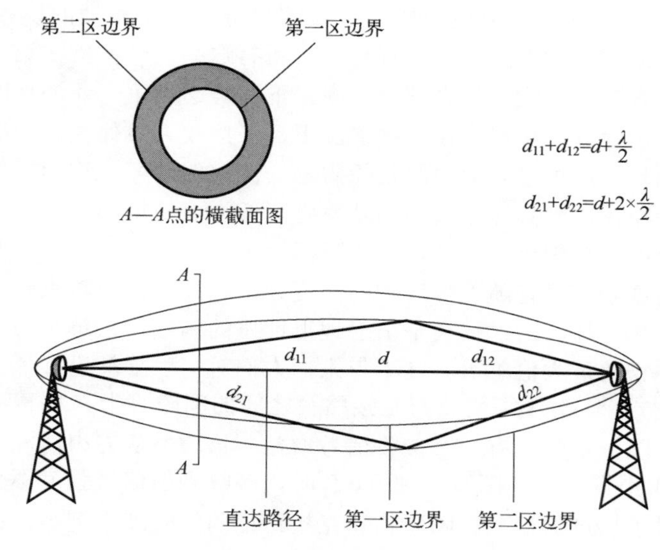

图 2.12　第一和第二菲涅耳区边界

（2）反射

当无线电信号入射到与信号波长相比尺寸非常大的表面时，就会发生无线电信号的反射。反射通常发生在地球表面，特别是液体表面以及建筑物。当发生反射时，到达接收天线的反射信号与直接信号组合形成复合信号，根据反射信号的强度和相位，该复合信号会显著降低所需信号的质量。接收天线处反射信号的强度取决于发射和接收天线的方向性、这些天线在地面以上的高度、路径的长度以及反射信号相对于入射信号的强度。接收天线处反射信号的相位是反射信号路径长度和反射点处发生的相移的函数。

在反射点，反射信号相对于入射信号的强度和相位受反射表面的成分、表面的曲率、表面粗糙度、入射角和无线电信号频率和极化的影响很大。如果反射发生在粗糙的表面上，它们通常不会产生问题，因为入射角和反射角是随机的。然而，来自相对光滑表面的反射取决于表面的位置，可能导致反射信号被接收天线截获。反射面的传递函数称为反射系数 R 。对于高反射表面（镜面反射平面），垂直极化信号比水平极化信号表现出更多的频率相关性。计算有效表面反射系数的方法详见 ITU 建议 ITU-R P.530-17 的 6.1.2.4.1 节[2]。

（3）衍射

目前为止，在解释传播效应时，一直默认无线天线接收到的能量是以波束的形式从发射天线到接收天线传播的。然而，情况并非如此，因为波按照惠更斯原理传播。惠更斯原理表明，传播是沿着波前发生的，波前上的每个点都充当被称为小波的次级波前的源，新的波前是由前一波前所有小波的贡献的组合产生的。重要的是，次级小波向所有方向辐射。然而，它们在波前传播方向上的辐射最强，并且随着相对于波前传播方向的辐射角度增加，它们的辐射越来越弱，直到在波前传播的相反方向上辐射水平为零。最终结果是，随着波前向前移动，它会散开，随着该点越来越远离直接传播线，给定点上的能量越来越少。这听起来像是个坏消息。然而，在接收天线处截获的信号是当波从发射器移动到接收器时在所有波前创建的所有小波指向它的所有信号的总和。在接收器处，来自一些小波的信号能量倾向于根据接收信号的相位差抵消来自其他小波的信号能量，这些差异是由于不同的路径长度而产生的。最终结果是，在自由空间、无障碍环境中，到达接收天线的一半能量被抵消。

相对于直线信号，具有 $\lambda/4$ 或更小的相位差的信号分量是相加的，相位差介于 $\lambda/4$ 与 $\lambda/2$ 之间的信号是相减的。在畅通无阻的环境中，所有这些信号都落在第一菲涅耳区。事实上，第一菲涅耳区包含到达接收器的大部分功率。下面考虑当第一菲涅耳区内的无线电路径中存在障碍物时会发生什么。显然，在这种情况下，在接收天线处截获的能量将不同于不存在障碍物时截获的能量。这种差异的原因是障碍物处波前的破坏，称为衍射。如果障碍物在波前升起以保持直接路径，则到达接收器的功率将降低，而简单的窄波束模型表明将保持完整的接收信号。衍射的一个积极方面是，如果障碍物进一步升高，从而阻塞直接路径，信号仍将在接收天线处被截获，尽管随着障碍物的高度越来越高，信号越来越弱。

与反射造成的损失一样，衍射损失是衍射地形性质的函数，从单个刀刃型障碍物的最小值到平滑地球型障碍物的最大值不等。几十年来，人们对衍射损耗进行了大量研究和分析，得出了公认的估计公式[3]。对于障碍物与直接路径之间的间隙等于 F_1 的情况，障碍物位置处的第一个菲涅尔区间隙，实际上有一个接收信号增益。该增益从刀刃情况下的约 1.5dB 到光滑接地情况下的 6dB 不等。当间隙减小到 $0.6F_1$ 时，接收到的信号强度不受障碍物的影响，无论其类型如何。对于掠过的情况，障碍物和直接路径的间隙减小到零，衍射损耗从刀刃情况下的大约 6dB 变化到平滑地球情况下的大约 15dB。

2.2.4 信号强度与频率影响

无线通信系统中的衰落通常表现为所接收到的无线电信号的强度随时间产生变化，这是由于受无线路径中的地形和大气等因素影响所致。根据衰落对信号频谱的影响，衰落通常分为两种主要类型。如果衰落在其频带上均匀地衰减信号，则衰落被称为平坦衰落。由雨水或大气造成的衰落通常是平坦衰落。如果衰落导致信号频带上的衰减发生变化，则这种衰落称为频率选择性衰落。这两种类型的衰落可以单独发生，也可以同时发生。何时发生衰落是无法准确预测的。

如果无线路径经过高反射性地面、水面或建筑物表面，并且天线高度允许，除了直接路径外，天线之间还存在反射路径，则很可能引起反射衰落，并且在某些情况下可能很严重。反射引起的衰落是频率选择性的。反射信号在任何时刻都具有路径长度差异，因此相对于与频率无关的直接路径存在时间延迟 τ。然而，这种延迟将随频率而变化。因此，如果传播信号的频段在 f_1 与 f_2 之间，则在频率 f_1 处的相对相位延迟（以弧度为单位）将为 $2\pi f_1\tau$，f_2 处的相对相位延迟将为 $2\pi f_2\tau$，f_1 的反射信号分量与 f_2 的反射信号分量之间的相对相位延迟差将为 $2\pi(f_2-f_1)\tau$。因为反射信号相对于直接信号具有随频率变化的相移，因此，当这两个信号组合时，每个频率产生相对于直接信号的不同合成信号。将 τ 和信号带宽 f_2-f_1 与未失真的直接信号比较，作为频率函数的复合接收信号幅度和相位将存在显著差异。此外，反射信号的幅度越接近直接信号，信号抵消的可能性越大，异相180°时就会发生信号完全抵消的现象。

为了有助于理解反射信号如何导致接收到的信号具有频率选择性，考虑图2.13所描述的系统。假设直接信号 S_d 与反射信号 S_r 间的时间延迟为 τ，则 S_d 与 S_r 之间的相位延迟等于 $2\pi f\tau$。假设接收到的信号在频率 f_1 处同相，那么 f_1 处的两个信号之间的相位延迟必须等于 $n2\pi$，其中 n 是整数。因此

$$n2\pi = 2\pi f_1\tau \tag{2.59}$$

于是

$$f_1 = n/\tau \tag{2.60}$$

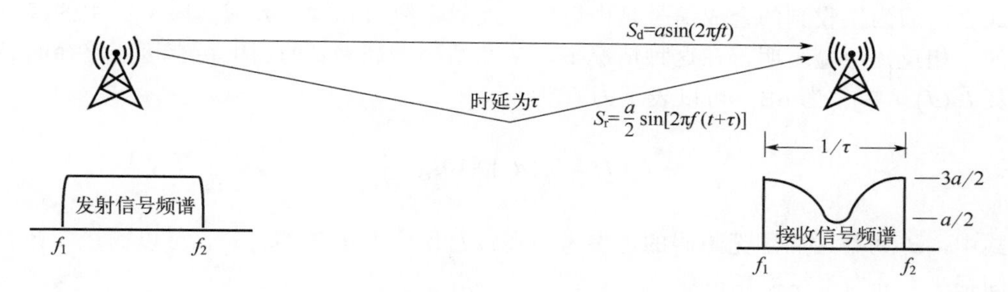

图2.13　频率选择性传输

我们进一步假设接收到的信号在 f_2 处紧接着也是同相的。那么 f_2 处的两个信号间的相位延迟必须等于 $(n+1)2\pi$，其中 n 是整数。因此

$$(n+1)2\pi = 2\pi f_2\tau \tag{2.61}$$

于是

$$f_2 = (n+1)/\tau \tag{2.62}$$

那么，由式（2.60）和式（2.62）得到

$$f_2 - f_1 = 1/\tau \tag{2.63}$$

如果我们假设接收到的直接信号的幅度为 a，反射信号的幅度为 $a/2$，那么 f_1 与 f_2 处接收到的合成信号幅度等于 $3a/2$。然而，在 $(f_2+f_1)/2$ 处，频率集中在 f_1 与 f_2 之间，信号异相，因此组合的接收信号幅度为 $a/2$。

2.2.5　NLOS 路径分析参数

对于点对多点NLOS路径，路径分析包括在距基站[1]距离为 d 的情况下估计以下参数：

① 长度为 d 的所有可能路径的平均路径损耗。

② 阴影，即由于周围地形特征的影响使得一条路径到另一条路径所产生的变化，这将导致平均路径损耗的变化。

③ 多径衰落，即接收到的合成信号的失真和/或幅度变化，是由各种接收信号之间的时

[1] 此处的基站包括移动通信基站、各种无线中继器等无线通信系统。

间延迟（简称时延）变化引起的。这些不同的时延是由周围环境中的运动引起的，例如移动的车辆、步行的人和摇摆的树叶。

④ 多普勒频移衰落，即由于运动引起的接收信号分量的频率变化导致接收到的合成信号的失真和/或幅度变化。

（1）平均路径损耗

如前所述，对于具有良好间隙的 LOS 路径，发射器和接收器天线之间的信号损耗是自由空间损耗，由下式给出

$$L_{\mathrm{fs}} = 32.4 + 20\lg f + 10\lg d^2 \tag{2.64}$$

式中，f 以 MHz 为单位；d 以 km 为单位；损耗以 dB 为单位。

式（2.64）表明衰耗与距离的平方成正比。然而，对于 NLOS（阴影）路径，这种关系并不成立，因为接收到的合成信号是由衍射、反射、散射和大气效应衰减所产生的多个信号合成的。相反，经验表明，在这种情况下，从基站到半径为 d 的圆上所有可能路径的集合平均损耗 $\overline{L}_{\mathrm{p}}(d)$（单位为 dB）可以表示为

$$\overline{L}_{\mathrm{p}}(d) = L_{\mathrm{p}}(d_0) + 10\lg\left(\frac{d}{d_0}\right)^n \tag{2.65}$$

式中，d_0 为基站周围无障碍的近参考距离；$L_{\mathrm{p}}(d_0)$ 为 d_0 处的衰耗，可以测量或计算为自由空间损失；n 为路径损耗指数。

对于移动接入小区、宏小区，d_0 通常为 100m；对于微小区，通常指定为 1m。路径损耗指数 n 可以从自由空间中的 2 到阴影严重的城市环境中的（大约）5 不等。注意，在阴影环境中，路径距离增加一倍会使路径损耗增加 $3n$dB。因此，对于 $n=2$（自由空间），损耗增加 6dB，但对于 $n=5$，损耗增加到 15dB。根据所设计的模型，以特定频率和特定基站与远程站天线间（高度）的地形条件估计 n。为了将这些模型用于其他频率和其他天线，将高度校正项添加到基本路径损耗方程中，应用 n 来确定的损耗。由于 $\overline{L}_{\mathrm{p}}(d)$ 有助于刻画“远距离”上的信号强度［几个波长的 d 变化不会改变 $\overline{L}_{\mathrm{p}}(d)$］，因此 $\overline{L}_{\mathrm{p}}(d)$ 被称为大尺度损耗分量。

（2）阴影

如前所述，$\overline{L}_{\mathrm{p}}(d)$ 是与基站距离为 d 的圆上所有路径的整体平均损耗。然而，每个位置的实际损耗将与这个平均值有很大不同，因为周围的地形特征可能因位置而异。测量表明，对于任何特定的 d，路径损耗 $L_{\mathrm{p}}(d)$ 是一个随机变量，是围绕着 $\overline{L}_{\mathrm{p}}(d)$ 的高斯（正态）分布。于是

$$L_{\mathrm{p}}(d) = \overline{L}_{\mathrm{p}}(d) + X_\sigma \tag{2.66}$$

式中，X_σ 表示以 dB 为单位的零均值高斯随机变量，即对数正态变量，标准偏差为 σ (dB)。标准偏差 σ 是 X 的 rms 值，用于衡量 X 的值在其平均值附近的分布范围。

近距离参考距离 d_0、路径损耗指数 n 和标准偏差 σ 在统计上描述了具有值 d 的特定基站-远程站间隔的任意位置的路径损耗模型。在实践中，σ 是根据测量数据计算得出的，或者根据覆盖区域的地形分配一个值。一般来说，在杂乱的城市和树木密度较大的丘陵地区，σ 往往较大，而在地势相对平坦、树木密度较小的农村地区，σ 往往较小。由于 X_σ 有助于刻画“远距离”上的信号强度（几个波长的位置变化不会显著改变 X_σ），X_σ 与 $\overline{L}_{\mathrm{p}}(d)$ 一样，是一个大尺度的损耗分量。对于 $L_{\mathrm{p}}(d)$ 损耗、P_{t} 发射信号以及发射器和接收器天线的总增益 G_{a}，

接收信号 $P_r(d)$ 为

$$P_r(d)=P_t+G_a-L_p(d)=P_t+G_a-\bar{L}_p(d)-X_\sigma \tag{2.67}$$

在路径设计中，平均接收到的信号 $P_t+G_a-\bar{L}_p(d)$ 通常被设计为高于给定接收器阈值 x_0，即所谓的阴影余量 M_s。对于这个余量，存在接收信号 $P_r(d)$ 将大于或等于阈值 x_0 的相关概率，即 $P[P_r(d)\geqslant x_0]$。该概率是 $X_\sigma\leqslant M_s$ 的概率，因此由 $F(M_s)$ 给出，其中 $F(M_s)$ 是 X_σ 的累积分布。由于 X_σ 是零均值的高斯随机变量，$F(M_s)$ 由式（2.37）给出。因此

$$P[P_r(d)\geqslant x_0]=P[X_\sigma\leqslant M_s]=F(M_s)=1-\frac{1}{2}\mathrm{erfc}\left(\frac{M_s}{\sqrt{2}\sigma}\right)=1-Q\left(\frac{M_s}{\sigma}\right) \tag{2.68}$$

例如，当 $\sigma=8\,\mathrm{dB}$ 且 $M_s=10\mathrm{dB}$ 时，则 $P[P_r(d)\geqslant x_0]=0.94$，即 94%。注：当 $M_s=\sigma$ 时，$P[P_r(d)\geqslant x_0]$ 为 84%。

阴影余量 M_s 让我们确定与基站距离为 d 处，有多少百分比的路径将具有等于或小于 $\bar{L}_p(d)+M_s$ 的大尺度损耗，即接收信号 $P_r(d)$ 等于或大于给定的阈值 x_0。然而，通常要更多地关注 F_u（它是距基站半径为 d 的圆形覆盖区域的一部分），其接收信号等于或大于给定阈值 x_0。

（3）多普勒频移衰落

除了由路径几何形状的变化引起的幅度/相位信号变化外，接收到的合成信号还受到周围环境运动的影响。运动体接收到的每个信号或运动体反射的每个多径波都会经历明显的频率偏移，这种偏移称为多普勒频移。这种偏移与物体移动的速度成正比，并且是运动方向的函数，这导致接收信号的频谱变宽。这种展宽的影响再次以信号失真、幅度波动或两者混合的形式出现衰落，特别是小尺度衰落。与多径衰落一样，多普勒频移衰落很快，因此被归类为小尺度衰落。多普勒扩展 B_d 是由信道随时间的变化率引起的信道频谱展宽的量度，主要由移动设备的运动、固定远程单元的反射器和散射体的运动引起。

接收到的载波频率为 f_c 的信号，经多普勒扩展，将具有 f_c-f_d 到 f_c+f_d 间的分量，其中 f_d 为多普勒频移。以速度 v 移动的车辆接收波长为 λ 的信号，f_d 的最大值由下式给出

$$(f_d)_{\max}=v/\lambda \tag{2.69}$$

因此

$$B_d=2(f_d)_{\max}=2v/\lambda=vf_c/540\,(\mathrm{Hz}) \tag{2.70}$$

式中，v 以 km/h 为单位；f_c 以 MHz 为单位。

相干时间 T_c 是多普勒扩展的时域等价。相干时间与相干带宽一样，不是一个精确的量，但一个常用的定义为

$$T_c=\frac{0.423}{(f_d)_{\max}}=0.423\frac{\lambda}{v}=0.423\frac{c}{vf_c}=\frac{457\times10^6}{vf_c} \tag{2.71}$$

式中，c 为光速，1.08×10^9km/h。

如果一个信号用周期为 T_s 的符号调制，因此具有了 $B_s=1/T_s$ 的奈奎斯特带宽，那么如果满足以下条件，则称该信号经历了多普勒频移引起的慢衰落

$$B_s\gg B_d \tag{2.72}$$

即

$$T_s \ll T_c \tag{2.73}$$

在快速衰落信道中，信道的脉冲响应在传输符号的持续时间内迅速变化。这会导致频率分散，也称为时间选择性衰落，从而导致信号失真。

表 2.1 给出了根据式（2.69）所得到的移动宽带无线应用的典型最大多普勒扩展。

在同时经历瑞利衰落和多普勒频移衰落的 NLOS 路径中，信道衰落的速度取决于发射器和接收器之间的相对速度，速度越快，衰落越快。

表 2.1　最大多普勒扩展

载波频率/GHz	速度/（km/h）	最大多普勒扩展/Hz
2	60	0.22
2	120	0.44
4	60	0.44
4	120	0.89
40	60	4.44
40	120	8.89

2.3　基带数据传输

通常，通信系统所传输的数据本质上是随机的或非常接近随机的。一串随机的、双极的、全长矩形脉冲（全长矩形脉冲是脉冲在其持续时间内的幅度恒定的脉冲），其中每个脉冲是等概率的（正的概率与负的概率相同），实际上是一串非周期性脉冲。这是因为每个脉冲的值（极性）完全独立于流中的所有其他脉冲。对于这样一个脉冲持续时间为 τ 的流，符号速率为 $f_s = 1/\tau$（符号每秒），两侧幅度谱密度是其每个非周期性脉冲的幅度谱密度。其归一化正（实）侧的绝对值如图 2.14 所示。它占用无限带宽，第一个空值位于 f_s。第一个零点内的频谱通常称为主瓣。在通信系统中，带宽通常非常宝贵。因此，设计人员需将传输的信号过滤到可能的最小带宽，而不会在传输中引入错误。此外，在接收器处，输入信号通常会被过滤，从而最小化噪声和干扰的负面影响。对信号进行滤波会导致原始脉冲的形状发生变化，从而将其能量扩散到相邻的脉冲中。这种扩散效应称为色散，除非仔细控制，否则会导致采样瞬间的脉冲幅度失真（采样瞬间是接收器决定接收脉冲的极性并因此决定二进制值的瞬间）。奈奎斯特抽样定理表明[1]，可以传输 f_s 个独立符号而不会导致采样时刻符号幅度失真的最小实际信道带宽是奈奎斯特带宽 $f_n = f_s / 2$。因此，对于矩形脉冲流，最小传输带宽是主瓣宽度的一半。因为流是二进制的，所以一个传输符号包含一个信息比特。因此，流的比特率 f_b 与符号速率 f_s 相同，最小实际传输带宽 f_n 为 $f_b / 2$。

在脉冲幅度调制（pulse amplitude modulation，PAM）的数字基带系统中，比特作为符号传输。如果传输的流是一个二电平的数据流，那么符号就是比特。但是，如果传输的数据流是 2^n 个电平，其中 $n>2$，则输入比特将转换为符号。对于四电平脉冲幅度调制（PAM），其中每个符号由两个信息比特编码，四个符号电平被编码，并以 00、01、10 和 11 表示。因此，符号速率 f_s 为 $f_b / 2$。通常，对于 L 个电平的传输系统，每个传输符号包含 n 个信息比特，其中 $n = \log_2 L$。因此 $f_s = f_b / n$，最小传输带宽 $f_n = f_b / (2n)$。例如，对于八电平的 PAM 信号，

$n=3$，因此 $f_n = f_b / 6$。

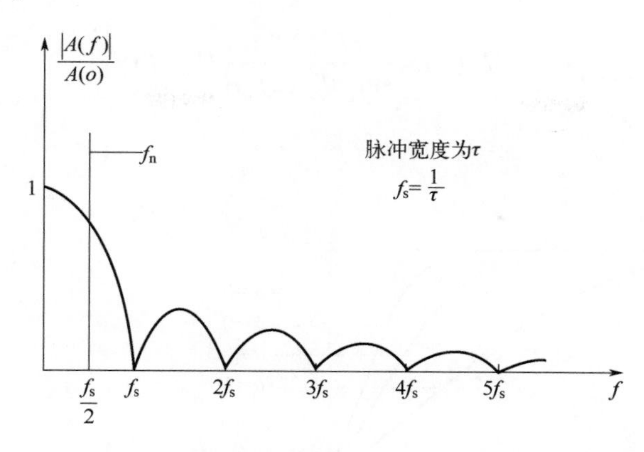

图 2.14 矩形脉冲绝对归一化幅度的频谱密度

2.3.1 升余弦滤波

对于脉冲传输，带宽为 $f_s/2$ 与固定时延的理想低通滤波器将在采样期间使脉冲幅度不失真。遗憾的是，这样的滤波器是无法实现的。然而，奈奎斯特已证明，如果将矩形滤波器的幅度特性修改为逐渐滚降，且使奈奎斯特带宽 f_n 具有奇对称，那么在采样时刻将保持脉冲幅度不失真。在数字通信系统中最常采用的这类滤波器就是升余弦滤波器。这种用于脉冲传输的滤波器的幅度特性由平坦部分与其后的具有正弦形式的滚降部分组成。其特征可用滚降因子 α 描述，其中 α 定义为 f_x / f_n，f_n 是超过奈奎斯特带宽的额外带宽。滚降因子 α 将在 0～1 间变化，对应于 0～100%的额外带宽。幅度 $H_{im}(f)$ 为

$$H_{im}(f)=\begin{cases}1, & 0<f<f_n-f_x\\ \dfrac{1}{2}\left[1-\sin\dfrac{\pi}{2\alpha}\left(\dfrac{f}{f_n}-1\right)\right], & f_n-f_x<f<f_n+f_x\\ 0, & f>f_n+f_x\end{cases} \tag{2.74}$$

式中，$\alpha = f_x / f_n$，如图 2.15 所示。

升余弦滤波器的相位特性 $\phi(f)$ 在幅度响应大于零的频率范围内是线性的，由下式给出

$$\phi(f)=Kf,\quad 0<f<f_n+f_x \tag{2.75}$$

式中，K 为常数。

因输入到升余弦滤波器的是脉冲流，所以滤波器输入处的幅度谱密度是恒定幅度的，因此滤波器所输出的幅度谱 $S_{rc}(f)$ 与滤波器 $H_{im}(f)$ 传递函数具有相同的特性，即

$$S_{rc}(f)=H_{im}(f) \tag{2.76}$$

需要注意的是，正是这种输出频谱，以及由此接收到的脉冲形状导致采样时刻的脉冲幅度不失真，而不是因为滤波器传递函数本身。

在实际系统中，有限持续时间的脉冲用于数字传输。常用的脉冲是矩形脉冲，这种脉冲的频谱具有 $\sin x / x$ 形式。为了在采样时刻使脉冲幅度不失真，我们希望传输此类脉冲的传输系统的滤波器输出处的频谱以及脉冲形状与上面讨论的脉冲情况相同，即 $S_{rc}(f)$。因此，为了实现这一点，需要低通滤波器的传递函数 $H_{rp}(f)$ 是由因子 $x / \sin x$ 改进的脉冲的滤波器传递

函数。因此 $H_{rp}(f)$ 为

$$H_{rp}(f)=\frac{\pi f/(2f_n)}{\sin\left[\pi f/(2f_n)\right]}H_{im}(f) \tag{2.77}$$

如图 2.16 所示。

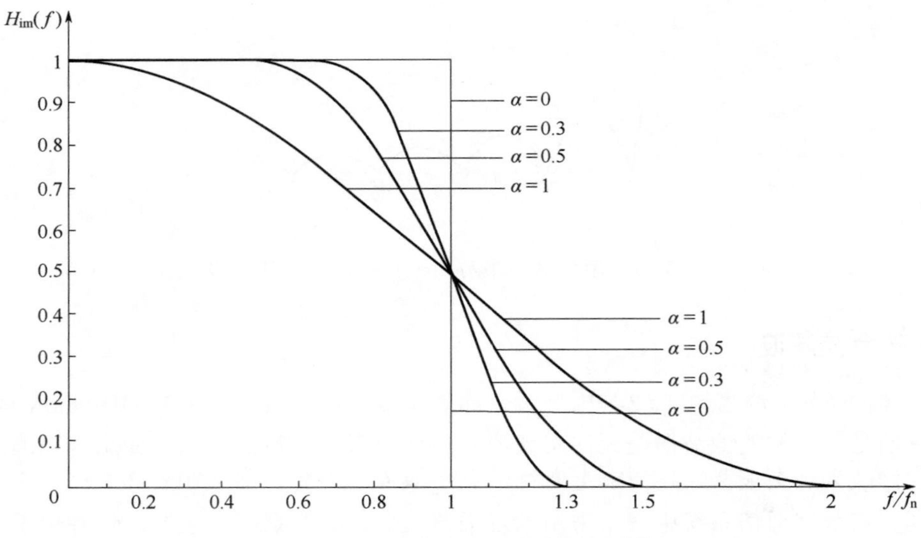

图 2.15　升余弦滤波器幅度特性[1]

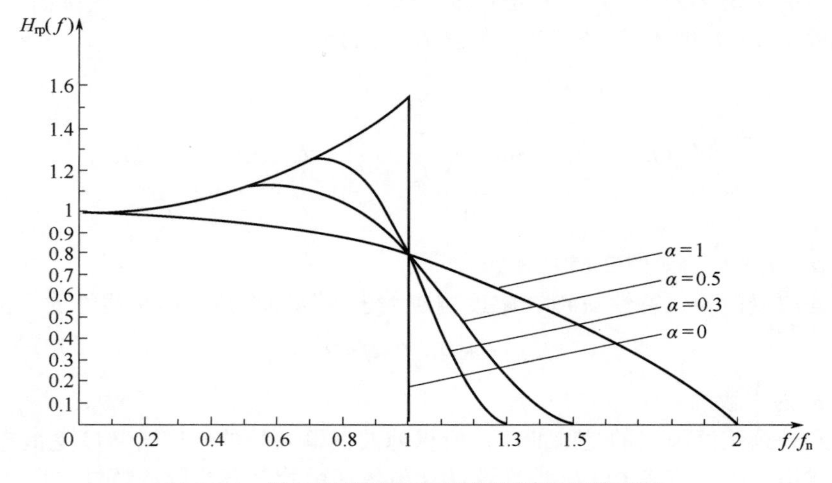

图 2.16　用于矩形脉冲传输的信道的幅度特性

基带数字传输系统的基本组成如图 2.17 所示。输入信号可以是二进制或多电平（大于 2）脉冲流。具有传递函数 $T(f)$ 的发射器滤波器用于限制发射频带。噪声和其他干扰通过传输媒质输入到接收器滤波器。具有传递函数 $R(f)$ 的接收器滤波器使得噪声和干扰降至最低。接收器滤波器的输出被馈送到阈值判定单元，对于接收到的每个脉冲，阈值判定单元判定其最可能的原始电平是多少，并输出该电平的脉冲。对于二进制脉冲流，如果输入脉冲等于或高于其判定阈值（即 0V），它将输出幅度为+V 的脉冲。如果输入脉冲低于 0V，则输出幅度为−V 的脉冲。

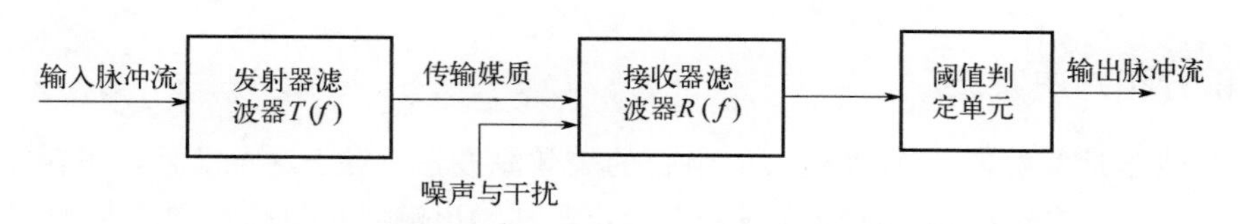

图 2.17　基带数字传输系统基本组成

在设计系统时，在采样时刻，接收器滤波器的输出需要使脉冲幅度不失真。这通常通过采用使接收器滤波器输出处产生余弦幅度谱密度 $S_{rc}(f)$ 来实现。因此，对于全矩形脉冲，发射器滤波器与接收器滤波器的组合传递函数（不考虑传输介质产生的影响）应如式（2.77）所示。有多种方法可以在发射器滤波器和接收器滤波器之间设计并优化滤波传递函数。通常，所选择的接收器滤波器将最大化其输出的信噪比，因为这优化了存在噪声时的错误率性能。可以证明对于高斯白噪声，实现这一接收器滤波器的传递函数 $R(f)$ 由下式给出[1]

$$R(f)=\left|S_{rc}(f)\right|^{\frac{1}{2}} \tag{2.78}$$

具有这种传递函数的滤波器称为根升余弦（root-raised cosine，RRC）滤波器。于是，所选择的发射器滤波器传递函数 $T(f)$ 可以保持所需的合成特性，即

$$T(f)R(f)=H_{rp}(f) \tag{2.79}$$

因此，由式（2.76）～式（2.79）有

$$T(f)\left|S_{rc}(f)\right|^{\frac{1}{2}}=\frac{\pi f/2(f_n)}{\sin\left[\pi f/(2f_n)\right]}S_{rc}(f)$$

于是

$$T(f)=\frac{\pi f/(2f_n)}{\sin\left[\pi f/(2f_n)\right]}\left|S_{rc}(f)\right|^{\frac{1}{2}} \tag{2.80}$$

图 2.18 给出了 $\alpha=0.5$ 时的 $R(f)$ 和 $T(f)$ 的图。

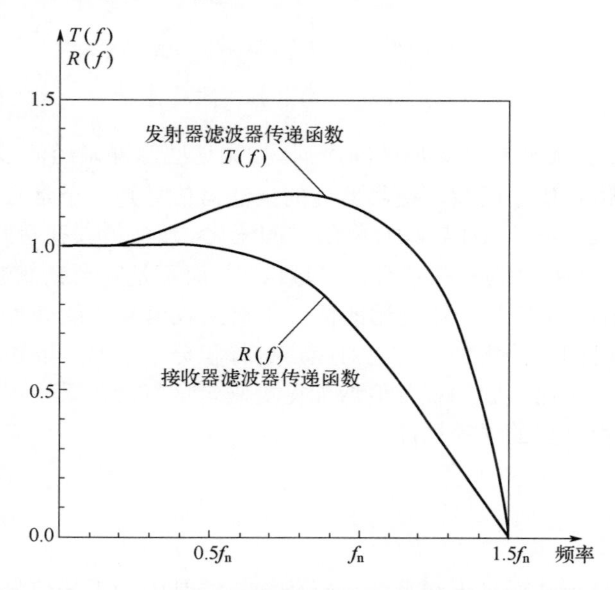

图 2.18　α=0.5 时发射器滤波器和接收器滤波器的幅度传递函数

2.3.2 积分和判决滤波

匹配滤波器是发射器/接收器滤波器组合的等效滤波器。对于这种等效，在存在高斯白噪声的情况下，对于给定的发送（或发射）符号，在其输出端将可以得到最大信噪比。如 2.3.1 节所述，适当设计并优化基带滤波，可在接收器滤波器输出处产生最佳信噪比。因此，这种滤波是匹配滤波。然而，这种形式的滤波并不是实现匹配过滤的唯一方法。对于所发送的基带信号是一系列相反极性的符号 $s_1(t)$ 与 $s_2(t)$ 的情况，其符号形状相同，因此 $s_2(t)=-s_1(t)$，接收器可以通过积分与判决检测器来恢复基带信号。

积分与判决检测器如图 2.19（a）所示。在该检测器中，接收到的数据流 $s(t)$ 由符号 $s_1(t)$ 与 $s_2(t)$ 组成，除了极性相反之外，符号 $s_1(t)$ 与 $s_2(t)$ 具有相同的形式，两者的周期均为 T，并含有噪声。流 $s(t)$ 首先乘以本地生成的 $s_1(t)-s_2(t)$ 来产生信号流 $y(t)$。然后将 $y(t)$ 的每个符号送到积分器，在积分器中，在符号周期 T 内对其进行积分。在积分周期结束时，积分器所输出的 $z(t)$ 被采样并馈送到阈值判决器，因此在每个采样周期结束时得到的是一个错误概率最小的信号。每次积分后，积分器中的所有储能元件都会立即放电，为下一个符号的积分做准备。阈值判决器的输出 $\hat{s}(t)$ 是接收器对 $s(t)$ 的估计。如果积分后的判决器输出大于或等于零，则输出 $s_1(t)$，如果小于零，则输出 $s_2(t)$。

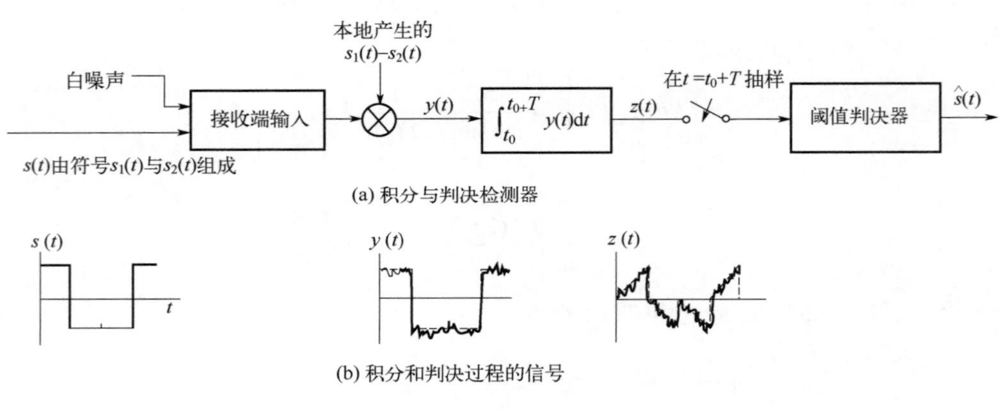

(a) 积分与判决检测器

(b) 积分和判决过程的信号

图 2.19 积分和判决滤波

在发送端，原始基带流通常是矩形脉冲序列。如果这些脉冲未经滤波传输，则 $s_1(t)$ 与 $s_2(t)$ 在符号周期 T 内具有恒定值。因此，接收器处的乘法器信号是一个常数，可以省略。然而，如果发射器处的信号被过滤，$s_1(t)$ 与 $s_2(t)$ 将随时间变化。然后需要在接收器处进行乘法过程。注意，这里的“滤波”被定义为基带符号的时域信号，而不是升余弦滤波情况下的频域信号。图 2.19（b）表示了在发送符号未被过滤的情况下对接收信号流的处理。积分器对信号电压进行积分，使其值随时间线性增加。它也对噪声进行积分。然而，噪声电压具有零均值，具有正值和负值。与信号相比，它的积分值增加得更慢。这将会在采样周期结束时产生最佳的信噪比电压，从而获得最佳的误差性能。

2.4 线性调制

一般来说基带信号无法通过无线系统进行传输，这是因为无线信号应在规定的频段中进行传输，于是需要将基带信号通过调制的方式搬移到规定的频段（或频谱）上进行传输与通信。下面将讨论几种常用的线性调制方法或系统。

这些系统之所以被称为线性调制系统，是因为它们的基带信号与调制射频载波之间呈现出线性关系。由于这种关系，它们在存在噪声和其他损伤时可以从它们的等效基带形式中推断出来。首先介绍双边带抑制载波（double-side band suppressed carrier，DSBSC）调制，因为这种调制是构成其他线性调制系统的基础。

2.4.1 双边带抑制载波调制

简化的 DSBSC 系统如图 2.20 所示。首先，具有等概率符号的有极性的 L 个电平的基带输入信号 $a(t)$ 首先用低通滤波器 F_T 进行滤波，以将其带宽限制为 f_m，然后将滤波后的信号 $b(t)$ 输入到乘法器中。乘法器另一个输入信号是载波频率为 f_c 的正弦信号。于是，乘法器的输出信号 $c(t)$ 为

$$c(t) = b(t)\cos(2\pi f_c t) \tag{2.81}$$

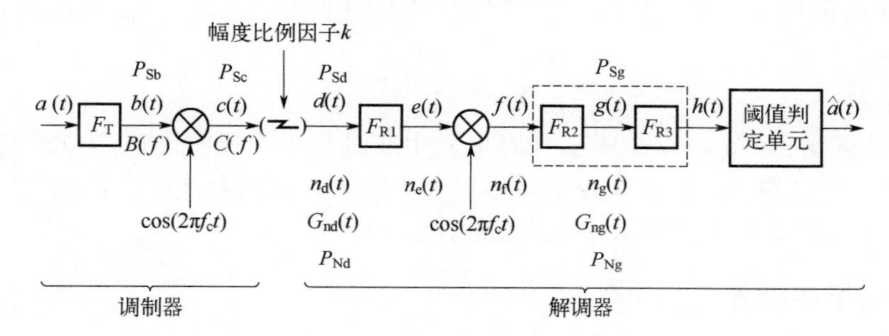

图 2.20 DSBSC 简化系统

如果 $b(t)$ 和 $c(t)$ 的幅度谱密度分别表示为 $B(f)$ 和 $C(f)$，那么 $C(f)$ 为

$$C(f) = \frac{1}{2}B(f+f_c) + \frac{1}{2}B(f-f_c) \tag{2.82}$$

因此，如图 2.21 所示，$C(f)$ 由两个频谱组成。一个实频谱以 f_c 为中心，另一个虚频谱以 $-f_c$ 为中心，每个带宽为 $2f_m$，幅度为 $B(f)$ 的一半。由于这些频谱对称地分布在载频的两侧，因此该信号被称为双边带（double-side band，DSB）信号。此外，由于 $b(t)$ 是有极性的，因此没有固定分量，所以 $c(t)$ 不包含离散载波频率分量，被称为抑制载波信号。

假设 $c(t)$ 在线性传输路径上传播并到达解调器输入端，其幅度比例因子为 k（即幅度可以展扩 k 倍），因此接收到的输入信号 $d(t)$ 为

$$d(t) = kc(t) \tag{2.83}$$

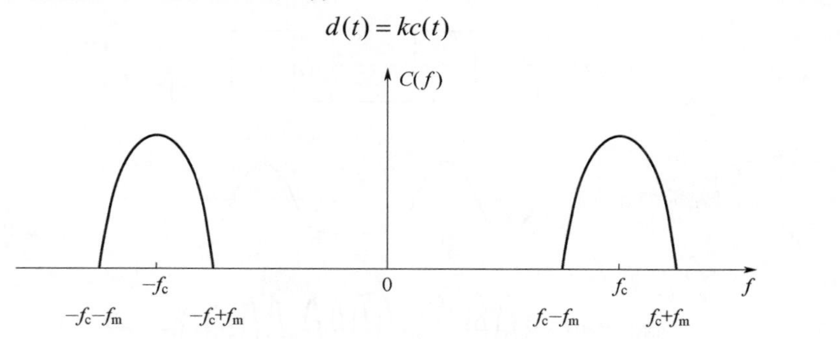

图 2.21 DSBSC 信号频谱

接收到的信号 $d(t)$ 通过带通滤波器 F_{R1} 以限制噪声和干扰。F_{R1} 的带宽 W 通常大于 $2f_m$［即 $d(t)$ 的带宽］，以免影响 $d(t)$ 的频谱。在这种情况下，F_{R1} 的输出信号 $e(t)$ 为

$$e(t)=d(t) \tag{2.84}$$

信号 $e(t)$ 被馈送到乘法器。乘法器也馈入正弦信号 $\cos(2\pi f_c t)$。因此，乘法器 $f(t)$ 的输出由下式给出

$$f(t)=e(t)\cos(2\pi f_c t) \tag{2.85}$$

将式（2.82）～式（2.84）代入式（2.85），得到

$$f(t)=kb(t)\cos^2\left(2\pi f_c t\right)=\frac{k}{2}b(t)\left[1+\cos\left(2\times2\pi f_c t\right)\right]=\frac{k}{2}b(t)+\frac{k}{2}b\left(t\right)\cos\left(4\pi f_c t\right) \tag{2.86}$$

因此，将 $e(t)$ 乘以 $\cos(2\pi f_c t)$（称为相干检测的过程），我们恢复了 $b(t)$，同时也具有了与 $b(t)$ 相同但以 $2f_c$ 为中心的双边带的第二个信号。信号 $f(t)$ 被输入到低通滤波器 F_{R2} 中，并滤除了以 $2f_c$ 为中心的信号分量，同时保持基带分量不受干扰。因此，F_{R2} 的输出 $g(t)$ 为

$$g(t)=\frac{k}{2}b(t) \tag{2.87}$$

信号 $g(t)$ 被馈送到 F_{R3}，以在阈值判定单元中在进行电平检测之前形成最终脉冲。在实践中，F_{R2} 与 F_{R3} 合二为一，但在此分别显示以便于分析。阈值判决单元的输出 $\hat{a}(t)$ 是一个基带信号，它是对调制器输入信号 $a(t)$ 的最佳估计。

2.4.2 二进制相移键控

通过 DSBSC 系统进行基带传输的一种特殊情况是使用图 2.22 所示的基带信号 $a(t)$，它是有极性的二进制形式。在这种情况下，如果滤波后的信号 $b(t)$ 的最大幅度为 $\pm b$，则调制信号 $c(t)$ 在 $c_1(t)$ 与 $c_0(t)$ 间变化，这是因为 $b(t)$ 在 $+b$ 与 $-b$ 间变化，其中

$$c_1(t)=b\cos(2\pi f_c t) \tag{2.88}$$

$$c_0(t)=-b\cos(2\pi f_c t)=c_1(t)=b\cos\left(2\pi f_c t+\pi\right) \tag{2.89}$$

当 $b(t)$ 为正时，$c(t)$ 相对于载波相位的相位为 0°。当 $b(t)$ 为负时，$c(t)$ 相对于载波相位的相位为 π 弧度或-180°。因此，相对相位只有两种状态。这种调制称为二进制相移键控（binary phase shift keying，BPSK），是最简单的线性调制方法。图 2.22 给出信号 $a(t)$、$b(t)$ 和 $c(t)$ 的波形。图 2.23 所示为 $c(t)$ 的信号空间（或矢量、或星座）图。该图描绘了调制信号 $b(t)$ 达到峰值时 $c(t)$ 的幅度和相位。

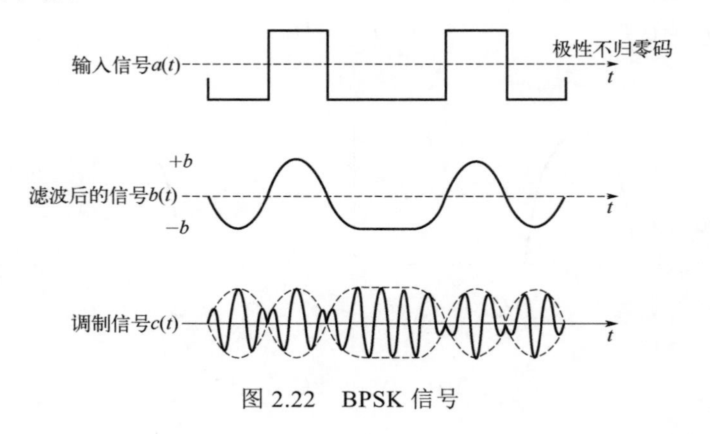

图 2.22　BPSK 信号

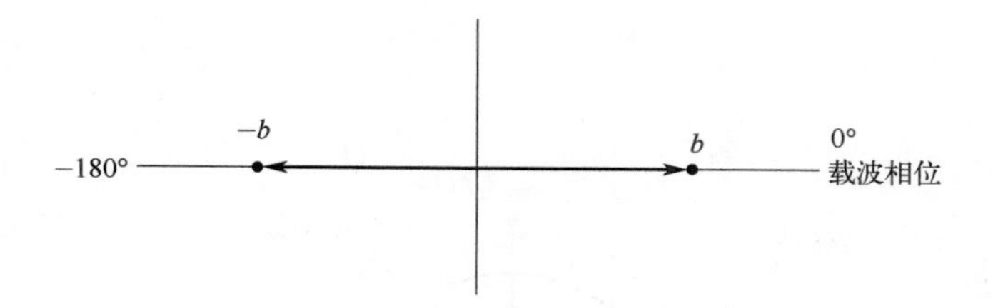

图 2.23　BPSK 调制信号的信号空间图

可以证明[1]，具有最佳滤波，并且存在高斯白噪声的 BPSK 系统的误比特率 $P_{be(BPSK)}$ 由下式给出

$$P_{be(BPSK)} = Q\left(\left(\frac{2P_s}{P_N}\right)^{\frac{1}{2}}\right) \tag{2.90}$$

式中，P_s 为解调器输入端的平均信号功率；P_N 为解调器输入端双侧奈奎斯特带宽内的噪声功率。

在式（2.90）中，误比特率是由信噪比定义的。然而，在数字通信系统中，通常是根据接收信号中每比特的能量 E_b 与接收器输入处的噪声功率密度 N_o 之比来定义误比特率 P_{be} 的。用 E_b / N_o 定义 P_{be} 可以很容易地比较相同比特率下不同调制系统的误码性能。鉴于此，对于具有比特率为 f_b 的 BPSK 系统，其单边、双边带奈奎斯特带宽也为 f_b，于是有

$$P_s = E_b f_b \tag{2.91}$$

以及

$$P_N = N_o f_b \tag{2.92}$$

于是

$$\frac{P_s}{P_N} = \frac{E_b}{N_o} \tag{2.93}$$

以及

$$P_{be(BPSK)} = Q\left(\sqrt{2\frac{E_b}{N_o}}\right) \tag{2.94}$$

图 2.24 给出了调制信号未经滤波的 BPSK 的功率谱。该功率谱具有与两侧基带信号相同的 $\sin x / x$ 形式，只是它在频率上偏移了 f_c。可以证明[1]

$$G_{BPSK}(f) = P_s \tau_b \left[\frac{\sin\pi\left(f - f_c\right)\tau_b}{\pi\left(f - f_c\right)\tau_b}\right]^2 \tag{2.95}$$

式中，$\tau_b = 1 / f_b$，是基带信号的比特持续时间（周期）。

图 2.24 还显示了系统的单边、双边带奈奎斯特带宽，它等于 f_b。因此，在理论上最好的情况下，BPSK 能够以每赫兹的传输带宽每秒传输 1bit。因此，该系统具有 1bit/（s • Hz）的最大频谱效率。过滤到 0%的额外带宽以实现奈奎斯特带宽是不切实际的，所以真正的 BPSK 系统的频谱效率低于 1bit/(s •Hz)。例如，对于 25%的额外带宽，1bit/s 速率的数据需要 1.25Hz 的带宽，使得频谱效率为 0.8bit/（s • Hz）。

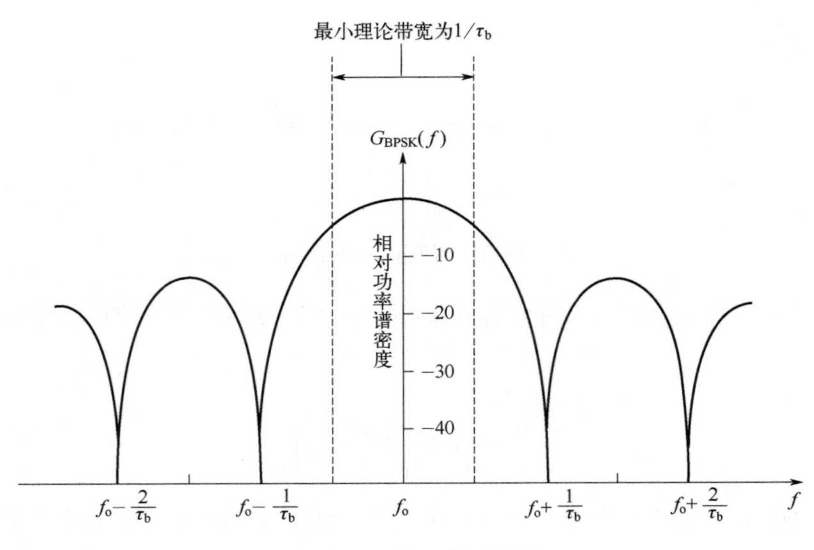

图 2.24　BPSK 的功率谱

正如我们将在随后的部分中看到的，比 BPSK 提供的频谱效率高得多的频谱效率很容易实现。BPSK 很少用于无线通信网络，因为通常可用频谱有限，因此其未受到高度重视。尽管如此，了解其工作原理对于分析常用的调制技术——正交相移键控（quadrature phase shift keying，QPSK）则非常有价值。

对于采用矩形脉冲串调制的 BPSK，例如图 2.22 所示的信号 $a(t)$，调制信号的幅度随着脉冲串的行进是不变的，因为脉冲极性的变化只是简单地翻转了相位，但保持幅度不变。因此，由于功率与信号电平的平方成正比，所以该调制信号的峰均功率比（peak-to-average power ratio，PAPR）为 1。然而，当调制信号被滤波时，例如图 2.22 所示的信号 $b(t)$，调制信号的幅度随着调制信号极性的变化而变化，从最大值减小到最小值 0，因此平均信号功率小于峰值信号功率。对于有限过滤，PAPR 可能略高于 1，但对于显著过滤，PAPR 更可能在 2 以内。

π/2-BPSK 是简单的 BPSK，每个连续符号上的载波频率都有 π/2 逆时针相移旋转。在星座图上，BPSK 占据两个相位位置，即 0 和 π，而 π/2-BPSK 占据四个相位位置，即 0、π/2、π 和 3/2π。为了采用 π/2-BPSK 可视化相变，以当前相位位置为 0（弧度）的情况为例。对于下一个符号，有一个 π/2 相位的自动旋转。因此，如果下一个符号的值为二进制 1，则下一个相位位置将为 π/2（逆时针旋转），但如果其值为二进制 0，则下一个相位位置将为 3/2π（顺时针旋转）。π/2-BPSK 表现出与 BPSK 相同的误码率性能和相同的频谱特性。

对于 π/2-BPSK，星座相位变化仅限于 π/2。与 BPSK 一样，如果调制符号为矩形，则 π/2-BPSK 的 PAPR 为 1，因为调制信号幅度永远不会改变。但是，如果调制符号被滤波，则调制信号幅度与 BPSK 不同，永远不会通过 0。事实上，可以很容易地证明，它的最大振幅相对于它的最小值的比例是 $\sqrt{2}$ 。对于相同水平的滤波，这将导致其 PAPR 远低于 BPSK。

2.4.3　正交幅度调制

上述 BPSK 系统只能执行 0°或 180°相移的幅度调制。但是，通过增加如图 2.25 所示的正交支路，可以构造任何所需幅度和相位的信号。在正交分支中，第二个基带信号与频率为 f_c 的正弦载波相乘（与同相载波相同，但相位延迟 90°）。然后将两个乘法器的输出相加，形成正交幅度调制（quadrature amplitude modulation，QAM）信号。

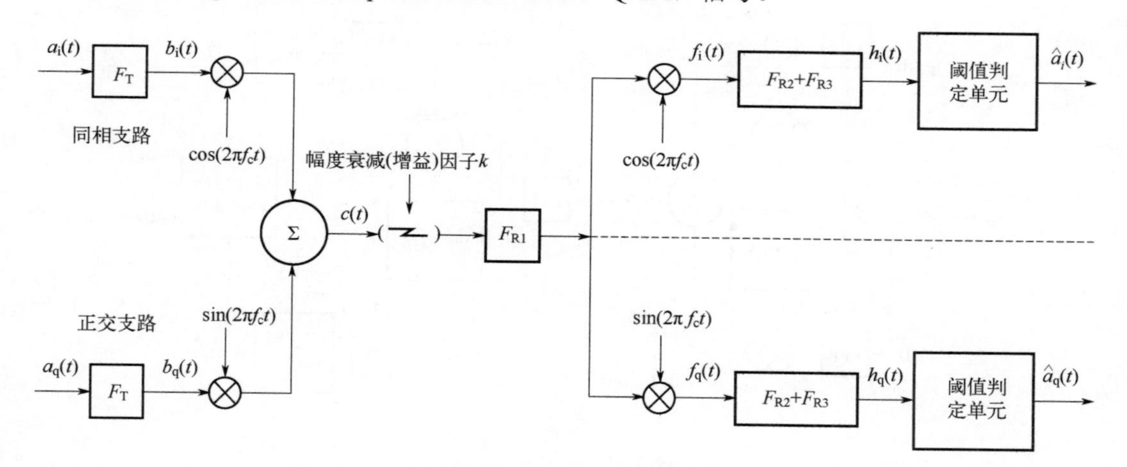

图 2.25　正交调幅系统原理图

对于同相基带滤波信号 $b_i(t)$ 和正交基带滤波信号 $b_q(t)$，其调制器的总输出 $c(t)$ 为

$$c(t) = b_i(t)\cos(2\pi f_c t) + b_q(t)\sin(2\pi f_c t) \tag{2.96}$$

在 QAM 解调器中，输入信号通过带通滤波器 F_{R1} 以限制噪声和干扰。然后它被分成两个分支，并被分别输入到乘法器中，同相与正交乘法器也被分别馈入 $\cos(2\pi f_c t)$（同相载波）与 $\sin(2\pi f_c t)$（正交载波）。

同相乘法器的输出信号 $f_i(t)$ 为

$$\begin{aligned} f_i(t) &= kc(t)\cos(2\pi f_c t) = kb_i(t)\cos^2(2\pi f_c t) + kb_q(t)\sin(2\pi f_c t)\cos(2\pi f_c t) \\ &= \frac{1}{2}b_i(t) + \frac{1}{2}b_i(t)\cos(4\pi f_c t) + \frac{1}{2}b_q(t)\sin(4\pi f_c t) \end{aligned} \tag{2.97}$$

仅对同相调制系统，$f_i(t)$ 与 $f(t)$ 之间的唯一区别是式（2.97）中的最后一个分量。然而，这个分量就像式（2.97）中的第二个分量一样，以 $2f_c$ 为中心频谱，并在阈值判定之前被过滤，只留下原始的正交调制信号 $b_i(t)$。

正交乘法器的输出信号 $f_q(t)$ 为

$$\begin{aligned} f_q(t) &= kc(t)\sin(2\pi f_c t) = kb_q(t)\sin^2(2\pi f_c t) + kb_i(t)\sin(2\pi f_c t)\cos(2\pi f_c t) \\ &= \frac{1}{2}b_q(t) - \frac{1}{2}b_q(t)\cos(4\pi f_c t) + \frac{1}{2}b_i(t)\sin(4\pi f_c t) \end{aligned} \tag{2.98}$$

与来自同相乘法器的输出 $f_i(t)$ 相同，$f_q(t)$ 由原始同相调制信号 $b_q(t)$ 以及两个以 $2f_c$ 为中心频谱的分量组成，这些分量在阈值判决单元之前被过滤。因此，通过正交调制，在给定理想条件下，可以在同一载波上传输两个独立的比特流，而一个信号不会与另一个信号发生干扰。

2.4.4　正交相移键控

正交（或四进制）相移键控（quadrature phase shift keying，QPSK）是正交幅度调制的最简单的实现之一，有时也称为 4-QAM。其中，调制信号具有四种不同的状态。图 2.26 所示为 QPSK 系统示意图。

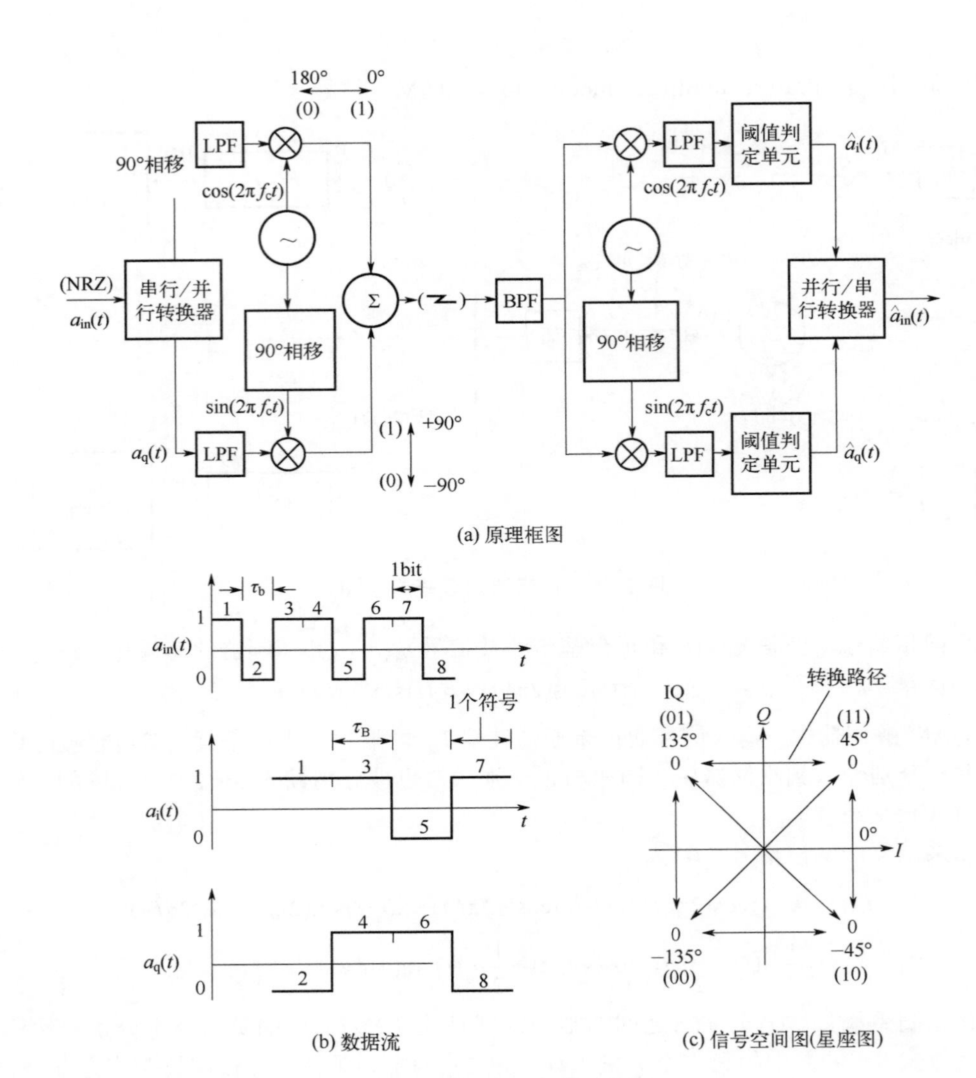

图 2.26　QPSK 系统示意图

在解调器中，作为正交解调的结果，信号 $\hat{a}_{\mathrm{i}}(t)$ 与 $\hat{a}_{\mathrm{q}}(t)$ 是对原始调制信号的估计。然后这些信号在并行/串行转换器中重新组合以形成 $\hat{a}_{\mathrm{in}}(t)$，这是调制器对原始输入信号的估计。如上所述，QPSK 可以被视为两个相关联的 BPSK 系统以正交方式工作。从调制器输出的频谱来看，两个 BPSK 信号频谱相互叠加。BPSK 符号周期（持续时间）为 τ_{B}，$\tau_{\mathrm{B}}=2\tau_{\mathrm{b}}$。因此，每个 BPSK 信号以及 QPSK 信号的频谱由式（2.95）给出，但 τ_{b} 由 $2\tau_{\mathrm{b}}$ 代替。通过替换，我们得到

$$G_{\mathrm{QPSK}}(f)=2P_{\mathrm{s}}\tau_{\mathrm{b}}\left\{\frac{\sin\left[2\pi\left(f-f_{\mathrm{c}}\right)\tau_{\mathrm{b}}\right]}{2\pi\left(f-f_{\mathrm{c}}\right)\tau_{\mathrm{b}}}\right\} \tag{2.99}$$

$G_{\mathrm{QPSK}}(f)$ 的曲线如图 2.27 所示。注意到，在每个系统的比特率相同的情况下，主瓣和旁瓣的宽度是 BPSK 的一半。因此，QPSK 的最大频谱效率是 BPSK 的 2 倍，即 2bit/(s・Hz)。

QPSK 系统的误比特率 $P_{\mathrm{be(QPSK)}}$ 在有最佳滤波以及存在高斯白噪声的情况下，由下式给出

$$P_{\mathrm{be(QPSK)}}=Q\left(\sqrt{\frac{2E_{\mathrm{b}}}{N_{\mathrm{o}}}}\right) \tag{2.100}$$

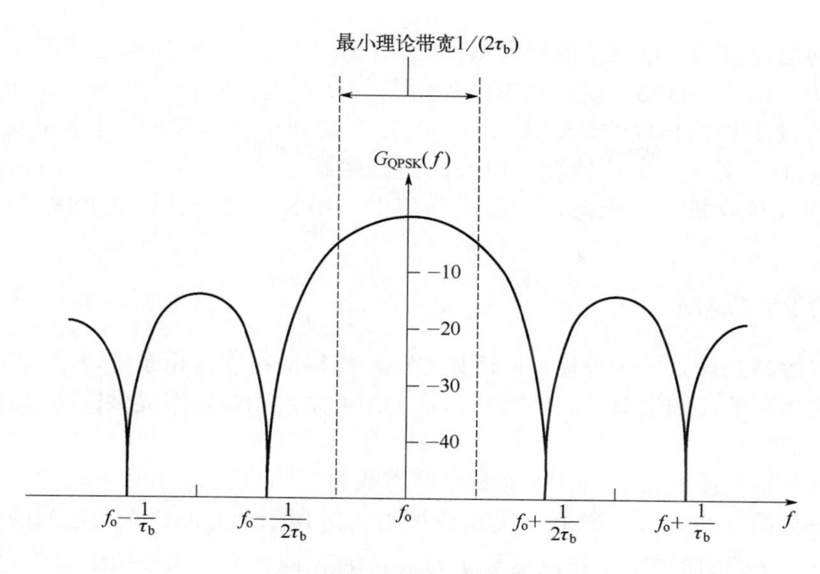

图 2.27　QPSK 的功率谱

我们注意到，这种关系与 BPSK 的误比特率与 E_b/N_o 的关系相同。QPSK 和其他线性调制的 P_{be} 与 E_b/N_o 的关系如图 2.28 所示。

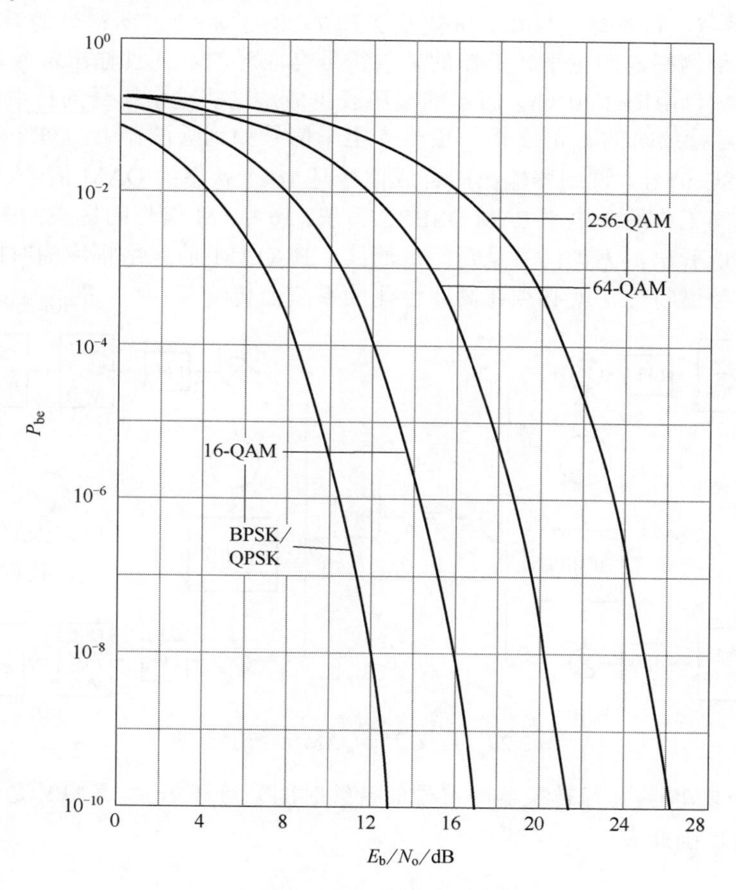

图 2.28　P_{be} 与 E_b/N_o 的关系

对于相同的比特率，QPSK 的频谱效率是 BPSK 的两倍，而在理想情况下的误比特率性能没有损失。然而，QPSK 硬件比 BPSK 所需的硬件更为复杂。此外，在通过诸如功率放大器等非线性组件的传输中，滤波后的 QPSK 会受到正交串扰，即一个正交信道上的调制终止于另一个正交信道上的情况。相关检测振荡器之间的相位差没有保持在 90°，这种情况也会出现在接收机中。因此，在现实环境中，BPSK 是一种比 QPSK 更鲁棒的调制技术。

2.4.5 高阶 2^{2n}-QAM

虽然相对容易实现且性能鲁棒，但诸如 QPSK 那样的线性四相系统通常无法在实际的无线系统中提供所需的高频谱效率。然而，高阶 QAM 系统确实能够提供较高的频谱效率并在实际中得到广泛应用。

提供高效频谱效率的常见 QAM 系统是状态数为 2^{2n} 的系统，其中 $n=2,3,\cdots$。2^{2n}-QAM 系统的原理图如图 2.29 所示。这种广义系统与图 2.26 所示的 QPSK 系统之间的区别在于：

第一，在广义调制器中，I 和 Q 信号 $a_{\mathrm{i}}(t)$ 与 $a_{\mathrm{q}}(t)$ 在滤波前分别被馈送到 2 到 2^n 电平转换器，并与载波相乘；

第二，在广义解调器中，阈值判决单元的输出在被组合到并/串转换器之前分别被馈送到 2^n 到 2 电平转换器。

2^{2n}-QAM 系统已得到广泛应用，n 值从 2 到 7。对于 $n=2$，所得到的系统是 16-QAM。在该系统中，每个调制器的电平转换器的输入符号是成对的，并且输出符号以四个可能的电平之一的信号形式，由图 2.30（a）所示的编码表生成。这些输出符号的持续时间（周期）为 $\tau_{4\mathrm{BL}}$，是输入符号持续时间 τ_{B} 的 2 倍。由于 4 电平信号加到乘法器上，每个乘法器的输出是 4 电平调幅 DSBSC 信号，调制器输出的合成信号是 16 个状态的 QAM 信号。因此，16-QAM 可被视为两个正交工作的 4 电平 PAM DSBSC 系统。16-QAM 信号的星座如图 2.30（b）所示。从图中可以清楚地看出，无论信号是否经过滤波，16-QAM 的包络幅度随时间变化很大，因此如果要保持其频谱特性，就必须在高线性化的系统上传输。

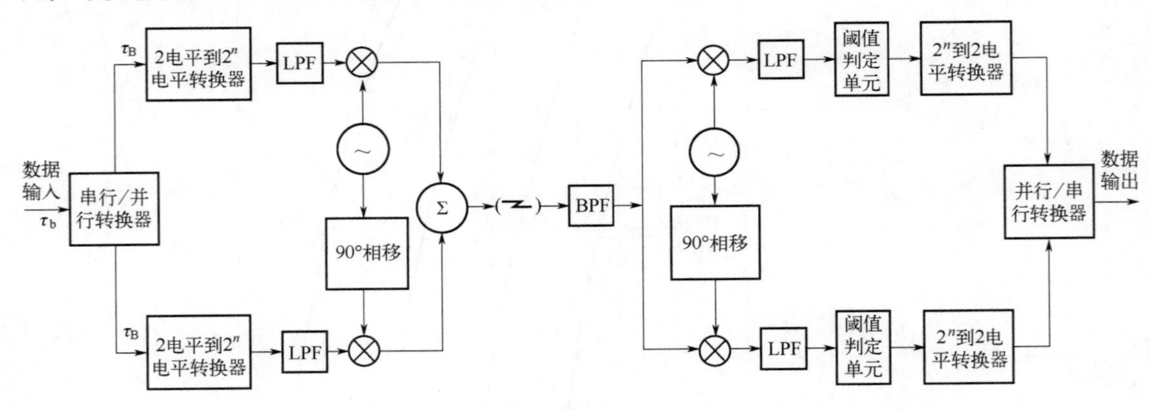

图 2.29　广义 2^{2n}-QAM 系统原理图

由于 τ_{B}（来自串行/并行转换器的符号的持续时间）等于 $2\tau_{\mathrm{b}}$，其中 τ_{b} 是输入到调制器的比特的持续时间，因此有

$$\tau_{4\mathrm{BL}}=4\tau_{\mathrm{b}} \tag{2.101}$$

运用式（2.101）并采用计算 QPSK 频谱密度的相同逻辑，可以证明 $G_{16\text{-QAM}}(f)$，即 16-QAM 的谱密度由下式给出

$$G_{16\text{-QAM}}(f) = 4P_s\tau_b \left\{ \frac{\sin\left[4\pi\left(f-f_c\right)\tau_b\right]}{4\pi\left(f-f_c\right)\tau_b} \right\} \tag{2.102}$$

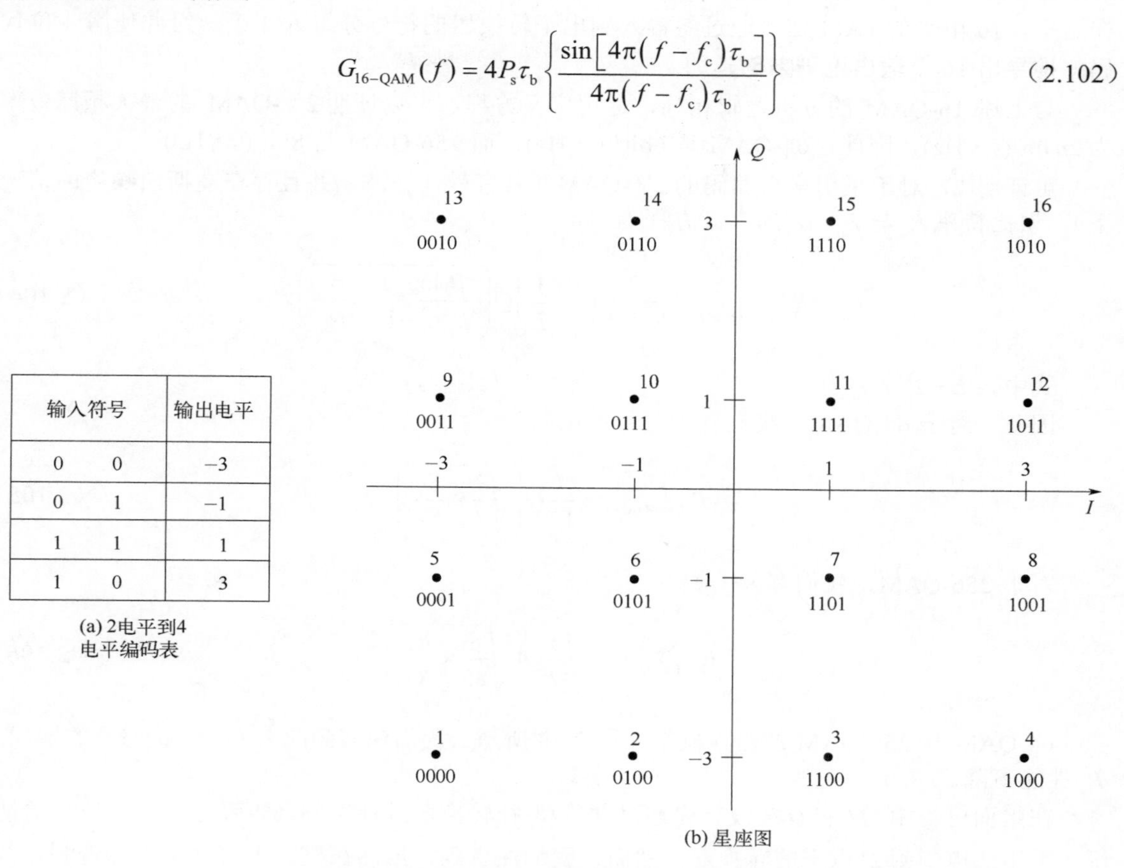

输入符号		输出电平
0	0	−3
0	1	−1
1	1	1
1	0	3

(a) 2电平到4电平编码表

(b) 星座图

图 2.30　16-QAM 电平转换器编码表与星座图

$G_{16\text{-QAM}}(f)$ 的主瓣和旁瓣是 BPSK 的 1/4。因此，16-QAM 的最大频谱效率为 4bit/（s・Hz），是 QPSK 的 2 倍。

对于 16-QAM 系统，可以证明[4]：误比特率 $P_{be(16\text{-QAM})}$ 为

$$P_{be(16\text{-QAM})} = \frac{3}{4}Q\left(\sqrt{\frac{4}{5}\times\frac{E_b}{N_o}}\right) \tag{2.103}$$

$P_{be(16\text{-QAM})}$ 与 E_b / N_o 的关系图如图 2.28 所示。可以观察到，对于 10^{-3} 的误比特率，16-QAM 所需的 E_b / N_o 比 QPSK 所需的大 3.8dB。因此，16-QAM 相对于 QPSK 实现的频谱效率翻倍是以误比特率性能为代价的。

图 2.30（a）所示的 2 电平到 4 电平编码是格雷编码的一个例子。在格雷编码中，创建任何一对相邻电平的比特仅相差一位。有趣的是，由于 I 和 Q 通道中的格雷编码，图 2.30（b）的信号空间图中所示的 16 种状态也是格雷编码的。因此，由于这些状态之一被解码为其最接近的相邻状态之一而导致的错误只有一位出错。

对于 $n=3$，产生的系统为 64-QAM 系统，是 2 个 8 电平 PAM DSBSC 信号正交的组合。8 电平 PAM 信号是通过将输入到电平转换器的符号分组为 3 个一组并用这些 3 位代码推导出

8 个输出电平来创建的。

对于 $n=4$，产生的系统为 256-QAM 系统，是 2 个 16 电平 PAM DSBSC 信号的正交组合。在这里，16 电平的 PAM 信号通过将输入到电平转换器的符号分组为 4 个一组并使用 4 位代码字推导出 16 个输出电平来创建的。

与上述 16-QAM 的分析逻辑相同，运用广义方程，可以证明 2^{2n}-QAM 的最大频谱效率为 $2n$ bit/(s・Hz)。因此，64-QAM 是 6bit/(s・Hz)，而 256-QAM 是 8bit/(s・Hz)。

可证明[4]，对于采用格雷编码的 2^{2n}-QAM（具有最佳滤波，并且存在高斯白噪声的情况下），误比特率 P_{be} 与 E_b/N_o 的广义方程为

$$P_{be(2^{2n}-QAM)}=\frac{2}{\log_2 L}\left(1-\frac{1}{L}\right)Q\left(\sqrt{\frac{6\log_2 L}{L^2-1}\times\frac{E_b}{N_o}}\right) \tag{2.104}$$

式中，$L=2^n$。

因此，对于 64-QAM，我们有

$$P_{be(64-QAM)}=\frac{7}{12}Q\left(\sqrt{\frac{2}{7}\times\frac{E_b}{N_o}}\right) \tag{2.105}$$

对于 256-QAM，我们有

$$P_{be(256-QAM)}=\frac{15}{32}Q\left(\sqrt{\frac{8}{85}\times\frac{E_b}{N_o}}\right) \tag{2.106}$$

64-QAM 与 256-QAM 的错误概率如图 2.28 所示。我们观察到随着 QAM 状态数的增加，P_{be} 性能下降。

在上面讨论中，I 和 Q 载波首先通过并行/串行转换器进行调制，然后对于 n 大于 1 的情况，采用 2 电平到 2^n 电平的转换器。然而，我们注意到，虽然在概念上有助于表达调制，但这种物理实现并不是必需的。所需要做的就是利用映射结构，将每组 2^n 个输入数据位转换为所需的 I 和 Q 调制值。因此，以 16-QAM 为例，映射器只需将任何输入的 4bit 组合并将其映射到图 2.30 所示的 I 和 Q 值。例如，所输入的 1110 被分别映射为 1（I 值）和 3（Q 值）。换一种方式看，它映射到复值 $1+3j$。

2.4.6 峰均功率比

对于前面所研究的未被滤波的 BPSK、QPSK 和 QAM 系统，信号电平在每个完整符号期间是恒定的。因此，对于 BPSK 和 QPSK，符号电平在整个符号流中是恒定的，峰值电平等于平均电平，峰值功率等于平均功率。因此，峰均功率比（PAPR）为 1 或 0dB。然而，对于 2^{2n}-QAM 系统，当 $n>1$ 时，符号可以采用多个电平，使得 PAPR 大于 1。考虑图 2.31 所示的 16-QAM 星座。在这里，我们看到符号可以采用四个不同电平。最高电平为 $\sqrt{18}x$，因此峰值功率为 $18x^2$。平均功率 $\bar{X}^2$ 由下式给出

$$\bar{X}^2=\frac{4\times 2x^2+8\times 10x^2+4\times 18x^2}{16}=10x^2 \tag{2.107}$$

因此，对于未滤波的符号，PAPR 为 2.55dB。同样可以看出，对于未滤波的符号，64-QAM 的 PAPR 为 3.69dB，256-QAM 的 PAPR 为 4.23dB。

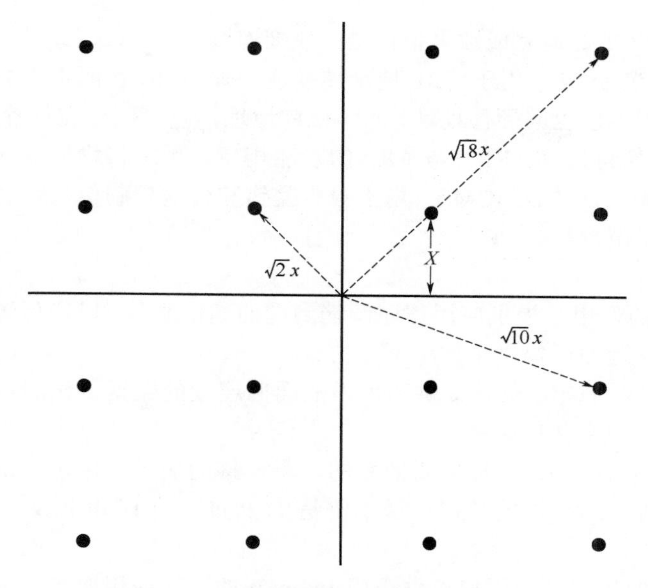

图 2.31　16-QAM 星座图上的符号电平

2.5 TCP/IP

2.5.1 TCP/IP 模型及各层功能

开放系统互联参考模型 OSI 是一个分层模型，分层模型包括各层功能和各层协议描述两方面的内容。每一层提供特定的功能，层与层之间相对独立，当需要改变某一层的功能时，不会影响其他层。采用分层技术，可以简化系统的设计和实现，并能提高系统的可靠性和灵活性，因此 TCP/IP[5]也是采用分层体系结构。TCP/IP 模型与 OSI 参考模型的对应关系如图 2.32 所示。

TCP/IP 仅有四层，网络接口层对应 OSI 参考模型的物理层和数据链路层；网络层对应 OSI 参考模型的网络层；运输层对应 OSI 参考模型的运输层；应用层对应 OSI 参考模型的 5、6、7 层。应注意的是，TCP/IP 模型并不包括物理层，网络接口层下面是物理网络。

<table>
<tr><th>OSI 参考模型</th><th>TCP/IP 模型</th></tr>
<tr><td>7 应用层</td><td rowspan="3">应用层
(各种应用协议，如 Telnet、FTP、SMTP)</td></tr>
<tr><td>6 表示层</td></tr>
<tr><td>5 会话层</td></tr>
<tr><td>4 运输层</td><td>运输层(TCP/UDP)</td></tr>
<tr><td>3 网络层</td><td>网络层(IP)</td></tr>
<tr><td>2 数据链路层</td><td rowspan="2">网络接口层</td></tr>
<tr><td>1 物理层</td></tr>
</table>

图 2.32　OSI 与 TCP/IP 模型的对应关系

（1）网络接口层

在网络接口层中，数据传送单位是物理帧。网络接口层主要功能为：

第一，发送端接收来自网络层的 IP 数据报，将其封装成物理帧并且通过特定的网络进行传输；

第二，接收端从网络上接收物理帧，将数据帧的 IP 数据报取出上交给网络层。网络接口层没有规定具体的协议。

（2）网络层

网络层的作用是提供主机间的数据传送功能，其数据传送单位是 IP 数据报。网络层的核心协议是 IP 协议，它非常简单，提供的是不可靠、无连接的 IP 数据报传送服务。网络层的辅助协议用于协助 IP 更好地完成数据报传送，主要有：

① 地址转换协议 ARP　用于将 IP 地址转换成物理地址。在网络中的每一台主机都要有一个物理地址，物理地址也叫硬件地址，即 MAC 地址，它是固化在计算机的网卡上。

② 逆向地址转换协议 RARP　与 ARP 的功能相反，用于将物理地址转换成 IP 地址。

③ Internet 控制报文协议 ICMP　用于报告差错和传送控制信息，其控制功能包括差错控制、拥塞控制和路由控制等。

（3）运输层

TCP/IP 运输层的作用是提供应用程序间端到端的通信服务，以确保源主机传送的数据正确到达目的地主机。运输层提供了如下两个协议：

① 传输控制协议 TCP　负责提供高可靠的面向连接的数据传送服务，主要用于一次传送数据量大的报文，如文件传送等。

② 用户数据报协议 UDP　提供高效率的、无连接的服务，用于一次传送数据量较少的报文，如数据查询等。运输层的数据传送单位是 TCP 报文或 UDP 报文。

（4）应用层

TCP/IP 应用层的作用是为用户提供访问 Internet 的高层应用服务，如文件传送、远程登录、电子邮件、WWW 服务等。为了便于传输与接收数据信息，应用层要对数据进行格式化。

应用层的协议就是一组应用高层协议，即一组应用程序，主要有文件传送协议 FTP、远程终端协议 Telnet、简单邮件传输协议 SMTP、超文本传送协议 HTTP 等。

2.5.2　IP 及辅助协议

（1）IP 的特点及 IP 地址

目前 Internet 广泛采用的 IP 是 IPv4，为了解决 IPv4 地址资源紧缺问题，最近 IPv6 逐渐推广应用。本节以 IPv4 为例，介绍 IPv4 的相关内容。

IP 是网络层的核心协议，IP 的主要特点为：仅提供不可靠、无连接的数据报传送服务；IP 是点对点的，所以要提供路由选择功能；IP 地址长度为 32bit。

IP 地址是 Internet 为每一台上网的主机分配一个唯一的标识符，IP 地址是分等级的，其结构如图 2.33 所示。

网络地址	主机地址

图 2.33　IP 地址的结构

IP 地址的长度为 32bit，现在由 Internet 名字与号码指派公司 ICANN 分配。IP 地址由两部分构成，即：

① 网络地址（也称为网络号）　用于标识连接 Internet 的网络；

② 主机地址（称为主机号）　用于标识特定网络中的主机。

IP 地址分为两个等级的优点是：IP 地址管理机构在分配 IP 地址时只分配网络号，而剩下的主机号则由该网络号的单位（或机构）自行分配，这样就方便了 IP 地址的管理；另外，路由器仅根据目的主机所连接的网络号来转发分组，而不用考虑目的主机号，这样就可以使路由表中的项目数大幅度减少，从而减小了路由表所占的存储空间。

IP 地址用点分十进制表示。点分十进制是 32bit 长的 IP 地址，以×.×.×.×格式表示，×为 8bit，其值为 0～255，共 2^8=256。IP 地址表示如图 2.34 所示。

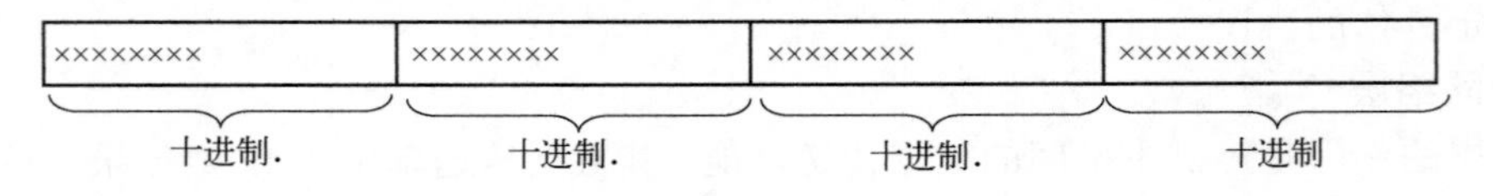

图 2.34　IP 地址表示

例如，某 IP 地址的二进制值为 10011000　01010001　10000001　00000011，则其十进制为：$(2^7+2^4+2^3=152).(2^6+2^4+1=81).(2^7+1=129).(2^1+1=3)$，即 152.81.129.3。用点分十进制表示的好处是可以提高 IP 地址的可读性，而且可很容易地识别 IP 地址的类别。

根据网络地址和主机地址各占多少位，IP 地址分为五类，即 A～E 类，如图 2.35 所示。IP 地址格式中，前几个比特用于标识地址是哪一类。A 类地址第一个比特为 0；B 类地址的前两个比特为 10；C 类地址的前 3 个比特为 110；D 类地址的前 4 个比特为 1110；E 类地址的前 5 个比特为 11110。由于 IP 地址的长度限定为 32bit，类的标识符占用位数越多，则可使用的地址空间就越小。

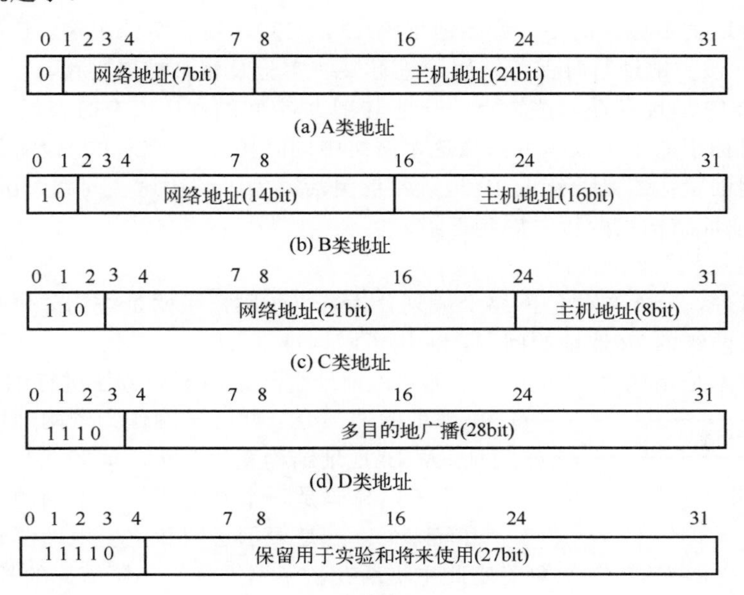

图 2.35　IP 地址类别

Internet 的 5 类地址中，A、B、C 三类为主类地址，D、E 为次主类地址。目前 Internet 中一般采用 A、B、C 类地址。表 2.2 为各类特性的汇总。

表 2.2　IP 地址类型的特点

类别	类别比特	网络地址空间	主机地址空间	起始地址	标识的网络数量	每网络主机数	应用场合
A	0	7	24	1～126	126（2^7-2）	16777214（$2^{24}-2$）	大型网
B	10	14	16	128～191	16384（2^{14}）	65534（$2^{16}-2$）	中型网
C	110	21	8	192～223	2097152（2^{21}）	254（2^8-2）	小型网

应注意的是：

第一，起始地址是指前 8 个比特表示的地址范围。

第二，A 类地址标识的网络个数为 2^7-2，减 2 的原因是 IP 地址中的全 0 表示“这个”（this），网络号字段为全 0 的 IP 地址是个保留地址，意思是“本网络”；网络号字段为 127（即 01111111）的保留作为本地软件环回测试本主机用（后面 3 个字节的二进制数字可为任意，但不能都是 0 或都是 1）。

第三，每网主机数 2^n-2，减 2 的原因是全 0 的主机号字段表示该 IP 地址是本主机所连接到的“单个网络”地址（如一主机的 IP 地址为 118.17.34.6，该主机所在网络的 IP 地址就是 118.0.0.0）。而全 1 表示“所有的”（all），因此全 1 的主机号字段表示该网络上的所有主机。

第四，实际上 IP 地址是标识一台主机（或路由器）和一条链路的接口。当一台主机同时连接到两个网络上时，该主机就必须同时具有两个相应的 IP 地址，其网络号必须是不同的。这种主机称为多接口主机，也就是实际上的路由器。由于一个路由器至少应当连接到两个网络，这样它才能将 IP 数据报从一个网络转发到另一个网络，因此一个路由器至少应当有两个不同的 IP 地址。

第五，D 类地址不标识网络，起始地址为 224～239，用于特殊用途。E 类地址的起始地址为 240～255，该类地址暂时保留，用于进行某些实验及将来扩展之用。

两级结构的 IP 地址存在一些缺点：一是 IP 地址空间的利用率有时很低，如 A 类和 B 类地址每个网络可标识的主机很多，如果这个网络中同时接入网络的主机没有那么多，显然主机地址资源空闲浪费；二是两级的 IP 地址不够灵活。为了解决这些问题，Internet 采用子网地址，于是 IP 地址结构由两级发展到三级。

（2）子网地址和子网掩码

为了便于管理，一个单位的网络一般划分为若干子网，子网是按物理位置划分的，为了标识子网和解决两级的 IP 地址的问题，采用子网地址。

子网编址技术是指在 IP 地址中，对于主机地址空间采用不同方法进行细分，通常另将主机地址的一部分分配给子网作为子网地址。采用子网编址后，IP 地址结构变为三级，如图 2.36 所示。

网络地址	子网地址	主机地址

图 2.36　三级 IP 地址的结构

子网掩码是一个网络或一个子网的重要属性，其作用有两个：一是表示子网和主机地址位数；二是将某台主机的 IP 地址和子网掩码相与可确定此主机所在的子网地址。子网掩码的长度也为 32bit，与 IP 地址一样用点分十进制表示。

如果已知一个 IP 网络的子网掩码，将其点分十进制转换为 32bit 的二进制，其中“1”代表网络地址和子网地址字段，“0”代表主机地址字段。以下举例说明。

例如，某网络 IP 地址为 168.5.0.0，子网掩码为 255.255.248.0。由于该 IP 地址的起始地址在 128～191 间，所以为 B 类地址，B 类地址网络地址空间为 14 位，再加 2 位标识位共 16 位。后 16 位为子网地址和主机地址字段。子网掩码对应的二进制为：11111111 11111111 11111000 00000000，子网地址占 5 位，主机地址占 11 位。此网络最多能容纳的主机数为 $(2^5-2)\times(2^{11}-2)=61380$。

又例如，某主机 IP 地址为 165.18.86.10，子网掩码为 255.255.224.0。此主机 IP 地址所对应的二进制地址为 10100101 00010010 01010110 0001010，子网掩码 255.255.224.0 的二进制为 11111111 11111111 11100000 00000000，将主机的 IP 地址与子网掩码相与，可得此主机所在的子网地址为 10100101 00010010 01000000 00000000，即为 165.18.64.0。

在 Internet 中，为了简化路由器的路由选择算法，不划分子网时也要使用子网掩码。此时采用默认的子网掩码是：1 的位置对应 IP 地址的网络号字段；0 的位置对应 IP 地址的主机号字段。

另外，在一个划分子网的网络中可同时使用几个不同的子网掩码，称为可变长子网掩码。

划分子网在一定程度上缓解了 Internet 在发展中遇到的地址资源紧缺的困难。但 Internet 用户数急剧增长，整个 IPv4 的地址空间最终将全部耗尽。为了提高 IP 地址资源的利用率，研究出无分类编址方法，它的正式名字是无分类域间路由选择（classless inter-domain routing，CIDR）。

（3）无分类编址（无分类域间路由选择）CIDR

无分类编址 CIDR 的主要特点是，IP 地址不再划分 A 类、B 类和 C 类地址，也不再划分子网，因而可以更加有效地分配 IPv4 的地址空间；CIDR 使用各种长度的“网络前缀”来代替分类地址中的网络号和子网号；IP 地址采用无分类的两级编址。

CIDR 一般表示为

IP 地址:：＝（<网络前缀>，<主机号>）

CIDR 也可以用斜线表示，具体为：在 IP 地址后面加上一个斜线“/”，然后写上网络前缀所占的比特数。

例如，CIDR 地址 196.28.65.30/22，二进制地址为 11000100 00011100 01000001 00011110，表示网络前缀的为 22bit，为 11000100 00011100 010000，主机号为 10bit，为 01 00011110。需要注意的是，上述 CIDR 的斜线记法指的是单个的 IP 地址。

CIDR 将网络前缀都相同的连续的 IP 地址组成 CIDR 地址块。一个 CIDR 地址块是由起始地址和地址块中的地址数来决定的。

CIDR 虽然不使用子网了，但仍然使用“掩码”这一名词。掩码表示为：网络前缀所占的比特数均为 1，主机号所占的比特数均为 0。例如，对于/22 地址块，它的掩码是 22 个连续的 1，接着有 10 个 0，斜线记法中的数字就是掩码中 1 的个数。

例如，76.0.0.0/12 地址块的掩码，其二进制形式可为

11111111 11110000 00000000 00000000

点分十进制的形式为 255.240.0.0。

（4）IP 数据报格式

IP 数据报的格式如图 2.37 所示。由报头和数据部分组成，其中报头由 20 个字节长度的固定长度字段以及可变长度的可选字段组成。

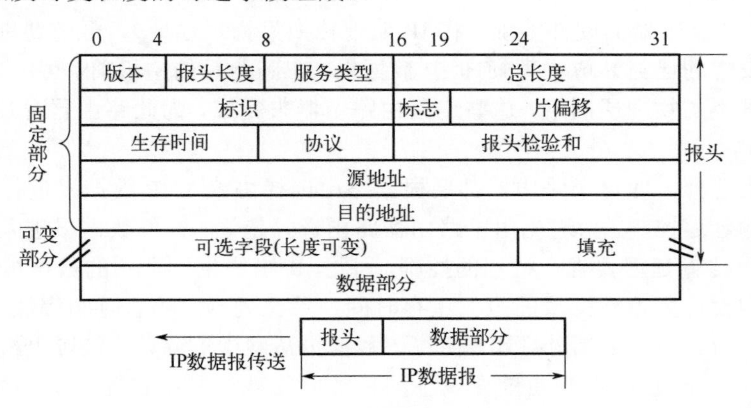

图 2.37 IP 数据报格式

IP 数据报头的各部分含义如下：

版本：占 4bit，数码 IP 的版本，目前的 IP 版本号为 4，即 IPv4。

报头长度：占 4bit，以 32bit（4B）为单位，指示 IP 数据报报头的长度。如果报头只有固定长度字段，则首部最短为 20B；报头长度字段占用 4bit，报头的最大长度为 15×4=60（B）。因此，报头的长度在 20～60B。

服务类型：占 8bit，用来表示用户所要求的服务类型，具体包括优先级、可靠性、吞吐量和时延等。

总长度：占 16bit，以字节（B）为单位指示数据报的长度，数据报的最大长度为 65535B。

标识、标志和片偏移：共占 32bit，控制分片和重组。

生存时间：占 8bit，记为 TTL，控制数据报在网络中的寿命，其单位为 s。

协议：占 8bit，指出此数据报携带的数据使用何种协议，以便目的主机的网络层决定将数据部分上交给哪个处理。

报头检验和：占 16bit，仅对数据报的头部进行差错检验。

源地址和目的地址：各占 4B，即发送主机和接收主机的 IP 地址。

可选字段：用来支持排错、测量以及安全等措施。

填充：IP 数据报报头长度为 32bit 的整倍数，假如不是，则由 0 填充补齐。

（5）IP 数据报的传送

在发送端，源主机在网络层将运输层送下来的报文组装成 IP 数据报，在这期间要对数据报进行路由选择，得到下一个路由器的 IP 地址，即 IP 数据报报头的目的地址，然后将 IP 数据报送到网络接口层。

在网络接口层对 IP 数据报进行封装，将数据报作为物理网络帧的数据部分，并在数据部分前面加上帧头，形成可以在物理网络中传输的帧，如图 2.38 所示。

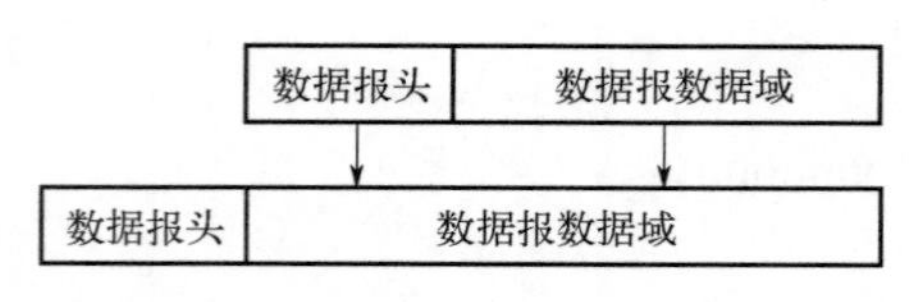

图 2.38　IP 数据报封装示意图

每个物理层的网络都规定了物理帧的大小，物理层网络不同，对帧的大小要求也不同，物理帧的最大长度称为最大传输单元（MTU）。一个物理网络的 MTU 由硬件决定，通常情况下是保持不变的。而 IP 数据报的大小由软件决定，在一定范围内可以任意选择。可通过选择适当的 IP 数据报大小以适应 Internet 中不同物理层网络的 MTU。另外，在网络接口层由网络接口软件调用地址解析协议（address resolution protocol，ARP）得到下一个路由器的硬件地址（将 IP 地址转换为物理地址），再送到物理网络上传输。

源主机所发送的已封装成物理帧即 IP 数据报，在到达目的主机前，可能要经过由多个相互连接的不同种类的物理层网络，这些连接由路由器来完成，为此路由器对 IP 数据报要进行以下处理：

第一是路由选择，即每个路由器都要根据路由选择协议对 IP 数据报进行路由选择。

第二是传输延迟控制。为避免由于路由器路由选择错误，致使数据报进入死循环的路由，IP 协议对数据报传输延迟要进行特别的控制。为此，每当产生一个新的数据报，其报头中“生存时间”字段均设置为本数据报的最大生存时间，单位为 s。随着时间增加，路由器从该字段减去消耗的时间。一旦 TTL 小于 0，便将该数据报从网中删除，并向源主机发送出错信息。

第三，分片。IP 数据报要通过许多不同种类的物理层网络传输，而不同的物理层网络 MTU 大小的限制不同。为了选定最佳的 IP 数据报大小，以实现所有物理层网络的数据报封装，IP 提供了分片机制，在 MTU 较小的网络上，将数据报分成若干片进行传输。

当所传数据报到达目的主机时，首先在网络接口层识别出物理帧，然后去掉帧头，抽出 IP 数据报送给网络层。在网络层需对数据报目的 IP 地址和本主机的 IP 地址进行比较。如果相匹配，IP 软件接收该数据报并将其交给本地操作系统，由高级协议的软件处理；如果不匹配，IP 则要将数据报报头中的生存时间减去一定的值，结果如大于 0，则为其进行路由选择，否则丢弃该数据报。如果 IP 数据报在传输过程中进行了分片，目的主机要进行重组。

（6）Internet 控制报文协议

由于 IP 提供不可靠、无连接的数据报传送服务，因此在实际传送过程可能会出现差错，为此就需要建立差错检测与控制机制，报告传送错误和提供控制功能，以保证 Internet 的正常工作。控制功能主要有差错控制、拥塞控制和路由控制等。

Internet 控制报文协议（Internet Control Message Protocol，ICMP）就是 TCP/IP 用来解决差错报告与控制的，该协议是 IP 正常工作的辅助协议。当 IP 数据报在传输过程中产生差错或故障时，ICMP 允许路由器和主机发送差错报文或控制报文给其他路由器或主机。

ICMP 作为 IP 报文，也与 IP 数据报文一样由一定的格式构成。ICMP 报文由报头和数据两部分构成。当作为 IP 数据报的数据部分发送时，要加上数据报的首部，组成 IP 数据报发送出去，ICP 不是 IP 的高层协议，仅是网络层中的协议，其封装格式如图 2.39 所示。

ICMP 报文的格式如图 2.40 所示，由报头和数据部分构成。报头由类型字段、代码字段以及校验和字段等构成。

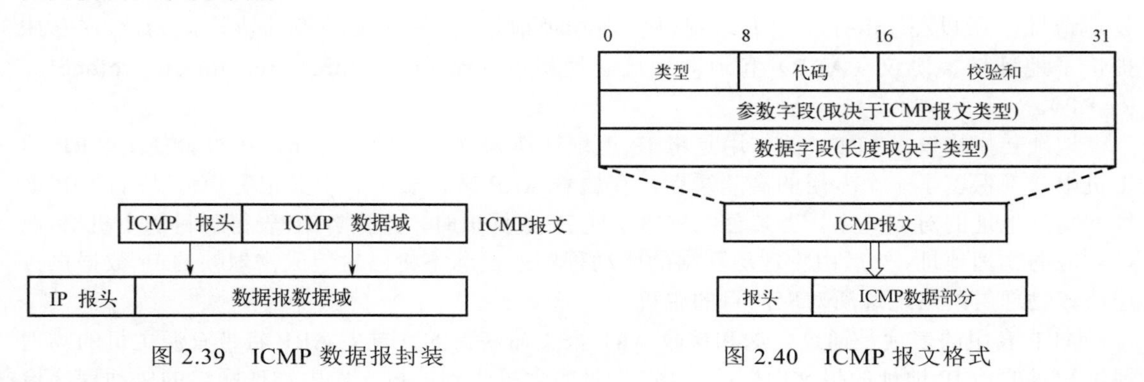

图 2.39　ICMP 数据报封装　　图 2.40　ICMP 报文格式

各字段的含义如下：

类型：占 8bit，表示 ICMP 报文类型，类型字段不同的数值所表示的 ICMP 报文类型如表 2.3 所示。

代码：占 8bit，用于进一步区分某种类型中的几种不同情况。

校验和：占 16bit，提供对整个 ICMP 报文的差错校验。

参数字段：占 32bit，这部分内容与 ICMP 的类型有关，也可以没有，可不用。

数据字段：ICMP 报文数据区含有出错 IP 数据报报头及其前 64bit 数据，这些信息将由 ICMP 提供给发送主机，以确定出错数据报。

ICMP 报文有两种类型：ICMP 差错报告报文和 ICMP 询问报文。ICMP 差错报告报文主要有终点不能到达、源站抑制、数据报超时、数据参数问题、重定向（改变路由）等类型；ICMP 询问报文有回送请求和应答、时间戳请求和应答报文、掩码地址请求和应答报文、路由器询问和通告报文等。

表 2.3　ICMP 报文类型

类型数值	ICMP 报文类型	类型数值	ICMP 报文类型
0	回送应答	5	重定向（改变路由）
3	终点不能到达	8	回送请求
4	源站抑制	9	路由器通告

续表

类型数值	ICMP 报文类型	类型数值	ICMP 报文类型
10	路由器询问	15	信息请求
11	数据报超时	16	信息应答
12	数据参数问题	17	掩码地址请求
13	时间戳请求	18	掩码地址应答
14	时间戳应答		

（7）ARP 与 RARP

在 Internet 中，每一个物理层网络中的主机都具有自己的物理地址，并且这些主机不能直接识别 IP 地址，用 IP 地址不能直接用来通信。在实际链路上传送数据帧时，须使用物理地址。所以在 Internet 中要求提供实现物理地址与 IP 地址转换的协议，为此 TCP/IP 提供了地址转换协议（ARP）和逆向地址转换协议（reverse address resolution protocol，RARP）。

地址转换协议（ARP）的作用是将 IP 地址转换为物理地址。为此，在每台使用 ARP 的主机中，都保留了一个专用的高速缓存，存放着 ARP 转换表。表中登记有最近获得的 IP 地址和物理地址的对应关系。当某台主机要发送 IP 数据报时，查找 ARP 表得到目的主机 IP 地址对应的物理地址，然后由物理层网络的驱动程序通过网络将已封装成物理帧的 IP 数据报传送给该物理层网络地址所对应的目的主机。

ARP 表中的表项是通过发送和接收 ARP 报文而获得的。首先 ARP 将带有源主机的物理地址和目的地 IP 地址的报文向网络广播，当目的主机收到该报文后由物理网络的驱动程序检查帧类型并交给 ARP。ARP 识别出自己的 IP 地址，则根据发送者的物理地址向发送者发出应答报文，说明自己的物理地址。源主机将所收到的目的主机的 IP 地址和物理地址登记到 ARP 转换表中。此后在发送报文时，通过查 ARP 转换表，从而实现地址转换。

逆向地址转换协议（RARP）的作用是将物理地址转换为 IP 地址。RARP 让知道自己硬件地址的主机能够知道其 IP 地址。RARP 目前已很少使用。

2.5.3 TCP 和 UDP

TCP/IP 模型的运输层定义了两个并列协议 TCP、UDP，它们均与一个“协议端口”的概念有关。

（1）协议端口

协议端口简称端口，它是 TCP/IP 模型运输层与应用层之间的逻辑接口，即运输层服务访问点（transport service access point，TSAP）。

当某台主机同时运行几个 TCP/IP 的应用进程时，需将到达特定主机上的若干应用进程相互分开。因此，TCP/IP 提出协议端口的概念，同时对端口进行编址用于标识应用进程。就是让应用层的各种应用进程都能将其数据通过端口向下交付给运输层，以及让运输层知道应当将其报文段中的数据向上通过端口交付给应用层相应的进程。

TCP 和 UDP 规定，端口用一个 16bit 端口号进行标识。每个端口拥有一个端口号，表 2.4 为一些常用的端口号。

表 2.4 常用端口号

应用进程	FTP	Telnet	SMTP	DNS	TFTP	HTTP	SNMP	SNMP（trap）
端口号	21	23	25	53	69	80	161	162

可见，在 Internet 中，从一个主机向另一个主机发送信息时，需要三种不同的地址：第一个是硬件地址，用来表示网络上的一个唯一主机；第二个是 IP 地址，用来指定主机所连的网络；第三个是端口地址，用以唯一标识产生数据消息的特定应用协议或应用进程。

（2）用户数据报协议（UDP）

由于 UDP 提供了协议端口，提供了不可靠的无连接的数据传输，因此 UDP 适于高效率、低延迟的网络环境，可为用户提供高效的数据传输。在不需要 TCP 全部服务的时候，可以用 UDP 代替 TCP。在 Internet 中 UDP 主要有简单传输协议（TFTF）、网络文件系统（NFS）和简单网络管理协议（SNMP）等。

UDP 报文由 UDP 报头和 UDP 数据组成，其中 UDP 报头由 4 个 16bit 字段组成，其格式如图 2.41 所示。

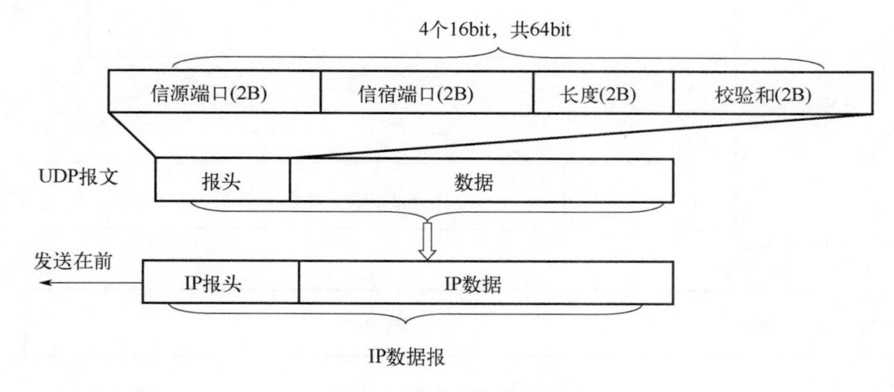

图 2.41 UDP 报文格式

各字段的含义如下：

信源端口：用于标识信源端应用进程的地址，即对信源端协议端口编址。

信宿端口：用于标识信宿端应用进程的地址，即对信宿端协议端口编址。

长度：以字节（8bit）为单位表示整个 UDP 报文长度，包括报头和数据，最小值为 8B，即仅为报头长。

校验和：此为任选字段，其值为“0”时表示不进行校验和计算，全为“1”时表示校验和为“0”，UDP 校验和字段对整个包括报头和数据的报文进行差错校验。

数据：该字段包含由应用协议产生的真正的用户数据。

（3）传输控制协议（TCP）

TCP 是 Internet 中最重要的协议之一，它提供了协议端口来保证进程通信正常运行，提供了面向连接的全双工数据传输，保证了通信的可靠性。TCP 的数据通信需要经历连接建立、数据传送和连接释放三个阶段。TCP 提供高可靠的按序传送数据的服务，提供了确认与超时重传机制、流量控制、拥塞控制等服务。TCP 报文由报文字段和数据字段构成，其格式如图 2.42 所示。

① 各字段的含义

源端口：占 2B，用于标识信源端应用进程的地址。

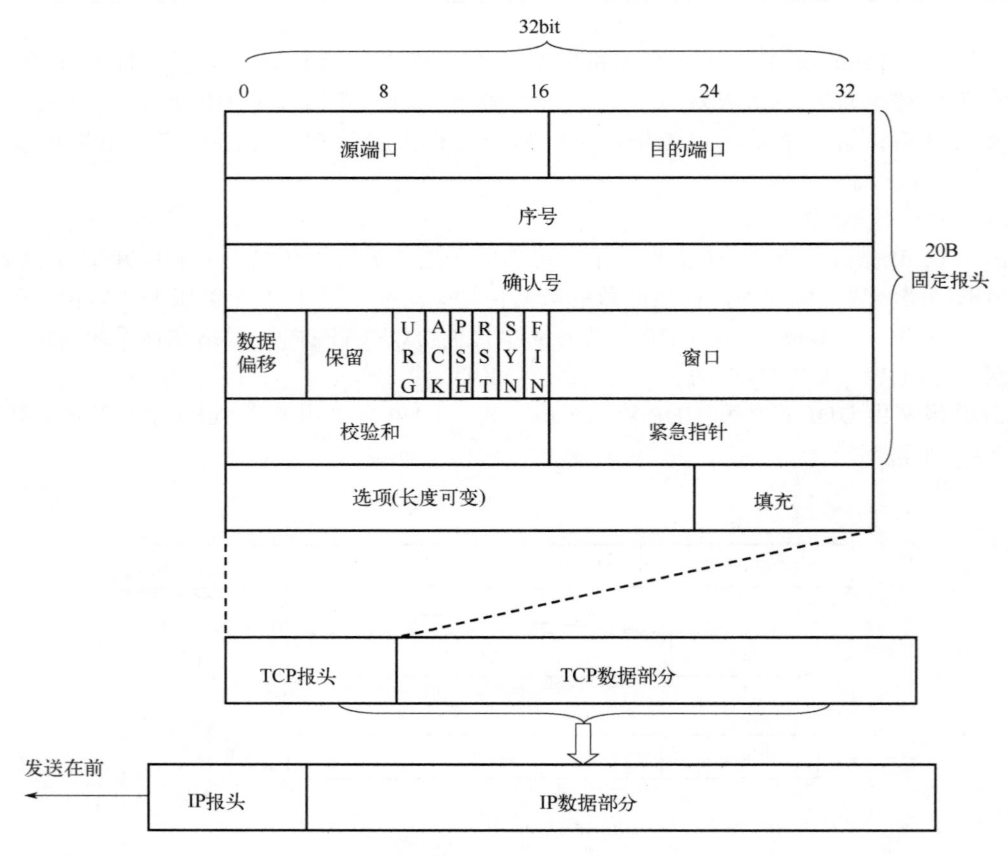

图 2.42 TCP 报文格式

目的端口：占 2B，用于标识目的端应用进程地址。

序号：占 4B，TCP 连接中传送的数据流中的每一个字节都编上号，序号字段的值指的是本报文段所发送的数据部分的第一个字节的序号。

确认号：占 4B，是期望收到对方的下一个报文段的数据部分第一个字节的序号。

数据偏移：占 4bit，它指出 TCP 报文段的数据起始处距离 TCP 报文段的起始处有多少个字节，即指示报头的长度，以 4B 为单位指示。

保留：占 6bit，保留为今后使用，但目前应置为 0。

6 个比特集：说明报文段性质的控制比特，具体如下。

● 紧急比特 URG：当 URG＝1 时，表明紧急指针字段有效，它告诉系统此报文段中有紧急数据，应尽快传送，表示有相当于高优先级的数据要发送；

● 确认比特 ACK：只有当 ACK＝1 时确认号字段才有效，当 ACK＝0 时，确认号无效；

● 推送比特 PSH：接收端 TCP 收到推送比特置 1 的报文段，就尽快地交付给接收应用进程，而不再等到整个缓存都填满了后再向上交付；

● 复位比特 RST：当 RST＝1 时，表明 TCP 连接中出现严重差错，如由于主机崩溃或其他原因，必须释放连接，然后重新建立运输连接；

● 同步比特 SYN：同步比特 SYN 置为 1，就表示这是一个连接请求或连接接收报文；

● 终止比特 FIN：用来释放一个连接，当 FIN=1 时，表明此报文段的发送端的数据已发送完毕，并要求释放运输连接。

窗口：占 2B，窗口字段用来控制对方发送的数据量，单位为 B。TCP 连接的一端根据设置的缓存空间大小确定自己的接收窗口大小，然后通知对方以确定对方的发送窗口的上限。

校验和：占 2B，对整个包括报头和数据部分的 TCP 报文段进行差错检验。

紧急指针：占 2B，紧急指针指出在本报文段中的紧急数据的最后一个字节的序号。

选项：长度可变，TCP 只规定了一种选项，即最大报文段长度（MSS），MSS 告诉对方 TCP，“我的缓存所能接收的报文段的数据字段的最大长度是 MSS 个字节”。

② TCP 通信的三个阶段　TCP 数据通信时需经历连接建立、数据传送和连接释放三个阶段。

③ TCP 在通信时的注意事项

第一，TCP 连接能提供全双工通信，通信的每一方不必专门发送确认报文，而是在传输数据时就可传输确认信息。

第二，发送端是一个个报文段连续发送，一边发一边等待确认信息；若某报文段超时定时器时间还未收到确认信息，则重发此报文段。

第三，若某报文段丢失，接收端一般采取的方法是：先将次序不对的报文段暂存到接收缓存器内，待所缺序号的报文段收齐后再一起上交应用层，并发确认信息对丢失的报文段及以后的报文段一并确认。

第四，接收端若收到有差错的报文段，将其丢弃，不发送否认信息，应该发送准备接收此报文段的确认信息。

第五，接收端若收到重复的报文段，将其丢弃，发送确认信息。

（4）TCP 流量与拥塞控制

① TCP 的流量控制　TCP 中，数据的流量控制是由接收端实施的。接收端依据接收缓冲区的大小等因素来决定接收多少数据，发送端根据接收端的决定来调整传输速率。

接收端用“滑动窗口”的方法实现控制流量。在 TCP 报文段的报头中窗口字段写入的数值就是当前设置的发送窗口数值的上限。TCP 采用大小可变的滑动窗口进行流量控制，窗口大小是以字节为单位的。在通信的过程中，接收端可根据自己的资源情况，随时动态地调整发送方的发送窗口上限值，从而增加传输的效率和灵活度。

② TCP 的拥塞控制　当大量数据进入网络或路由器时，将导致网络或路由器超载从而产生严重延迟，这种现象称为拥塞。一旦发生拥塞，路由器将丢弃数据报，导致重传，而大量重传又进一步加剧拥塞，这种恶性循环将导致整个网络无法工作，即产生“拥塞崩溃”现象。

TCP 提供的有效拥塞控制措施是采用滑动窗口技术，通过限制发送端向网络输入报文的速率，以达到控制拥塞的目的。

流量控制是在考虑接收端的接收能力的前提下，对发送端发送数据的速率进行控制，从而提高通信效率，它是点对点的控制。

拥塞控制既要考虑接收端的接收能力，又要考虑网络不要发生拥塞的前提，以控制发送端发送数据的速率来提高网络的通信效率和网络的可靠性，它是与整个网络有关的控制。

TCP是通过控制发送窗口的大小进行拥塞控制的。设置发送窗口的大小时，既要考虑到接收端的接收能力，又要使网络不发生拥塞，所以发送端的发送窗口应按以下方式确定

发送窗口＝min[通知窗口，拥塞窗口]

通知窗口就是接收窗口，接收端根据其接收能力来确定窗口值，是接收端的流量控制。接收端将通知窗口的值放在TCP报文段的报头中，传送给发送端。

拥塞窗口是发送端根据网络拥塞情况得出的窗口值，是来自发送端的流量控制。拥塞窗口同接收窗口一样，也是动态变化的。

建立连接时，拥塞窗口初始化为该连接支持的最大TCP报文段MSS的数值，每当发出去的TCP报文段都能及时得到应答，则将拥塞窗口的大小增加至多一个MSS的数值，直至最终达到接收窗口的大小或出现超时。这种方法称为“慢启动”。一旦发现拥塞，TCP将减小拥塞窗口。

TCP发现拥塞的途径有两个：一个是来自ICMP的源抑制报文，另一个是报文丢失现象。TCP采取成倍递减拥塞窗口的策略，以迅速抑制拥塞；一旦发现TCP报文段丢失，则立即将拥塞窗口大小减半。而对于保留在发送窗口的TCP报文段，根据规定算法，按指数级后退重传定时器。

拥塞结束后，TCP又采取“慢启动”窗口恢复策略，以避免迅速增加窗口大小造成的振荡。

另外，TCP还附加一条限制：当拥塞窗口增加到原窗口大小的一半时，进入“拥塞避免”状态，减缓增大窗口的速率。在拥塞避免状态，TCP在收到窗口中所有TCP报文段的确认后才将拥塞窗口加“1”。

2.5.4 IPv6简介

（1）IPv4存在的问题

当前IPv4主要面临的是地址即将耗尽的问题。IPv4地址紧缺的主要原因在于IPv4地址空间的浪费和过度的路由负担。IPv4存在的问题具体表现在：

① IPv4的地址空间太小　IPv4的地址长度为32位，理论上最多可以支持2^{32}台终端设备的互联，但实际互联的终端要比理论上少。而随着接入Internet的用户爆炸式地增长，会导致IPv4的地址资源严重不足。

② IPv4分类的地址导致其利用率降低　由于A、B、C等地址类别的划分，浪费了巨额的地址。

③ IPv4地址分配不均　由于历史的原因，美国一些大学和公司占用了大量的IP地址，有大量的IP地址浪费，而在互联网快速发展的国家却得不到足够的IP地址，由此导致互联网地址即将耗尽。到目前为止，A类和B类地址已经用完，只有C类地址还有余量。

④ IPv4数据报的报头不够灵活　IPv4所规定的报头选项是固定不变的，限制了它的使用。

为了解决IPv4存在的问题，诞生了IPv6。它从根本上消除了IPv4网络存在的地址枯竭和路由表急剧膨胀两大危机。

IPv6继承了IPv4的优点，并根据IPv4多年来运行的经验进行了大幅度的修改和功能扩充，比IPv4处理性能更加强大、高效。与互联网发展过程中涌现的其他技术相比，IPv6可

以说是引起争议最少的一个。人们已形成共识，认为IPv6取代IPv4是必然发展趋势，其主要原因是IPv6无限的地址空间。

（2）IPv6的特点

IPv6与IPv4相比，具有以下较为显著的特点：

① 极大的地址空间　IP地址由原来的32位扩充到128位，使地址空间扩大了2^{96}倍，彻底解决了地址不足的问题。

② 分层的地址结构　IPv6支持分层地址结构，更易于寻址，而且扩展支持组播和任意播地址，使得数据报可以发送给任何一个或一组节点。

③ 支持即插即用　大容量的地址空间能够真正实现无状态地址自动配置，使IPv6终端能够快速连接到网络上，无须人工配置，实现了真正的自动配置。

④ 灵活的数据报报头格式　IPv6数据报报头（首部）格式较IPv4作了很大简化，有效地减少了路由器或交换机对报头的处理开销，同时加强了对扩展报头和选项部分的支持，并定义了许多可选的扩展字段，可以提供比IPv4更多的功能，既使转发更为有效，又对将来网络加载新的应用提供了充分的支持。

⑤ 支持资源的预分配　IPv6支持实时视像等要求，保证了一定的带宽和时延的要求。

⑥ 认证与私密性　IPv6保证了网络层端到端通信的完整性和私密性。

⑦ 方便移动主机的接入　IPv6在移动网络方面有很多改进，具备强大的自动配置能力，简化了移动主机的系统管理。

（3）IPv6数据报格式

IPv6数据报的格式如图2.43所示。由图2.43可以看出，IPv6数据报包括报头（首部）和数据两部分。报头由基本报头和扩展报头两部分组成，扩展报头是选项。扩展报头和数据称为有效载荷。IPv6基本报头的结构比IPv4简单，其中删除了IPv4报头中许多不常用的字段，或将其放在可选性报头中。IPv6数据报报头的具体格式如图2.44所示。

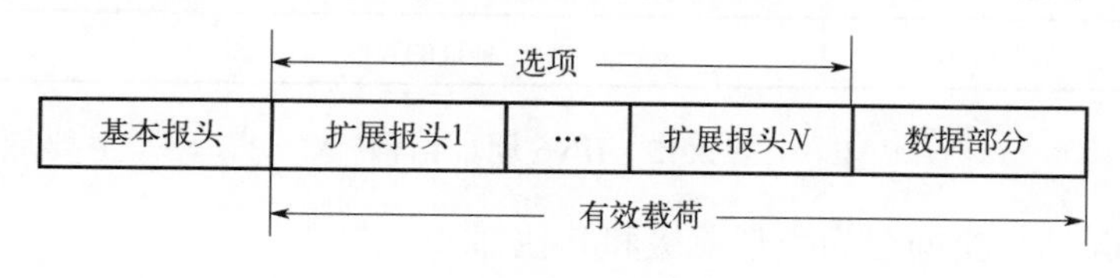

图2.43　IPv6 数据报格式

① IPv6基本报头　IPv6基本报头的长度共40B（Byte），各字段的具体作用如下：

版本：占4bit，指明协议的版本，对于IPv6，该字段为6。

通信量类：占8bit，用于区分IPv6数据报不同的类型或优先级。

流量号：占20bit，IPv6支持资源分配机制。“流”是互联网上从特定源点到特定终点的一系列的数据报，“流”所经过的路径上的路由器都保证指明的服务质量。所有属于同一个“流”的数据报都具有同样的流号。

有效载荷长度：占16bit，指明IPv6数据报除基本报头外的字节数，最大值为64KB。

下一个报头：占8bit，无扩张报头时，此字段同IPv4的报头中的协议字段；有扩展时，此字段指出后面第一个扩展报头的类型。

跳数：占8bit，用来防止数据报在网络中无限期存在。

源地址：占128bit，为数据报的发送端的IP地址。

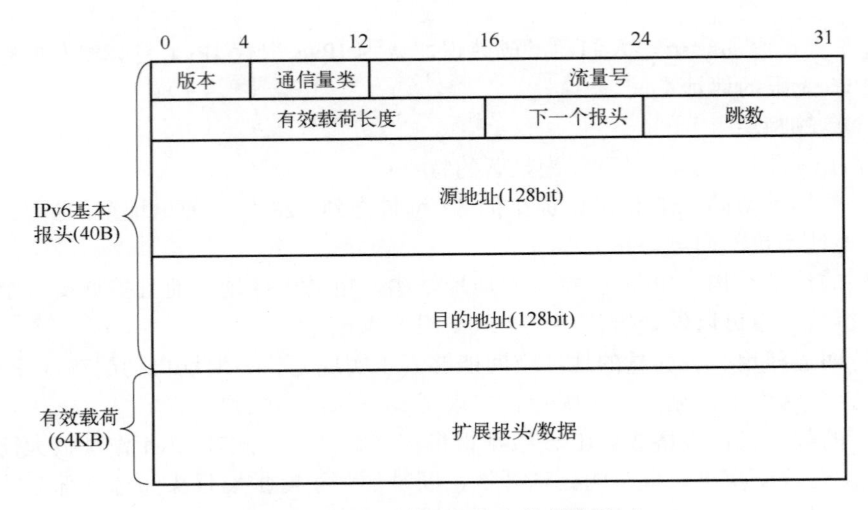

图 2.44　IPv6 数据报报头的具体格式

目的地址：占 128bit，为数据报的接收端的 IP 地址。

② IPv6 扩展报头　IPv6 定义了 6 种扩展报头，它们分别是逐跳选项、路由选择、分片、鉴别、封装安全有效载荷和目的站选项。

为了提高路由器的处理效率，IPv6 规定，数据报途中经过的路由器，除对逐跳选项扩展报头外，其他扩展报头都不进行处理，将扩展报头留给源和目的节点处理。

（4）IPv6 地址体系结构

① 结构　IPv6 地址结构如图 2.45 所示。

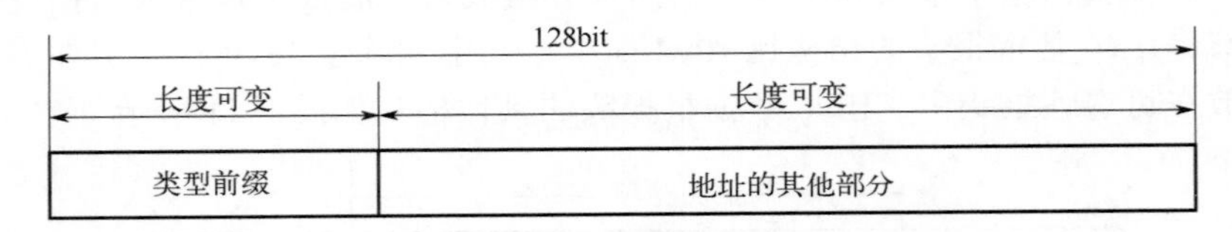

图 2.45　IPv6 地址结构

IPv6 将 128bit 地址空间分为类型前缀和其他部分。

类型前缀：该部分为长度可变的。它定义了地址的目的，如是单播、多播地址，还是保留地址、未指派地址等。单播是指点对点通信；多播是指一点对多点的通信；任播是 IPv6 新增加的类型，任播的目的站是一组计算机，但数据报在交付时只交付给其中的一个，通常是距离最近的一个。

其他部分是地址的其余部分，长度是可变的。

② 地址的表示方法

a. 冒号十六进制法　冒号十六进制法是 IPv6 地址的基本表示方法，每个 16bit 的值用十六进制表示，各值之间用冒号分割。

如某个 IPv6 的地址为

58F3：AB62：FH89：CG7F：0000：1279：000D：DCBA

b. 其他简单记法

（a）零省略　上例中，0000 的前 3 个 0 可省略，缩写为 0；000D 的前 3 个 0 可省略，缩写为 D。则上例可简写为

58F3：AB62：FH89：CG7F：0：1279：D：DCBA

（b）零压缩　即一连串连续的零可以用一对冒号所取代。例如，C406：0：0：0：0：0：0：B25D 可以写成 C40 6：：B25D 。

（c）冒号十六进制值结合点分十进制的后缀　例如，0：0：0：0：0：0：136.22.15. 8。需要注意的是，冒号所分隔的是 16bit 的值，而点分十进制的值是 8bit 的值。

再使用零压缩即可得出：：136.22.15.8。

（d）斜线表示法　IPv6 地址可以仿照 CIDR 的斜线表示法。

例如，68bit 的前额（不是类型前缀）56DB8235000000009 可记为

56DB：8235：0000：0000：9000：0000：0000：0000/68

或

56DB：8235：：9000：0：0：0：0/68

或

56DB：8235：0：0：9000：：/68

本章小结

在物联网的总体结构中，通信扮演着非常重要的角色，它是信息传输与信息应用的载体。物联网中的信息以数字或数据形式呈现，因此，提供物联网信息传送的通信系统应为数据通信系统。数据通信系统一般由数据收发终端设备、传输设备和信道构成。对于物联网底层通信系统而言，其传输信道一般采用无线信道；而物联网高层通信系统一般由各种传送网构成的数据通信网构成。

物联网底层通信系统由于所面对的物理对象不同，应用目标不同，其数据通信中所承载信息的格式、协议也是不同的，这种异构性导致了物联网底层通信系统的复杂性，这种复杂性包括了调制方式、信道共享及复用方式、编码与差错控制、协议与路由等。相对而言，物联网高层通信系统相对简单，借助数据通信网以相对统一的 IPv4/6 协议进行数据传送、共享与应用。

本章首先回顾了数据通信所涉及的基础理论和数学工具，包括信号的频谱分析工具、统计工具。这是由于传输信道是频带受限的信道，所传输的信号频谱必须处于信道的频带内；另外，由于数据信息是随机的，其表达的信号也是随机的，因此需要应用统计的方法对信息及其表达的信号进行统计分析。

由于物联网底层通信系统大都采用无线通信技术，因此需要研究无线通信所用的信道。无线信道可以看作是一个时变的系统，会受到各种因素与环境的影响。为此本章接着讨论了无线传输路径，包括天线、自由空间传播、衰落、信号强度与频率影响等。

原始的数据通信系统是一个基带传输系统，为此本章介绍并讨论了基带数据传输及其关键技术，包括所用的升余弦滤波与积分和判决滤波。

一般而言，基带传输系统不能采用无线信道，需要对基带信号进行某种方式的变换和处理，即调制。为此本章介绍并讨论了线性调制技术，包括最基本的双边带抑制载波调制、二进制相移键控、正交幅度调制、正交相移键控、高阶 2^{2n}-QAM 以及峰均功率比。

物联网高层通信系统实际上是借助互联网进行数据通信的。为此需要对互联网所涉及的协议给予讨论。本章主要介绍了 TCP/IP，包括 TCP/IP 模型及各层功能、IP 及辅助协议、TCP 和 UDP。最后简要地介绍了 IPv6。

多载波多址技术是一种常用的通信技术，在无线网络、移动通信中得到了广泛应用，本书将在第 3 章进行讨论。

参考文献

[1] Feher K. Digital communications: Microwave applications [M]. Prentice-Hall, Upper Saddle River, 1981.

[2] ITU Recommendation ITU-R P. 530-17. Propagation data and prediction methods required for the design of terrestrial line-of-sight systems [S]. ITU, Geneva, 2017.

[3] ITU Recommendation ITU-R P.526-7. Propagation by diffraction [S]. ITU, Geneva, 2001.

[4] Morais D H. Fixed broadband wireless communications: Principles and practical applications [M]. Prentice-Hall, Upper Saddle River, 2004.

[5] 曾宪武. 物联网通信技术 [M]. 西安：西安电子科技大学出版社，2014.

第 3 章 多载波多址技术与多天线技术

在通信系统中，多址接入意味着一个通信终端设备可以通过有线或无线信道与多个通信终端设备进行双向通信。而多载波意味着通过多个载波（通常称为子载波）进行通信。多天线技术是无线通信中的重要技术，在4G/5G移动通信中有着非常广泛的应用。本章将讨论广泛应用的多载波的多址技术和多天线技术。

首先介绍正交频分复用（orthogonal frequency division multiplexing，OFDM）。OFDM是一种多载波技术，但其本身通常不是多址技术。它本身就支持点对点通信。然而，它的基本结构确实有助于构成多址技术的基础。在5G NR中，采用了两种这样的技术，即正交频分多址（orthogonal frequency division multiple access，OFDMA）和离散傅里叶变换扩展OFDM（discrete Fourier transform spread OFDM，DFTS-OFDM）。

其次将讨论其他三种多址技术。我们将对非正交多址（NOMA）进行介绍。NOMA设想在6G或更高移动系统中应用，并且正在由3GPP研究，它仍然采用OFDM原理，但以其发送的信号彼此非正交。研究应用NOMA来提供更大的网络容量，即更大的数据吞吐量。

最后，将介绍多天线技术，包括空间分集、空间复用多输入多输出和波束成形等多天线技术。

3.1 正交频分复用

正交频分复用（OFDM）不是一种调制技术，它是一种多载波传输技术，可以在多个相邻的子载波上传输数据，而每个子载波则采用传统的诸如QAM那样的线性调制技术。在OFDM中，所传输的数据通过串行/并行转换器转换为多个并行流，每个并行流被不同的子载波调制。这样，对于每个子载波，只有总数据的一小部分通过每个子载波传输，因此形成的每个子信道只是总信道带宽的一小部分。于是，在多径衰落环境中，随着衰落陷波在通道上移动，衰落对每个子通道几乎都呈现为平坦衰落。因此，与跨越整个频带的单载波调制系统所经历的衰落相比，衰落所导致的符号间干扰（intersymbol interference，ISI）显著减少。此外，虽然位于或靠近陷波的那些子通道可能会经历深度衰减，从而导致热噪声以及ISI引起的突发错误，但那些陷波外的子信道则不会发生突发错误。在重建的原始数据流中，这些突发错误是随机的，并由于并行到串行过程中进行了交织，这些突发错误被分散到整个数据流中，因此采用适当的编码技术可以纠正突发错误。

3.1.1 OFDM的特性及其正交性

（1）OFDM的特性

OFDM 对多径干扰的鲁棒性是其最重要的特性之一。图 3.1 所示为四信道频分复用（frequency division multiplex，FDM）系统的频谱，其中，调制信号彼此相邻，每个相邻频谱之间有一个保护带，以确保信号之间没有重叠，在接收端对每个信号进行滤波来促进恢复。虽然这种方法效果很好，但其主要缺点是，由于子载波之间需要间隔，使得频谱效率不高。因此，如果假设对单载波应用与子载波相同的调制技术，则它所需要带宽比由单载波调制原始数据流所需带宽要宽得多。然而，采用 OFDM，子载波巧妙地彼此靠近排列。这将导致频谱重叠，使得：①消除了频谱利用率缺陷，且不会产生相邻的子载波间干扰；②在多径方面保持了较低数据速率流的并行传输所带来的优势。一般来说，对于相同的调制方法和相同的数据速率，与标准的 FDM 以及单载波传输相比，OFDM 具有更好的带宽效率和更大的数据容量。

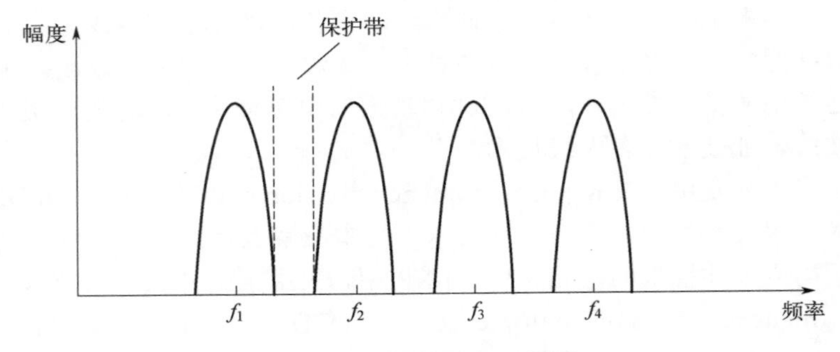

图 3.1 四信道 FDM 频谱

OFDM 通过使各个子载波频率相互正交（稍后将详细介绍正交性）来实现其紧密排列的特性，而不会产生相邻信道干扰。这是通过使每个子载波频率是调制符号的符号速率的整数倍，以及每个子载波与其最近的子载波分开来实现的。因此，所生成每个载波的倍数与生成相邻载波的倍数不同。图 3.2（a）给出了在一个符号周期 τ 内的四个子载波的示例。图 3.2（b）给出了频域中的这些子载波，每个子载波都对周期为 τ 的矩形脉冲符号进行调制。对于这种调制，每个子载波频谱都具有熟悉的 $\sin x / x$ 形式，但请注意，对于所选择的子载波频率，频谱将会重叠，并且每个频谱在其他频谱中的中心频率处都有一个零点。

（2）正交性

“正交”一词是指变量之间的完全不相关性。在 OFDM 中，“正交”一词用于表示子载波之间的数学关系。对于一个调制符号周期为 τ 的单子载波 OFDM 系统，符号速率等于 $1/\tau$。于是，由余弦函数导出的子载波 s_n 频率为符号速率的 n 倍，即

$$s_n = \cos(2\pi nt / \tau) \tag{3.1}$$

并且，当其与自身相乘并在周期 τ 内积分时，我们得到

$$\int_0^\tau s_n s_n \mathrm{d}t = \int_0^\tau \cos\left(2\pi nt / \tau\right)\cos\left(2\pi nt / \tau\right)\mathrm{d}t = \int_0^\tau \frac{1}{2}\left[1+\cos\left(4\pi nt / \tau\right)\right]\mathrm{d}t = \frac{\tau}{2} \tag{3.2}$$

当频率为 n 和 m 倍符号速率的两个不同子载波在周期 τ 内交叉相乘并积分时，我们得到

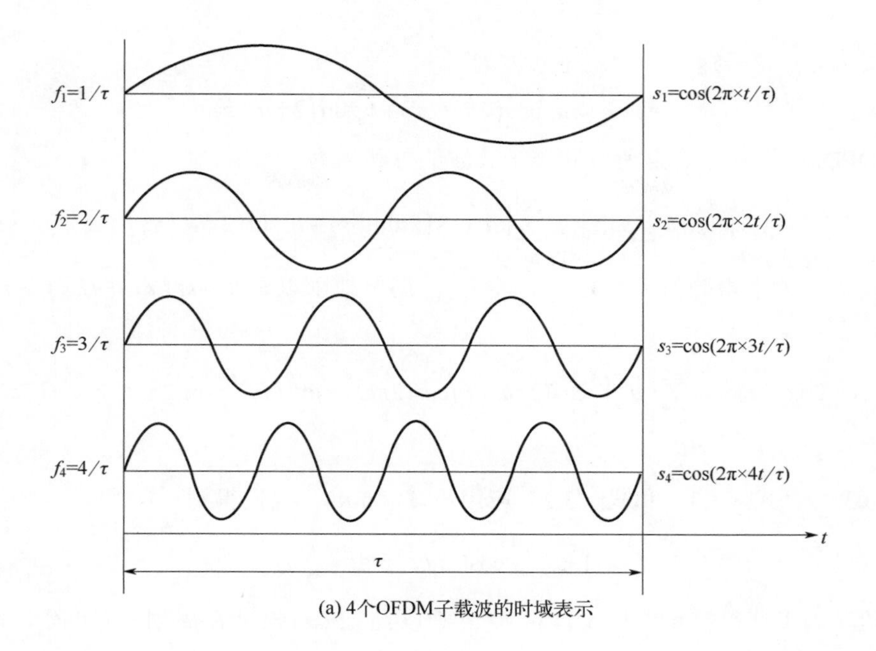

(a) 4个OFDM子载波的时域表示

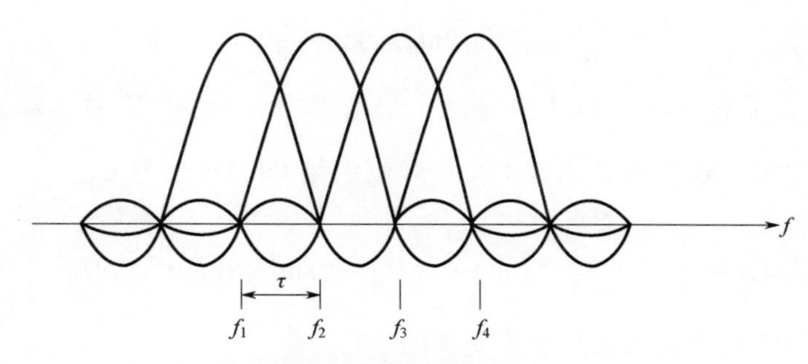

(b) 4个OFDM调制子载波的频域表示

图 3.2　OFDM 子载波的时域和频域表示

$$\int_0^{\tau} s_n s_m \mathrm{d}t = \int_0^{\tau} \cos(2\pi nt/\tau)\cos(2\pi mt/\tau)\mathrm{d}t = \int_0^{\tau} \frac{1}{2}\left\{\cos\left[2\pi(n+m)t/\tau\right]+\cos\left[2\pi(n-m)t/\tau\right]\right\}\mathrm{d}t = 0 \tag{3.3}$$

这是我们选择相对于符号速率 $1/\tau$ 的子载波频率的直接结果，正是余弦函数子载波之间的这种关系使它们正交。

类似地，采用 sin 函数所导出的子载波，有

$$\int_0^{\tau} \sin(2\pi nt/\tau)\sin(2\pi mt/\tau)\mathrm{d}t = \begin{cases} \dfrac{\tau}{2}, & m=n \\ 0, & m \neq n \end{cases} \tag{3.4}$$

另外

$$\int_0^{\tau} \cos(2\pi nt/\tau)\sin(2\pi mt/\tau)\mathrm{d}t = 0\text{，对于所有的 } m \text{ 与 } n \tag{3.5}$$

要了解 OFDM 如何在解调过程中利用这些正交特性，考虑具有 N 个子载波的 OFDM 系统，子载波频率从符号速率的 0 倍到符号速率的 $N-1$ 倍不等。此外，假设子载波采用 QAM

调制，频率为n倍符号速率的调制子载波为

$$s_{\mathrm{QAM},n}=a_n\cos\left(2\pi nt/\tau\right)+b_n\sin\left(2\pi nt/\tau\right) \tag{3.6}$$

那么总的OFDM信号s_{OFDM}是所有此类子载波的总和，为

$$s_{\mathrm{OFDM}}=\sum_{n=0}^{N-1}s_{\mathrm{QAM},n}=\sum_{n=0}^{N-1}\left[a_n\cos\left(2\pi nt/\tau\right)+b_n\sin\left(2\pi nt/\tau\right)\right] \tag{3.7}$$

在接收端，为了得到符号信息a_k，将s_{OFDM}简单地乘以$\cos(2\pi kt/\tau)$并在周期τ上积分。于是

$$\int_0^\tau s_{\mathrm{OFDM}}\cos(2\pi kt/\tau)\mathrm{d}t=\sum_{n=0}^{N-1}\left[a_n\int_0^\tau\cos(2\pi nt/\tau)\cos(2\pi kt/\tau)\mathrm{d}t+b_n\int_0^\tau\sin(2\pi nt/\tau)\cos(2\pi kt/\tau)\mathrm{d}t\right] \tag{3.8}$$

通过将式（3.2）、式（3.3）和式（3.5）应用于式（3.8），我们得到

$$\int_0^\tau s_{\mathrm{OFDM}}\cos(2\pi kt/\tau)\mathrm{d}t=\frac{\tau}{2}a_k$$

类似地，为了获得符号信息b_k，将s_{OFDM}乘以$\sin(2\pi kt/\tau)$并在周期τ上积分，得到

$$\int_0^\tau s_{\mathrm{OFDM}}\sin(2\pi kt/\tau)\mathrm{d}t=\frac{\tau}{2}b_k \tag{3.9}$$

OFDM信号s_{OFDM}被称为基带OFDM 信号，并在实际系统中，在发送端被上变频搬移到所需的传输频带。如果子载波被f_{c}执行上变频，则射频OFDM信号$s_{\mathrm{OFDM,RF}}$为

$$s_{\mathrm{OFDM}}=\sum_{n=0}^{N-1}\left\{a_n\cos\left[2\pi\left(f_{\mathrm{c}}+n/\tau\right)t\right]+b_n\sin\left[2\pi\left(f_{\mathrm{c}}+n/\tau\right)t\right]\right\} \tag{3.10}$$

在接收端，接收到的信号在解调之前被下变频回基带。

3.1.2 OFDM基本原理

为了避免在发送端构建大量子信道调制器以及在接收端构建相同数量的解调器，OFDM系统采用了数字信号处理（digital signal processing，DSP）技术。由于OFDM信号结构的正交性，能够部分地运用DSP执行离散傅里叶逆变换（inverse discrete Fourier transform，IDFT）来进行调制。类似地，能够部分地通过使用 DSP 执行离散傅里叶变换（discrete Fourier transform，DFT）来进行解调。傅里叶变换使得时域中的事件与频域中的事件相关，反之亦然。数字信号处理基于信号样本，因此采用IDFT和DFT。

图3.3给出了基于IFFT/FFT的OFDM系统的基本原理。输入的串行数据首先在S/P转换器（S/P converter）转换为并行数据。如果有N个子载波，则产生N组并行数据流。每组包含并行数据流的子集，具体取决于调制类型。例如，如果调制是16-QAM，则每组包含四个并行数据流，这些流中，在每个符号周期，这四个比特用于定义16-QAM星座中的特定点。并行数据流为映射器提供数据。对于每个子载波，每个符号周期的输入数据被映射为表示子载波幅度和相位值的复数。例如，如果调制为16-QAM，星座图如图2.30（b）所示，则1110映射为复数$1+\mathrm{j}3$。映射器的输出馈送到IFFT处理器（IFFT converter）。IFFT知道与每个输入相关的未调制的子载波频率，并使用该频率与输入一起在频域中定义完整的调制信号。对此频率执行IFFT，输出是一组时域样本。下一个过程，将添加循环前缀（这是可选的，但几

乎总是应用，并将在下面讨论）。循环前缀加法器（cyclic prefix adder）的输出被馈送到 P/S（并行/串行）转换器，在 P/S 转换器中，输出被分解为同相（I）和正交（Q）分量，并串行输出，以产生每个符号的突发样本。请注意，循环前缀的添加可以在 P/S 转换器之后的信号上完成。然后通过数/模（D/A）转换器和低通滤波器（low pass filter）将串行突发样本从离散形式转换为模拟（连续）形式。低通滤波器的输出是基带 OFDM 信号，并进行上变频以产生 RF OFDM 信号。上变频过程所产生的基带 OFDM 信号直接传输到 RF。在接收时，与上述过程相反。接收到的信号首先直接下变频到基带并进行低通滤波，然后通过模/数（A/D）转换器进行数字化。如果在发射器中添加了循环前缀，A/D 转换器的输出将馈送到 S/P（串行/并行）转换器，然后 S/P 转换器将其输出馈送到循环前缀删除器（cyclic prefix deleter）。此外，循环前缀删除器可以紧跟在 A/D 转换器之后。循环前缀删除器之后的下一步是通过 FFT 处理器转换回符号的复数表达。然后将这些复数表达进行反映射以重数新创建原始并行数据流，由 P/S 转换器将其转换为原始串行流。

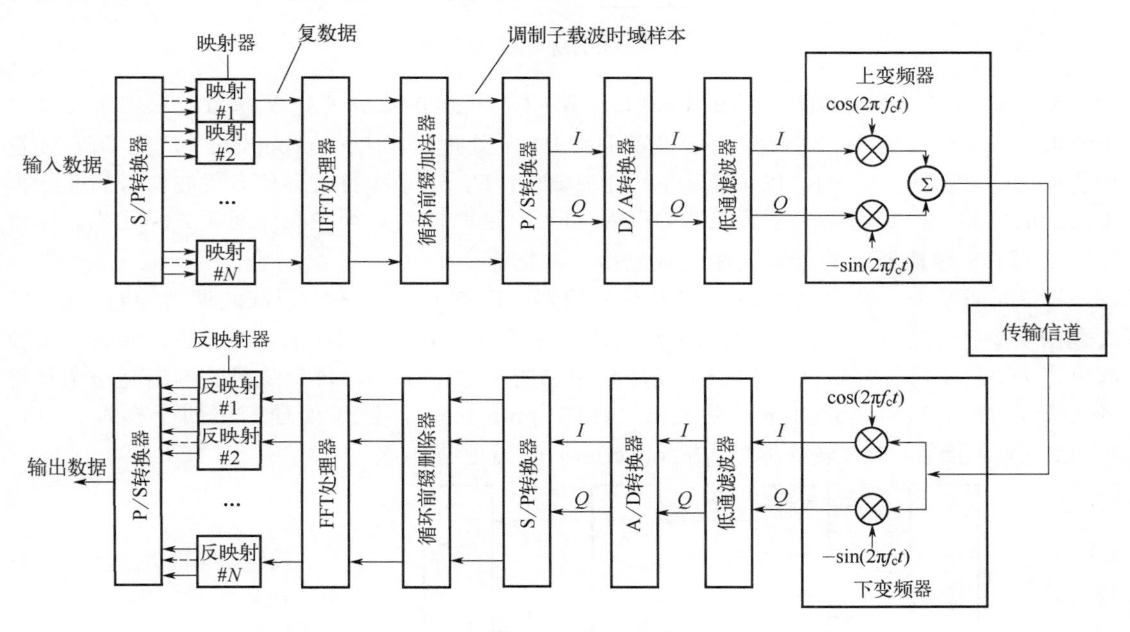

图 3.3　基于 IFFT/FFT 的 OFDM 系统的基本原理图

下面我们讨论通过 IFFT 来创建 OFDM 符号的过程。假设 N 个子载波，每个子载波的频率为 kf_0，其中 $k=0,1,\cdots,N-1$。进一步假设每个子载波调制复符号数据流为 $X(k)$，其中 $k=0,1,\cdots,N-1$，并且符号速率为 $f_0=1/\tau$。那么被每个子载波调制后符号可表示为 $X(k)\mathrm{e}^{\mathrm{j}2\pi kf_0t}$，如图 3.4 所示的合成信号 $x(t)$ 为

$$x(t)=\sum_{k=0}^{N-1}X(k)\mathrm{e}^{\mathrm{j}2\pi kf_0t} \tag{3.11}$$

信号 $x(t)$ 表示 OFDM 信号，因为它由等间隔的频率载波组成，频率是调制符号速率的整数倍。为了在离散域中产生一个 OFDM 符号，假设每 T（秒）对 $x(t)$ 采用一次，总共采样了 N 次，有效采样时间为 NT，并使 $NT=\tau=1/f_0$。然后在每个符号周期 τ 中，我们创建 N 个离散样本，它们共同表示 N 个调制子载波。N 个离散样本在时间 $t=nT$ 时刻被采集，其中

$n=0,1,\cdots,N-1$。如果 $x(n)$ 是 $x(t)$ 在时间 $t=nT$ 的样本，则将 $t=nT$ 和 $f_0=1/(NT)$ 代入式（3.11）的右侧，我们得到

$$x(n)=\sum_{k=0}^{N-1}X(k)\mathrm{e}^{\frac{\mathrm{j}2\pi nk}{N}} \tag{3.12}$$

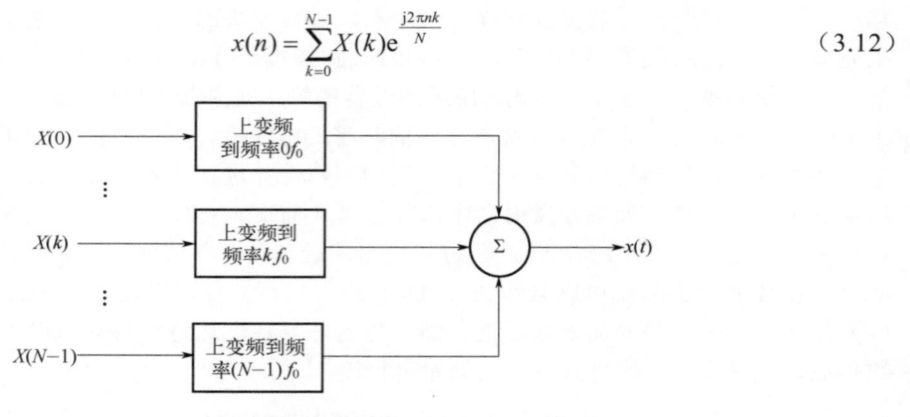

图 3.4　OFDM 符号的产生

$x(n)$ 就是 $X(k)$ 的 IDFT，其中 $k=0,1,\cdots,N-1$，只是仅缺少了 $1/N$ 系数，但由于这是一个常数，因此没有意义。这就是我们可以采用 IDFT 处理器（IDFT processor）产生 OFDM 符号的原因。实际上，我们可以采用 IFFT 处理器，IFFT 处理器的输出是多载波信号的并行样本流 $x(n)$。然而，要创建一个真正的 OFDM 符号，这些样本必须按顺序间隔 T (s)送出，这就需要采用 P/S 转换器将并行数据流转换到串行数据流。

图 3.5 所示为一个简单的 OFDM 基带发射器，其中 $N=4$，各个子载波调制为 QPSK。输入数据由串行/并行转换器转换为四组数据流，每组由两个比特流组成，以便在任何时刻将数据组合为 00、01、10 或 11 中的一个发送到相邻的映射（map）。每个映射的输出是一个复符号 $X(k)$，并将 $X(k)$ 供给 IFFT 处理器（IFFT processor），通过处理产生四个样本 $x(k)$，$k=1,2,3,4$。接着，P/S 转换器（P/S converter）输出这些样本。

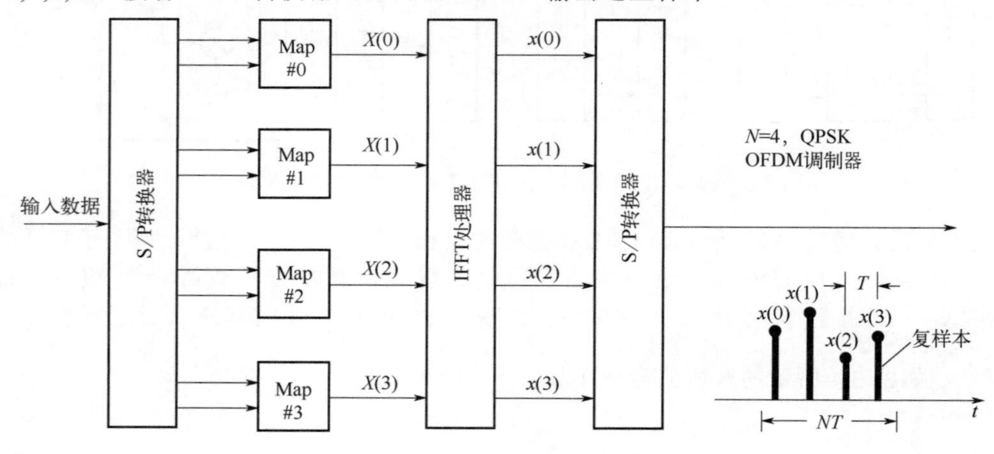

图 3.5　简单的 OFDM 发射器

图 3.6 所示为一个非常简单的 OFDM 基带发射器和接收器，发射器部分不包含并行/串行转换器，接收器部分不包含串行/并行转换器。对于所示的系统，$N=2$，并且各个子载波调制为 QPSK。

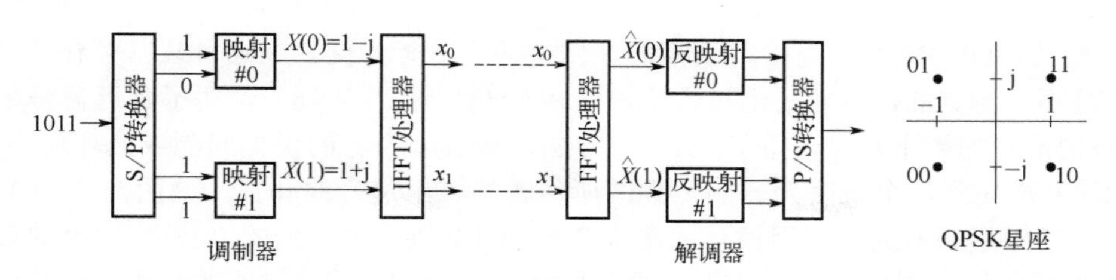

图 3.6 简单的 OFDM 发射器和接收器中的数据流处理

如图 3.6 所示。通过 S/P 转换器，输入数据 1011 被转换为 2 组，第一组为两个并行的比特 10，第二组也为两个并行的比特 11。这两组并行比特分别输入到 2 个映射器中（分别表示为映射#0 与映射#1），映射器按照 QPSK 星座，将 10 映射为$1-\mathrm{j}$（见图 3.6 中 QPSK 星座图中的右下角，10 的坐标为 1 和 $-\mathrm{j}$），将 11 映射为$1+\mathrm{j}$（见图 3.6 中 QPSK 星座图中的右上角，11 的坐标为 1 和 j）。将两个映射器的复样本输入到 IFFT 处理器进行处理，根据式（3.12）计算出

$$x(0)=\frac{1}{2}\left[X(0)+X(1)\right]=\frac{1}{2}(1-\mathrm{j}+1+\mathrm{j})=1$$

$$x(1)=\frac{1}{2}\left[X(0)+X(1)\mathrm{e}^{\frac{\mathrm{j}2\pi}{2}}\right]=\frac{1}{2}\left[1-\mathrm{j}-(1+\mathrm{j})\right]=-\mathrm{j}$$

对于解调器，IFFT 变换后的时域复样本输入到解调器的 FFT 中进行傅里叶变换，将时域复样本 $x(0)$ 与 $x(1)$ 转换为频域复样本，可以验证转换后的复样本分别为 $\hat{X}(0)=1-\mathrm{j}$ 和 $\hat{X}(1)=1+\mathrm{j}$。应注意的是 $\hat{X}(0)$ 与 $\hat{X}(1)$ 是对 $X(0)$ 和 $X(1)$ 的估计。

下面让我们回到上面简要提到的 RF 上变频和下变频。这里需要注意的是，如果在发射端，对于一个特定的子载波，如果 QAM 调制复符号为 $a+\mathrm{j}b$，基带子载波频率是 ω_b，那么上变频的是 $(a+\mathrm{j}b)\mathrm{e}^{\mathrm{j}\omega_\mathrm{b}t}$，而不是 $a\cos(\omega_\mathrm{b}t)+b\sin(\omega_\mathrm{b}t)$。$(a+\mathrm{j}b)\mathrm{e}^{\mathrm{j}\omega_\mathrm{b}t}$ 的实部 I_M 的大小为 $a\cos(\omega_\mathrm{b}t)-b\sin(\omega_\mathrm{b}t)$，虚部的大小 Q_M 为 $a\cos(\omega_\mathrm{b}t)+b\sin(\omega_\mathrm{b}t)$。为了上变频到射频频率 ω_c，I_M 乘以 $\cos(\omega_\mathrm{c}t)$，而不是 a，Q_M 乘以 $-\sin(\omega_\mathrm{c}t)$，也不是 b，这两个乘积在相加时将会产生 $a\cos\left(\omega_\mathrm{c}+\omega_\mathrm{b}\right)-b\sin\left(\omega_\mathrm{c}+\omega_\mathrm{b}\right)$ 形式的 RF 子载波。在接收端，当通过与 $\cos(\omega_\mathrm{c}t)$ 和 $-\sin(\omega_\mathrm{c}t)$ 相乘来进行下变频时，该子载波将会产生 I_M 和 Q_M 的缩放形式。

如果式（3.12）给出的基带符号流 $x(n)$ 被频率为 f_c 的载波执行了上变频，那么得到的信号 $s(t)$ 将为

$$s(t)=\sum_{k=0}^{N-1}X(k)\mathrm{e}^{\mathrm{j}2\pi\left(f_\mathrm{c}+kf_0\right)t} \tag{3.13}$$

这将表示一个 RF 信号，其中编号最小的子载波的频率是载波频率，而编号较大的子载波的频率是在载波频率之上的频率。然而，在实际应用中，我们希望载波频率处于或非常接近发射频谱的中心。这是通过修改 IFFT，使得基带样本流为 $x'(n)$ 来实现的，例如

$$x'(n)=\sum_{k=0}^{N-1}X(k)\mathrm{e}^{\frac{\mathrm{j}2\pi n\left(k-k_\mathrm{c}\right)}{N}} \tag{3.14}$$

式中，k_c 为对应于射频信号中心频率的子载波编号。该子载波的频率对应于 IFFT 中的零频率，因此被称为直流子载波。对于任意 $k<k_\mathrm{c}$，子载波的频率低于中心频率；对于任意 $k>k_\mathrm{c}$，子载波的频率高于中心频率。

如上所述，OFDM 在面对多径衰落时非常鲁棒。尽管如此，在这种衰落存在的情况下，一些 ISI 是不可避免的，除非采用技术手段来避免 ISI。图 3.7（a）说明了延迟信号如何导致 ISI。一种消除（如果不是显著降低 ISI）的方法是将长度为 τ_g 的保护间隔或循环前缀（cyclic prefix，CP）添加到每个长度为 τ_u 的子载波所传输的有用符号的开头，如图 3.7（b）所示。图 3.7（c）说明了如何通过使用循环前缀来避免图 3.7（a）中所示的 ISI。将符号的最后一部分来作为循环前缀复制到符号的开头，通常是符号的 1/16 到 1/4。通过添加循环前缀，符号总持续时间变为 $\tau_t = \tau_g + \tau_u$。由于调制子载波的周期性特性，前缀与原始突发样本的开头相连是连续的（下面将详细介绍）。通过添加保护间隔，符号的长度被延长，同时也保持子载波之间的正交性。只要来自前一个符号的延迟信号保持在保护间隔内，那么在时间 τ_u 内就不会有 ISI

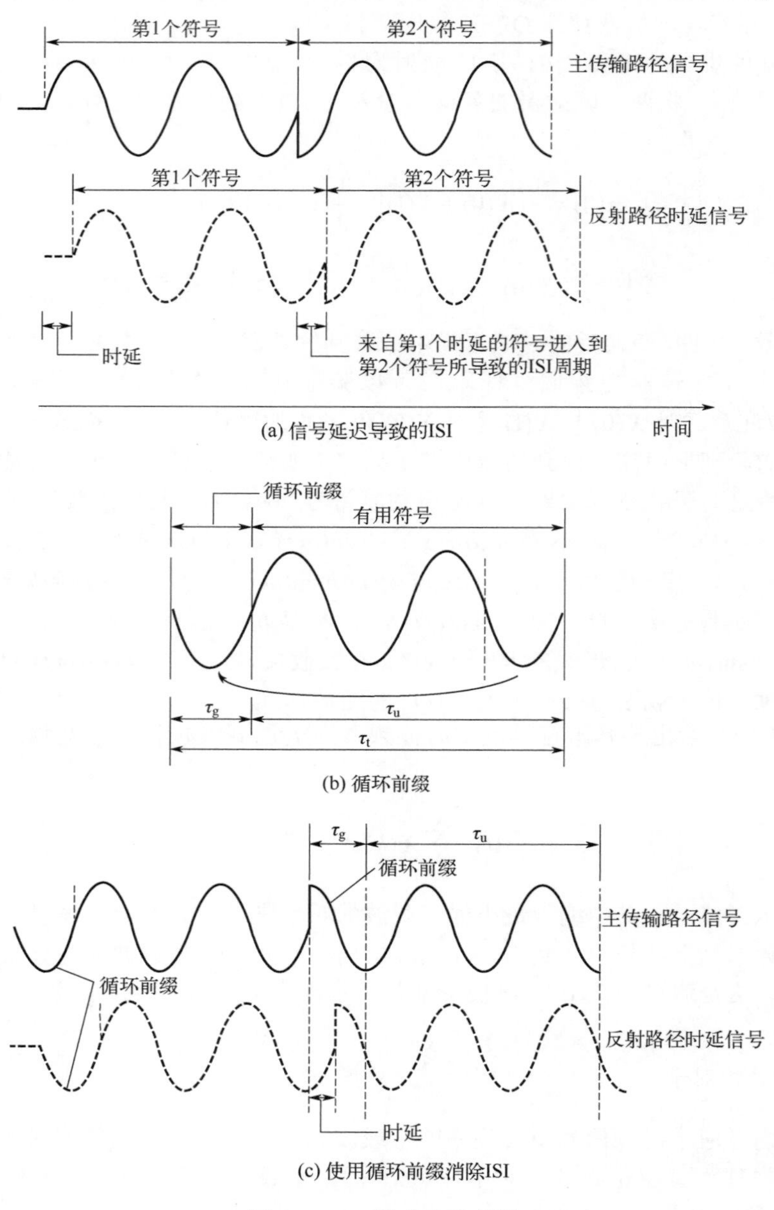

图 3.7　ISI 的产生和消除

发生。尽管如此，由于自身延迟产生了多径效应，该符号可能会经历幅度变化和相位偏移。在保护间隔内，会存在 ISI，但在接收过程中将去掉保护周期，只在周期τ_u内处理接收到的符号。然而，如果前一个符号的延迟超出保护间隔，则会发生 ISI，但将受到限制，因为超出保护间隔的延迟信号的强度可能相对于所需符号较小。虽然添加前缀消除或最小化 ISI，但它并非没有代价，因为它降低了数据吞吐量，N个符号在周期τ_t上传输而不是在较短的周期τ_u上传输。对此，τ_g通常被限制在不超过$\tau_u/4$。

所添加的前缀称为循环前缀，因为它采用信息符号来进行周期性扩展。如上所述，每个子载波频率是信息符号速率的整数倍。因此，在信息符号的周期内，每个子载波将包含整数个周期。由于这种周期性，从前面复制并添加到末端的信息符号的一部分不会导致连接处不连续，从而形成连续的正弦曲线。符号因此在长度上得到扩展，同时也保持正交性。图 3.8 所示为长度为τ_g的循环前缀的产生。

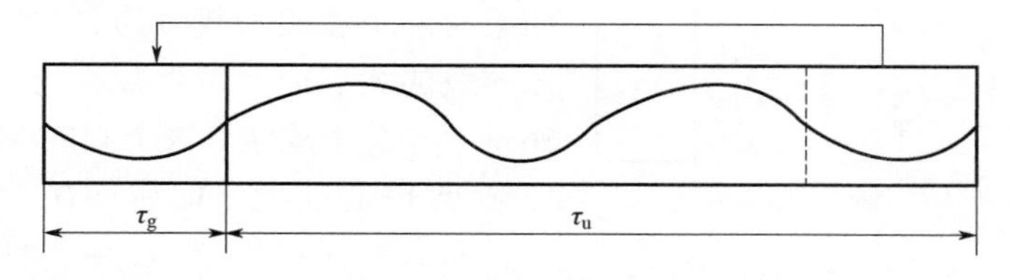

图 3.8　在连续符号域中所创建的循环前缀

为了创建一个循环前缀，映射器输出的复符号$X(k)$提供给 IFFT 处理器，处理器处理的总时间为τ_t。IFFT 处理器应用该数据创建长度为τ_u的调制符号，然后将该符号以时域样本$x(n)$的形式传递给循环前缀加法器。在这里，把随时间τ_g变化的最后一个样本作为副本，并将其添加到信息样本的前面，从而创建一个长度为τ_t的符号，这样便完成了前缀的添加，例如图 3.9 所示。因此，我们将数据输入到 IFFT 处理器，并在必要时以每秒$1/\tau_t$个符号的速率从循环前缀加法器输出数据。

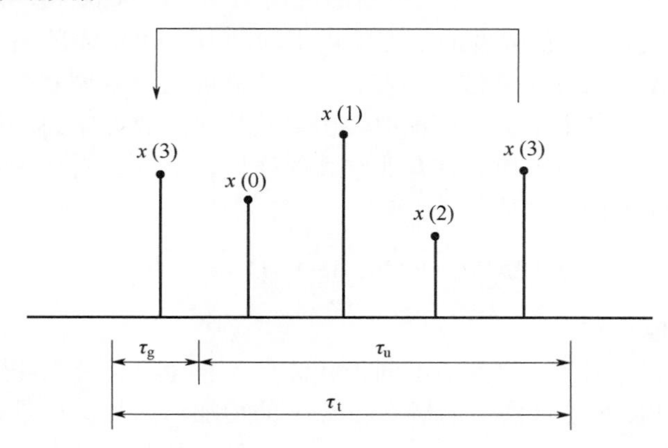

图 3.9　采用离散样本创建循环前缀

如上所述，相对于未失真的发射信号，多径衰落导致每个接收到的 OFDM 符号的幅度和相位发生变化。为了正确地解调，必须在反映射并在接收器中的并行/串行转换之前校正这些失真。这种校正是通过单抽头均衡器来实现的。如图 3.10 所示，每个子载波的均衡是通过将 FFT 处理器输出的失真复符号乘以相应子载频信道频率响应$H(f_i)$的倒数来实现的[1]。$H(f_i)$通常由插入到信道传输带宽上的导频子载波来确定。

如图 3.10 所示，解码器采用软比特对其改进。对于 OFDM 系统，这意味着反映射器中的软比特化。对于 4-QAM（QPSK）调制的两比特序列，第一个的软比特值是 a 到 y 轴的距离的函数，第二个的软比特值是 b 到 x 轴的距离的函数。然而，要为高阶 QAM 生成软比特值，必须将更复杂的算法应用于 $a+\mathrm{j}b$，如文献[2]所述。

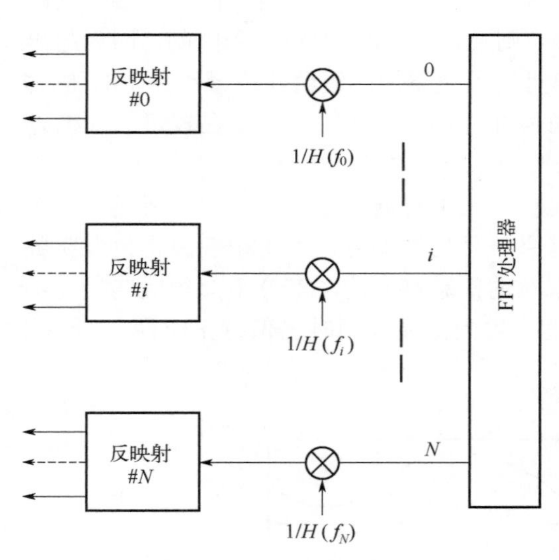

图 3.10　OFDM 单抽头均衡原理图

在实际 OFDM 系统中，实际的子载波数 N 始终小于 IFFT 处理器的样本块的大小 N_{FFT}。IFFT 处理器通常对大小为 2^x 的总样本块进行处理，其中 x 为正整数。因此，在实际实现中，IFFT 处理器的块的大小 N_{FFT} 选择为 $N_{\mathrm{FFT}}=2^x \geqslant N$。例如，如果实际子载波的数量为 200，那么最小的处理器的块的大小或“点”数将为 256。因此，将有 56 个“空”子载波。这个 OFDM 信号将被指定为“256 点 FFT”信号，即使只有 200 个实际子载波。

如前所述，IFFT 处理器每 $T\,(s)$ 对时域信号 $x(t)$ 进行采样。此外，$N_{\mathrm{FFT}}T=\tau_{\mathrm{u}}$。因此，采样率 $F_{\mathrm{s}}=1/T=N_{\mathrm{FFT}}/\tau_{\mathrm{u}}$。该采样率通常在 OFDM 系统中指定。在频域中，它表示包括空子载波在内的所有子载波的主瓣占用的带宽。空子载波表示没有子载波的子载波位置。当存在空子载波时，空子载波通常对称地放置在实际子载波的上方和下方。除了用于承载数据之外，一些子载波通常用作导频子载波。导频子载波通常用于各种同步和信道估计。

3.1.3　峰均功率比

OFDM 的一个重要问题是它表现出很高的峰均功率比（peak to average power ratio，PAPR），其中 PAPR 定义为峰值幅度的平方除以平均功率。ODFM 的高 PAPR 的原因是在时域中，ODFM 信号是 N 个独立子载波的总和，这些子载波是正弦调制信号。这些正弦波的幅度和相位是不相关的，但在正常工作过程中会出现某些输入数据序列，这会导致所有正弦波同相相加，从而使信号相对于平均值具有非常高的峰值。可以证明[3] OFDM 信号的 PAPR 高于某个阈值（如 PAPR_0）的概率为

$$P_{\mathrm{r}}\left(\mathrm{PAPR}>\mathrm{PAPR}_0\right)=1-\left(1-\mathrm{e}^{-\mathrm{PAPR}_0}\right)^N \tag{3.15}$$

式中，N 为子载波个数。

图 3.11 给出了由式（3.15）得到的不同子载波数 N 的 PAPR 分布图。该图表明，对于给定的阈值 PAPR_0，PAPR 超过该阈值的概率随着 N 的增加而增加。但是请注意，该式意味着 PAPR 与调制阶数无关。

功率放大器的输入-输出特性呈现出一个线性范围，在该范围之上非线性开始出现，直到最终输出电平达到最大值。如果通过功率放大器传输高 PAPR 信号，并且信号的峰值落在非线性区域，则会出现信号失真。这种失真表现为子载波之间的互调和带外发射。具有高 PAPR 的 OFDM 信号的最终结果是功率放大器必须以大功率回退工作，从而导致低效运行。除了发射器功率放大器潜在的问题外，高 PAPR 还要求发射 D/A 转换器和接收 A/D 转换器具有较大的动态范围。

已经开发了许多技术来最小化 OFDM 系统的 PAPR，例如削波，这是一类最简单的技术。通过削波，所有高于预定阈值的信号幅度都被削减到阈值。削波会以带内和带外失真为代价降低 PAPR，因此必须谨慎应用。带内失真导致 BER(P_{be})的增加，而带外失真则表现为频谱扩展。

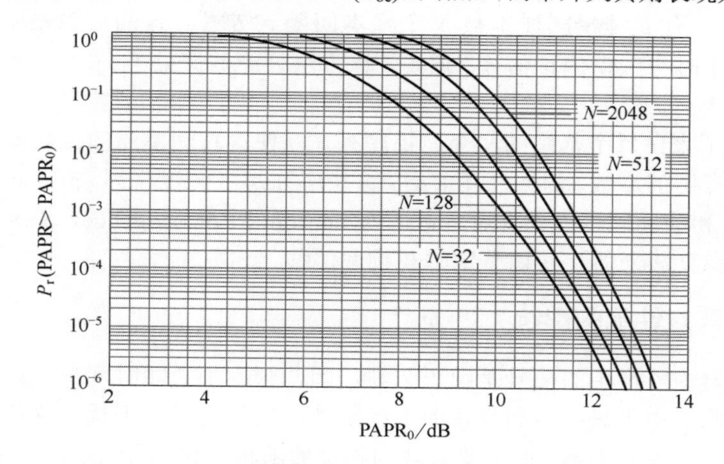

图 3.11　不同数量 OFDM 子载波的 PAPR 分布

3.1.4　频率与定时同步

为了成功解调 OFDM 信号，接收器需要执行三个主要同步：

① 载频同步，即减少或消除载波频率偏移（carrier frequency offset，CFO）的过程。该偏移是接收器接收到的频率与接收器本地振荡器频率之间的差异，它是由发射器和接收器射频本地振荡器之间的差异、无线信道（特别是移动信道）的多普勒频移和振荡器不稳定性引起的。CFO 导致子载波之间的正交性丧失，进而导致载波间干扰（intercarrier interference，ICI）。CFO 所引起的 BER 性能下降是调制阶数的函数。可以证明[4]，采用 QPSK 调制，OFDM 可以在高约 5%的子载波间隔的 CFO 下执行解调，而对于 64-QAM，CFO 必须≤1%。

② 符号定时同步，即减少或消除接收器认为进入 FFT 的每个符号开始的位置与符号应该开始的最佳时间之间的定时偏移的过程。理想情况下，此偏移量应为零。但是，如果添加了循环前缀，则此要求会有所放宽。事实上，一旦定时偏移为正且小于循环前缀长度和信道脉冲响应之间的差值，则性能不会下降，因为处理符号的周期没有 ISI。但是，如果不满足上述条件，则会发生 ISI 与 ICI。

③ 采样时钟同步，即减少或消除用于生成采样时钟的发送器本地振荡器的频率/相位与用于生成采样时钟的接收器本地振荡器的频率/相位之间的差异的过程。这种差异会导致接收器假定子载波间隔不正确，从而导致 ICI 随子载波数量逐渐增加，并且符号定时偏移逐渐增加。

同步方法可以是数据辅助的或非数据辅助的：

① 数据辅助同步。此处所传输的数据中包含额外信息，可能采用以下形式：

a. 前导码，即 OFDM 训练符号，通常是包含控制数据和用户数据的固定符号块之前的一个或两个符号。这些训练符号仅包含经过特殊调制以促进同步的子载波。

b. 导频符号，即在控制数据和用户数据调制子载波之间重复散布的特殊调制子载波。在接收器处，同步调制数据的一般结构是已知的，并且将接收到的数据与已知数据或较早接收到的数据进行比较，并且将两者之间的相关性用于实现同步。

② 非数据辅助同步或盲同步。接收器通常用循环前缀来实现同步。从 N 个调制子载波生成的 OFDM 符号生成 N 个时域样本。如果后 L 个样本被复制并用作循环前缀，则对于每个 OFDM 符号，有 L 对相同样本被 N 个样本间隔 τ_u 分开，τ_u 的倒数是基本子载波频率。该样本冗余用于定时与频率偏移估计。但是，该方法只能估计处于±0.5 子载波间隔范围内的 CFO。

5G NR 规定了来自每个基站的两个广播序列，以使得移动单元的接收器实现时间和频率同步并获取其他有用的参数，例如循环前缀。这些序列是主同步序列（primary synchronization sequence，PSS）和辅助同步序列（secondary synchronization sequence，SSS）。UE 用 PSS、SSS 和特定的同步算法来估计并调整定时与频率偏移。

3.1.5 相位噪声对性能的影响

在理想振荡器中，产生的信号是纯正弦波，因此频率不会随时间变化。在实际的振荡器中，情况并非如此。由于热噪声和设备的不稳定性，信号会受到干扰。这些干扰对接近中心频率的信号幅度几乎没有影响，但主要表现为相位的随机变化，因此是针对中心位置相位的。这种现象被称为相位噪声（phase noise，PN）。在 OFDM 系统中，在接收器处看到的相位噪声是发射器的上变频器振荡器和接收器的下变频器振荡器造成的最终结果。OFDM 对 PN 比单载波系统更敏感，因为这里的 PN 导致子载波的非最佳随机频率采样，这反过来又破坏了子载波之间的正交性并因此产生 ICI。

振荡器相位噪声的特性通常由其单边功率谱密度（power spectral density，PSD）来定义。振荡器 PSD 有多种模型，关于振荡器中心频率的预测 PSD 往往因模型而异。一个简单但持久的模型是 Leeson[5]在 1966 年提出的用于线性反馈自由运行振荡器的模型。Leeson 的模型预测：

① PSD 与振荡器缓冲放大器的噪声系数和振荡器温度成正比，与信号强度成反比。

② PSD 大约与振荡器频率的平方成正比，即振荡器频率每增加一倍，PSD 大约增加 6dB。

③ 初始每十倍频程降低约 30dB，直至 $1/f$ 噪声效应不再占主导地位。

④ 从该点更改为每十倍频程降低约 20dB，直至反馈环路半带宽。

⑤ 此后平坦。

3.1.6 发射器窗口化和滤波

OFDM 频谱超出所有子载波的主瓣所占据的部分，在主瓣的两侧衰减得有些慢。这种缓慢衰减的主要原因是标准的 OFDM IFFT 所产生的添加了循环前缀的符号具有了矩形脉冲的垂直边界，因此产生了一个 $\sin x/x$ 形式的频谱，如我们在前文中看到的那样。为了满足标准化机构规定的严格的频谱要求，可以采取措施使该频谱的扩展最小化。这个措施可以是窗口化、滤波或两者相结合。

窗口化通过改变符号边缘的形状来减少频谱扩展，以产生较为平滑的过渡。图 3.12 给出了一种平滑的方法。此处，CP 从起点由一条垂线变成了斜线，该线从零到最大值的时间为 τ_x。此外，循环扩展，其持续时间也为 τ_x，并且由信息符号周期的开始复制样本来产生，并被添加到信息周期的末尾，从最大值开始并线性减小到零。因此，总符号长度增加了 τ_x。下一个符号从正常开始时间开始，因此没有增加系统延迟。然而，现在在一个符号的末尾和另一个符号的开头有重叠，重叠时间持续 τ_x 。这些不那么突然的开始及其结束的符号过渡，使其包含了更多的频谱。对于延迟符号流，如图 3.12 所示，延迟了整个循环前缀时间，该符号的第一个 τ_x 周期已被改变，被添加到非延迟符号中，因此“干扰”非延迟符号，从而导致 ISI。

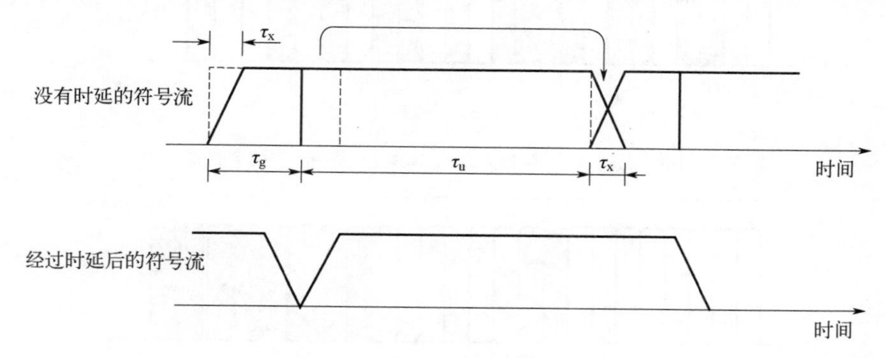

图 3.12　OFDM 发射器窗口化

在实际系统中，通常使用升余弦形状来产生窗口脉冲。这与第 2 章中介绍的形状相同，但这里的形状是时间的函数，而不是频率的函数。采用升余弦窗口，我们可以平滑地从一个脉冲过渡到下一个脉冲，因此频谱控制良好。然而，这种遏制并非没有权衡。我们有效地将循环前缀减少到 $\tau_g - \tau_x$ 。

如上所述，包含 OFDM 带外发射的另一种方法是通过滤波。这是对调制器输出端的整个信号进行的。然而，传输的信号通常包含在不连续的子带中，使得滤波很麻烦，因为每个子带都需要单独的滤波器。滤波器带宽通常接近传输频带或子频带的大小，并且设计为只有靠近子频带边缘的少数子载波受到影响。尽管如此，BER 性能还是有所下降。因此，与加窗一样，在包含的频谱和系统性能之间存在权衡。

3.1.7　正交频分多址

OFDM 是一种多载波传输技术，可以在两点之间进行传输，并且所有子载波都分配给一个用户。它有助于构成用于 DL（down link，下行链路）和 UL（up link，上行链路）传输的多址技术的基础，称为正交频分多址（orthogonal frequency division multiple access，OFDMA）。它用于 5G NR 的下行链路和上行链路，这里通常称为循环前缀 OFDM（cyclic prefix OFDM，CP-OFDM）。在 OFDMA 中，OFDM 子载波被划分为称为子信道的集合，这些子信道在给定的时隙中分配给不同的用户，即分配给给定数量的连续 OFDM 符号。每个子信道中的子载波可以是分布式的，即分布在可用的全信道频谱上，也可以是局部的，即彼此相邻的结构。图 3.13（a）、（b）描述了一个三子信道频率分配示例，其中分配分别是分布式的和局部化的。通过分布式分配，给定链路上的一些子载波可能会体验到良好的信干噪比（signal to interference and noise ratio，SINR），而其他子载波则不会，因此会出现高 BER。然而，交织和编码可以最大限度地减少在低 SINR 子载波中产生的错误。

对于移动通信，由于用户通常处于不同位置，因此这些用户的各个 BS/MU（基站/多用户）链路通常会遭受不同的多径衰落，因此会产生不同的信道频率响应。局部化分配试图通过为每个用户分配信道条件良好的可用频谱的一部分来利用这种现象，即使其具有高 SINR。为了实现这一点，很明显，整个可用频谱上的准确 SINR 数据必须提供给每个接收器使用，并且该信息必须及时传送到其关联的发射器。

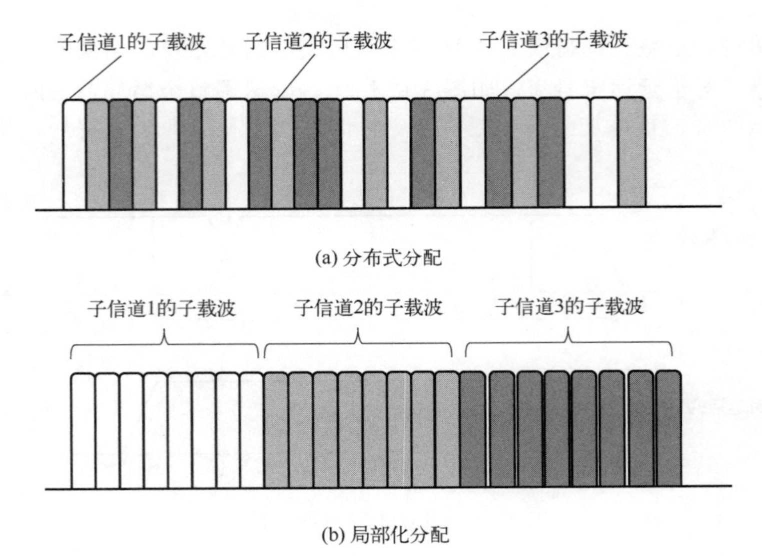

图 3.13　分布式和局部化分配示例

如果可以在接收器处获得准确的 SINR 数据并足够快地加以应用，以便可以在信道条件发生变化之前利用良好的局部化信道，那么局部化分配应该优于分布式分配。然而，如果不是这种情况，例如用户处于高速移动性状态，那么分布式分配将是首选方案。

采用 OFDMA 的 DL 接入方案，子信道由介质访问控制（medium access control，MAC）分配，每个子信道寻址到不同的MU，并针对每个BS/MU链路进行调制、编码等。采用OFDMA 的 UL 接入方案，子信道通过 BS 向下游发送 MAC 消息并分配给用户，另外，多个 MU 发射机可以同时进行调制、编码等传输，还针对每个 BS/MU 链路进行定制。通常，MU 的发射功率小于 BS 的发射功率，如果每个方向上发射的子载波数量相同，则会产生上行链路与下行链路系统增益的不平衡。然而，子信道将 MU 发射功率集中在较少的子载波中，从而使上行链路和下行链路的系统增益相似。例如，如果将数据子载波划分为 16 个子信道，则在承载一个子信道的上行链路中可以实现 12dB 的系统增益改进，尽管是以降低数据吞吐量为代价的。该系统增益增加是由于 BS 接收器灵敏度提高了 12dB。

为了理解与 OFDMA 传输相关的 IFFT 和 FFT 处理过程，图 3.14 给出了一个简化的 OFDMA 基带传输方案，其中用户 User 1 正在发送数据流 1011。这里采用 QPSK 调制，所用的子载波数为 $N=4$，为用户分配了两个子载波。注意，在 IFFT 处理器中，有两个输入为 0。因此，第二个 MU 上的用户，即 User 2，能够与 User 1 同时使用这两个子载波。

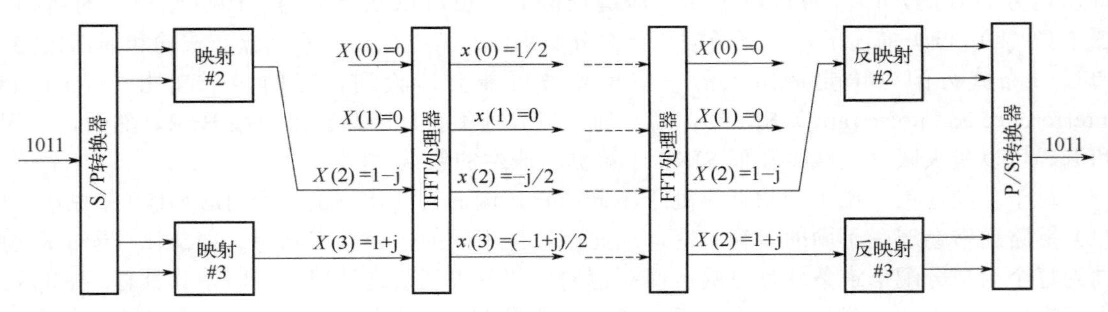

图 3.14　简化的 OFDMA 基带传输系统

在 OFDMA 中，调度程序在二维（频率×时间）平面上进行调度，同时考虑到单个用户容量要求和整个信道带宽上的信道条件。在图 3.15 中，我们看到了如何在时间-频率平面上安排六个不同用户的示例。

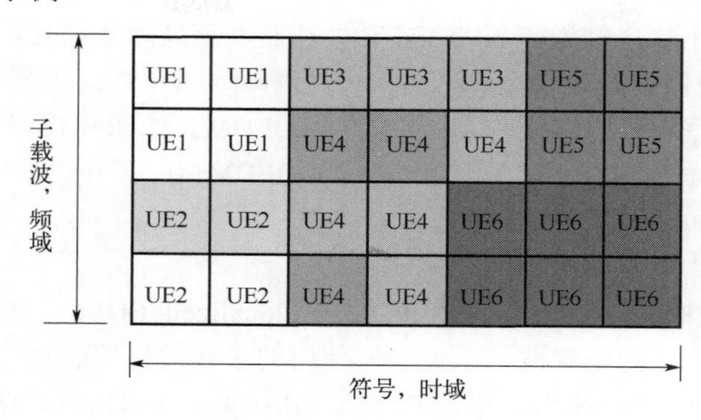

图 3.15 OFDMA 调度示例

3.1.8 离散傅里叶变换扩展 OFDM

离散傅里叶变换扩展 OFDM（discrete Fourier transform spread OFDM，DFTS-OFDM）是 5G NR 中的 UL 可选 OFDMA 的修正版本。与 OFDMA 一样，DFTS-OFDM 系统中所传输的信号是多个正交子载波。虽然也称为单载波 FDMA（single carrier FDMA，SC-FDMA），但传输的信号不再是单载波。DFTS-OFDM 的 PAPR 与真正的 SC 调制信号相同，该 PAPR 远低于标准 OFDMA 的 PAPR。然而，即使不满足上述具体情况，DFTS-OFDM 的 PAPR 虽然高于真正的 SC 调制信号，但仍低于标准 OFDMA。正是这种改进的 DFTS-OFDM 的 PAPR 性能推动了其实现。

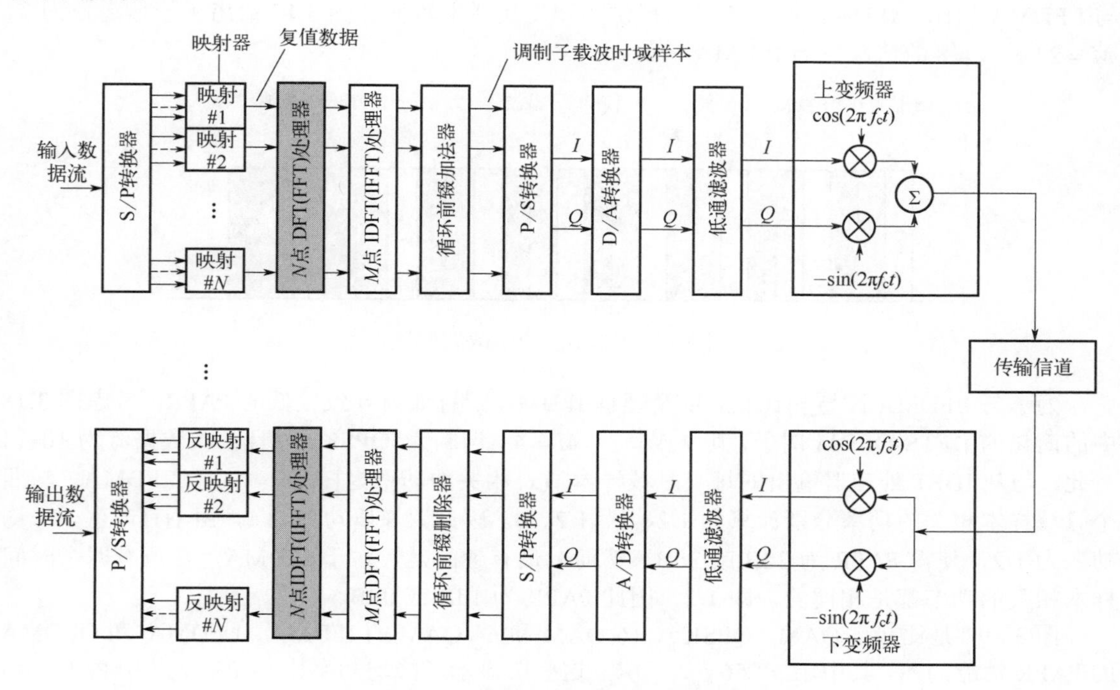

图 3.16 DFTS-OFDM 发射器/接收器原理图

如前所述，OFDMA 为每个用户获取 N 个数据符号（一个数据符号是一组输入比特），通过星座映射器来产生复子载波，然后通过 $M(M>N)$ 点 IDFT 处理这些复值以生成时域样本。因此，在一个 OFDMA 符号内，每个子载波都调制一个数据符号。相比之下，DFTS-OFDM 首先将映射器中的 N 个输出馈送到 N 点 DFT 处理器，该处理器以复数形式产生子载波，然后由 M 点 IDFT 处理器处理这些复值以生成时域样本。DFT 处理器的输出在所有子载波上扩展了所输入的数据符号，因此称为 DFT 扩展 OFDM。如图 3.16 所示的 DFTS-OFDM 与 OFDMA 之间唯一的物理上的区别在于，在 DFTS-OFDM 中，在发送器中增加了一个 DFT 处理器，在接收器中增加了一个 IDFT 处理器。

在 DFTS-OFDM 中，定义了两类子载波映射：

① 局部化子载波映射，称为局部化 FDMA（localized FDMA，LFDMA）。这里，DFT 处理器输出被分配给连续的子载波，零占据未使用的子载波位置。

② 分布式子载波映射，称为分布式 FDMA（distributed FDMA，DFDMA）。这里，DFT 处理器输出被分配在整个带宽上，零占据未使用的子载波位置。

交织后的 FDMA（interleaved FDMA，IFDMA）是 DFDMA 的特例，$N=M/Q$，其中 Q 是带宽扩展因子，是一个整数，并且所占用的子载波之间的距离相等。对于 IFDMA，M 点 IDFT 之外的时间符号只是将原始符号重复到 DFT 处理器中，比例因子为 $1/Q$ 和一些可能的相位旋转。对于 IFDMA，M 点 IDFT 处理器之外的时域符号只是将原始符号以比例因子为 $1/Q$ 及一些可能的相位旋转重复到 DFT 符号中。但是进入 DFT 的 PAPR 是映射器产生的星座的单载波调制的 PAPR。因此，IFDMA 信号的 PAPR 的平均值与映射器产生的星座的单载波调制的平均值相同。IFDMA 是前面提到的具体情况，至少是参考性的 PAPR，支持 SC-FDMA。对于 IFDMA 以外的子载波分布，时域信号是原始输入信号在某些但不是所有 M 个样本位置中的 DFT 的对应副本。因此，PAPR 高于基础调制，但低于 OFDMA 和相同调制。与 LFDMA 相比，IFDMA 的缺点是它提供的调度灵活性较低。图 3.17 给出了子信道数为 3、$M=24$ 和 $N=8$ 的情况下的 IFDMA 映射。

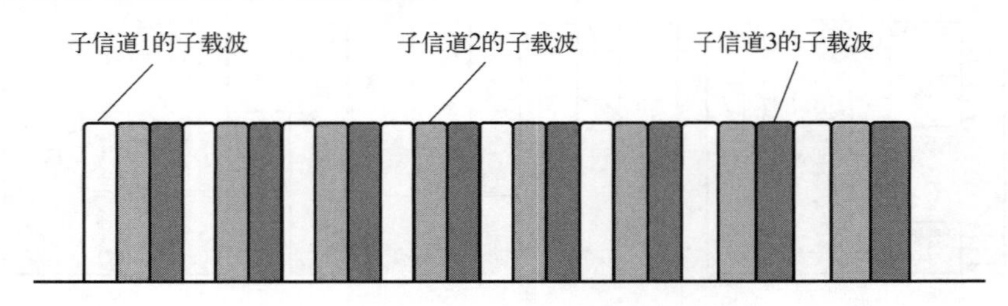

图 3.17　IFDMA 的子载波配置

为了与 LFDMA 配置相比较，以及理解 IFDMA 配置如何导致较低的 PAPR，考虑图 3.18 中的简化的 DFTS-OFDM 例子，其中 $N=2$，$M=4$，调制为 QPSK，并且输入数据流为 1011。对此，与从 IDFT 处理器输出的每个时域样本 $y(x)$ 相关的功率为 $|y(x)|^2$。对于 LFDMA，与四个时域样本相关的功率分别计算为 1/2、1、1/2、0。因此，峰值功率为 1，由 $y(1)$ 产生，平均功率为 1/2，使得 PAPR 为 2dB 或 3dB。然而，最有趣的是，对于 IFDMA，与所有四个时间样本相关的功率都是相同的，即 1/2，因此 PAPR 为 1dB 或 0dB。

图 3.19[6]是比较 4-QAM（QPSK）、16-QAM 和 64-QAM 的 IFDMA、LFDMA 和 OFDMA 的 PAPR 性能的图，其中 $M=256$，$N=64$。这些图显示了峰均功率比 PAPR_0，其中 PAPR_0 超过了给定的时间分数 X。从这些图中可以得到表 3.1 中的数据。

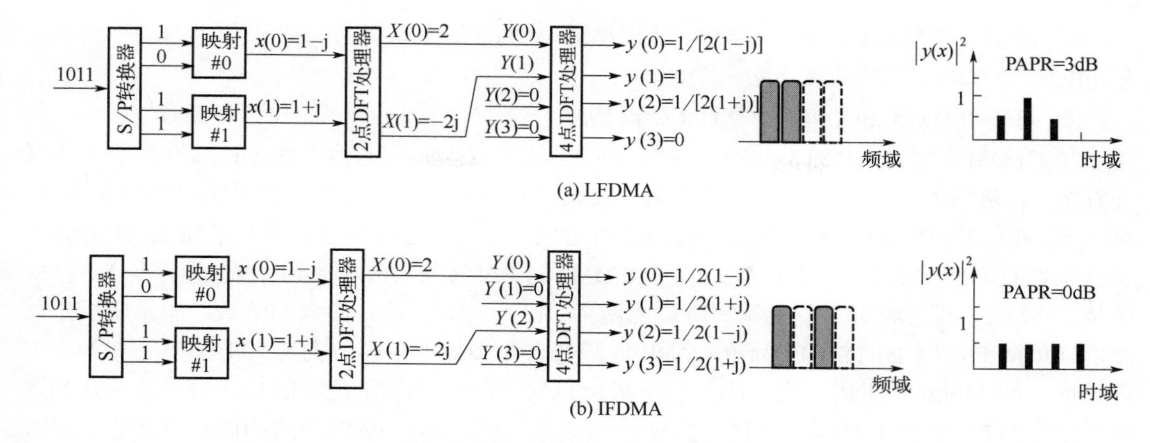

图 3.18　LFDMA 与 IFDMA 比较

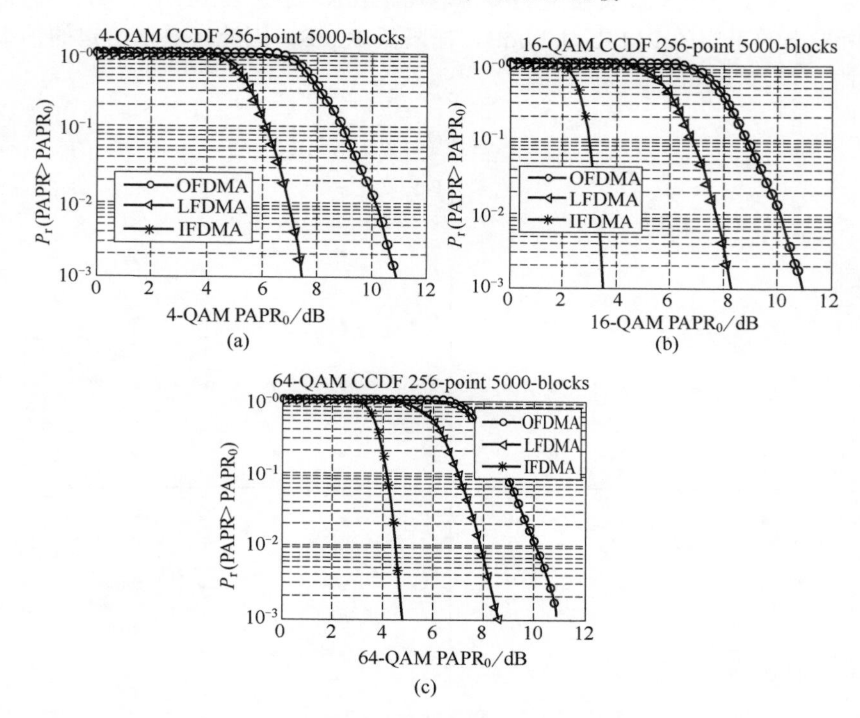

图 3.19　IFDMA、LFDMA 和 OFDMA 的 PAPR 性能[6]

表 3.1　IFDMA、LFDMA 与 OFDMA 的 PAPR（dB）性能

映射	X	QPSK	16-QAM	64-QAM	映射	X	QPSK	16-QAM	64-QAM
IFDMA	0.5	0	2.6	3.7	IFDMA	0.001	0	3.5	4.8
LFDMA	0.5	5.4	5.7	6.0	LFDMA	0.001	7.5	8.3	8.6
OFDMA	0.5	7.7	7.7	7.7	OFDMA	0.001	10.9	10.9	10.9

从上述结果和文献[6]中的模拟 PAPR 图可以看出：

① OFDMA PAPR 与调制阶数无关。

② 对于 IFDMA 和 LFDMA，对于给定的发生概率，PAPR 随着调制阶数的增加而增加。

③ 对于 IFDMA，PAPR＞$PAPR_0$的概率为 50%，即平均而言，对于所示的三种调制，$PAPR_0$与针对单个调制载波所指出的相同。

④ 对于 IFDMA 和 QPSK，PAPR 始终为 0。

与 OFDMA 相比，DFTS-OFDM 的低 PAPR 使其成为移动通信中的 UL 的有吸引力的又一方案。这是因为功率是 MU 的有限资源，较低的 PAPR 将会使功率放大器输出的效率更高。对于 5G NR，DFTS-OFDM 对于上行链路是可选的，另一个选项是带有循环前缀的 OFDMA。

正如我们在前面看到的，采用 DFTS-OFDM 时，PAPR 与 OFDMA 时不同，无论是 LDFMA 还是 IDFMA，都是底层子载波调制阶数的函数。因此，对于给定的调制阶数，如果底层子载波 PAPR 降低，则 DFTS-OFDM 的 PAPR 将降低。如果标准信号点的正方形星座图修改为非正方形，如 Morais[7]所述，这种降低对于 64-QAM 和 256-QAM 是可能的。对于 64-QAM，方形星座的 PAPR 为 3.7dB，具有图 3.20 所示一般形状的星座的 PAPR 为 2.50dB，净降低 1.2dB，因此，对于给定功率放大器，最大输出功率将增加 1.2dB。对于 256-QAM，方形星座，其 PAPR 为 4.2dB，所提出的星座的 PAPR 为 3.0dB，净降低 1.2dB，因此，对于给定的功率放大器，最大输出功率也增加 1.2dB。

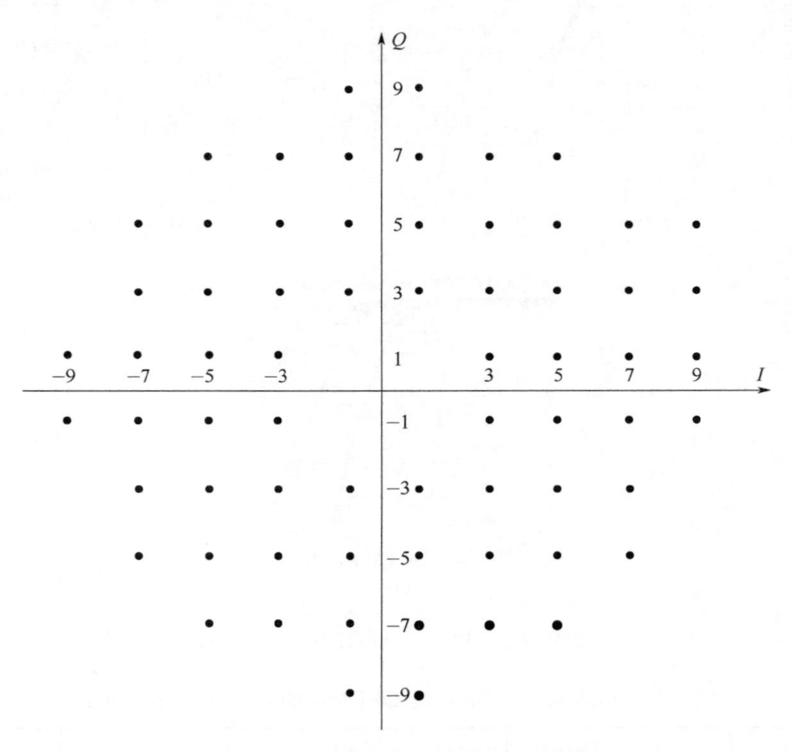

图 3.20　非方形 64-QAM 信号点星座图

这些非方形星座，误比特(码)率性能相对于其相关的方形星座略有下降。非方形 64-QAM 星座，对于 10^{-3} 与 10^{-6} 之间的 BER，所需 SNR 的增加大约为 0.3dB。因此，使用它的净链路裕量改进将大约为 1.2–0.3=0.9(dB)。非方形 256-QAM 星座，对于 10^{-3} 与 10^{-6} 间的 BER，所需 SNR 的增加大约为 0.4dB。因此，使用它的净链路裕量改进约为 1.2–0.4= 0.8（dB）。文献[8]中给出了对这些非方形星座执行硬比特和软比特反映射的方法。

3.1.9　其他多 OFDM 形式

在从 4G 到 5G 的发展过程中，3GPP 考虑了几种其他形式的 OFDM，将有望提高 OFDMA 的性能，当用作基本形式时，在 5G NR 中通常称为循环前缀 OFDM（cyclic prefix OFDM，CP-OFDM）。经过大量研究并考虑到这些形式所具有的优缺点，包括实际影响，3GPP 选择保留 CP-OFDM。考虑到这些形式的发展，未来可能将一种或多种形式应用于 6G 或更高等级的网络。以下将讨论三种候选形式。

（1）滤波器组多载波（filter bank multi-carrier，FBMC）

滤波器组多载波（FBMC）是一种衍生自 OFDM 的形式[9]，其中子载波被单独滤波，以抑制其旁瓣，从而相对于 OFDM 减少了带外发射。在 OFDM 中，“被滤波”的符号是一个矩形脉冲，未经过滤会产生 $\sin x/x$ 形式的频谱。如果我们在频域中以符合 Nyquist 标准的形状对包含矩形脉冲的频谱进行滤波，将得到一个具有“拖尾”形式的脉冲，它与相邻符号脉冲重叠的时间较长，但在这些符号的中心为零值。而 FBMC 滤掉重叠部分的频谱，而留下主瓣频谱部分。

在 FBMC 中，子载波的滤波是在基带数字域中完成的，就在 IFFT 过程之后进行。为对每个子载波进行滤波，所有这些滤波器都对齐到一个滤波器组中，因此称为 FBMC。该滤波器组的第一个滤波器，是与零频率子载波相关的滤波器，称为原型滤波器。其他子载波的滤波器是通过复制原型滤波器并将其变换到它们各自的频率来产生的。这样产生的滤波器组称为多相滤波器组。原型滤波器用其重叠因子 K 来刻画，其中 K 是滤波器脉冲响应的持续时间与多载波符号周期的比。因子 K 是在时域中重叠的多载波符号的个数。与 FBMC 一起应用的原型滤波器通常是平方根升余弦类型，K 通常选择为 4。图 3.21（a）[10]给出了因子 $K=4$ 的 FBMC 原型滤波器的频率响应，以及由 OFDM 中的矩形脉冲产生的频率响应。图 3.21（b）[10]给出了该 $K=4$ 的原型滤波器的时间响应以及 OFDM 矩形时间响应。

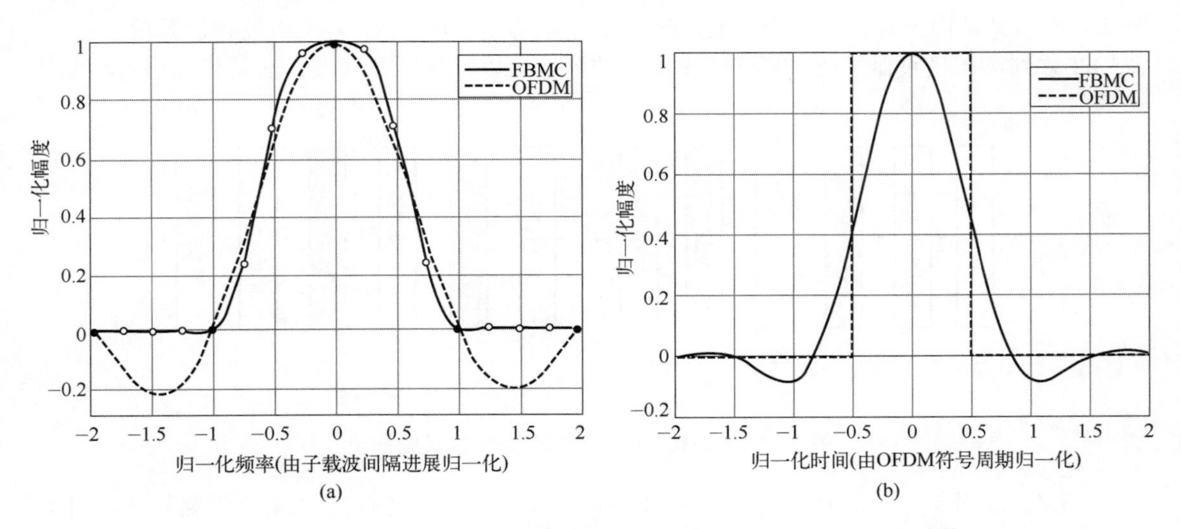

图 3.21　FBMC（K=4）与 OFDM 原型滤波器的频率和时间响应[10]

由于单个符号扩散到相邻符号中，典型的 OFDM 正交性受到影响，因此 FBMC 相对于复平面不是正交的。然而，通过图 3.21 所示的原型滤波器的紧密滤波，所有偶数子载波彼此不重叠，因此彼此正交，并且不会在彼此之间引起载波间干扰（intercarrier interference，ICI）。这同样适用于所有奇数子载波。

因此，留下了相邻子载波之间的 ICI 问题。对于 FBMC，我们采用偏移正交幅度调制（offset quadrature amplitude modulation，OQAM）来消除这个问题。运用 OQAM，在给定的子载波上，我们将 7 个基于多载波的多址技术的同相 PAM 符号相对于正交分量的符号长度偏移一半。在其相邻的子载波上，我们将正交符号相对于同相符号的符号长度偏移一半。图 3.22 解释了这种偏移概念，我们给了时间-频率平面上的同相与正交符号的位置。

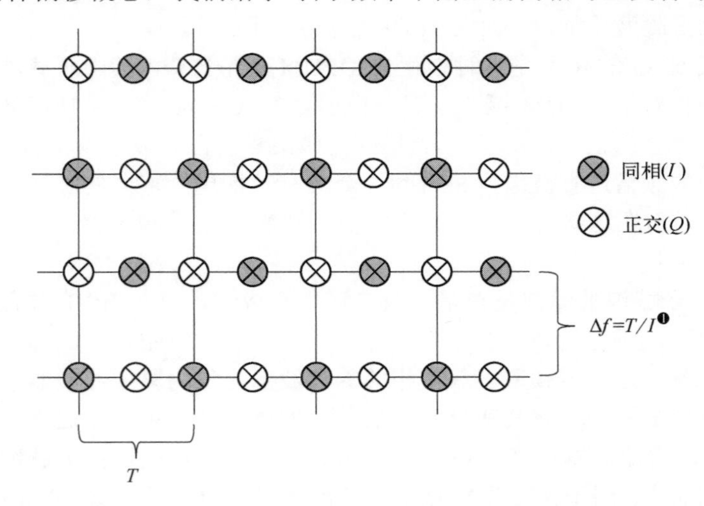

图 3.22　正交符号的偏移以及位置

由于 FBMC 在频域和时域中都产生了良好定位的子信道性能，因此不需要 CP。相对于 OFDM，这种 CP 的去除使得频谱效率提高。这是由于频带边缘减小使得频谱效率增益得到补充，而这又是由子载波滤波产生的。图 3.23 所示为 FBMC 基带发射器/接收器系统的框图。我们注意到，在接收器中还需要一个多相滤波器组，以实现匹配滤波，这是优化信号检测所必需的。

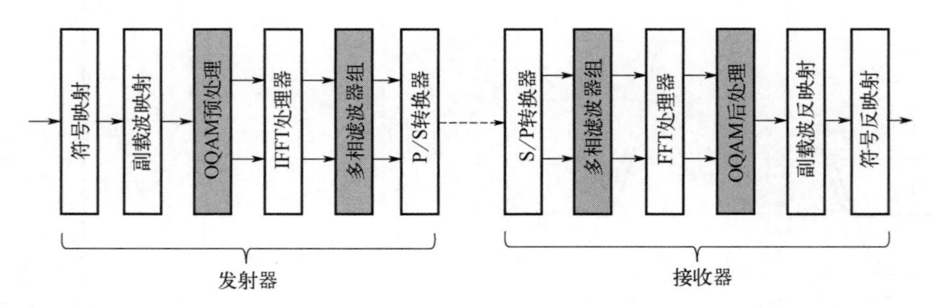

图 3.23　FBMC 基带发射器/接收器系统框图

FBMC 相对于 CP-OFDM，具有较低的带外（out-of-band，OOB）发射（泄漏）。事实上，在放大基本上靠线性的低输出功率放大器的情况下，就是如此。然而，在较高的功率下，更典型的真实系统优势几乎消失了。文献[11]的结果表明，当采用输入功率为−4dBm、输出功率为 24dBm 的非线性功率放大器时，FBMC（$K=4$）与 CP-OFDM 具有几乎相同的 OOB 泄漏。

---

❶ I 是星座中同相分量的值，参见图 3.20。

（2）广义频分复用（generalized frequency division multiplexing，GFDM）

广义频分复用（GFDM）[12]是一种灵活的多载波传输技术，与 OFDM 有一些相似之处。输入的调制符号通过逐块处理而跨越时域和频域两维，其中每个块包含 K 个子载波和 M 个“子符号”，因此包含 $N=MK$ 个调制符号。对于 OFDM，K 个调制符号在一个时隙中与 K 个子载波一起传输。然而，对于 GFDM，MK 个调制符号被单独滤波并在 M 个时隙中，并通过 K 个子载波传输。对每个子载波频谱进行约束，使得带外发射减少，因此相对于 CP-OFDM 其具有更高的频谱效率。块的结构如图 3.24（a）所示。GFDM 发射器框图如图 3.24（b）所示。用户的编码数据符号映射为 N 个 QAM 复值符号，将这些符号馈送到 S/P 转换器以产生 N 个并行符号流。我们对转换器输出的每个符号进行标记，并在第 m 个子符号 $d_{k,m}$ 中的第 k 个子载波上传输。每个 $d_{k,m}$ 以因子 N 进行上采样，即附加 $N-1$ 个零。用 $g_{k,m}(n)$ 对这些上采样序列进行滤波，$g_{k,m}(n)$ 是数据符号 $d_{k,m}$ 的脉冲成形发射滤波器，其中

$$g_{k,m}(n)=g\left[(n-mK)\mathrm{mod}N\right]\mathrm{e}^{-\mathrm{j}2\pi\frac{k}{K}n} \tag{3.16}$$

$g_{0,0}(n)$ 为脉冲成形原型滤波器。每个 $g_{k,m}(n)$ 是原型滤波器 $g_{0,0}(n)$ 的时间和频率偏移。因此，输出处于指定的子载波频率上。数字域中的基带发射信号 $x(n)$ 由所有发射信号的总和获得，为

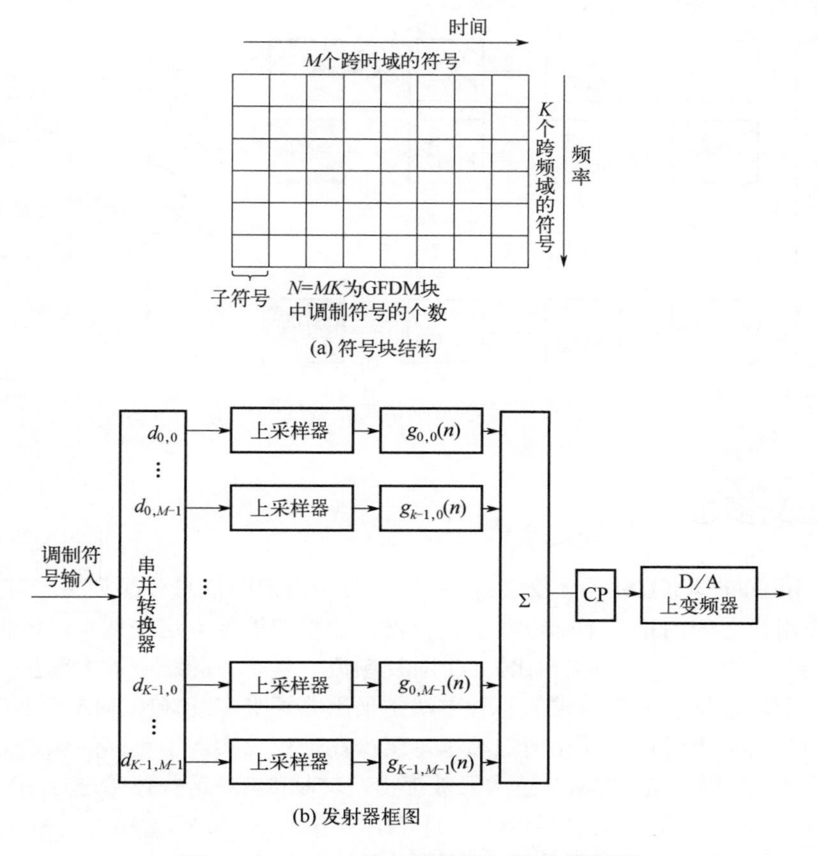

图 3.24　GFDM 符号块结构与发射器框图

$$x(n)=\sum_{m=0}^{M-1}\sum_{k=0}^{K-1}d_{k,m}g_{k,m}(n) \tag{3.17}$$

通常，原型滤波器是基于平方根升余弦的滤波器。GFDM 信号是将所有子载波相加的结果。加法器的串行输出同时增加一个 CP。由于只有一个 CP 用于 M 个时隙，因此与 CP-OFDM 相比，频谱效率进一步提高。我们注意到，由于调制符号被滤波，OFDM 意义上的正交性丢失，如果要最大化每个子载波的信噪比，必须确保在接收器处实现每个符号的匹配滤波。与 CP-OFDM 相比，GFDM 实现了更好的 OOB 泄漏抑制。然而，它需要更复杂的接收器来处理 ISI 和 ICI，并且原型滤波器可能需要更复杂的调制，例如 OQAM。

（3）通用滤波多载波（universal-filtered multi-carrier，UFMC）

对于通用滤波多载波（UFMC）[13]，子载波被分组到子带中，然后进行滤波，这与 FBMC 不同，FBMC 中单个子载波被滤波。过滤是为了减少带外发射。子载波的数量以及滤波器参数通常对每个子带通用。这里可以不用 CP，它通常采用附加符号持续时间容纳子带滤波器。在发射机端，首先将复调制符号分成组，每组由 IFFT 处理器处理。然后对每个 IFFT 处理器输出进行滤波。然后将子带滤波器的输出相加，并将合成信号视为单个 OFDM，即它进行了 D/A 和上变频处理。在接收端，合成信号下变频到基带，并作为标准 OFDM 基带信号进行处理。图 3.25 给出了 UFMC 发射器的框图。尽管 UFMC 相对于 CP-OFDM 提供了良好的频谱效率，但发射器和接收器的实现较为复杂。

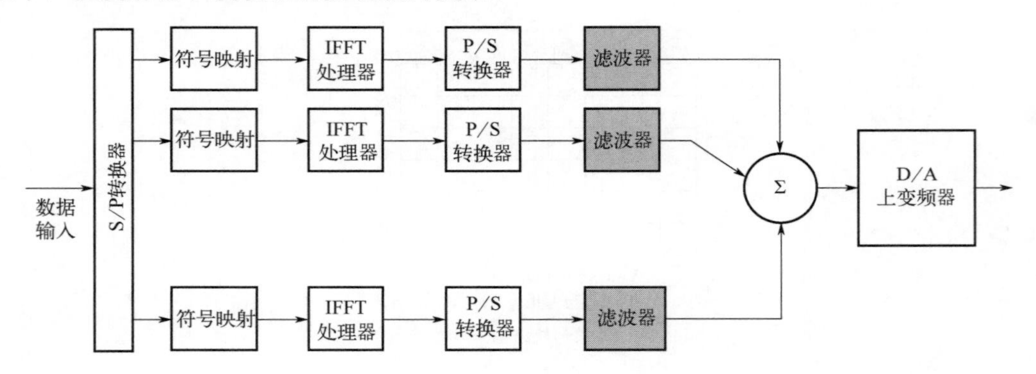

图 3.25　UFMC 发射器框图

3.2　非正交多址

OFDMA 和 DFTS-OFDM 是正交多址技术，为每个用户的信息分配频率与时间特定子集，因此不会导致用户之间的相互干扰，并且收发器设计相对简单。这些技术已经很好地满足了 4G 对容量的要求。但是，与 4G 相比，5G 对视频流、基于云的服务等大容量服务的需求要大得多。有助于满足增加容量需求的一种方法是采用非正交多址（NOMA）。NOMA 通过在同一小区内同时为多个用户分配相同的频率，至少在理论上实现了更高的频谱效率和更大的容量。许多用于 5G 网络的 NOMA 技术已被提出，文献[14]对这些技术进行了较为详细的综述。为了了解 NOMA 如何影响总容量，下面介绍功率域 NOMA 技术。

功率域 NOMA 在发射器处采用叠加编码（superposition coding，SC），在接收器处采用连续干扰消除（successive interference cancellation，SIC）技术。用户同时采用相同的频率资源进行工作，并叠加在功率域中，而通过发射功率电平相互区分。在给定的接收器上，接收到的信号是所有发射信号的合成。SIC 解码的第一个信号是最强的，而其他所有信号都被视为干扰。在这里，解码是指将最强的信号与其他信号分开的操作。然后从接收到的合成信号中减去第一个解码信号，如果解码完美，剩下的则代表所有其他信号。重复该过程，直到解码出所需的信号。在 DL NOMA 中，BS 处的功率分配对于为每个 UE 的信号的功率产生足够的差异至关重要，以使通过 SIC 在每个接收器处进行信号分离是有效的。通常，最大功率分配给距离 BS 最远的 UE，而最小功率分配给距离 BS 最近的 UE。所有 UE 接收到的合成信号是相同。最远的 UE 首先对打算发送给它的信号进行解码，因为该信号是合成信号中最强的分量。另外，离 BS 最近的 UE 必须首先连续解码所有信号，而不是发送给它的信号，然后才能最终解码它自己的预期信号。要了解功率域 NOMA 在下行链路中的工作原理，考虑图 3.26 简单描述的三用户系统，其中用于每个 UE 的信号经过 OFDM 调制并占据整个传输带宽。在这里，我们看到 UE3，即离 BS 最远的 UE，仅解调 S_{U3}，是它所预期的信号，因为 S_{U3} 是接收到的最强信号。另外，UE1，即最靠近 BS 的 UE，它必须：①首先通过 SIC 解码 S_{U3}，然后从合成信号中减去它，得到分别用于 UE1 与 UE2 的信号 $S_{U1}+S_{U2}$；②通过 SIC 解码 S_{U2}，并在 $S_{U1}+S_{U2}$ 中减去它，留下 S_{U1}；③解调 S_{U1}。

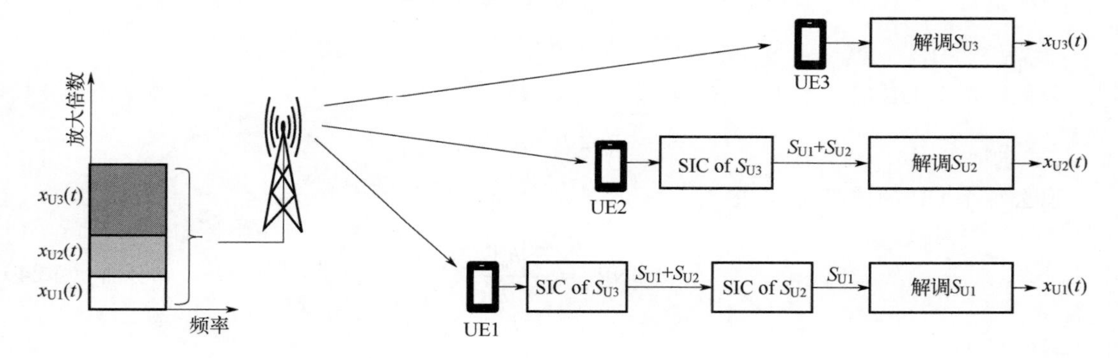

图 3.26 下行功率域 NOMA[14]

在一般情况下，如果 N 是移动单元的数量，$b_n(t)$ 是发送到移动单元 UE_n 的单个 OFDM 发射信号，P_T 是发射器可用的总功率，f_n 是功率分配系数，即分配给 UE_n 的总功率的比例，$\sum_{n=1}^{N} f_n = 1$，$P_n = P_T f_n$，则 BS 所发送的合成信号为

$$b(t) = \sum_{n=1}^{N} \sqrt{P_n} b_n(t) \tag{3.18}$$

那么，如果 h_n 是第 n 个 UE 与 BS 之间的复信道系数，B 是总传输带宽，N_o 是每个 UE 的加性高斯白噪声的功率谱密度，则 UE_n 接收到的信号为

$$r_n(t) = b(t)h_n + N_o B \tag{3.19}$$

对于距离 BS 最远的 UE，对 UE_N 分配大部分功率，它仅解调分配给自己的信号，而将所有其他信号视为噪声。因此，其信干噪比为

$$\text{SINR}_N = \frac{P_N |h_N|^2}{N_o B + \sum_{i=1}^{N-1} P_i |h_n|^2} \tag{3.20}$$

对于最靠近 BS 的 UE，即 UE_1，它将采用 SIC 消除所有其他信号，然后才能解调自己的信号。因此，假设 SIC 是完美的，要解调的信号只会被高斯噪声破坏，因此其 SINR 为

$$\mathrm{SINR}_1 = \frac{P_1 |h_1|^2}{N_o B} \tag{3.21}$$

对于一般情况，对于 UE_n，$n \neq 1$，SINR 为

$$\mathrm{SINR}_n = \frac{P_n |h_n|^2}{N_o B + \sum_{i=1}^{N-1} P_i |h_n|^2} \tag{3.22}$$

因此，根据香农（Shannon）定理，在存在干扰和噪声的情况下，到每个 UE 的数据吞吐量（bit/s）为

$$R_n = B \log_2 \left(1 + \mathrm{SINR}_n\right) \tag{3.23}$$

在 OFDMA 中，信号之间没有干扰，因为它们是正交的，即使用不同的频率。在这里，总带宽和功率在 UE 之间平均共享，因此：

分配给每个 UE 的传输带宽为

$$B_n = B / N$$

分配给每个 UE 的功率为

$$P_n = P_T / N_n$$

那么每个 UE 的信噪比 SNR 为

$$\mathrm{SNR}_n = \frac{P_n |h_n|^2}{N_o B} \tag{3.24}$$

吞吐量为

$$R_n = B \log_2 \left(1 + \mathrm{SNR}_n\right) \tag{3.25}$$

NOMA 与 OFDMA 的总容量为

$$R_T = \sum_{n=1}^{N} R_n \tag{3.26}$$

在 UL NOMA 中，BS 处只有一个接收器，并且该接收器与在 DL 中一样，采用 SIC 对输入信号进行解码。每个 UE 发射的功率仅限于规定的最大值，所有用户的功率可以由 BS 独立地调整。假设 UE 在覆盖区域内分布良好，则来自不同 UE 的接收功率电平应与所有以标称功率运行的 UE 分离。然而，鉴于有必要保持到达接收器的所有信号的目标功率水平来确保 SIC 有效，BS 调整单个 UE 输出功率的能力是需要的。鉴于各 UE 可能处于运动状态，因此这种能力更加需要，这将不断地改变在 BS 处接收到的 UE 发射信号的电平。接收到的最强功率的信号将首先被解码，并且在正常情况下，该信号很可能来自最接近 BS 的 UE。另外，接收的最弱信号将被最后解码，在一般情况下这可能会是离基站最远的一个 UE 发出的。

在 BS 控制 UE 输出功率电平的情况下，如果 P_m 是 UE 的最大发射功率，假设对所有 UE 都相同，则由每个 UE 发射的功率为 $P_n = f_n P_m$，其中 f_n 是功率分配系数，由 BS 设置，那么 BS 处接收到的合成信号为

$$r(t)=\sum_{n=1}^{N}h_n\sqrt{P_n}b_n(t)+N_oB \tag{3.27}$$

式中，$b_n(t)$为由UE_n发送的单个OFDM信号；N_o为BS接收器输入端的高斯噪声的PSD。

BS根据UE的功率分配系数以顺序方式对来自UE的信号进行解码。对于UE_n的解码信号（$n\neq1$），SNR为

$$\text{SNR}_n=\frac{P_n\left|h_n\right|^2}{N_oB+\sum_{i=1}^{N-1}P_i\left|h_i\right|^2} \tag{3.28}$$

对于$n=1$

$$\text{SNR}_n=\frac{P_1\left|h_1\right|^2}{N_oB} \tag{3.29}$$

式（3.28）看起来与DL的式（3.22）非常相似，但在两个重要方面是不同的。首先，P_n像在DL中那样受到约束，仅受限于最大可能值。其次，被视为干扰的信号，每个都来自不同的位置，因此受到不同的信道系数的约束。与DL一样，每个UE到BS的吞吐量由式（3.25）给出，总容量由式（3.26）给出。

为了直观地理解NOMA如何在容量方面优于OFDMA，我们考虑了两种简单的理论上的下行链路案例，一种是NOMA，另一种是OFDMA，两者都有两个用户，并且用户位置以及两种情况下的信道系数相同。

对于NOMA情况：

假设$P_1=1/5$，$P_2=4/5$，$h_1=1$，$h_2=1/2$，$\text{SINR}_1=10\text{dB}$，并且每个UE的带宽等于总带宽$B$。在这些假设下，每个UE的SNR（排除干扰）是相同的。

那么，由式（3.21），我们发现$\text{SINR}_1=1/\left(5N_oB\right)$，我们假设它等于10dB，因此$N_oB=1/50$。

而且，由式（3.21），我们发现$\text{SINR}_2=1/\left(5N_oB+0.25\right)=2.86(\text{dB})$。

因此，由式（3.22）和式（3.26），可以证明总容量$R_{\text{t(NOMA)}}=3.75\,\text{B}$。

对于OFDMA情况：

假设$P_1=1/2$，$P_2=1/2$，$h_1=1$，$h_2=1/2$，$\text{SINR}_1=10\,\text{dB}$，并且每个UE的带宽等于$B/2$。

那么，由式（3.22），我们发现$\text{SINR}_1=1/\left(N_oB\right)=50(\text{dB})$以及$\text{SINR}_2=1/\left(4N_oB\right)=7.5(\text{dB})$。

因此，由式（3.25）和式（3.26），可以证明$R_{\text{t(OFDMA)}}=3.26\,\text{B}$。

因此，$R_{\text{t(NOMA)}}$比$R_{\text{t(OFDMA)}}$大了15%。

显然，这个简单的例子虽然显示出NOMA容量比OFDMA更好，但并不能证明NOMA就比OFDMA好，但至少表明了它的潜力。事实上，在文献[15-16]和许多其他严格的分析中已经表明，一般来说，在适当的条件下，使用OFDM的DL和UL功率域NOMA的吞吐量大于或等于OFDMA的吞吐量，因此人们对其使用产生了兴趣。

NOMA的另一种方案是混合NOMA，其网络中的用户被分成组，并且为这些组分配不同的频率资源块。对于具有大量用户的NOMA网络，SIC可能会变得高度重复和耗时，因为用户必须在解码自己的信号之前解码所有其他信号。混合NOMA最大限度地减少了这个问题，但以较低的吞吐量为代价。

许多NOMA实现技术被认为是5G NR研究项目。然而，人们决定不继续将其作为5G工作项目，而是将其进行进一步研究并可能在下一代移动通信网络中应用[17]。这个决定很大

程度上是由当前所提的方案的实现复杂性驱动的，换取相对于 MU-MIMO 的可忽略不计的性能改进是低效的。希望随着时间的推移，通过进一步的研究，可以最大限度地降低这些技术复杂性，并使其相对于 MU-MIMO 的可实现性变得引人注目。

3.3 多天线技术

所有多天线技术的共同点是在发射器、接收器或两者处应用多个天线以及智能信号处理和编码。这些技术主要可以分为以下三类：

空间分集（spatial diversity，SD）多天线技术：分集通过组合不太可能同时遭受深度衰落的信号以防止信号深度衰落。

空间复用多输入多输出（spatial multiplexing multiple-input multiple-output，SM-MIMO）技术：通常，SM-MIMO 允许采用相同的时间/频率资源传输多个数据流，从而提高频谱效率。

波束成形多天线技术：在发射端，波束成形允许将发射功率集中在给定方向上，从而增加该方向上的天线增益；在接收端，它允许集中天线的方向性，从而在给定方向上增加增益。

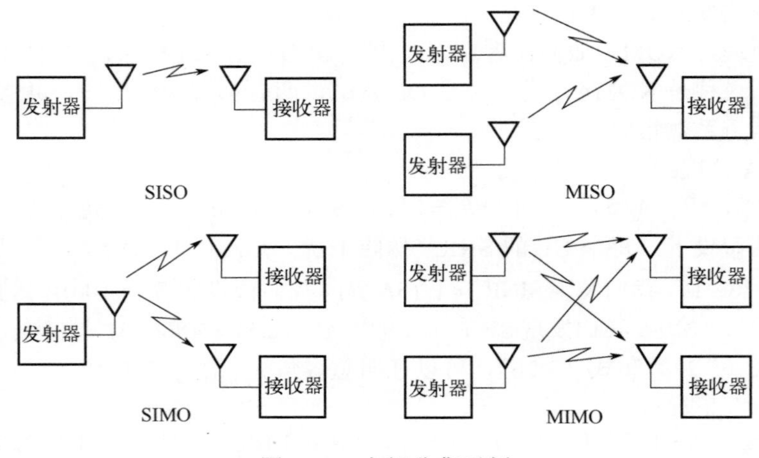

图 3.27 空间分集示例

3.3.1 空间分集多天线技术

空间分集（SD）在接收端通过组合来自多个接收天线的信号来实现接收分集，并在发送端通过多个天线发送信号来实现发送分集。当一个发射器天线为多个接收器天线馈送信号时，该系统被称为单输入多输出（single-input multiple-output，SIMO）系统。当多个发射器天线为一个接收器天线馈送信号时，该系统称为多输入单输出（multiple-input single-output，MISO）系统。当发送端和接收端都使用多个天线来发送与接收相同的信息时，该系统被称为 SD 多输入多输出（SD multiple-input multiple-output，SD-MIMO）系统，如图 3.27 所示。

空间分集背后的基本原理是物理位置上相互分离的天线接收或在不同路径上传播信号，因此，这些信号不太可能同时衰落。所以，通过将它们合理组合，SD 系统的平均信噪比（SNR）或平均信干噪比（SINR）相对于 SISO 系统有所提高。一般来说，通常需要大约 10 个波长的天线间隔，以确保衰落的低相关性。然而，对于移动终端而言，仅半波长量级的天线间隔通常足以实现可接受的衰落低相关性。在不增加带宽的情况下，SD 可实现以下目标：①通过降低平均比特或数据包错误率来提高可靠性；②扩大信号覆盖范围；③减小发射功率。

（1）SIMO 的最大比率组合技术

许多技术可用于组合由单个发射天线发送的由多个天线接收的信号，从而构建 SIMO 系统。然而，最常用的一种是最大比率组合（maximum ratio combining，MRC）技术，并发展了几十年。其对接收的信号进行组合，以便通过最大化其 SNR 来最小化组合信号的衰落效应。图 3.28 所示为一个 MRC 系统，它组合了两个衰落信号并产生一个减少衰落的信号。

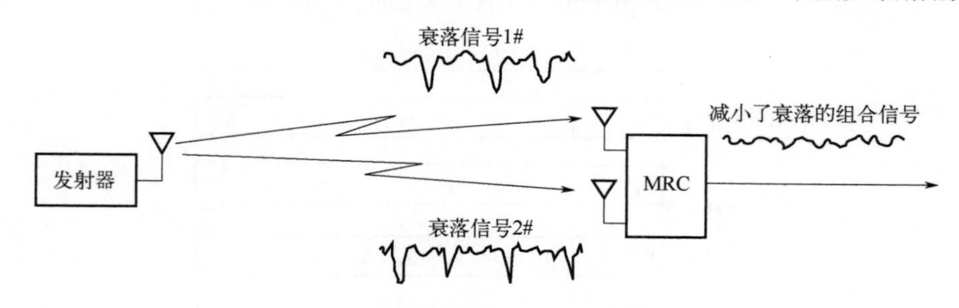

图 3.28　MRC 系统对衰落信号的组合

（2）MISO 的空间分集

MISO 分集是一种较新的方法，在移动通信系统中很有吸引力，因为它所用的分集天线只需安装在 BS 上。MISO 分集原理通常由闭环或开环描述。这种闭环系统要求知道发射器的传输信道。我们所说的知识是指在信道带宽上了解信道的幅度和相位特性。该知识通常被称为信道状态信息（channel state information，CSI）。相反，开环系统不需要这些知识。已提出了许多发射分集方案。在高移动性的环境中，信道变化很快，因此，闭环 MISO 方案主要应用于固定和低移动性场景。然而，开环 MISO 系统不需要知道最新的信道知识，因此在高移动性的环境中运行良好。

① 循环延迟分集　循环延迟分集（cyclic delay diversity，CDD）是一种开环发射分集方案。通过将延迟添加到额外的传输路径，有目的地在接收器处创建一个组合信号，该信号在传输频谱上表现为幅度的增加与减小，从而产生极点（峰值）与零点。对于 OFDM，CDD 涉及在多个天线上采用同一组子载波发送同一组 OFDM 符号，但在每个天线上的延迟不同。它以块为单位进行工作，并将循环移位而不是线性延迟应用于不同的天线。这产生了所需的延迟效果，因为时域信号的循环移位等效于频域中的相移。为了保证延迟是循环的，在添加循环前缀之前进行循环移位。图 3.29 所示为 CDD 发射器框图。

在 OFDM 中，通过移除符号的最后 n 个 IDFT 样本并将所移除的样本应用于符号的开头，以在时域中应用循环延迟。图 3.30 给出了三天线 CDD 系统的符号结构，给出了相对于馈送给天线 1 的符号，对馈送于天线 2 和 3 的符号引入了不同的循环延迟。由于在 CP 之前添加了循环延迟，在传输之前没有引入时延，因此对循环移位没有限制。此外，重要的是，没有额外增加接收器的复杂性，因为循环移位信号表现为接收器所处理的多径信号。CDD 有助于确保将破坏性衰落限制在单个子载波内，而不是整个传输块，因此，BER 在子载波上不是常数。对于采用未编码的 CDD 传输，平均 BER 将与平坦衰落信道中的 BER 大致相同。然而，当采用例如 LDPC 编码对传输块进行编码时，编码有利于频率分集，并且将提高 BER 性能。

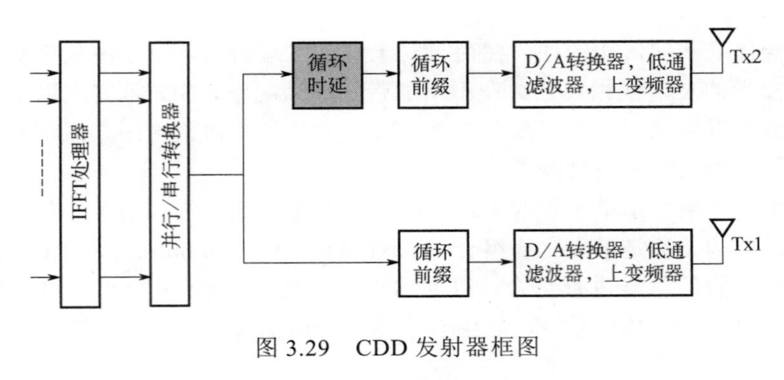

图 3.29　CDD 发射器框图

图 3.30　循环延迟符号结构

② 空时块编码　空时块编码（space-time block coding，STBC）或其变体形式是非常有效且最常用的开环 MISO 技术[18]。对于 STBC，相同的数据通过多个天线发送，但每个数据流的编码却不同。在接收端，采用 STBC 算法和信道估计技术来实现分集和编码增益。STBC 的基本思想是最大限度地利用空间和时间分集。

信息在两个或多个发射天线上发送，每个天线由其自己的发射器馈送。对于两个发射天线，在同一时隙中发射两个不同的信号，例如 S_1 与 S_2。接着在下一个时隙中传输 $-S_2^*$ 与 S_1^*，其中 S_x^* 是 S_x 的共轭复数，如图 3.31 所示。最终效果是传输速率与仅用一个发射器时相同。

将信号从一个时隙交换到下一个时隙是为了在统计上分散信道对信息的影响，从而增加正确重建信号的机会。接收器等待接收包含在两个连续时隙中的信号，然后通过一些相对简单的计算操作组合这些信号，来对原始信号进行估计。但是要注意的是，要完成对原始信号的估计，需要了解信号经过的各个信道。这些估计被发送到“最大似然检测器”，并输出两个信号的最终估计。该方法实现了与采用最大比率组合的单个发射器-两个接收器相同的分集效果，在稳定条件下将所需的衰落余量减少 3dB，在快速衰落条件下则减少更多。在 OFDM/OFDMA 系统中，信道估计通常是通过与发射天线相分离的前导码或导频音来实现的。

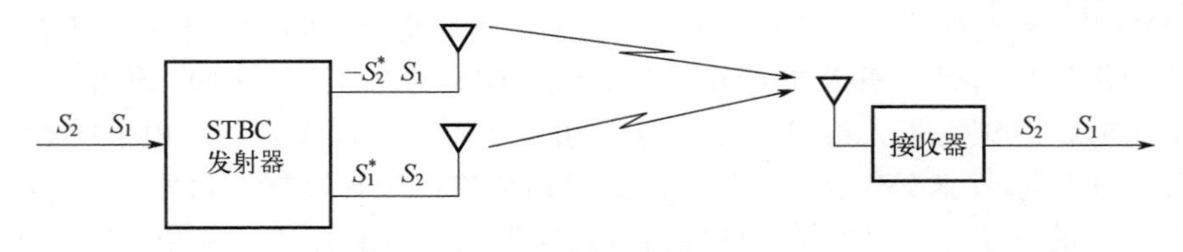

图 3.31　STBC SD-MISO 系统示意图

③ 空频块编码　空频块编码（space-frequency block coding，SFBC）是另一种开环发射分集方法，受基本 STBC 的启发，该方法主要针对 OFDM 传输。在该方法中，基本思想是最大限度地利用空间和频率分集（与 STBC 的空间和时间分集相反），后者通过在两个不同的子

载波上传输相同的数据，从而在不同的频率上传输相同的数据。在不同频率上传输相同数据在统计上使信道对数据的影响多样化，从而增加了正确数据重建的机会。与 STBC 方法一样，该方法通过两个发射天线发送两个复符号 S_1 与 S_2，每个天线由其自己的发射器馈送信息。SFBC 从两个天线上，在所分配的子载波上传输数据，如图 3.32 所示。与 STBC 一样，其传输速率与仅使用一个发射器时相同。

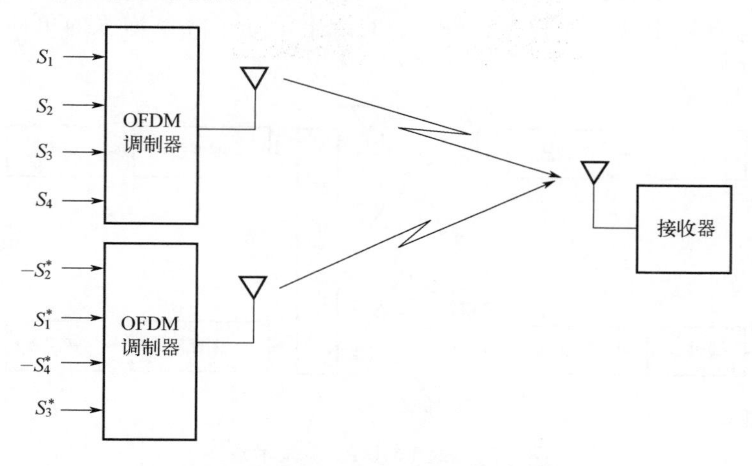

图 3.32　SFBC SD-MISO 系统示意图

（3）MIMO 的空间分集

运用多个接收天线与 STBC 或 SFBC 多个发射天线来构建空间分集 MIMO（spatial diversity MIMO，SD-MIMO）系统。此系统增加了分集路径的数量，因此增加了分集增益，这进一步改善了发射信号的接收质量。对于具有 N_T 个发射天线和 N_R 个接收天线的系统，分集路径的数量为 $N_T \times N_R$。在这样的系统中，接收器是一个 MRC 组合器和一个最大似然检测器的级联。

3.3.2 空间复用的 MIMO 技术

MIMO 技术具有双重功能，可用于提供非常鲁棒的空间分集，因此是一种非常重要的多天线技术。其也可通过空间复用（spatial multiplexing，SM）来增加容量，与 SISO 系统相比，无须额外的发射功率或信道带宽。这种技术被称为空间复用多输入多输出（spatial multiplexing multiple-input multiple-output，SM-MIMO）。为了简化后面的表述，“空间分集 MIMO”在缩写时将被表示为 SM-MIMO，而“空间复用 MIMO”在缩写时将被简单地表示为 MIMO。

3.3.2.1 MIMO 基本原理

考虑一个 N 个发射天线与 M 个接收天线通信的 MIMO 系统，其中 $M \geqslant N$。在发送端，输入数据通过 S/P 转换器转换为 n 个子数据流。然后对这些子数据流进行编码，并用 N 个载波对其调制，每个载波占用的信道相同，这些调制后的子数据流被馈入 N 个天线。因此，在所分配的相同的带宽内有 $N \times M$ 维空间信道“矩阵”。显然，与 SISO、SIMO、MISO 或 SD-MIMO 相比，MIMO 将吞吐量提高了 N 倍。要成功地进行 MIMO 传输，需要对收到的信号去相关。这可以通过在不同的极化的天线上传输不同的信号和/或通过多径的传输信道来实现，这些多径路径是由信号在建筑物、树木和汽车等附近物体上反弹和散射而产生的。在接收端，M 个天线中的每一个都接收所有传输的子数据流及其多个映像，所有映像都相互叠加。然而，由于每个子数据流都是从不同的空间点发射的，因此每个子数据流都被散射且各不相同。这些不同的散射所产生的差异是空间复用传输成功的关键。这些去相关的路径使得所传输的子数据流相互分离。这最大限度地减少了接收器处的破坏性组合，可以通过复杂的信号处理来识别并恢复每个子数据流。解码恢复的子数据流进行重新组合以重建原始信号。图 3.33 给出了一个容量增强的单向 2×3 的 MIMO 系统示意图。

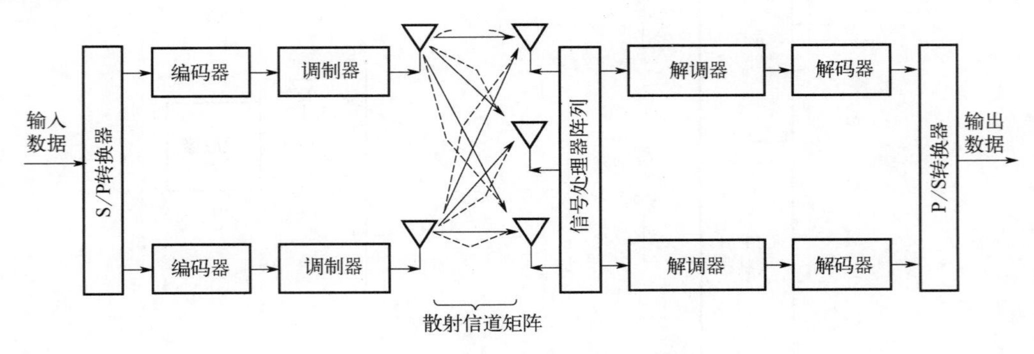

图 3.33　2×3 MIMO 系统示意图

以下我们以 3×3 MIMO 系统为例，对其解复用进行分析，以深入了解其工作原理。考虑图 3.34 所示的 3×3 MIMO 信道。理想情况下，该系统将产生 9 个独立的传输信道，每个信道都有一个标量系数，因此其衰落是平坦的。设接收天线 A_{Ry} 与发射天线 A_{Tx} 间的标量系数为 H_{yx}。每个接收天线 A_{Ry} 处的合成信号是来自三个发射天线的信号的和，例如，$R_1 = T_1H_{11} + T_2H_{12} + T_3H_{13}$。在接收端，可以通过训练符号来辨识这 9 个系数，例如，通过一次从一个天线发送一个训练序列，而其他两个发送天线空闲。每次传输可以确定 3 个系数，因此 3 个独立的传输可以确定所有 9 个系数。对于 3 个接收到的合成信号和 3 个未知量 T_1、T_2 和 T_3，我们有三个方程。因此，我们能够计算未知量。

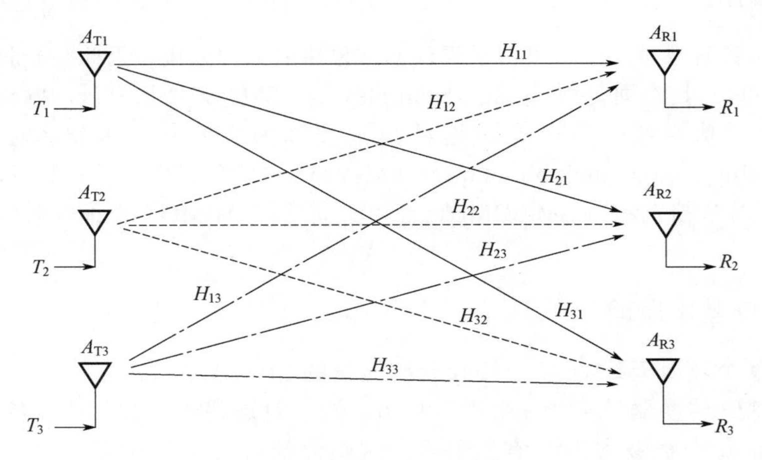

图 3.34　3×3 MIMO 信道

更一般地，对于具有 N 个发射天线和 M 个接收天线的 MIMO 系统，我们可以通过矩阵描述解复用

$$\boldsymbol{y} = \boldsymbol{Hx} + \boldsymbol{n} \tag{3.30}$$

式中，$\boldsymbol{y}$ 为在 M 个接收天线处接收到的信号，为 $M \times 1$ 矩阵；$\boldsymbol{x}$ 为来自 N 个发射天线的发送信号，为 $N \times 1$ 矩阵；$\boldsymbol{n}$ 为 N 个接收天线处产生的噪声，为 $M \times 1$ 矩阵；$\boldsymbol{H}$ 为 $M \times N$ 信道矩阵

$$\boldsymbol{H} = \begin{bmatrix} h_{11} & \cdots & h_{1N} \\ \vdots & \ddots & \vdots \\ h_{M1} & \cdots & h_{MN} \end{bmatrix} \tag{3.31}$$

如果忽略噪声，则有

$$\hat{\boldsymbol{x}} = \hat{\boldsymbol{H}}^{-1}\boldsymbol{y} \tag{3.32}$$

式中，$\hat{\boldsymbol{x}}$ 为对传输信号的估计；$\hat{\boldsymbol{H}}^{-1}$ 是 $\hat{\boldsymbol{H}}$ 的逆，即接收器对信道矩阵的估计。显然，在没有噪声与完美的信道矩阵计算的情况下，我们得到了完美的信号恢复。但是，如果 SINR 较低或解码后的信道矩阵值与实际相差很大，则信号恢复将很差。

我们注意到在 OFDM 系统中，解码是在每个子载波的基础上完成的，因此在我们的示例中，信道矩阵中的标量系数的假设基本上是正确的，因为各个子载波通常足够窄，可以承受平坦衰落。由于成功传输依赖于多径散射，并非所有 UE 都必然实现容量增强。假设散射较强，那些靠近 BS 的可能能够实现，因为这里有很高的 SINR。而那些远离基站或与基站成视线且散射较弱的，不太可能从容量增强中受益。对于提供容量增强的 MIMO 系统，在出现不合适的信道条件时提供备份的一种方法是在出现此类条件时自适应地切换到 STBC 或 SFBC（SD-MIMO）。对于这样的切换，是以容量减少换取可靠性。这种切换称为自适应 MIMO 切换（adaptive MIMO switching，AMS），可在低 SNR 区域和高 SNR 区域优化频谱效率。

3.3.2.2 天线阵列的自适应波束成形

自适应波束成形是一种自适应接收、传输或同时进行接收与传输的天线阵列自适应技术，以寻求优化信道，并在其上进行通信。

在 PMP（point-to-multipoint，点对多点）环境中，天线阵列既可以位于基站也可以位于远程单元。在基站阵列的情况下，与以几乎相等的能量分别覆盖整个小区或扇区的全部方向或扇区化天线不同方向，无论远程单元（UE）的位置如何，自适应波束成形阵列针对单个用户设备（UE）或多个 UE。它能够同时创建多个波束来实现对多个 UE 的通信，每个波束指向一个 UE。

通过将主瓣指向路径损耗最小的方向，将旁瓣指向多径分量的方向，可以动态控制每个波束的形状，从而使进入 UE 的信号的强度最大化。此外，可以同时通过在干扰方向上设置零点来最小化期望方向上的干扰。因此，该技术可以最大化 SINR。图 3.35 所示为在存在多径和干扰的情况下与两个移动单元进行通信的自适应天线阵列波束。

天线阵列由两个或多个单独的天线元件组成，这些天线布置在空间中并通过馈送网络以产生定向辐射图的方式互连。在自适应波束成形中，馈送网络的每个分支中的信号的相位和幅度自适应地进行组合，以优化 SINR。为了解释天线阵列的基本原理，如图 3.36（a）所示，考虑以线性等距（linear equally spaced，LES）排列的简单的 M 个元件的阵列。该阵列处于 x 轴上，相邻元件的间距为 Δx，接收来自方向为 (α,β) 的平面波。图 3.36（b）所示为元件及其馈送网络，为分析简单，假设平面波到达 $x-y$ 平面（$\beta=\pi/2$）。这使得射线达到任意两个

相邻元件间的距离差为 Δl，即

$$\Delta l = \Delta x \cos\alpha \tag{3.33}$$

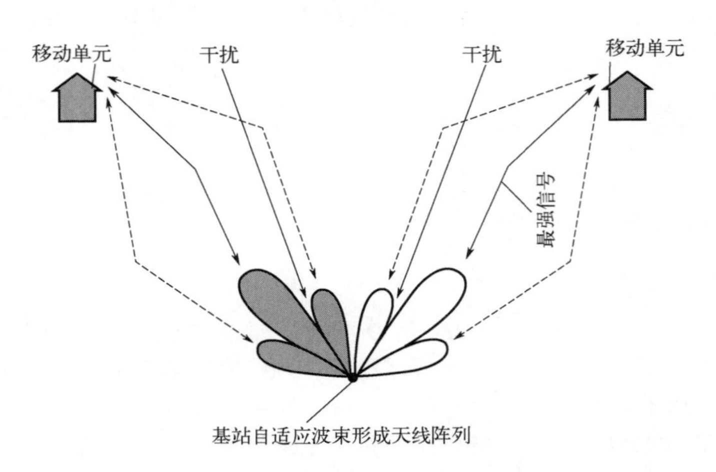

图 3.35　与两个移动单元进行通信的自适应天线阵列所形成的波束

因此，到达第 k 个元件的射线与到达第一个元件（其中 $k=0$）的射线间的相位差，即相移 $\Delta\phi_k$ 为

$$\Delta\phi_k = 2\pi k\frac{\Delta l}{\lambda} = 2\pi k\frac{\Delta x}{\lambda}\cos\alpha \tag{3.34}$$

式中，λ 为接收到的平面波的波长。

为了最大限度地接收该平面波，要对馈送网络中的去扩展加权元件 w_k 进行调整，以使来自所有元件的信号相干性地相加。实际上，除了元件 $M-1$ 外，其他元件所接收到的信号都要延迟，以与元件 $M-1$ 所接收到的信号相位相同。因此，例如元件 0 上的信号要延迟 $\Delta\phi_M$。注意，由于垂直于 x 轴的到达波不会导致元件所接收到的射线之间的相移，因此要最大限度地接收这种波，所有元件均不需要延迟。该示例仅说明了对相位进行加权，但在自适应波束成形中，通常会调整相位和幅度。在 PMP 系统中，所有 BS 天线元件同时接收来自所有激活的远程信号。然后，这些信号由复杂的 DSP 电路处理，以对元件产生必要权重，同时为每个远程天线生成方向图。

上述示例让我们深入了解了自适应波束成形如何在接收天线系统中工作。对于基站天线，即使信号是通过 NLOS 路由到达的，其也有利于上行传输。但是，如果下行传输没有经过类似处理，则几乎没有用处。为此，需要有关下行路径的信息。对于频分双工（frequency division duplexing，FDD），其只能通过从远端到基站的反馈路径实现，这增加了复杂性并消耗了一些上行带宽。由于这个原因，大多数采用自适应波束成形的系统运用时分双工（time division duplexing，TDD）。这样，由于下行和上行路径相同，下行传输所需的有效信息可从上行传输中获得。对于发送，自适应阵列以与其接收模式相反的方式运行。要发送的信号通过馈送网络馈送，馈送网络将其分成 M 个分量，并在馈送给天线元件之前对每个分量进行扩展加权，扩展权重与应用于该元件的解扩展权重相同。因此，当这些信号到达预期的远程终端时，它们的权重也是这样的，即使是通过 NLOS 路由到达，它们也会相干地、连贯地组合在一起。

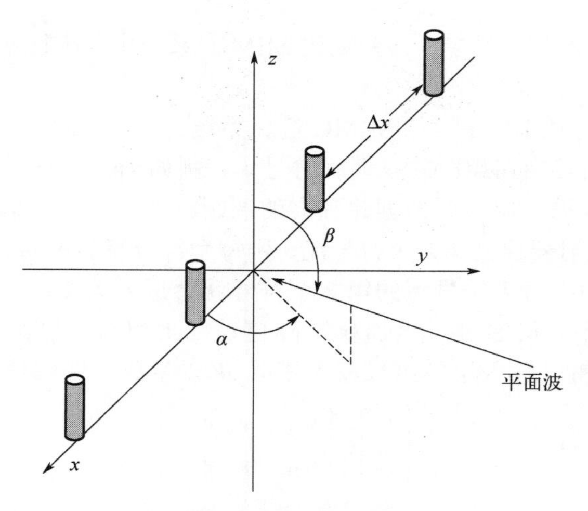

(a) 接收平面波的M个元件阵列

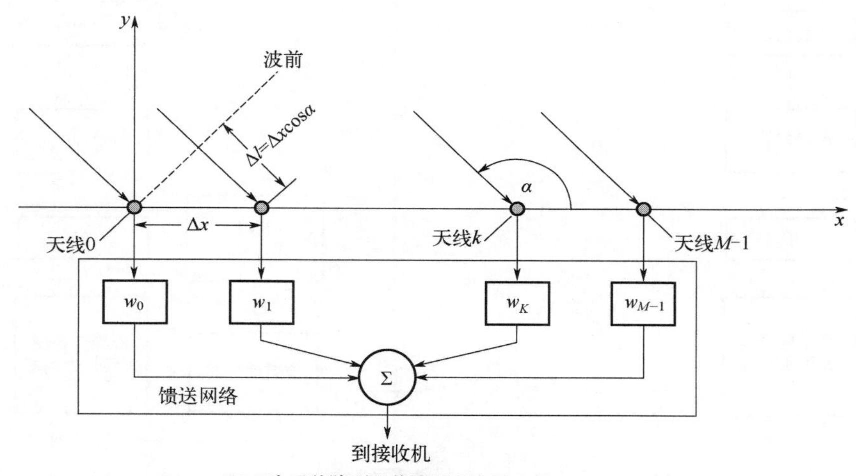

(b) M个元件阵列及其馈送网络(β=π/2)

图 3.36　M 个元件的线性等间距天线阵列

与 BS 处的标准全向或扇形天线及 UE 处的全向天线相比，自适应波束成形天线凭借其聚焦波束的能力，可显著增加 LOS 和 NLOS 环境中的覆盖范围和容量。我们注意到，线性天线阵列的增益以及方向性，即辐射能量集中在单个方向上的程度，是天线元件数量的直接函数。更具体地说，对于具有 N 个元件和半波长元件间距的阵列，增益 G_{array} 为

$$G_{\text{array}} = 10\lg N + G_{\text{e}} \tag{3.35}$$

式中，G_{e} 为每个元件的增益。

因此，具有大量元件的天线阵列能够以相对于单个元件的高增益发射高度聚焦的波束。在阵列天线中，元件通常是半波偶极子，$G_{\text{e}} = 2.15\ \text{dB}$。

3.3.2.3　MIMO 预编码

在发送端应用预编码，可以通过使当地波束成形提高 MIMO 系统的性能。这里所说的预编码是指在发射器中对原始数据流进行线性组合。如果应用得当，会使跨多个接收天线的接

收器的 SINR 增加并提高均衡性能。在预编码 MIMO 系统中，接收器执行逆运算来恢复原始的未预编码信号。

图 3.37 给出了具有预编码的 2×2 MIMO 简化系统。在系统的发送端，数据比特块进入调制器，调制器将这些块转换为相应的复调制符号块，例如 16-QAM 符号或 64-QAM 符号。调制器为层映射器提供数据。层映射器创建独立的调制符号流，每个调制符号流最终都指向一个独立的天线。如果映射器要创建 n 个符号流，则每个符号流的第 m 个符号都映射到第 m 层。因此，在给出的示例中，每个符号流的第 2 个符号就会进入第 2 层。层映射器为预编码器提供数据。在预编码器中，层通过一组加权矩阵自适应地组合。这组矩阵称为码本。对于如图 3.37 所示的 2×2 配置，输入层 $\boldsymbol{S}$ 乘以权重矩阵 $\boldsymbol{W}$ 以生成预编码信号 $\boldsymbol{Y}$，即

$$\begin{bmatrix} y_1 \\ y_2 \end{bmatrix} = \begin{bmatrix} w_{11} & w_{12} \\ w_{21} & w_{22} \end{bmatrix} \begin{bmatrix} s_1 \\ s_2 \end{bmatrix} \tag{3.36}$$

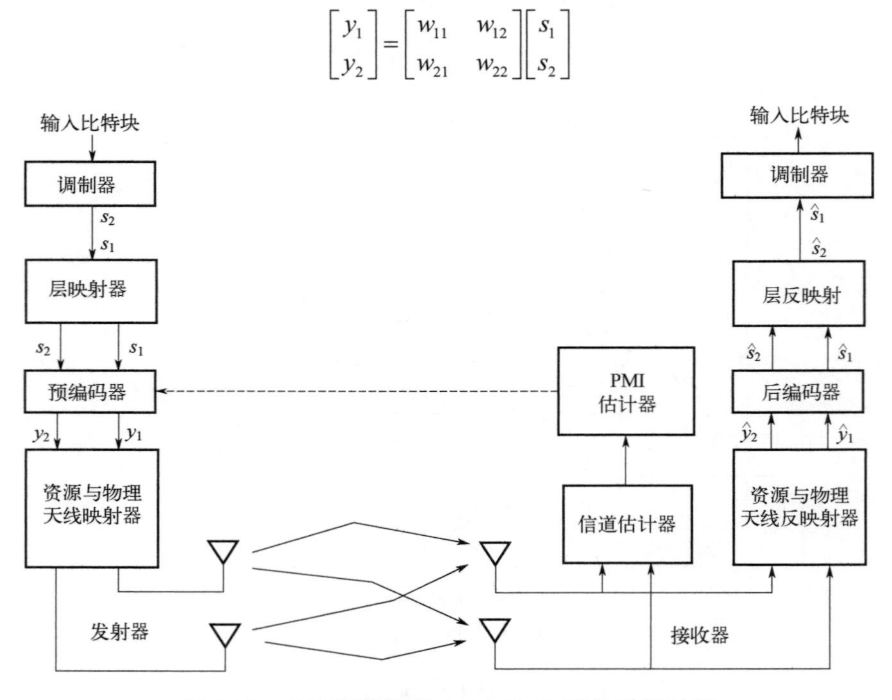

图 3.37　具有预编码的 2×2 MIMO 简化系统示例

预编码器的输出进入资源与物理天线映射器。这里将要在每个天线端口上发送的调制符号映射到调度器所分配的时间/频率资源元素集合中。通过映射，调制符号被调制到指定的时隙中的指定子载波上。在资源映射之后，所调制的子载波被映射到特定的天线端口上。在接收端，其处理过程与发送过程相反。但是，请注意，这里对信道矩阵 $\boldsymbol{H}$ 的估计是通过从不同天线端口上接收到的参考信号来收集信息以进行估计的。这些估计需要对所传输的信号解空间复用。重要的是，它还用于将信息反馈给发射器，以便运用最佳码本矩阵。根据 $\boldsymbol{H}$ 的奇异值分解（singular value decomposition，SVD），计算出最佳的预编码矩阵。由于接收器也知道码本，于是它将确定在当前路径条件下哪个码本矩阵最适合。接收器将此矩阵推荐为预编码器矩阵指示符（precoder matrix indicator，PMI），连同其他信道数据（如 SINR）一起发送到进行最终矩阵决策的发射器。因为在所介绍的系统中，接收器将信道导出信息反馈给发射器，所以这种系统被称为基于码本的闭环预编码系统。

基于非码本的传输也是可以的。在 DL 中，如果采用时分双工传输，那么信道是互易的，

则 BS 可以不依赖于 UE 所发送的 PMI，而是根据从 UL 传输获得的信道估计来生成发射天线权重。同样的过程也可以用于 UL，以允许基于非码本的传输，但这里是 UE 生成自己的发射器天线权重。

3.3.2.4 单用户与多用户 MIMO

单用户 MIMO（single-user MIMO，SU-MIMO）系统是一种空间复用系统，其中在任何给定时间、给定频率资源上所进行的传输只能在一个 BS 与一个 UE 之间进行。请注意，这并不意味着在任何给定时间只能对单个用户进行传输，因为可以通过其他可用频率资源来实现对其他用户的传输。SU-MIMO 的目标是允许最大化单个用户的传输速率。它可以利用指定的多个层在 DL 与 UL 中实现。对于单用户 MIMO，UE 需要多个天线来利用空间复用。要使 BS 与 UE 之间的空间复用有效，链路需要经历强多径散射。

与 SU-MIMO 系统不同，多用户 MIMO（multi-user MIMO，MU-MIMO）系统是在任何给定时间、给定频率资源上可以在 BS 与多个 UE 之间进行通信的系统。因此，如果需要，可以将全部频率资源用于 BS 与每个 UE 间通信。MU-MIMO 的目标是增加小区总吞吐量，即容量。UE 只需要一个天线。该系统仍然是一个空间复用系统，但这里的 UE 天线实质上分布在若干个 UE 上。这里，在 DL 中，由于每个 UE 不必解复用多层，所以不需要丰富的多径信道。事实上，对 SU-MIMO 造成相当大性能问题的视线传播在这里不是问题。MU-MIMO 可以在 DL 及 UL 中实现。在 DL MU-MIMO 中，BS 通过波束控制向每个当前用户同时发送波束。这可以是开环或闭环的。在处理来往于 n 个 UE 的信号的 MU-MIMO 系统中，在 BS 处采用 n 组 M 个加权元素来产生 n 个输出。除了最大化特定目标信号的发射/接收之外，每组 M 个权重可以使 $M-1$ 个用户信号无效。因此，为了对 n 个信号进行成功地复用/解复用，必须要求 $M \geqslant n$。MU-MIMO 要求 UE 在 BS 所见的空间中具有足够的视角，以便加权网络可以区分它们。因此，MU-MIMO 难以在移动环境中实现，在这种环境中，UE 可能前一时刻充分分离，而下一时刻与 BS 的方向相同。由于多个用户同时使用相同的频率和时间资源，所以 MU-MIMO 增加了系统容量。但是请注意，对于高效的 MU-MIMO，用户之间的干扰必须保持在较低水平。这可以通过运用上节中的波束成形来实现，这样当一个信号被发送到一个用户时，在其他用户的方向上形成零点。图 3.38 给出了一个 MU-MIMO 系统，其中 UE 的数量 n 为 2，每组加权元素的数量为 M，因此 BS 天线的数量为 3。

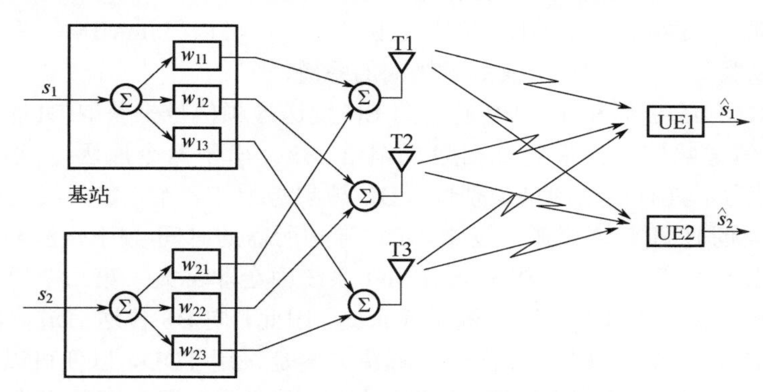

图 3.38　具有加权元素的 DL MU-MIMO 系统示例图

在采用 FDD 的 DL MU-MIMO 中，需要系统是闭环的。BS 不断审查来自所有远端发送的信道状态信息（channel state information，CSI），并用此信息来确定权重，但仅安排传输到有利于 CSI 的那些远程终端，并且不超过允许的最大远程终端数量。在采用 TDD 的 DL MU-MIMO 中，UL 与 DL 的信道是互易的，因此不需要来自远程的 CSI，系统是开环的。BS 确定 UL 信道的 CSI，假设该信息对 DL 信道有效，并用它来计算必要的权重，以在每个 UE 处产生可重建性的信号组合。在 UL MU-MIMO 中（也称为 UL 协同的 MIMO），UE 在相同的时间和频率资源中协同传输。如果说两个 UE 协同传输，则与仅单个 UE 传输相比，UL 吞吐量翻倍。但是请注意，单个吞吐量不变。为了处理接收到的信号，信道估计是根据接收到的已知参考信号进行的。然后使用这些估计来确定引起信号建设性组合所需的权重。图 3.39 给出了一个 UL MU-MIMO 的简化系统的示例图。

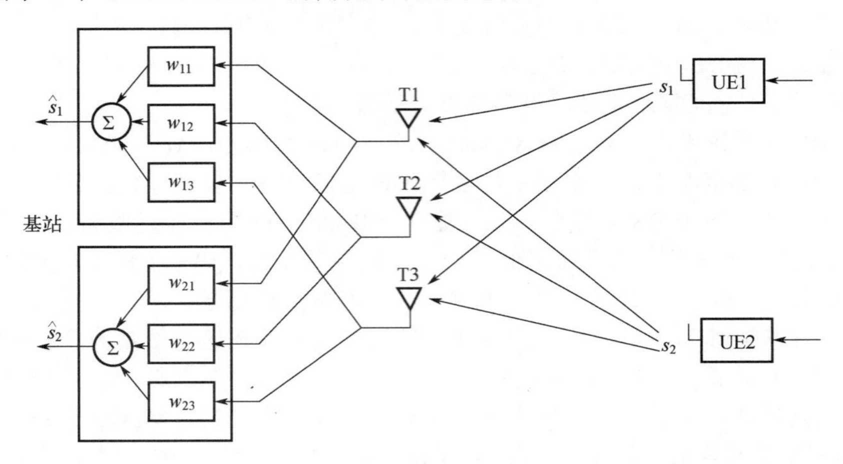

图 3.39　具有加权元素的 UL MU-MIMO 系统示例图

3.3.2.5　大规模的 MIMO 与波束成形

对大规模 MIMO（massive MIMO，mMIMO）最简单的描述是：它只不过是具有“大量”基站天线的 MU-MIMO，肯定比传统的 MU-MIMO 使用多得多，而且比小区中的用户多得多。构建一个 mMIMO 系统需要多少个 BS 天线？没有定义，但一般认为是 60 左右或更多。mMIMO 的概念由 Marzetta[19]于 2010 年首次提出，假设采用 TDD 传输。与 MU-MIMO 相似，可以为每个 UE 分配整个带宽，并且由于 BS 天线数量众多，可以发送更多独立的数据调制信号，从而可以同时服务更多的 UE。从广义上讲，我们可以将 mMIMO 系统视为接近 100 个或更多 BS 天线服务于接近 10 个或更多终端的系统。

在 LTE 等 MU-MIMO 系统中，BS 通过向 EU 发送导频信号来获取 DL 信道知识；UE 用这些信号来估计信道响应，然后将此信息反馈给 BS。出于两个原因，这种方法不适用于 mMIMO。首先，为了具有很强的可识别性，DL 导频必须在各个 UE 天线之间相互正交，它们各自必须在独立的时间/频率资源上发送，DL 导频所需的时间/频率资源与 BS 天线的数量成比例，因此在具有数百个 BS 天线的 mMIMO 系统中会非常大。第二个原因是每个 UE 所估计的信道响应的数量也与 BS 天线的数量成正比。因此，向 BS 传送信道响应所需的 UL 资源将比传统的 MU-MIMO 多得多。该问题的解决方案是采用 TDD，以便可以假设 DL 信道与 UL 信道相同，从而通过 UL 导频估计 DL 信道响应。基于 UL 导频对信道估计的另一个优点是所有过多的计算量和信号处理都在 BS 处完成，而不是在 UE 处完成。

与 MU-MIMO 一样，从每个天线发射的波前被加权，以便在目标 UE 处建设性地相加，而在其他 UE 处相消。对于 mMIMO，由于指向单个 UE 的大量天线，再加上 BS 天线比可能的激活用户多得多的事实，整体信号变得非常有方向性。另一种说法是传输的波束变得非常窄。这种窄波束的产生被称为波束成形。指向单个 UE 天线的多天线阵列波束成形信号可以比作激光束，而更传统的 MU-MIMO 波束成形信号可以比作手电筒光束。对于存在一个主要传播路径的情况，波束成形是一种很好的技术。这就是 LOS 的情况。然而，也可能是没有 LOS 但有强烈镜面反射的情况。在后一种情况下，发射器可以将光束聚焦在反射点，而接收器将其方向性聚焦在反射点。

mMIMO 的一个重要特性是信道硬化。当 BS 天线的数量像 mMIMO 那样多时，空间分集明显，信道硬化。随着信道硬化[20]，小规模衰落减少，只留下大规模衰落，因此信道仅表现为平坦衰落，与小规模衰落相比随时间变化缓慢，没有快速衰落下降。通过硬化，接收信号功率通常保持远高于接收器处的热噪声功率。结果，与小区间干扰相比，小规模衰落和热噪声的影响可以在很大程度上被忽略。

mMIMO 系统的一些益处是：

① 小区容量将增加至少一个数量级。随着空间分辨率的增加，可以服务更多的 UE，而不会在 UE 之间产生不可接受的相互干扰。

② DL 与 UL 都可以显著提高辐射能效。由于可以像激光一样聚焦，因此浪费的能量很少。在 DL 中，BS 天线的有效增益非常高，以至于每个 UE 的辐射功率可以降低一个数量级或更多。同样，在 UL 中，BS 天线的有效增益如此之高，以至于可以显著降低单个 UE 的发射功率。

③ 由于信道强化，多路访问层的管理得到了简化。由于接收到的信号在整个频谱上显得平坦，因此无须进行频域调度，并且可以根据需要为每个 UE 分配整个带宽。

④ 系统调度、功率控制等可以在较慢的大规模衰落时间尺度上进行，大大简化了管理。

⑤ 因为硬化，UE 不太可能陷入深度衰落，延迟显著改善，因为 UE 不必等待有利的传播条件来发送数据，并且由于损坏而请求更少的数据重传。

⑥ 覆盖范围得到改善。由于每个 UE 的辐射功率更集中、辐射功率更大，因此用户在整个小区覆盖区域内体验到更统一、更高数据速率的服务。

⑦ 其特点高度适用于毫米波段。这些频带的传播特性通常很差。波束成形带来的高方向性和高天线增益有助于克服这一限制。

3.3.2.6 天线阵列结构

在 mMIMO 系统中，波束成形是通过天线阵列完成的。这些阵列可实现高方向性波束，并能够在水平和垂直平面的一定角度范围内控制这些波束。一般来说，如上节所述，所用的天线元件越多，阵列增益就越高。波束的控制是通过控制阵列小部分的权重来实现的。这些小部分权重称为子阵列。通常子阵列具有垂直、水平或二维结构，由多个天线元件组成。这些元件通常是半波偶极子，通常以半个波长的间隔均匀排列，可以是单极化的或双极化的。子阵列并排放置以产生均匀的矩形阵列。图 3.40 给出了一个具有 2×1 子阵列的阵列，每个子阵列包含两个双极化元件。该阵列由两个专用的射频链路控制，每个射频链路施加到一个子阵

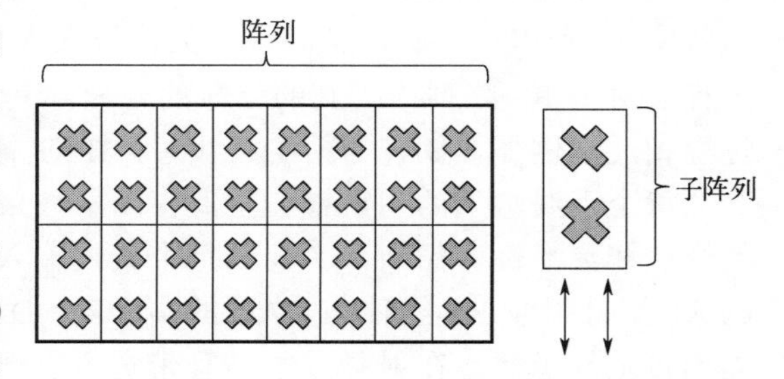

图 3.40 ITU BS 天线阵列模型示例

列上，并对其极化。它有 16 个子阵列，因此有 32 个发射/接收射频接口点。

每个子阵列都有一个辐射图，描述了它在不同平面上的增益，水平面的增益可能与垂直面的增益不同。辐射方向图是子阵列结构的函数。因此，给定方向上的阵列增益是该方向上的子阵列增益与子阵列数量的乘积，并且是当该方向上的所有子阵列信号相长相加时获得的增益。子阵列的结构决定了整个阵列在给定方向上的可操纵性。考虑图 3.40 所示的阵列，每列的垂直方向上有两个 2×1 子阵列，因此它具有两个不同的权重（每个极化），而不是每个列可以应用的权重，以影响垂直方向的方向性和增益。那么为什么不总是使用一个 1×1 子阵列，从而有四个不同的权重可以在垂直方向上应用呢？这将在垂直方向上提供最大的方向性。答案是子阵列越小，必须连接到整个阵列的射频链路越多，成本就越高。因此，子阵列结构通常根据要覆盖的地形来选择。如果要覆盖的用户在垂直方向上的分布很大，如在密集的城市环境中可能发现的那样，则最好在垂直方向上设置更多的子阵列。另一方面，如果垂直方向上的用户分布较少，如郊区或农村地区的情况，则最好在垂直方向上布置较少的子阵列。在水平方向上，图 3.40 所示的阵列每个阵列行有 8 个 2×1 子阵列，因此它具有 8 种不同的权重（每个极化），可以按行应用以影响水平方向的方向性和增益。在这个方向上可实现的方向性是这种阵列结构的最大可能。

3.3.2.7 数字、模拟和混合波束成形

BS 多天线波束成形实现的一个重要方面是应在传输链的哪个位置上实现波束成形。在高层，可以定义三个选项，即数字波束成形、模拟波束成形和混合波束成形[21]。下面我们将分别讨论。

（1）数字波束成形

BS 的数字波束成形可以简单地视为上述的 MU-MIMO，在基带级进行预编码，并将天线映射到大量天线。可以从同一组天线输入同时形成多个波束，每个用户一个。图 3.41 所示为该系统的发射器框图。在这里，发往 N_U 个用户的数据流被输入到数字基带处理与预编码器中。预编码器输出 N_T 个流，每个天线一个。然后，这些流分别通过 DAC 并上变频为 RF、放大、馈送到天线。我们将 DAC 与上变频器定义为 RF 链。注意，此处的每个“天线”输入并非一定是一个天线元件。它可能是子阵列的输入，如果它包含双极化天线，则每个极化具有单独的输入，因此是单独的射频链。我们首先假设只有一个用户和 N_T 个天线输入。调制符号由用户数据产生（例如 QAM 符号），并被馈送到预编码器。预编码器生成 N_T 个调制符号流，都由相同的数据调制，但权重不同，以使天线所发射的 N_T 个信号在用户终端相干相加。每个预编码器的输出都经过一个 IFFT 处理，然后进行 P/S 处理，从而产生 N_T 个 OFDM 调制信号。然后这些信号通过 DAC 并上变频到所发射的频率。现在假设有 N_U 个用户，每个用户的调制符号被馈送到仍将产生 N_T 个输出的预编码器。这里的不同之处在于，产生的 OFDM 信号由 N_U 个用户调制，且天线上的信号在 N_U 方向上发射。可以想象，这是一个相当复杂的过程。对于 BS 阵列接收到的信号的处理，其结构与图 3.41 中所示的相同，但信号流和处理过程相反。例如，DAC 被 ADC 代替，IFFT 被 FFT 代替。

每个天线输入的 RF 链在空间复用、波束控制和方向性、干扰抑制等方面提供了非常高的性能和灵活性。然而，考虑到每个天线输入需要一个 RF 链，这种多功能性的代价是昂贵的 RF 组件以及 RF 组件与 DAC 的高功耗。DAC 功耗是采样带宽的函数，而采样带宽又是所处理带宽的函数。在射频成本高且带宽可能很大的毫米波频率下，这些缺点变得很明显。因此，全数字化的波束成形系统不太可能在毫米波段中使用，但更可能在射频成本和可用带宽较低的 6GHz 以下频段中使用。

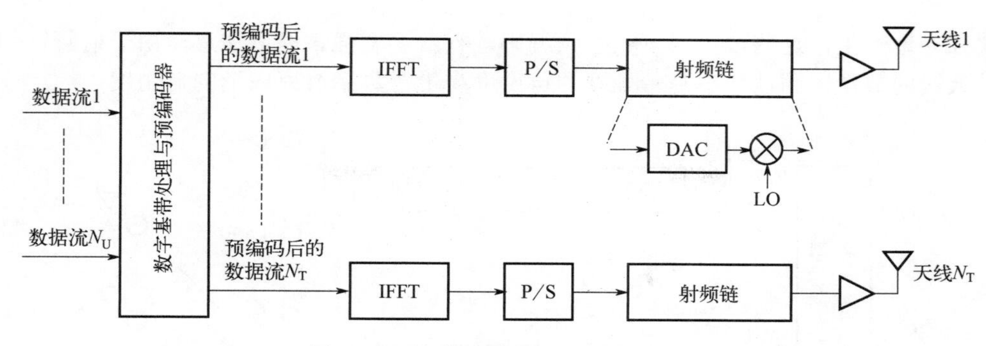

图 3.41　数字波束成形发射器框图

（2）模拟波束成形

图 3.42 所示为 BS 发射器的模拟波束成形框图。与数字波束成形的主要区别在于，波束成形过程发生在 RF 上的单个 OFDM 调制信号上，而不是发生在基带上的预编码器中的调制符号流上。在上变频之后，单个 OFDM 信号被分成 N_T 个流，这些流通过单独的相移和增益调整元件馈入 N_T 个天线输入端。用这些元件可以对波束加以控制并抑制旁瓣。我们注意到，这种安排只有一个射频链，而在数字波束成形的情况下，每个天线输入一个。因此，波束成形是在射频频率的模拟域中执行的，是在每个载波基上进行的。因此，对于 DL 传输，不可能像数字波束成形那样同时传输指向位于不同方向的不同用户的多个波束。相反，向多个用户的传输必须以时分为基础，这使得总吞吐量低于数字波束成形。

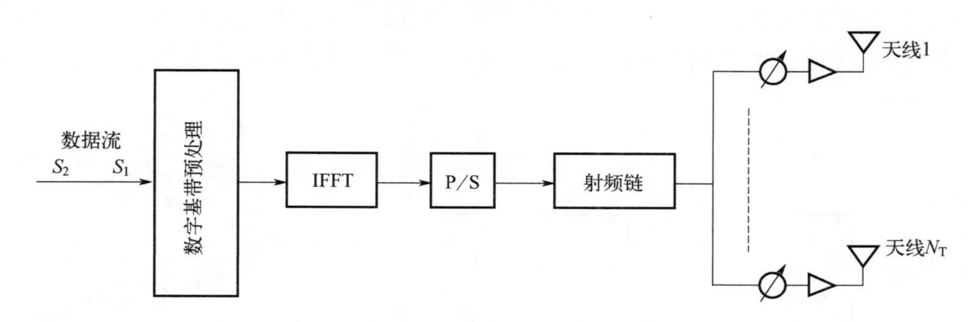

图 3.42　模拟波束成形发射器框图

对于模拟波束成形，权重覆盖整个带宽，加权无法抵消频率选择性衰落所产生的信道变化。因此，模拟波束成形更适用于频率选择性衰落最小的情况，例如 LOS 链路、具有强镜面反射的链路，或具有低角度扩展的主多路径集群的链路，以最大限度地减少相对路径延迟。毫米波小型蜂窝系统很可能会出现这种情况，而不是低于 6GHz 的网络，其中蜂窝更可能很大并且会受到多径的影响。

（3）混合波束成形

顾名思义，混合波束成形是模拟和数字波束成形过程的组合。它寻求结合模拟和数字波束成形架构的优点并尽量减少其缺点。实现混合波束成形常见的架构有两种。一种称为全连接，另一种称为部分连接。

图 3.43 所示的是全连接架构。这里 N_U 个用户导向数据流经过处理和预编码以产生 N_R 个射频（RF）链，其中 $N_R \geqslant N_U$ 且 $N_R \gg N_T$（天线元件的数量）。每个 RF 链驱动一组 N_T 个相移与增益控制器，进而驱动 N_T 个天线元件。因此，具有全模拟波束成形增益的 N_R 个波束可

以彼此独立地产生，这些波束通过数字预编码进行数字增强。但请注意，由于射频链的数量远少于天线的数量，因此数字基带处理的自由度少于全数字波束成形的自由度。

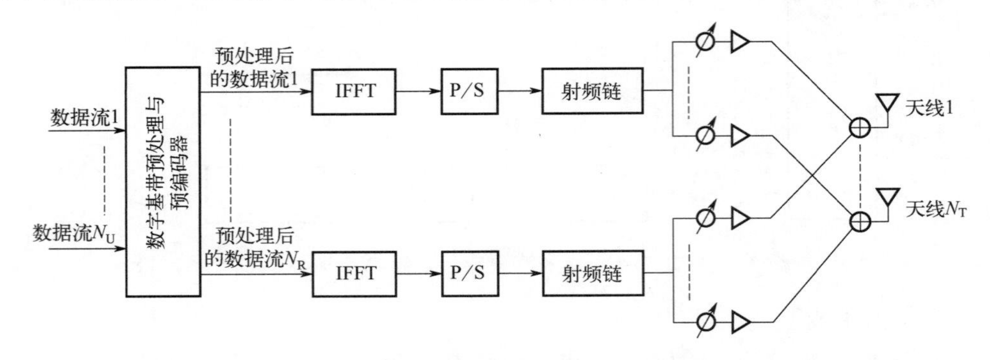

图 3.43　全连接混合波束成形结构图

图 3.44 所示是部分连接架构。在这里，与全连接的一样，N_U 个用户导向数据流经过处理和预编码产生了 N_R 个射频链，其中，$N_R \geqslant N_U$ 且 $N_R \gg N_T$。然而，在这种情况下，每个 RF 输出连接到由 N_T / N_R 个天线元件组成的完整阵列的部分元件上，每个元件通过相移和增益控制器连接。因此可以在每个部分产生模拟波束成形。然而，每个部分的部分波束成形其增益小于全阵列所实现的增益，这与全连接架构的情况一样。如果没有进行预编码并且 $N_R = N_U$，将只有 N_U 个模拟波束成形发射器，但每个发射器的天线单元比整个阵列中可用的天线单元少。这里的区别在于，在子阵列上所形成的波束可以通过在整个阵列应用数字预编码来增强。与完全连接的架构相比，部分连接的架构具有较低的硬件复杂度，但代价是降低了波束成形增益。

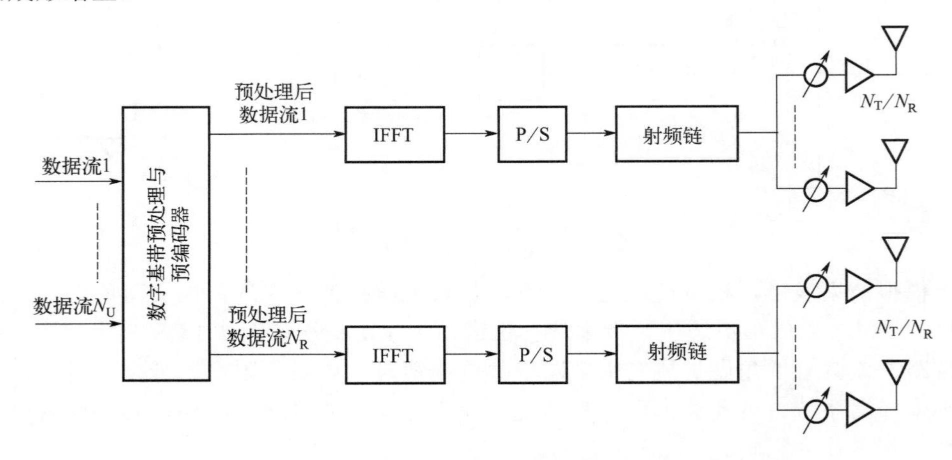

图 3.44　部分连接的混合波束成形结构图

在完全连接和部分连接的结构中，同时支持的流的数量大于仅支持一个流的模拟波束成形，但少于数字波束成形。然而，对于毫米波小区，混合波束成形比全数字波束成形更实用，因为射频链的数量显著减少，数字处理复杂性更低。

3.3.2.8　全维度 MIMO

传统的波束成形方案仅在水平面上控制波束方向，即二维。在前面各小节中，我们提到了能够构建天线阵列将使得在垂直和水平方向上的波束得以控制。当波束如此转向时，它们的方向可以在三个维度控制。可以在三个维度上对波束控制的 MIMO 系统被称为全度 MIMO（full-dimension MIMO，FD-MIMO）。这种额外的自由度可以将波束更精确地定向到特定用户，从而导致更高的平均用户吞吐量，在给定 UE 处受到定向到其他 UE 的波束的干扰更少，从而改善了覆盖范围。FD-MIMO 的这些优势需要窄目标波束聚焦，因此需要大量阵列元件。还需要通过 LOS 路径或通过强镜面反射在一个路径上传输。要发挥其价值，FD-MIMO 最好在毫米波段中用 mMIMO 实现。

FD-MIMO 是采用有源天线系统（active antenna system，AAS）技术实现的。对于 AAS，每个阵列输入都与一个单独的射频收发器单元集成。AAS 可以对每个天线输入的信号的相位和幅度进行电子控制，从而实现非常灵活的波束成形。具体来说，它可以生成多个波束，每个波束都可以在三个维度上单独定向。在毫米波网络等较小的小区中，FD-MIMO 特别适用。这是因为在这种情况下，垂直比例可能与水平比例具有一定的可比性。

3.3.2.9 分布式 MIMO

运用分布式 MIMO（distributed MIMO，DMIMO）[22]，UE 可以同时从多个传输信道接收用户数据，每个信道从空间上不同的节点传输。换句话说，接收到的 MIMO 层是来自不同的站点的，这与 SU-MIMO 不同，SU-MIMO 的所有层都是从同一个站点传输的。采用 DMIMO，大量相邻节点机会性地形成一个用于发送和接收的虚拟天线阵列。对于 DMIMO，从各种天线发出的信号需要相位同步。这要求各个节点处的振荡器在频率和相位上同步。解决该问题的一种方法是将所有参与节点同步到一个公共信标。另一个要求是每个节点都可以访问相同的数据。

在大规模衰落是独立的情况下，DMIMO 的一些优点是它能够通过不相关信号的空间多路复用来增加容量、小区边缘吞吐量和覆盖范围。

3.3.2.10 波束管理

在 NR 中，模拟或混合波束成形预计将在毫米波频率上占主导地位，其中波束成形用于建立高度定向性的传输链路。为了在 BS 和 UE 处支持这种波束成形，3GPP 规范中定义了一组程序，支持 DL 与 UL 通信。这些程序被称为波束管理。波束管理的基本任务是建立和保留有效波束对，即发射器创建的波束和接收器创建的波束，每个波束指向一个方向，以便它们一起产生最佳连接。这种连接可以是视线，因此波束指向彼此。然而，如果视线被阻挡，但存在镜面反射点，使得每个光束都指向反射点，也可以建立起良好的传播路径。对于 NR，波束管理用于数据和控制信道。在许多情况下，最优的 DL 发射器/接收器波束对也可以是最优的 UL 发射器/接收器对。这显然是 TDD 的情况。在 3GPP 规范中，这种互易性被称为波束对应。通过波束对应，为一个方向建立的波束对直接适用于另一个方向。因为波束管理不打算在 UE 移动快速且存在大量频率选择性信道变化的情况下运行，所以也可以在双工为 FDD 的情况下建立波束对应。

NR 波束管理可分为五个主要程序，即波束扫描、波束测量、波束确定、波束报告和波束恢复。以下是这些程序的简要说明。

波束扫描：是通过一组模拟波束的顺序传输来覆盖所定义空间区域的过程，这些波束以预定方式在规则间隔上以突发形式传输，每个波束包含特定的参考信号。为了促进这个动作，基站和 UE 均有一个预定义的方向码本，覆盖了所定义的空间区域。图 3.45 给出了 BS 和 UE

的波束扫描示意图。BS 与 UE 处的扫描不一致，扫描后选择用于通信的波束（显示为阴影）。

波束测量：在 UE 或 BS 处评估从所有扫描波束接收到的参考信号的质量。在确定信号质量时可以使用不同的指标，例如 SNR。

波束确定：BS 或 UE 基于波束测量过程获得的信息选择其自己的 Tx/Rx 波束。如果高于预定阈值，则选择的波束是 BS 或 UE 获得的最大信号质量的波束。在选择之后，通过 UE 和 BS 之间的来回通信建立链路。然后，BS 与 UE 监视所选波束对以及其他波束对的质量。如果当前波束对的质量下降，则进行波束调整，其中 BS 与 UE 切换到提供较好质量的波束对。波束调整还可以包括缩小波束的形状以提高链路质量。对 DL 和 UL 传输方向也进行波束调整。然而，如果存在波束对应，则只需要在其中一个方向上执行波束调整，例如从 BS 在 DL 方向上执行，因为可以假设调整后对于相反方向是正确的。

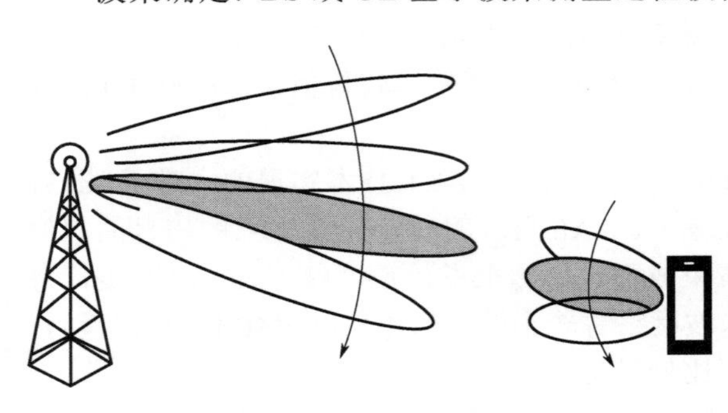
图 3.45　波束扫描示意图

波束报告：UE 向 BS 报告有关哪些 DL 波束或哪些波束具有最高质量以及已做出何种波束决策的信息。

波束恢复：当 BS 与 UE 间的现有链路由于例如阻塞而失败并因此需要重新建立时执行的过程。这里的失败定义为 BER 超过某个值。在失败之后，UE 尝试识别新的波束对，通过该波束对可以重新建立连接。识别后，它向网络发送波束恢复请求，网络启动新的接入过程。

本章小结

在通信系统中，多址接入是构成通信网的重要技术之一，这意味着一个通信终端设备可以通过有线或无线信道与多个通信终端设备进行双向通信。对于进行传输的可用的有线或无线物理媒质，将其分割为不同的通信信道来实现单向或双向通信是实现多址接入或多址通信的主要方法，即多址复用。常用的多址复用技术包括频分多址（FDMA）、时分多址（TDMA）与码分多址（CDMA），将这三种多址（或复用）技术有机组合可以极大地提高信道的使用效率。

多载波技术从广义上来说是一种频分复用的变体。由于 FDMA 所分割的各个信道间需要一定的隔离频带（即保护带），因此不利于频带使用效率的提高，而要提高其效率，就要求所分割的各个信道彼此相连或彼此正交。

OFDM 是一种多载波技术，它不但是一种频分复用技术，而且也是构成多址通信的重要技术。OFDM 通过使各个子载波频率相互正交来实现其信道紧密排列，而不会产生相邻信道干扰。这是通过使每个子载波频率是调制符号的符号率的整数倍，以及每个子载波与其最近的子载波分开来实现的。因此，所生成每个载波的倍数与生成相邻载波的倍数不同。在 5G NR 中，采用了两种这样的技术，即正交频分多址（orthogonal frequency division multiple access，OFDMA）和离散傅里叶变换扩展 OFDM（discrete Fourier transform spread OFDM，DFTS-OFDM）。

本章首先介绍并讨论了 OFDM 技术。要实现 OFDM，首先要保证其正交性，为此需要讨论子载波间正交性，子载波间的正交性意味着子载波所调制的信号所进行的内积，若内积的结果是一常数则是正交的，否则是非正交的。

OFDM 一般不采用直接方式的形式来实现，而是采用间接方式，即采用 IFFT 与 FFT 的方式来实现，这样避免了需要大量的子载波所导致的频率与相位精度所带来的问题。实现 OFDM 的方法还有包括滤波器组多载波（FBMC）、广义频分复用（GFDM）和通用滤波多载波（UFMC）。

由于移动通信对容量及吞吐量的要求不断增长，OFDM 的容量将限制其在 5G 或 6G 中的应用，要进一步提高系统的容量与吞吐量，需要进一步提高频谱的利用率，为此，非正交多址（NOMA）得以提出，其目的是进一步提高频谱的利用率。NOMA 通过在同一小区内同时为多个用户分配相同的频率，至少在理论上实现了更高的频谱效率和更高的容量。

本章接着介绍一种典型的功率域 NOMA 技术。功率域 NOMA 在发射器处采用叠加编码（SC），在接收器处采用连续干扰消除（SIC）技术。用户同时采用相同的频率资源进行工作，并叠加在功率域中，而通过发射功率电平相互区分。在给定的接收器上，接收到的信号是所有发射信号的合成。SIC 解码的第一个信号是最强的，而其他所有信号都被视为干扰。解码是指将最强的信号与其他信号分开的操作。然后从接收到的合成信号中减去该第一个解码信号，如果解码完美，剩下的则代表所有其他信号。重复该过程，直到它解码出所需的信号。在下行 NOMA 中，BS 处的功率分配对于在为每个 UE 的信号的功率中产生足够的差异至关重要，以便通过 SIC 在每个接收器处进行信号分离是有效的。通常，最大功率分配给距离 BS 最远的 UE，而最小功率分配给距离 BS 最近的 UE。所有 UE 所接收到的合成信号相同。最远的 UE 首先对打算发送给它的信号进行解码，因为该信号是合成信号中最强的分量。

最后，本章介绍了多天线技术，包括空间分集、空间复用多输入多输出和波束成形等多天线技术。

参考文献

[1] Sari H. Transmission techniques for digital terrestrial TV broadcasting [J]. IEEE Commun Mag，1995，33（2）：100-109.

[2] Tosato F，Bisaglia P. Simplified soft-output demapper for binary interleaved COFDM with application to HIPERLAN/2 [C]. IEEE International Conference on Communications，Conference Proceedings，New York，2002.

[3] Sesia S，Toufik I，Baker M，et al. LTE-the UMTS long term evolution：From theory to practice [M]. John Wiley and Sons，Ltd.，West Essex，2011.

[4] Heiskala J，Terry J. OFDM wireless LANs：A theoretical and practical guide [M]. SAMS Publishing Indianapolis，Indiana，2001.

[5] Leeson D B. A simple model of feedback oscillator noise spectrum [J]. Proc IEEE，1966，54（2）：329-330.

[6] Singh S，Mishra S. Analysis of PAPR on DFT-OFDMA systems [J]. Int J Comput Appl，2014，95（5）：25-28.

[7] Morais D H，Inventor. Quadrature amplitude modulation via modified-square signal point constellation [P]. United States Patent，Patent No. US 8，422，579 B1，16 April 2013.

[8] Morais D H，Inventor. Hard and soft bit demapping for QAM non-square constellations [P]. United States Patent，Patent No. US 8，718，205 B1，6 May 2014

[9] Bellanger M，Project Coordinator（2010）. FBMC physical layer：A primer [D]. PHYDYAS，June 2010.

[10] Zaidi A，Athley F，Medbo J，et al. 5G physical layer：Principles，models and technology components [M]. Academic Press，London，2018.

[11] mmMAGIC. Deliverable D4. 1，Preliminary radio interface concepts for mm-wavemobile communications [R]. Ver.3.0，June 2016.

[12] Michailow N，et al. Generalized frequency division multiplexing for 5th generation cellular networks [J]. IEEE Transe Commun，2014，62（9）：3045-3061.

[13] Vakilian V，et al. Universal-filtered multi-carrier technique for wireless systems beyond LTE [C]. 2013 IEEE Globecom 2013 workshop - broadband wireless Access，223-228，2003.

[14] Wu Z，Lu K，Jiang C，et al.（2018）Comprehensive study and comparison on 5G NOMA schemes [J]. IEEE Access，2018，6：18511-18518.

[15] Aldababsa M，Toka M，Gokceli S，et al. A tutorial on nonorthogonal multiple access for 5G and beyond [J]. Hindawi Wirel Commun Mobile Comput 2018：Article ID 9713450.

[16] Tse D，Viswanath P. Fundamentals of wireless communication [M]. Cambridge University Press，Cambridge，UK，2005.

[17] Makki B，Chitti K，Behravan A，et al. A survey of NOMA：Current status and open research challenges [J]. IEEE Open J Commun SoC，2020，1：179-189.

[18] Alamouti S M. A simple transmit antenna diversity technique for wireless communications [J]. IEEE J Sel Areas Commun，1998，16（8）：1451-1458.

[19] Marzetta T L. Noncooperative cellular wireless with unlimited numbers of base station antennas [J]. IEEE Trans Wirel Commun，2010，9（11）：3590-3600.

[20] Gunnarsson S，Flordelis J，Van de Perre L，et al. Channel hardening in massive MIMO—a measurement based analysis [J]. arXiv：1804. 01690v2，June 2018.

[21] Ahmadi S. 5G NR，architecture，technology，implementation，and operation of 3GPP new radio standards [M]. Academic Press，London，2019.

[22] Roh W，Paulraj A. Outage performance of the distributed antenna systems in a composite fading channel [C]. Proc. IEEE 56th vehicular technology conference，Vancouver，Canada，Sept. 2002，3：1520-1524.

第 4 章

低功耗广域无线通信技术

物联网的快速发展使得人与人、人与物以及物与物之间通过无线通信实现了泛在连接，为人们日常生活的许多领域带来了极大的便利。物联网设备感知周围的信息。这些物联网设备（或物联网终端）之间不但进行信息共享、相互交互，而且这些设备与人之间也进行信息共享、信息交互，从而为人们提供高效的服务[1-2]。

由于对通信要求的提升，这些物联网终端设备的功耗、部署成本和覆盖范围等受到越来越多的限制，这将进一步阻碍其性能的提高[3]。遗憾的是，目前还没有一种成熟的商业化的短距离与长距离通信技术来提供有效的连接以克服这些限制。因此，迫切需要开发合适的技术来满足不同物联网应用的需求。

虽然诸如无线传感器网络（例如 ZigBee）、Wi-Fi、蜂窝等短距离无线通信网络可以为物联网设备提供高速数据传输和可靠通信，然而，它们的部署成本很高，能量消耗大，不适合独立进行远程通信。而有些物联网设备则需要以低功率运行，并能实现一定覆盖范围的通信。因此，迫切需要一种低功耗、覆盖范围适当以满足低成本部署、低功耗运行、可靠通信的无线通信技术。

近年来出现的低功率广域（low power wide area，LPWA）网络满足了上述应用要求，其能以较低的功耗、较高覆盖范围实现长寿命的独立部署[4]。

LPWA 技术的标准化由 IEEE、3GPP 等不同的标准开发组织进行。LPWA 技术可以采用蜂窝或非蜂窝技术。蜂窝技术包括机器型通信（machine type communication，MTC）、增强型机器型通信（enhanced machine type communication，eMTC）、窄带物联网（NB-IoT）等，而非蜂窝技术包括 LoRa、Sigfox、Z-Wave 等。

4.1 LPWA 概要

LPWA 是一种新的通信方案，它以低功耗实现远程低速数据传输从而实现机器对机器（M2M）通信。一个典型的 LPWA 网络架构如图 4.1 所示[5]，类似于典型的蜂窝网络架构。LPWA 技术通常采用星形网络拓扑，节点收集周围的数据并传输到基站。由于基站的占空比规定，LPWA 技术不需要将大量数据从网关中继到节点，这可以降低功耗并提高通信的可靠性。LPWA 网络应用非常广泛，预计大约 25%的物联网设备将使用这种通信技术[6]。

LPWA 技术的出现弥补了传统蜂窝和短距离物联网技术无法长距离传输或部署成本过高

的不足。短距离无线网络（例如蓝牙、ZigBee 和 Wi-Fi）的通信距离最多只能达到几十米[7]。虽然蜂窝网络（如 LTE 等）可以通过多跳网状组网实现远距离传输，但这并不是最理想的方案，因为网络部署和通信成本太高[8]。而 LPWA 技术则可以低成本实现低数据传输速率（约 10kbit/s）传输，其通信距离可达到几千米到几十千米，电池寿命可长达 10 年以上，因此被用于物联网设备的泛在互联[9]。

需要说明的是，LPWA 技术以低传输速率（通常为数十千比特/秒）和高延迟（通常为几秒或几分钟）为代价实现了长传输距离和低功耗。因此，LPWA 技术只适用于对网络延迟有容忍度，要求低功耗、低成本，对传输速率没有要求的领域。

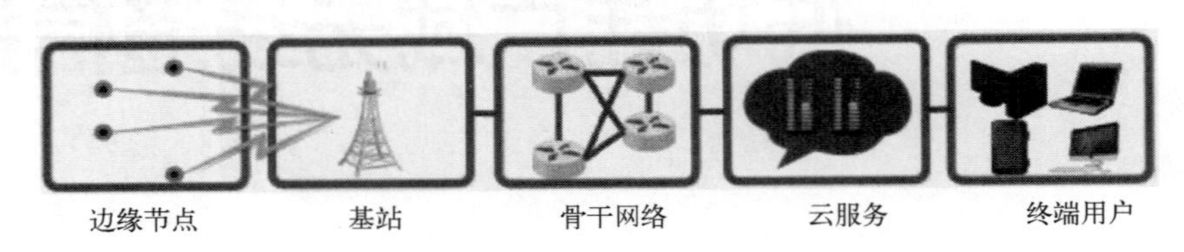

图 4.1　LPWA 网络架构[5]

4.1.1　LPWA 设计目标

LPWA 技术旨在以低成本为广域内的大量设备提供低功耗连接。低功耗是指使用廉价的电源（例如纽扣电池或一对 AA 电池）使物联网设备能够长期自主运行（长达 10 年）。广域是指两个物联网设备之间的直接通信距离很长，无须使用复杂的网状组网技术即可覆盖城市或农村地区。下面，我们将讨论 LPWA 技术的设计目标，包括广域覆盖、低功耗、低成本和可扩展性[10]。

（1）广域覆盖

广域覆盖是 LPWA 技术的一个重要设计目标，可以利用多个因素来实现，例如亚 1GHz、调制方案等。部署环境（农村、城市等）对从几千米到几十千米不等的通信距离也有影响。

① 亚（低于）1GHz　大多数 LPWA 技术采用亚 1GHz 的频率来提供鲁棒可靠的无线通信，但有少数例外（例如 Weightless-W 和 Ingenu）。因为在遇到障碍物时，频率较低的通信信号衰减与多径衰落较小。此外，亚 1GHz 的拥塞程度低于 2.4GHz，后者同时运行多个协议（例如蓝牙、ZigBee、Wi-Fi 等）。因此，用亚 1GHz 可以降低不同通信技术之间干扰的可能性[11]。

② 调制方案　在 LPWA 技术中，调制速率和数据［传输］速率的降低，是为了节省更多能量来传输数据，同时保证接收器可以正确解码衰减的信号。一般来说，有两种调制方案适用于不同的 LPWA 技术，即窄带和宽带技术。窄带技术首先将感知数据压缩成超窄带，然后使用信号处理技术对数据进行解压缩[12-13]。而宽带技术采用比所需的带宽更大的带宽，并利用频率分集来表达感测数据。

（2）低功耗

LPWA 技术还需要使用廉价的电源（例如纽扣电池或一对 AA 电池）运行，因为它们不能或不能轻易更换电源。因此，在低功耗情况下，电源寿命越长，越适合 LPWA。为了降低 LPWA 技术的能耗，应考虑以下方面。

① 拓扑　在短距离无线网络中，采用网状组网技术来扩展传输范围，这将导致较高的部署成本。此外，数据通过多跳传输到终端设备，使得电池电量快速耗尽[14]。为了解决这一

矛盾，大多数 LPWA 技术采用星形拓扑，其中被感测节点直接连接到基站，完全不需要中继和网关密集的和昂贵的部署。在这种情况下，LPWA 技术可以节省通信能量并提供对终端设备的快速访问[6]。

② 占空比　为了进一步降低能耗，LPWA 设备被设计为机会性地关闭耗电组件。具体地，当要发送或接收数据时，打开设备。在 LPWA 网络中，所有的占空比机制取决于几个因素，例如应用、通信模式、电源类型等。通过设计终端设备和基站之间的监听时间表，物联网设备的不同组件（例如上行链路模块或下行链路模块）可以相应地被唤醒[15]。此外，也应限制发射器在特定时间占用信道，以确保与其他设备共存。

③ 轻量级介质访问控制　蜂窝网络和短距离无线网络中最常用的介质访问控制（MAC）协议利用频率和时间分集准确地进行基站与用户设备间的同步[14]。然而，这种 MAC 协议不适用于 LPWA 网络，因为廉价的终端设备（低于 5 美元）没有高质量的振荡器来实现该功能。因此，一种简单的随机接入方案——ALOHA 在 LPWA 技术中得到了改进并表现良好，因为它使收发器保持简单和低成本[16]。此外，基于 TDMA 的协议也适用于多种 LPWA 技术以提高效率[17]。

④ 卸载复杂性　应用的许多复杂组件被卸载到基站，以简化终端设备的设计[18]。因此，基站必须利用硬件多样性来接收和发送来自不同终端设备的多个任务。但是，它给整个网络带来了很高的通信消耗。为了应对这一挑战，应在将任务卸载到基站和在本地设备上运行之间进行权衡，因为不同的物联网应用有不同的要求，例如带宽、数据传输速率、延迟等。

（3）低成本

低成本也是 LPWA 技术的一个关键设计目标。LPWA 网络成功地连接了大量的终端设备，降低了设备部署和网络通信的成本，同时保证了连接质量。与短距离无线技术和蜂窝网络相比，这些特性使 LPWA 技术具有更强的竞争力。LPWA 技术采用以下几种措施来降低终端设备和网络通信的成本。

① 简化硬件　与传统蜂窝网络和短距离无线技术相比，LPWA 技术旨在解决不太复杂的任务[8]。此外，无须部署一些昂贵的基础设施（例如网关、中继节点等），因为 LPWA 技术可以使数万台设备分布在长距离（长达数十千米）内，所以它可以减少一些额外的硬件，以降低成本。

② 采用免许可或自有许可频段　许可新频谱和部署低成本设备之间存在冲突。因为使用新频谱会增加网络运营商的成本，因此大多数 LPWA 技术使用免许可频段，例如工业、科学和医疗（ISM）频段，TV-white space 等。一些 LPWA 技术还共享蜂窝频段以避免额外的许可成本。但是，这些措施可能会导致不同 LPWA 技术之间的干扰，因为它们共享相同的频段。可使用独立的许可频段来提高通信性能。

（4）可扩展性

部署大量终端设备以发送低流量信息是 LPWA 技术设计的另一个重要目标。以下措施可以解决这个可扩展性目标。

① 适应多样性技术　必须利用信道、时间、空间和硬件的多样性来容纳大量的连接设备。由于这些设备价格低廉且功耗低，因此利用更强大的组件（例如基站和后端系统）来实现多样性是可能的并且很有前景。通过采用多信道和多天线通信，LPWA 技术可以并行传输并有效降低干扰。

② 使用自适应信道选择和自适应数据传输速率　许多 LPWA 技术使用自适应信道选择和自适应数据传输速率来扩展连接设备的数量。选择可靠传输数据的最佳通道需要有效监控

链路质量以及设备和网络之间的协调。LPWA 技术使用自适应调制可以有效地利用信道并提供可靠的通信。

4.1.2 LPWA 典型技术

下面将探讨 LPWA 的一些典型技术，包括 NB-IoT、LoRa、Sigfox、Weightless、Telensa、Ingenu、Dash7 和 6TiSCH。此外，还将分析它们的不同功能和具体特征。

（1）NB-IoT

NB-IoT（narrow band IoT）、机器类型通信（machine type communication，MTC）和扩展覆盖 GSM（extended coverage GSM，EC-GSM）是第三代合作伙伴计划（3GPP）第 13 版中引入并定义的三种新技术，以提供广泛和低成本的通信并适用于具有低数据传输速率的特定物联网。与其他两项新技术不同，NB-IoT 可以与现有的 3GPP 技术共存但不能完全向后兼容[19]。尽管 NB-IoT 已集成到 LTE 标准中，但它简化了 LTE 的许多功能以降低成本并最大限度地降低能耗，例如使用不同的小区搜索过程、利用不同的带宽、采用修改后的随机接入技术等。对数据传输速率、延迟和频谱效率的妥协会增加覆盖范围并降低功耗。此外，通过利用更窄的频段，NB-IoT 芯片的价格也降低了，因此可以广泛部署。

NB-IoT 利用 LTE 的频段，并采用正交相移键控（quadrature phase shift keying，QPSK）调制。一般来说，它有三种不同的部署场景，即单机、保护带和带内[20]。在独立场景中，NB-IoT 部署在独立的 200kHz 频谱中，基站的大功耗用于传输以增加覆盖范围。在保护带操作模式下，NB-IoT 和 LTE 共处，因此它们共享相同的功率放大器和传输功率[21]。然而，在带内模式下，NB-IoT 部署在 LTE 宽带内，基站的发射功率在这两种技术之间共享，而不会影响性能[22]。NB-IoT 的具体技术细节将在专门章节中进行讨论。

（2）LoRa

由 Semtech 公司开发和商业化的 LoRa（long range，远程）是一种新兴的物理层技术，它在 1GHz 以下的免许可频段上运行，提供广域网传输能力[23]。欧洲采用 433MHz 和 868MHz 频段，而 868MHz 是最常用的频段，因为它的频段更广，占空比要求不那么严格。

LoRa 采用源自 Chirp 扩频（chirp spread spectrum，CSS）调制的扩频调制来实现双向通信[24]。CSS 由于其通信距离远、干扰小，被广泛用于军事领域。LoRa 是第一个以低成本实现长距离通信的商业化技术，它采用集成的前向纠错（forward error correction，FEC）来确保通信的有效性[25]。LoRaWAN 是支持 LoRa 的上层协议。它是由 LoRa 联盟管理的非营利协议，支持 19～250B 的净载荷的安全通信。LoRaWAN 的消息容量非常小，只有 12B。LoRaWAN 的通信范围取决于若干因素，例如传输功率、带宽、载波频率、编码方案和扩频因子[26]。扩频因子表示符号速率和码片率之间的比例，有六个可用值（即 7～12）。增加扩频因子将增加对噪声的鲁棒性，但降低了数据传输速率。因此，更高的扩频因子可以实现更广的通信范围和更低的数据传输速率。

（3）Sigfox

Sigfox 是解决 LPWA 网络连接问题的有效解决方案，成本低，通信性能显著，广泛应用于欧洲，特别是在法国。在不部署网关的情况下，用户可从网络提供商处购买终端设备和订阅服务，以便连接到区域 Sigfox 网络。如图 4.2 所示，Sigfox 利用云服务器接收和处理感知数据，然后将其发送到后端服务器。此外，客户还可以通过 Web 门户访问数据，并通过实现回调的方式中继数据[27]。

Sigfox 是一种超窄带技术，可在免许可的 1GHz 以下频段上运行。具体来说，它将频带

（868.180～868.220MHz）分成400个单独的100Hz子频带，其中40个是保留的[28]。由于超窄带，它具有非常低的噪声，可以轻松解码信号。Sigfox 在乡村和城市地区的覆盖范围分别可以达到20～50km和3～10km。Sigfox 与 LoRa 共享相同的频率，因此应遵循占空比规定，以确保成功通信而不受干扰。Sigfox 最初只支持上行通信，后来演变为具有明显链路不对称性的双向通信。下行链路通信仅先于上行链路通信，之后设备应等待响应。此外，上行通信和下行通信也采用不同的调制方案，分别采用二进制相移键控（BPSK）和高斯频移键控（GFSK）[29]。

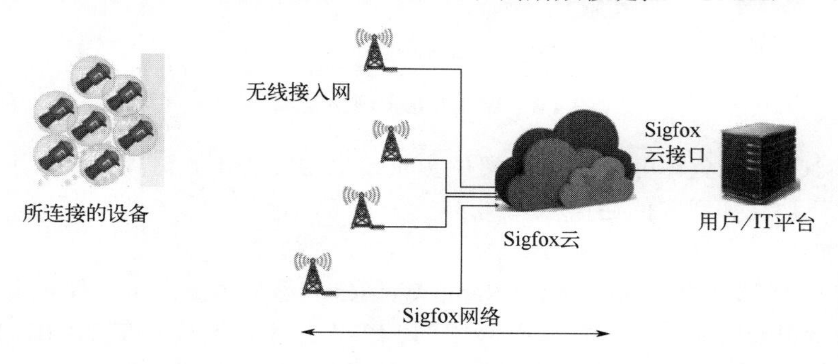

图 4.2　Sigfox 网络架构[4]

（4）Weightless

Weightless 是一系列 LPWA 技术的集合，包括 Weightless-W、Weightless-N、Weightless-P（S. Weightless）。它们由 Weightless-SIG（特殊兴趣组）定义和管理，该组织是一个非营利性标准组织，成立于2008年。Weightless-SIG 有五个核心成员：Accenture、ARM、M2COMM、Sony-Europe 和 Telensa。Weightless 网络的架构如图4.3所示。这三种技术都在低于1GHz的免许可频谱中运行，但它们都有自己的特点。

① Weightless-W。Weightless-W 利用电视空白频谱，并提供多种调制方案、数据包（大小）和扩频因子。通过特性和链路预算，Weightless-W 可以实现低开销通信，数据传输速率范围为1kbit/s～10Mbit/s。其部署成本高，终端设备的电池寿命长达3年，终端设备与基站的通信距离可达5km。此外，其通信范围还取决于环境因素，例如障碍物、天气等[30]。

② Weightless-N。与 Sigfox 技术类似，Weightless-N 旨在采用一类低成本技术来实现通信。通过利用 ISM 频段，Weightless-N 采用源自 Nwave 技术的超窄带调制方案，以提供低数据传输速率（100bit/s）。其部署成本低，终端设备的电池寿命可延长至10年，通信距离也可达到5km。

③ Weightless-P。Weightless-P 是一项新技术，它诞生于 M2COMM 的 Platanus 技术（物联网的蜂窝式协议创新[31]）。Weightless-P 结合以往标准的适当特性，专注于工业领域，可实现数据传输速率从200bit/s～100kbit/s 的双向通信。Weightless-P 采用超窄带调制方案（GMSK 和 offset-QPSK），并在12.5kHz信道上运行，以使频段能够得到有效利用。Weightless-P 采用多种措施来提供可靠的通信，例如确认传输、自动重传、频率同步等。运行这些高级功能后，Weightless-P 的通信距离被限制在2km，电池寿命也不超过3年。

（5）Telensa

Telensa 是一个专有的 LPWA 网络，可用于智慧城市中的控制系统，包括智能照明、智能停车等[33]。通常，一个 Telensa 基站最多可以连接5000个节点，在城市地区和农村地区分别达到2～3km和5～8km的实际传输距离。

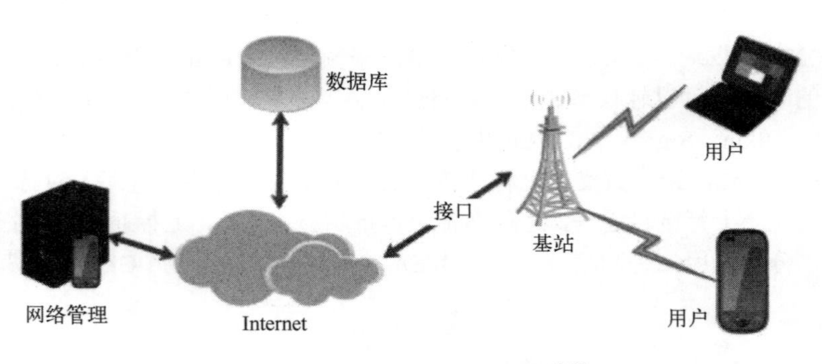

图 4.3 Weightless 网络架构[32]

它在低于 1GHz 的免许可的 ISM 频段中提供超窄带（UNB）解决方案，并适用于大量设备的长距离、低功耗和双向的通信[34]。

（6）Ingenu

Ingenu 成立于 2008 年，前身为 On-Ramp Wireless。该公司提出了一种基于随机相位多址（random phase multiple access，RPMA）技术的 LPWA 技术，该技术在 2.4GHz ISM 频段上运行。Ingenu 的服务重点从公用事业到天然气和石油等垂直行业[35]。在 2.4GHz ISM 频段上，Ingenu 的硬件已经过测试，可提供低功耗远程通信，通过最大化传输功率，覆盖范围可达到 4km（市区）。

Ingenu 使多个节点能够共享同一个时隙。节点从下行链路帧中获取时间和频率，Ingenu 通过为每个节点添加随机延迟来分散时隙内的信道访问。Ingenu 可以通过不立即授予对节点信道访问的权限来减少传输信号之间的重叠。对于接收侧，基站通过采用多个解调器对不同时间接收到的信号进行解码，例如自适应数据传输速率技术，可以根据下行信号强度选择最佳扩频因子。此外，基站可以通过在上行链路消息中中继信道条件来优化下行链路的数据传输速率、容量和功耗[35]。所有消息都可以加密。通过采用维特比算法，基站即使在包错误率高达 50%的情况下也能保证消息的到达。

（7）Dash7

Dash7 Alliance 协议（称为 Dash7、D7A 或 D7AP）是由 Dash7 Alliance 开发的一种开源协议，专为无线传感器网络应用而设计，可在 433MHz、868MHz 和 915MHz 免授权 ISM 频段上运行[36-37]。Dash7 可提供长达数年的电池寿命、长达 2km 的传输距离，低延迟地与其他设备进行速率高达 167kbit/s 的数据传输，同时具有小型开源协议栈和 AES 128 位共享密钥 [38]。

与其他 LPWA 技术相比，Dash7 网络由端点、子控制器和网关组成。网关持续保持活动状态，负责从端点收集数据并中继到服务器。子控制器与网关的作用相同，但以低功耗运行并周期性休眠。Dash7 默认采用树形拓扑结构，可以选择星形布局，无须子控制器。端点随时将数据发送到网关（子控制器）并定期将其唤醒以侦听下行链路传输。与其他 LPWA 技术相比，Dash7 可以以更高的能耗为代价获得更低的下行通信延迟。此外，网关还可以通过与端点建立连接来查询来自端点的数据。

（8）IETF 6TiSCH

IEEE 802.15.4e（6TiSCH）工作组的基于 TSCH 模式的 IETF IPv6 已经标准化了一组协议，以实现低功耗工业级 IPv6 网络。6TiSCH 提出了一个植根于 IEEE 802.15.4—2015 标准的时隙信道跳频（time slotted channel hopping，TSCH）模式的协议栈，支持 IPv6 低功耗与有损网络路由协议（routing protocol for low-power and lossy network，RPL）的多跳拓扑，并且通

过 6LoWPAN 来支持 IPv6。6TiSCH 定义了无控制平面协议，以将链路层资源与路由拓扑和应用通信需求相匹配。6TiSCH 也定义了一个安全的轻量级连接过程，将链路层安全特性［通过带有 CBC-MAC（CCM*）的计数器］与使用约束应用协议（constrained application protocol，CoAP）的安全连接过程相结合。

4.1.3 不同 LPWA 技术的比较

下面，我们将从不同方面比较 4.1.2 节中所介绍的典型 LPWA 技术，包括频带、调制、数据传输速率、范围、拓扑、信道数量、MAC 层、特性、数据包大小、网关/节点、部署模型、加密、漫游、安全、前向纠错、分布式/集中式、创建年份，如表 4.1 和表 4.2 所示。为了清楚地说明这些 LPWA 技术的特点，我们在下面详细讨论一些重要参数。

（1）频带

NB-IoT 部署在 LTE 或 GSM 频段内，在基站共享其发射功率而不会降低性能。LoRa 和 Sigfox 使用免许可的 ISM 频段，其中前者用 433MHz/868MHz/780MHz/915MHz 频段，而后者仅采用 868MHz 或 915MHz 频段。Telensa 和 Dash7 都在低于 1GHz 的频率上运行。Ingenu 在 2.4GHz 上工作。Weightless 技术使用不同的频段：Weightless-W 与电视空白频谱共享频段，而其他两种 Weightless 技术使用低于 1GHz 的频率。在这种情况下，不同的技术使用相同的频段，将导致它们之间的干扰。因此，应该通过遵循一些规定来考虑它们与不同技术的共存，以避免干扰。

（2）调制方案

由于不同的特性，这些 LPWA 技术采用不同的调制方案。对于 NB-IoT，采用 QPSK 调制方案，而 CSS 调制方案用于实现 LoRa 双向通信。对于 Sigfox，上行链路和下行链路采用不同的调制方式，前者采用 BPSK 调制方案，后者采用 GFSK 调制方案。Weightless 技术采用了多种调制方案，例如 Weightless-W 采用 BPSK、DBPSK 和 QPSK，Weightless-N 采用超窄带（UNB）和 DBPSK，Weightless-P 采用 GMSK 和 offset-QPSK。Telensa 采用专有的 UNB 调制方案，Ingenu 采用直接序列扩频（DSSS）进行上行链路通信，而 Dash7 采用两级 GFSK 调制方案。不同的调制方案对扩频因子有不同的影响，这会影响传输范围和频谱利用效率。

（3）MAC 层

由于 NB-IoT 与 LTE 或 GSM 共享相同的频段，它支持传统的 CSMA/CA 和具有优先信道接入（priority channel access，PCA）的 ALOHA。此外，它采用集中式控制可更好地管理可扩展性。LoRa 和 Sigfox 均采用基于 ALOHA 的层，这些层能高效地减少控制平面并启用异步节点。但是，基于 ALOHA 的层无法大规模部署，因为尝试传输的节点数量同时增加。至于 Weightless 技术，Weightless-W 和 Weightless-P 均采用 TDMA/FDMA 协议，Weightless-N 采用时隙化的 ALOHA 协议。Dash7 支持 CSMA/CA 定期检查信道是否有可能的下行链路传输。Ingenu 利用 RPMA-DSSS 提供双向通信。

（4）部署模型

如表 4.1 和表 4.2 所示，NB-IoT、Sigfox、Weightless-W 和 Weightless-N 采用基于运营商的部署模型，而 Weightless-P、Telensa、Ingenu 和 Dash7 采用私有部署模型。LoRa 采用基于运营商的部署模型或私有部署模型。私有部署模型难以管理，因为没有用于控制占空比限制的独特规定。基于运营商的部署模型共享一个有效的规则，使运营商了解限制，然后避免不同技术之间的干扰。因此，采用私有模型的 LoRa 可以在 LoRa 联盟的有限控制下部署，而其基于运营商的模型则很容易部署，因为它们有现有的规定[39]。

表 4.1　不同 LPWA 关键技术间的比较（第一部分）[10]

技术	NB-IoT	LoRa	Weightless		
			Weightless-W	Weightless-N	Weightless-P
频段	LET/GSM	433MHz/868MHz/780MHz/915MHz	TV 空白频段	Sub 1GHz	Sub 1GHz
调制	QPSK	CSS	BPSK，QPSK，DBPSK	UNB，DBPSK	GMSK，offset-QPSK
数据传输速率	60kbit/s（DL），50kbit/s（UL）	50kbit/s	10Mbit/s	100bit/s	100kbit/s
范围	164dB	2～5km（城市），10～15km（农村）	5km（市区）	5km（市区）	5km（市区）
拓扑	星形	通常是星形，网格可选	星形	星形	星形
信道数量	多信道	欧洲 10，美国 64+8(UL)和 8(DL)，加上多个 SF	16 或 24（UL）	多个 200Hz 的信道	多个 12.5kHz 信道
MAC 层	CSMA/CA，具有 PCA 的 ALOHA	基于 ALOHA	TDMA/FDMA	时隙化的 ALOHA	TDMA/FDMA
特性	全协议栈	物理层	开放标准	开放标准	开放标准
数据包大小	2047B	2047B	>10B	20B	>10B
节点/网关	52000	>1000000	N/A	N/A	N/A
部署模型	基于运营商	私有与基于运营商	基于运营商	基于运营商	私有
加密	3GPP（128～256bit）	AES 128bit	AES 128bit	AES 128bit	AES 128bit
漫游	是	是	是	是	是
安全	开发中	全部解决	全部解决	全部解决	全部解决
前向纠错	是	是	是	否	是
分布式/集中式	集中	集中	分布	分布	分布
创建年份	2016	2015	2012	2012	2012

表 4.2　不同 LPWA 关键技术间的比较（第二部分）[10]

技术	Sigfox	Telensa	Ingenu	Dash7
频段	868MHz/915MHz	Sub 1GHz	2.4GHz	Sub 1GHz
调制	BPSK（UL），GFSK（DL）	UNB	扩频	2-(G)FSK
数据传输速率	100bit/s	N/A	8kbit/s	166.667kbit/s
范围	3～10km（市区），20～50km（乡村）	2～3km（城市），4～10km（乡村）	4km（市区）	0～5km（市区）
拓扑	星形	星形	星形	星形或树形
信道数量	360	多个	40 个 1MHz 通道，每个通道最多 1200 个信号	3 种不同信道类型（数量取决于类型和地区）
MAC 层	基于 ALOHA	N/A	RPMA-DSSS	CSMA/CA
特性	物理层与 MAC 层	全协议栈	全协议栈	开放标准
数据包大小	12 B（UL），8 B（DL）	最大 65kB	最大 10kB	256B

续表

技术	Sigfox	Telensa	Ingenu	Dash7
节点/网关	＞1000000	5000	500000	N/A
部署模型	基于运营商	私有	私有	私有
加密	无内置	N/A	AES 128bit	AES CCM
漫游	是	是	是	是
安全	部分解决	正在开放	全部解决	N/A
前向纠错	否	是	是	是
分布式/集中式	集中	集中	集中	分布
创建年份	2009	2005	2008，2015 改名	2013

4.1.4 应用

在本小节我们将讨论LPWA技术的应用，并分析LPWA技术适用于哪些特定的应用领域。

物联网应用中通常有四个需要考虑的主要因素，即成本、覆盖范围、延迟和电池寿命。LPWA 技术旨在提供低成本、低功耗、低数据传输速率的长距离通信，它具有巨大的应用市场，可惠及智慧城市、制造业、农业等各个领域。具体来说，其专注于广范围和低能耗，而不是大吞吐量，特别适合长时间生成小数据或远距离传输小数据的应用。然而，对于许多需要低延迟的时间敏感型应用，LPWA 技术无法保证可靠的通信以获得必要的性能[6]。但它与一些提供低延迟和高数据传输速率的蜂窝网络组合应用，可在物联网连接中发挥重要作用。

不同的应用对通信有不同的要求，因此必须为特定应用选择合适的技术以确保有效的通信。在不同的 LPWA 技术中，NB-IoT 和 LoRa 占据了 45%的商用市场。LoRa 技术具有成本竞争力，已被广泛应用，而 NB-IoT 技术是新的，填补了不适合应用 LoRa 的领域。以下从不同的应用领域比较这两种重要技术。

（1）智能电表

大多数电表每天处理少量数据，并且没有严格的延迟要求。因此，在这些应用中，部署成本低的 LoRa 优于 NB-IoT。NB-IoT 是需要低延迟和大数据吞吐量的应用的完美选择。

（2）智慧城市/智能建筑

由于许多建筑物都有自己的电力供应，无须考虑 LoRa 电池的效率，因此，NB-IoT 将可能是智能建筑的更好选择，因为它可以提供大数据吞吐量和低延迟。此外，NB-IoT 也是包含许多建筑物的智慧城市网络的更好选择，而 LoRa 更适合用于一座建筑物。

（3）制造业

工业自动化有多种形式，很难说哪一种可以得到更好的应用。具体来说，NB-IoT 是需要更频繁通信并需要保证服务质量（QoS）的制造应用的更好选择，而 LoRa 是需要更低成本和更长电池寿命的制造应用的更好选择。NB-IoT 和 LoRa 在该领域都扮演着重要的角色。

（4）农业

农业领域很难部署广域蜂窝网络，这使 LoRa 在该领域具有显著优势。由于 LoRa 不依赖蜂窝网络，因此可以很好地监控农业指标，例如温度、用水量、土壤状况等。这些指标不会迅速变化，无须快速响应。此外，LoRa 终端设备的低成本是另一个重要优势。

（5）零售和销售点（Point of Sale，POS）

零售和 POS 事务需要快速响应以传输短数据，因此，NB-IoT 是更好的选择，因为 LoRa 的延迟时间长，存在失去重要销售的高风险。

（6）供应链跟踪

与 NB-IoT 技术相比，LoRa 技术在供应链和运输的应用中是一项重要技术，因为它在运动状态下表现良好。这些应用不需要在出货时传输太多数据，因此 LoRa 的较低数据传输速率和较长的电池寿命显示了其优势。此外，LoRa 在农村仓库区域的覆盖方面也有优势。

简而言之，NB-IoT 和 LoRa 用自己的功能来满足不同的需求，它们之间的竞争将促进 LPWA 技术的繁荣与发展。

4.1.5 需要解决的挑战

本小节我们将讨论未来发展中的挑战，并分析解决这些挑战的可能解决方案。

（1）大量终端设备的部署

可以预见，未来将部署超过千万台设备来支持 LPWA 技术。这些设备以前所未有的规模传输数据并共享无线通信资源，这将导致严重的资源分配问题。不同地域的设备密度不同，如果产生热点问题，会给基站增加负担。

许多研究调查了 LPWA 技术是否可以大规模地支持大量终端设备[8,25,39]。这些研究表明，终端设备应调整 LPWA 技术的通信参数并利用基站多样性来克服该问题。采用信道分集、机会频谱接入和自适应传输策略将可能解决这些问题。此外，通过改进现有的 MAC 协议，可以扩展 LPWA 技术应用于传输数据的海量设备[16,40]。

（2）干扰控制

由于所连接设备的数量将呈现指数级增长，设备之间的干扰（跨技术干扰和自干扰）将成为一个严重的问题。干扰将对 LPWA 技术的覆盖范围和容量产生负面影响。更重要的是，一些采用简单的基于 ALOHA 方案的 LPWA 技术会在大干扰下导致性能下降[39,41]。

对于这些海量设备，如何减少干扰并有效利用共享频谱是最关键的挑战。由于干扰随时间、空间和频率而变化，因此设备必须采用有效的调度来最大限度地减少干扰并保持可靠的连接。物理层和 MAC 层可以利用 LPWA 技术的多样性来帮助大规模部署设备。此外，监管机构还应制定一些规则以实现有效的频谱共享[41]。

（3）互操作性

通过有效的部署策略，不同的 LPWA 技术有可能在共存情况下协同工作。因此，如何确保这些多样性技术之间的互操作性是推动 LPWA 技术发展的关键挑战。然而，支持不同技术之间互操作性的工作很少。一些 LPWA 技术标准，如 IEEE、3GPP 等，将合作创新解决互操作性的新标准[42]。

该问题有两种可行的解决方案。第一种，由于短距离无线设备可以通过 IP 地址相互连接，但 LPWA 技术限制了设备与同一 IP 地址的直接通信，于是可以采用基于网关或后端的替代解决方案来实现不同 LPWA 技术之间的互操作性。第二种，可以利用物联网中间件和虚拟化技术来提供不同 LPWA 设备之间的连接。

（4）高数据传输速率调制方案

LPWA 技术以牺牲数据传输速率为代价实现长距离通信。一些 LPWA 技术提供非常低的数据传输速率和较小的数据包（表 4.1 和表 4.2），这限制了它们的潜在应用领域。随着连接设备的数量呈指数级增长，对高数据传输速率和大数据包的要求变得越来越重要。为了满足这一要求，必须设计多种调制方案以确保高质量的通信。根据不同的情况，设备可以在不同的调制方案之间切换，同时提供长距离、高数据传输速率和高能效[43]。

为了实现这个功能，需要重新设计一个廉价的硬件，它具有支持多个物理层的灵活架构，每一层都可以在距离和数据传输速率之间进行权衡，以满足不同情况的要求。

（5）认证与安全性

在通信系统中，认证和安全问题是评估系统效率的重要因素[44]。对于蜂窝网络，基于用户身份模块（SIM）解决身份验证和安全问题，以保证 QoS。然而，在 LPWA 网络中，由于成本和能源方面的考虑，仅使用简单的通信协议，而无须进行基于 SIM 的身份验证。因此，需要为 LPWA 技术提供有效的身份验证以提高通信质量。此外，未经身份验证的设备也很容易泄露私人数据，从而导致安全问题。应该进一步研究 LPWA 网络中用于身份验证和安全的稳健和低功耗机制。

（6）终端设备定位

LPWA 技术可以应用于许多领域，包括供应链管理、智慧城市应用。这些应用领域可能需要对处于其中的对象提供更好的服务，例如准确的定位对于监控物体的行为很重要，如车辆、货物等。在未来，LPWA 技术也有助于新应用的诞生。

有多种方法可以利用接收信号的特性或基于指纹的方法来提高定位精度[45]。所有这些方法都需要精确的时间同步并部署足够的基站来保证准确性，这在短距离无线网络中是相当容易实现的。但是，LPWA 网络很难做到，因为它们的信道带宽有限，并且以低成本和低功耗为目标。此外，终端设备和基站之间的信号经常受到干扰，导致非常大的定位误差[46]。因此，仅使用 LPWA 收发器的信号来确保准确定位是一个真正的挑战。应利用物理层属性或与其他现有定位方案相结合的新技术，以应对扩展 LPWA 技术应用领域的挑战[47]。

4.2 LoRa 技术及其应用实例

LoRa 技术的接收灵敏度高达-148dBm，相比于其他亚 GHz 芯片，其灵敏度提高了 20dB 以上，这确保了网络连接的可靠性[48]。其低功耗体现在采用自适应速率机制，在信道条件允许时尽可能地使用更高的速率发送数据，以此减少发射器的持续发送时间，节省能源，降低功耗。而且它使用了前向纠错编码、数字扩频等传输技术，较好地避免了由于数据包出错而产生的重发，且也有效地抑制了由多径衰落引起的突发性误码。

LoRa 中的扩频因子范围是 6～12，调制解调器配置完成后，对应不同的扩频因子，将数据序列中的每个比特划分为 64～4096 个码片。扩频因子的值越大，就越容易从噪声中提取出更多的有效信息。而且，与传统的扩频调制技术相比，LoRa 技术增加了链路预算，提高了对带内干扰的抵抗能力，扩大了无线通信链路范围，而且提高了网络的鲁棒性，非常适合应用于长距离、低功耗以及对传输速率要求不高的 LPWA 网络应用场景。

4.2.1 LoRaWAN 网络架构、典型芯片与传输模式

（1）LoRaWAN 网络架构

LoRaWAN 一般的网络架构如图 4.4 所示，由 LoRa 终端设备、网关、中央服务器三种设备组成。其中，网关作为中继节点，起到连接终端设备和中央服务器的作用。网关与中央服务器之间采用标准 IP，而终端设备与网关则使用单跳通信方式。

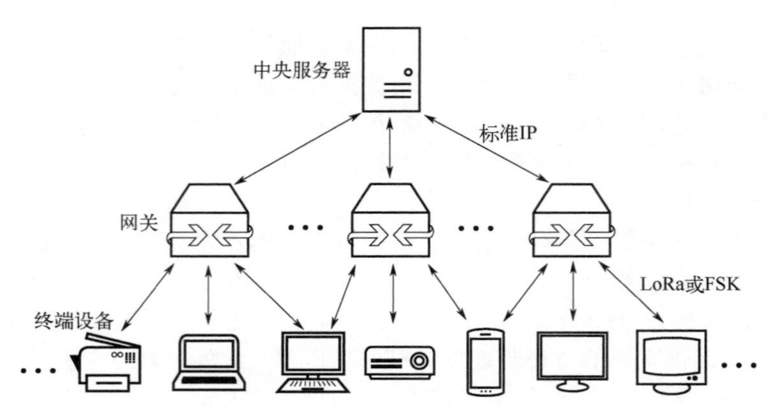

图 4.4 LoRaWAN 网络架构[49]

① LoRa 终端设备　由图 4.4 可以看出，LoRa 终端设备是整个星形网络系统的底层设备，主要功能是采集应用所需要的传感信息，或执行上层发送的命令。终端设备一般由传感控制模块、LoRa 通信模块、电源模块、微处理器模块四部分组成。传感控制模块根据不同的应用场景，添加不同的传感模块或者控制模块用于采集信息；LoRa 通信模块是终端设备的关键模块，主要负责数据的调制解调，与网关通过上、下行射频信号传输数据；电源模块为整个终端设备提供稳定的电源；微处理器模块是整个终端设备的核心，负责数据处理和与通信模块进行交互，当 LoRa 终端工作在 LoRaWAN 协议之上时，LoRa 终端根据不同的工作场景有 Class A/B/C 三种工作模式。

② LoRa 网关　LoRa 网关是通信系统的信息转发中心，也可称为基站。网关的主要作用是收集 LoRa 终端设备上报的信息，解调 LoRa 终端设备所发送的射频信号，并将中央服务器的命令以数据包的形式通过射频信号发送给 LoRa 终端设备。LoRa 网关可用嵌入式系统实现，它可将 LoRa 终端设备采集的信息以 IP 包的形式转发给中央服务器。网关具有较大的信息存储容量，由于采用扩频、跳频技术，LoRa 网关实现了多址通信，使得单网关可同时接收 8 路信号。单网关通常可以为 5000 个以上的节点提供服务。有时网关需要配置 GPS 授时功能，以便在采用 LoRaWAN 网络协议时，保证终端设备接收数据的有效性。

③ 中央服务器　主要用于协议解析、终端设备管理、网关（基站）管理、为应用层提供服务、数据存储。如采用 LoRaWAN 协议时，协议解析功能主要是按照协议要求进行数据加解密，为终端设备生成加密密钥，按照 LoRaWAN 协议进行数据包封包与解包处理等；终端设备管理功能主要是设备注册、设备入网信息管理、设备数据存储；网关（基站）管理功能主要为网关的注册、网关相关数据存储。中央服务器另一个重要功能是作为 ADR（adapter）自适应速率算法的命令发起者，通过中央服务器所收集到的终端设备的通信参数及时调整终端的射频发送配置，以保证 LoRa 终端设备所发送数据的有效且使其功耗保持在适中水平。另外，中央服务器还可向用户提供信息服务以实现面向应用的服务。

（2）LoRa 典型芯片及传输模式

目前 Semtech 公司已开发了六种 LoRa 射频芯片，分别为 SX1272、SX1273、SX1276、SX1277、SX1278 和 SX1279，这些芯片都配备了半双工的低中频收发器以及标准的 FSK 和 LoRa 扩频调制解调器[50]。各种芯片的主要差异体现在三个方面，分别是支持的频段（宽频段、低频段或高频段），芯片的接收灵敏度，扩频因子的范围。各芯片的价格也因为这些性能的不同而不同。其中，使用较多的是 SX1276、SX1277 和 SX1278，它们的关键参数如表 4.3 所示。

表 4.3 LoRa 芯片对比

零件编号	频率范围/MHz	扩频因子	带宽/kHz	有效比特率/(kbit/s)	预估灵敏度/dBm
SX1276	137～1020	6～12	7.8～500	0.018～37.5	-111～-148
SX1277	137～1020	6～9	7.8～500	0.11～37.5	-111～-139
SX1278	137～525	6～12	7.8～500	0.018～37.5	-111～-148

三种芯片的带宽完全相同，SX1277 的频率范围与 SX1276 相同，但扩频因子较小，而 SX1278 的扩频因子与 SX1276 相同，但频率范围较小。因此，应用最为广泛的芯片是 SX1276，该芯片支持 137～1020MHz，涵盖了美国的 920MHz、欧洲的 868MHz、亚洲的 433MHz 等主要免许可频段，另外该类型芯片在 125kHz 带宽下的接收灵敏度高达-136dBm。

SX1276 是实现了软件扩频技术的芯片，在低传输速率的情况下灵敏度可以高达-148dBm。但是如果传输速率达到了一定的值，性能便与 FSK 类似，也就无法体现 LoRa 的优势了。SX1276 使用的扩频通信是可以在负信噪比条件下正常工作的通信方式，所以其抗干扰性很强。

现在 LoRa 技术的应用都是基于 LoRaWAN 协议的。LoRaWAN 协议根据不同的场景需要采用三种不同的传输模式，分别为 Class A、Class B 及 Class C。

Class A 是网络的默认模式，主要应用于上行通信较多的场景，网络中所有终端节点都必须实现。在 Class A 传输模式下，如图 4.5 所示，传输过程必须总是由终端设备节点发起，在上行通信之后，有两个用以接收网关节点的下行数据的窗口 RX1 和 RX2，可以根据终端节点自身的通信需求来设定接收窗口的大小。

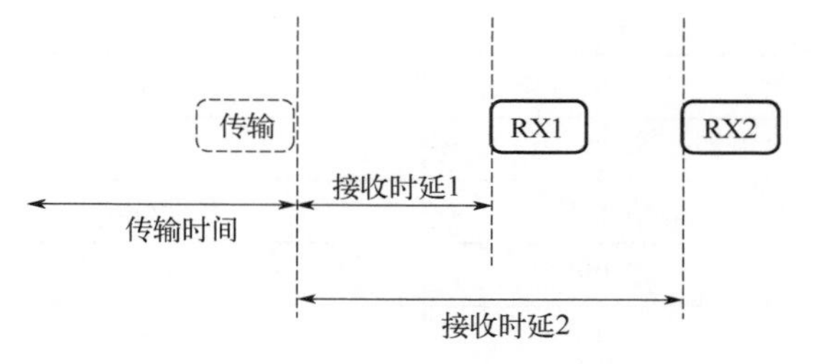

图 4.5 Class A 接收窗口示意图[49]

Class B 传输模式下，终端节点除了有 RX1 和 RX2 两个接收窗口（同 Class A 相同）外，还增加了一个接收窗口 slot，用以接收下行数据，适合用于终端节点需要经常接收网关命令的场景。如图 4.6 所示，在该模式下，网关会广播一个 beacon 帧，该帧中携带有同步时间，该同步时间被终端节点用来参考以周期性地打开 slot 接收窗口。如图 4.7 所示，在 Class C 模式下，终端节点除了上行发送时间之外，始终保持接收状态。由此可见，相对于 Class A 和 Class B 模式，Class C 模式会消耗更多的能量。

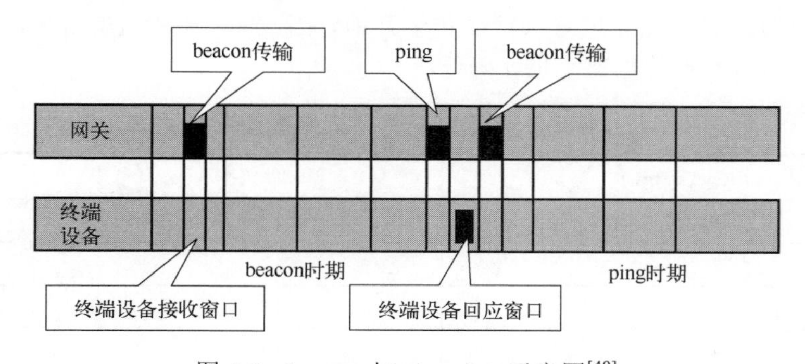

图 4.6 beacon 与 ping slot 示意图[49]

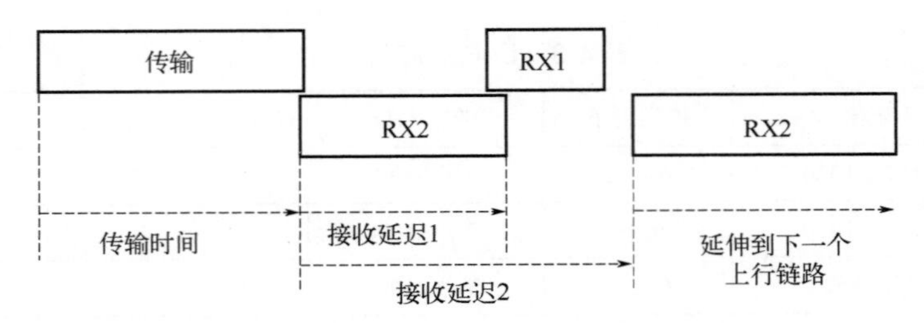

图 4.7　Class C 接收时隙示意图[49]

（3）LoRa 传输参数

LoRa 的三个传输参为扩频因子（SF）、编码率（CR）和带宽（BW）。下面讨论这三个参数以及其对于传输性能的影响。

① 扩频因子（spreading factor，SF）　LoRa 调制采用 Chirp 扩频技术，具有抗多径衰落、多普勒效应等特点。LoRa 采用多个正交扩频因子（6～12 之间），SF 在数据传输速率和传输距离之间进行折中，选择较高的扩频因子可以增加传输距离，但是会降低数据传输速率，相反，低的扩频因子会减小传输距离，提高数据传输速率。当链路环境好的时候，可以使用较低的扩频因子，以较高的速率传输；而当链路环境较差时，可以通过增大扩频因子来提高灵敏度。表 4.4 为 LoRa 扩频因子对应参数。

表 4.4　LoRa 扩频因子对应参数

扩频因子	扩频因子（码片/符号）	LoRa 解调器信噪比/dBm
6	64	-5
7	128	-7.5
8	256	-10
9	512	-12.5
10	1024	-15
11	2048	-17.5
12	4096	-20

② 编码率（code rate，CR）　LoRa 采用前向纠错（FEC）来进一步提高接收器的灵敏度。编码率（或信息率）定义了 FEC 的数量，LoRa 提供了 0～4 的 CR 值，其中，CR 为 0 时代表没有使用 FEC。与 CR 为 1、2、3、4 对应的数据开销如表 4.5 所示，循环编码率是数据流中有用部分的比例。使用 FEC 会产生传输开销，因此随着 CR 值的增加，循环编码率降低，每个信道的有效数据传输速率也就降低。

表 4.5　不同编码率下的数据开销

编码率（RegTxCfg1）	循环编码率	开销比率
1	4/5	1.25
2	4/6	1.5
3	4/7	1.75
4	4/8	2

③ 带宽（bandwidth，BW） LoRa 为半双工系统，上下行工作在同一频段。这将增加信号带宽，并提高数据传输速率，但是接收灵敏度会降低。LoRa 带宽如表 4.6 所示。

表 4.6 LoRa 带宽

带宽/kHz	扩频因子	编码率	标称比特率/（bit/s）
7.8	12	4/5	18
10.4	12	4/5	24
15.6	12	4/5	37
20.8	12	4/5	49
31.2	12	4/5	73
41.7	12	4/5	98
62.5	12	4/5	146
125	12	4/5	293
250	12	4/5	586
500	12	4/5	1172

目前大多数 LoRa 芯片支持的 LoRa 系统带宽为 2MHz，包括 8 个固定带宽为 125kHz 的信道，每个固定带宽的信道之间需要 125kHz 的保护带，则至少需要 2MHz 系统带宽。对于 125kHz 的固定带宽的信道而言，数据传输速率从 250bit/s 到 5kbit/s，因而可以在一个相当大的范围内进行选择。

LoRa 的通信速率是可配置的，数据传输速率 DR（data rate）与每次所发送数据的扩频因子 SF（spreading factor）及编码率 CR（code rate）、带宽 BW（bandwidth）有关，数据传输速率与扩频因子、编码率、带宽之间的关系为

$$\mathrm{DR}=\mathrm{SF}\times\frac{\mathrm{BW}}{2^{\mathrm{SF}}}\times\mathrm{CR} \tag{4.1}$$

由上式可知，数据传输速率与扩频因子成反比，当扩频因子较大时，相同大小的数据在传输时所需要的时间也较长；数据传输速率也与编码率成正比，当编码率提高时，数据传输速率则提高；另外，当带宽增大时，数据传输速率也会在一定程度上提高。此外，LoRa 也支持带宽 500kHz 的 FSK 调制方式，此调制方式使得系统具有更高的通信速率。

4.2.2 LoRaWAN

LoRaWAN 提供了一种物理接入控制机制，使得多个采用 LoRa 通信的终端可以通过网关互通信。

（1）LoRa 帧结构

LoRa 帧起始于 Preamble，其中编码了同步字（sync word），用来区分使用了相同频带的 LoRa 网络[51]。如果解码出来的同步字和事先配置的不同，终端就不会再侦听这个传输。接着是可选头部（header），用来表示载荷的大小（2～255B）、传输数据所用的速率（0.3～50kbit/s）以及在帧尾是否存在一个用于载荷的 CRC。PHDR_CRC 用来校验 header，若 header 无效，则丢弃该包。图 4.8 为 LoRa 的帧结构。

MAC 头（MAC Header，MHDR）表示 MAC 消息的种类（MType）和 LoRaWAN 的版本号，RFU（reserved for future use）是保留域。LoRaWAN 定义了 6 种 MAC 消息，其中接入

请求消息（join-request message）和接入准许消息（join-accept message）用于空中激活（over-the-air activation，OTAA）。另外 4 种是数据消息，可以是 MAC commands 或应用数据，也可以是两种消息的结合。要确认的消息（confirmed data）需要接收端回复；不要确认的消息（unconfirmed data）则不用回复。

Radio PHY layer:

Preamble	PHDR	PHDR_CRC	PHYPayload	CRC*

(注: CRC*只存在于上行帧)

PHYPayload:

MHDR	MACPayload①	MIC

(注:①处也可以是join-request或join-accept)

MHDR:

MType	RFU	Major

MACPayload:

FHDR	FPort	FRMPayload

FHDR:

DevAddr	FCtrl	FCnt	FOpts

FCtrl: (上/下行)

ADR	ADRACKReq	ACK	RFU(Class B)	FOptsLen
	RFU		FPending	

FOptsLen:

Value:	0	1..15
FOptsLen	FOpts 不存在	MAC commands 存在于FOpts中

FPort:

Value:	0	1..223	224	225..255
FPort	FRMPayload 只包含 MAC commands	FRMPayload 用于承载具体 的应用数据	专门用于 LoRaWAN MAC 层测试协议	RFU

图 4.8　LoRa 的帧结构

MACPayload 为“数据帧”，最大长度 M 因地区而异。帧头（frame header，FHDR）包含设备地址（Dev Addr）、帧控制（FCtrl，上下行不同）、帧计数器（FCnt）和帧选项（FOpts）4 个部分。FRMPayload 即帧载荷，用 AES 128 加密，用于承载具体的应用数据或者 MAC commands。

FCtrl 的上下行内容不同。其中，自适应数据传输速率（adaptive data rate，ADR）用来调节终端速率，终端应尽量使用 ADR，以延长电池寿命并最大化网络容量。FPending 为帧悬挂，只用于下行，表示 Gateway（网关）还有信息要发给终端，因此要求终端尽快发送一个上行帧来打开接收窗口。对于 Class B，当 RFU 改为 Class B 时，该比特为“1”表示终端进入 Class B 模式。FOptsLen 用来指示 FOpts 的实际长度。

FCnt 分为 FCntUp 和 FCntDown。终端每发一个上行帧，FCntUp 加“1”；网关每发一个下行帧，FCntDown 加“1”。

FOpts 用来在数据帧中携带 MAC commands。

FPort 为端口域。若 FRMPayload 非空，则 FPort 必然存在；若 FPort 存在，则有 4 种可能。

MIC（message integrity code）用来验证信息的完整性，由 MHDR、FHDR、FPort 和加密的 FRMPayload 计算得出。

（2）LoRaWAN 等级

LoRaWAN 定义了 3 种不同等级的终端，分别为 Class A、Class B 和 Class C。

Class A 的每个上行传输都伴随着两个短的下行接收窗口（RX1 和 RX2，RX2 通常在 RX1 开启 1s 后打开）。终端会根据自身的通信需求来调度传输时隙，其微调基于一个随机的时间基准（ALOHA 协议）。Class A 的通信过程是由终端发起的，若网关要发送一个下行传输，必须等待终端先发送一个上行数据。Class A 是最基本的终端类型，所有接入 LoRa 网络的终端都必须支持 Class A。终端可以根据实际需求，选择切换到 Class B 或 Class C，但必须和 Class A 兼容。

终端应用层根据需求来决定是否切换到 Class B 模式。首先，Gateway 会广播一个信标（beacon）来为终端提供一个时间参考。据此，终端定期打开额外的接收窗口（ping slot），网关利用 ping slot 发起下行传输（ping）。如果终端变动或在 beacon 中检测到 ID 变化，它必须发送一个上行帧通知网关更新下行路由表。若在给定时间内没有收到 beacon，终端会失去和网络的同步，MAC 层必须通知应用层其已经回到 Class A 模式。若终端还想进入 Class B 模式，必须重新开始。

除非正在发送上行帧，否则 Class C 的接收窗口是一直开启的。Class C 提供最小的传输延迟，也是最耗能的。需要注意，Class C 并不兼容 Class B。

只要不是正在发送信息或正在 RX1 上接收信息，Class C 就会在 RX2 上侦听下行数据传输。为此，终端会根据 RX2 的参数设置，在上行传输和 RX1 之间打开一个短的接收窗口（图 4.7 中第一个 RX2）。在 RX1 关闭后，终端会立刻切换到 RX2 上，直到有上行传输才关闭。

（3）LoRa 连接

要想接入网络，终端应激活。LoRaWAN 提供了 OTAA 和 ABP（Activation By Personalization，个性化激活）两种激活方式。

对 OTAA 来说，终端需要经过接入流程（join-procedure）。终端首先广播 join-request message，该消息包含 APPEUI、DevEUI 和 DevNonce 三部分，是设备制造商嵌入在终端中的。

网关通过 join-accept message 通知终端可进入网络。若收到了多个网关的 join-accept message，终端会选择信号质量最好的网络接入。收到 join-accept message 后，FCntUp 和 FCntDown 都置为 0。激活之后，终端会保存 DevAddr、APPEUI、NwkSkey 和 AppSkey 这 4 个信息。如果没有收到 join-request message，网关将不做任何处理。

终端可用 ABP 激活。ABP 避开 join-procedure，直接把终端和网络连接到一起。这意味着直接把 DevAddr、NwkSkey 和 AppSkey 写入了终端，使其一开始就有了特定的 LoRa 网络所要求的准入信息。终端必须以 Class A 模式接入网络，然后在有需要时切换到其他模式。

（4）MAC commands（命令）

要对网络管理，LoRaWAN 定义了若干 MAC commands，以配置或修改终端的参数。MAC commands 既可以在 FOpts 域中，也可在 FRMPayload 域中（FPort=0），但不能同时在两个域中。若 MAC commands 在 FOpts 域中，其长度不可超过 15B，且无须加密。若 MAC commands 在 FRMPayload 域中，其长度不可超过 FRMPayload 的最大长度，且必须加密。MAC commands 由一个命令标识（CID，占 1B）和具体的 command 组成。常用的 MAC commands 的每个 request（请求）都对应一个 answer（回答），因而可分成 7 对。其中，只有链路检查请求（LinkCheckReq）是由终端发起网关应答，其余请求都是网关发起终端应答。常用的 MAC commands 如表 4.7 所示。

表 4.7 常用的 MAC commands

MAC commands	功能
LinkCheckReq	检查网络连接性，不携带载荷
LinkCheckAns	估计信号接收质量并将估计值返回给终端
LinkADRReq	要求终端采用自适应数据传输速率
LinkADRAns	通知网关是否进行速率调整
DutyCycleReq	限制终端的最大聚合传输占空比
DutyCycleAns	回复 DutyCycleReq，不携带载荷
RXParamSetupReq	改变 RX2 的频率和数据率；设置上行帧和 RX1 数据率之间的偏差
RXParamSetupAns	回复 RXParamSetupReq，不携带载荷
DevStatusReq	检查终端状态，不携带载荷
DevStatusAns	告诉网关该终端的电池电量和解调信噪比
NewChannelReq	设置信道中心频率及该信道可用的数据传输速率，以修改已有信道参数或创建一个新信道
NewChannelAns	回复 NewChannelReq，不携带载荷
RXTimingSetupReq	设置上行传输结束时刻和 RX1 打开时刻之间的时延
RXTimingSetupAns	回复 RXTimingSetupReq，不携带载荷

4.2.3 LoRa 应用实例

本节我们将以智能灌溉系统的设计与实现来介绍 LoRa 如何在特定场景中应用的[52]。

（1）系统结构

LoRa 智能灌溉系统的总体结构如图 4.9 所示。整个系统由设备层、LoRa 服务器与应用层客户端组成。

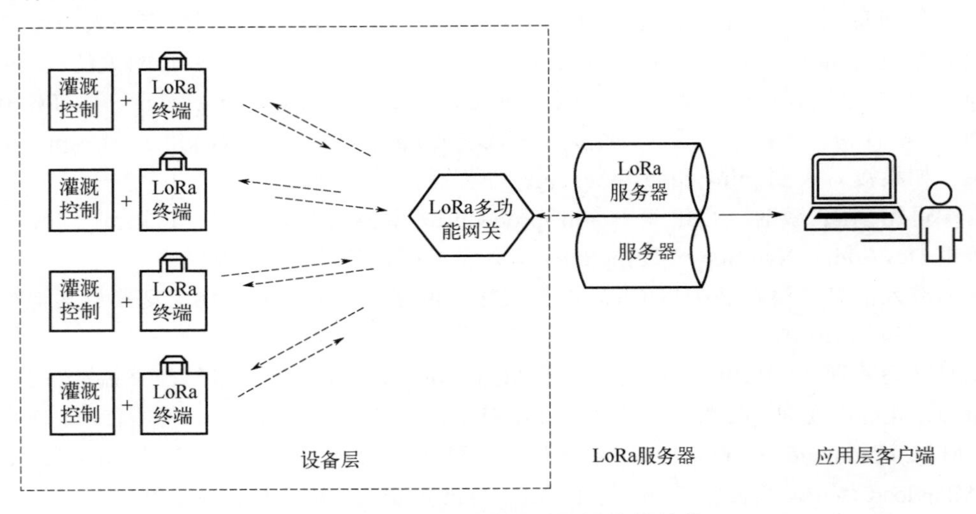

图 4.9 LoRa 智能灌溉系统的总体结构

设备层主要包括两种设备：灌溉终端和 LoRa 多功能网关。灌溉终端主要负责上行终端信息采集和设备自身状态采集并将信息上报至多功能网关；负责终端能源管理；执行下行应用层客户端发送的控制命令，包括电磁阀启动控制、远程通信配置调节、速率调节等。

LoRa 多功能网关主要负责射频信号的调制与解调，收集终端节点上报的信息并转发至云端，同时将服务器下发的命令信息转发至指定的灌溉终端。

LoRa 服务器主要负责数据包的加解密、数据存储、为应用层提供 API（application programing interfaces）。为了数据处理方便，LoRa 服务器又可以分为 LoRa 服务器和服务器两部分。多功能网关直接与 LoRa 服务器进行交互，与 LoRa 服务器通过 UDP（用户数据报协议）进行信息传输。LoRa 服务器也负责对网关传来的数据进行数据包的加解密和数据包解包与封包。服务器一方面负责数据存储，另一方面为应用层和 LoRa 服务器提供接口。

应用层通过服务器提供的 API 实现相关应用，包括信息查询，对灌溉终端发送下行控制命令信息等。

（2）LoRa 智能灌溉终端的设计与实现

智能灌溉终端是整个灌溉系统的信息收集者与命令执行者，其功能包括水流开启/关闭、水流量检测、终端状态信息上传和下行信息收集执行。智能灌溉终端主要分为三个部分：灌溉模块、控制/传输模块、电源管理模块，其结构如图 4.10 所示。

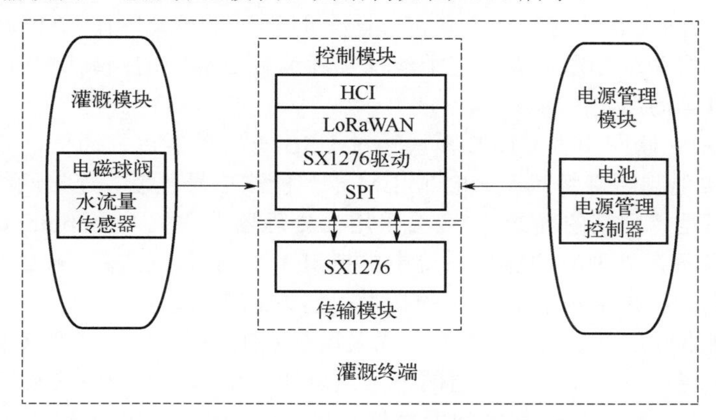

图 4.10 LoRa 智能灌溉终端系统结构[52]

以下我们分别对智能灌溉终端的灌溉模块、传输模块、控制模块的实现给予简要介绍。

① 灌溉模块　灌溉模块用于控制水流的打开与关闭，在此系统中采用电磁球阀。电磁球阀用电流驱动水流开关的打开与关闭，驱动简单。

② 控制/传输模块　控制模块主要负责传感信息处理，数据封包采用 ST 公司的 STM32L151CBU6，该模块具有丰富的外设资源，功耗处于该系列的极低水平。传输模块采用 Semtech 公司的 SX1267，工作频段为 433MHz。控制模块通过 SPI 与射频传输模块进行信息交互。

（3）LoRa 多功能网关的设计与实现

系统的总体结构如图 4.11 所示，主要由 5 个模块组成，分别为电源管理模块、处理器、GPS 模块、LoRa 网关模块和 LTE 模块。下面简要地介绍处理器、LTE 模块的硬件实现，同时也介绍相关软件的实现。

① 处理器　选用树莓派 3B 作为处理器。该处理器的处理能力强，且具有丰富的外设接口，如 SPI 通信接口、UART 串行通信接口、SD 接口、USB 接口。该处理器嵌入了专用树莓派操作系统，系统内核可配置，可以升级，并可增加功能及相关驱动程序。

② LTE 模块　LTE 模块主要用于室外处理器无线联网，可选用性能稳定的封装了 4G 通信协议的 EC20 通信模块。该模块具有低功耗、支持多种通信协议、通信速率高的特点。该

模块支持最大 50Mbit/s 上行速率，且兼容 GSM/GPRS 移动网络，以保证在缺乏 3G/4G 网络的地方依然可以正常使用。

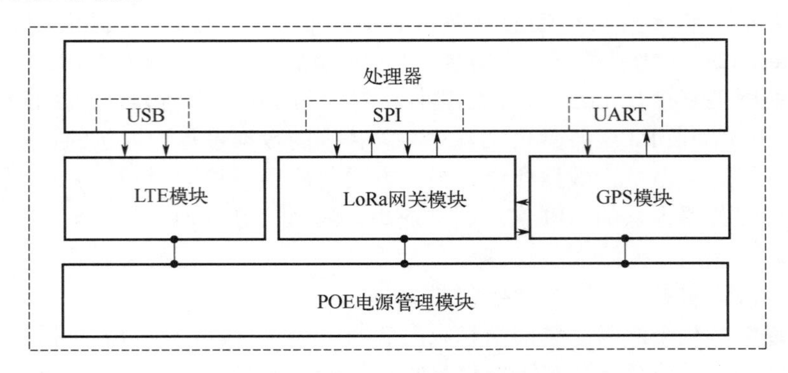

图 4.11　LoRa 多功能网关的系统结构[52]

③ 软件实现　网关软件的实现主要包含两个部分，即网关设备 LTE 联网实现和网关运行守护脚本实现。网关运行守护脚本用于解决实际运行过程中的网络断开连接、网关代码运行异常、网关宕机等问题。

a. 网关设备 LTE 联网实现　LTE 模块通过 USB 与处理器进行通信，处理器通过发送命令给 LTE 模块来实现判断网络状况、检测 SIM 卡、检测信号强度、连接网络等操作。对于数据传输速率要求不是特别高的场景，一般会采用在处理器上移植 PPP（point to point protocol）。PPP 可以使 LTE 设备在处理器的操作系统中虚拟出 1 个网卡，动态分配 IP，以便于操作系统使用。在此实现中，可采用基于 PPP 中的拨号上网方式实现联网。

PPP 是一种网络底层基础协议，通信方式采用全双工的方式，其工作流程如图 4.12 所示。该协议工作于物理层与网络层之间，它的下方是总线和串口等系统物理层，它的上方是网络层。PPP 在此处用于在两个协议层之间做数据转换。在物理层，由于在此应用中采用了 USB 串口，应采用 PPP 对串口进行数据转换。在网络层，经过 PPP 可以对数据进行 PPP 与 TCP/IP 转换。当需要发送数据包时，网络层的数据包经过 PPP 层将数据新组包后发送给串口。当接收数据包时，数据经过串口转发给 PPP 协议栈，PPP 层将数据解析后转发给网络层。

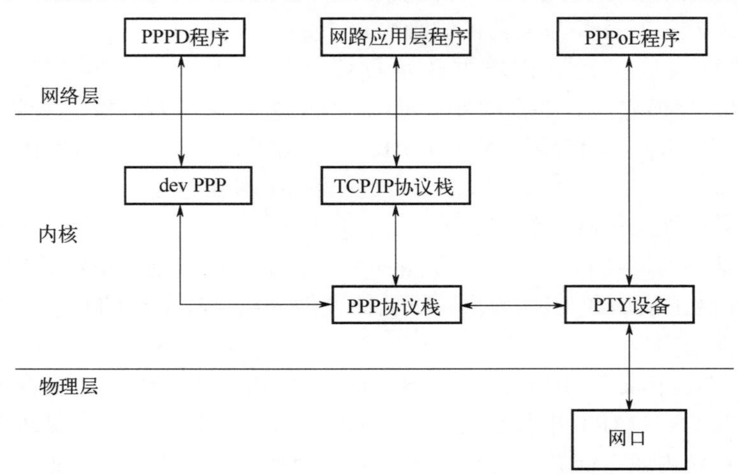

图 4.12　PPP 工作流程[52]

b. 网关运行守护脚本实现　网关运行守护脚本主要用于解决在设备运行过程中出现的网络连接不稳定、程序异常、设备异常断电等问题。

该脚本执行流程主要分为两个模块：网络状况监测以及 LoRa 网关代码执行监测。为实现在设备异常断电之后可以启动内部相关程序，该脚本被设置为开机自启动脚本，且每隔 3min 启动一次。具体流程如下：

步骤 1：检测设备是否联网成功，若成功则执行步骤 3，不成功则执行步骤 2；

步骤 2：执行设备连接 LTE 网络脚本，然后执行步骤 1，若连续五次仍检测失败则设备重启；

步骤 3：检测设备是否运行 LoRa 网关处理程序，如果运行则执行步骤 5，如果未运行则执行步骤 4；

步骤 4：执行启动 LoRa 网关处理程序相关脚本，然后执行步骤 3；

步骤 5：运行结束。

4.3 Sigfox 技术及其应用实例

Sigfox 是一种窄带 LPWA 技术，它采用免许可的工业、科学和医疗（ISM）频段[53]。与其他 LPWA 技术［长距离（LoRa）和窄带物联网（NB-IoT）］相比，Sigfox 可以最大限度地减少数据包交换，减少带宽消耗，并限制无线电通信期间的能源消耗。Sigfox 技术已广泛应用于多种物联网场景中，例如远程跟踪、智能停车、废物管理、环境监测、实时健康和健身监测以及公共安全等。

4.3.1 Sigfox 技术

如图 4.13 所示，标准的 Sigfox 网络架构设想了四个层：终端用户设备；基站（一个或多个）；云架构；应用服务器。

通过射频链路，终端用户设备以星形拓扑与基站（网关）连接。此外，基站和云架构之间进行安全链路。

云架构和应用服务器之间的通信可以利用不同的协议来建立，例如简单网络管理协议（simple network management protocol，SNMP）、MQ 遥测传输（MQ telemetry transport，MQTT）和超文本传输协议（hypertext transfer protocol，HTTP）。

Sigfox 技术每天最多支持 140 条上行链路消息（占空比为 1%，6 条消息每小时），每条上行链路有效载荷为 12B，每条下行链路有效载荷为 8B。上行链路的数据传输速率为 100bit/s，下行链路的数据传输速率为 600bit/s。每次数据传输大约需要 6s。Sigfox 协议栈由如下所述的不同层组成。

图 4.13　Sigfox 网络架构

（1）物理层

Sigfox技术是一种超窄带（ultra narrow band，UNB）技术，部署在192kHz的带宽上，传输带宽为100Hz。根据欧洲电信标准协会（European Telecommunications Standards Institute，ETSI）300-220规定，在欧洲，采用的频段为868MHz，而在北美，根据FCC第15部分规定，为902MHz。

上行链路的传输采用差分二进制相移键控（differential binary phase-shift keying，DBPSK）调制，而下行链路传输采用高斯频移键控（Gaussian frequency shift keying，GFSK）调制。采用这样的调制技术，使设备能够在10～50km的范围内以低功耗进行通信（欧洲的最大上行链路和下行链路传输功率设置为25mW和500mW，而美国设置为158mW与4W）。

（2）介质访问控制层

Sigfox介质访问控制（medium access control，MAC）层基于非时隙ALOHA MAC协议。对无线媒体信道的访问依赖于随机频率和时分多址（random frequency and time division multiple access，RFTDMA）。

每条Sigfox消息最多可以在不同频率上发送3次，以提高可靠性。如图4.14所示，Sigfox上行链路帧的总大小为232bit，而Sigfox下行链路帧的总大小为224bit。上行链路帧以19bit预定义的前导码（PREAMBLE）开始，用于识别即将到来的Sigfox消息，并将接收器端与发射器发送的符号同步。29bit的帧同步字段指定要传输的帧的类型，而32bit的DEVICE ID是每个Sigfox设备的唯一标识符，用于路由和签名帧。有效载荷字段范围为0～96bit，专门用于数据。消息验证码MAC范围为16～40bit，并保证帧的真实性。最后16bit是检测通信错误的帧校验序列FCS。

上行链路帧格式-232bit					
19bit	29bit	32bit	0～96bit	16～40bit	16bit
PREAMBLE	FRAME SYNC	DEVICE ID	SIGFOX DATA PAYLOAD	MAC	FCS

下行链路帧格式-224bit					
91bit	13bit	32bit	0～64bit	16bit	8bit
PREAMBLE	FRAME SYNC	ECC	SIGFOX DATA PAYLOAD	MAC	FCS

图4.14　Sigfox帧结构

下行链路帧以91bit的前导码和13bit的帧同步字段开始。32bit的ECC（error correcting code）用于检测数据有效载荷中的错误。接着为0～64bit的有效载荷字段、16bit的消息验证码和16bit的帧校验序列[54]。

（3）帧层

该层允许从应用层开始生成无线电帧。此外，它在数据传输期间附加了一个序列号。

（4）应用层

该层专门用于管理消息传递和Web服务等功能。

在安全性方面，Sigfox帧在设计上并未加密。具体而言，机密性由应用层提供，真实性由消息验证码提供，重放攻击预防由消息帧中定义的序列号提供。

4.3.2　Sigfox应用实例

本小节将介绍把Sigfox技术应用于水质监测与预测的应用实例，即WaterS水质监测与预测系统[55]。

WaterS 系统架构如图 4.15 所示，包括以下实体：IoT 终端节点，Sigfox 基站（BS），Sigfox 云，应用服务器，终端用户应用。WaterS 终端节点为物联网设备，是一种节能且符合 Sigfox 标准的感测单元，能够定期收集参考地理位置上的水质信息。所感测的数据由远程网络服务器根据 Sigfox 协议进行适当的预处理。

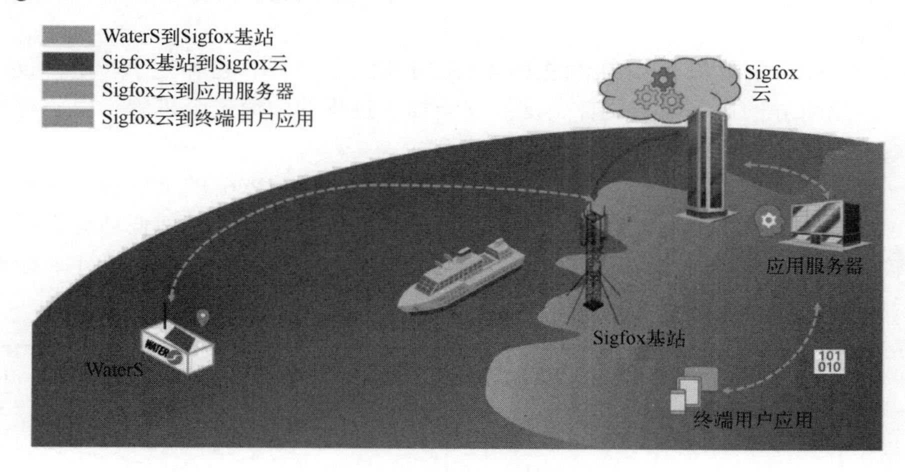

图 4.15　WaterS 的系统架构

WaterS 终端节点是由主板，pH 探头、浊度传感器和热探头等传感单元，以及 UBLOX NEO-8M 全球定位系统（GPS）模块组成的地理定位装置。

主板采用 Arduino MKRFOX1200（用于传感器获取数据并对所有采样数据进行处理），具有 Microchip SAMD21 微控制器单元（时钟为 48MHz）和 ATA8520 Sigfox 模块。

WaterS 终端节点定期进行数据采集活动，允许采集多个水参数。这种定期活动以固定的速度进行（即每小时 1 次），从而保证数据的可用性、可靠性和一致性。更详细地说，每小时唤醒一次进行：测量感兴趣的值；预处理数据；准备要发送的数据包；传输数据包。传输是通过 Sigfox BS 进行的，它主要充当 Sigfox 云的中继。基于 Sigfox 云的核心网络用于控制和管理 BS 和 IoT 设备。同时，它保证了 BS 和 Internet 之间的数据链接，从而允许依赖于骨干网络系统的网关功能。对具体实现感兴趣的读者可详见文献[56]，它提供了详细的实现过程以及源代码。

4.4　IETF 6TiSCH

在过去十年中，互联网工程任务组（Internet Engineering Task Force，IETF）已经标准化了一系列协议，以支持 IP 受限设备日益增加的需求。其所建立的几个工作组已设计并开发了设备的标准，以此增强物联网的能力。这些小组的目标是将不同的链路层技术集成到互联网协议（internet protocol，IP）生态系统中，解决底层技术在有效载荷、内存占用、计算能力和非平凡拓扑方面所产生的主要限制，同时确保 IP 的一致性[57]。

4.4.1　IETF 6TiSCH 概要

IETF IPv6 中的 TSCH IEEE 802.15.4e（6TiSCH）工作组的组建是为了在 IEEE 802.15.4

TSCH 链路层之上构建控制平面的标准以及 IP 层适配。6TiSCH 的主要工作之一是将 IPv6 引入工业化低功耗无线网络，它将时隙信道跳频（time slotted channel hopping，TSCH）网络与 6LoWPAN 网络有机地连接到一起。这项开创性的工作已经确定并解决了在小容量网络上构建 IPv6 时存在的许多挑战。它已成为不同层的黏合剂，并引发了报头压缩、IP-in-IP 封装和 6LoWPAN 邻居发现的改进，提供了更强大的路由方案和安全管理，并始终以更高的效率和简单性为目标。

IETF 6TiSCH 协议组源于 IEEE 802.15.4 TSCH 链路层[58-59]，它补充了一组协议。这些协议包括用于网络引导的最小配置文件、支持安全加入过程的精简安全机制、由分布式信元管理协议组成的网络调度管理套件和一组调度政策。

IETF 6TiSCH 将 IEEE 802.15.4 TSCH 的工业性能与支持 IPv6 的上层协议栈相结合，形成一个经过良好调整且安全的完整的网络解决方案。表 4.8 将其与其他低功耗无线工业计划进行了比较。6TiSCH 源于 TSCH MAC 层，类似于 WirelessHART 和 ISA100.11a 标准。

表 4.8　6TiSCH 与其他工业标准的比较

比较项	IETF 6TiSCH	ANSI/ISA100.11a	WirelessHART IEC62591	Thread	ZigBee
IP 一致性	是	是	否	是	是
访问	TSCH	TSCH	TSCH	CSMA/CA	CSMA/CA
调度	分散	集中	集中	无	无
路由	RPL	网格下的	网格下的	RIP	RPL
控制平面	跨层	应用	应用	无	无
安全	One Touch	One Touch	One Touch	One Touch	One Touch
传输	无连接（UDP）	无连接（UDP）	无连接服务	无连接（UDP）	无连接（UDP）
应用层	Restful（CoAP）	软件对象	HART 通用命令	Restful（CoAP）	ZigBee 设备对象与文件

4.4.2　IEEE 802.15.4 TSCH

IEEE 802.15.4 任务组一直在推动低功耗低成本无线电技术的发展。时隙信道跳变（time slotted channel hopping）模式于 2015 年增加到了 IEEE 802.15.4 标准的修订版中，它针对的是可靠性、能耗和成本驱动应用的嵌入式工业世界。

IEEE 802.15.4 物理层旨在支持针对采用免授权频段的低功耗场景，包括 2.4GHz 和亚 GHz 工业、科学和医疗（ISM）频段，对帧的大小、数据传输速率和带宽方面提出了要求，以实现降低的冲突率、降低的分组错误率以及在可接受范围内有限的传输功率。其物理层支持高达 127B 的帧。介质访问控制（medium access control，MAC）子层开销约为 10～20B，并将大约 100B 留给上层。IEEE 802.15.4 使用扩频调制，如直接序列扩频（direct sequence spread spectrum，DSSS）。2012 年对物理层所做的修订（称为 IEEE 802.15.4g）引入了包括 OFDM 在内的新调制，支持高数据传输速率和高达 2047B 的较大数据包。该规范已被 Wi-SUN 联盟[60]采纳以解决计量领域的问题。

（1）时隙信道跳频

作为 IEEE 802.15.4 中的核心技术，TSCH 将时间划分为多个时隙，这些时隙随着时间的推移而重复。该结构称为 Slotframe（时隙帧）。对于每个时隙，可以使用一组可用频率，从而形成类似矩阵的调度表（图 4.16）。该调度表表示节点与其邻居的可能的通信，并由调度功能管理。调度表中的每个单元都由其 slotoffset 和 channeloffset 坐标标识。单元的 slotoffset 指示其相对于 Slotframe 开始的时间位置。单元的 channeloffset 是一个索引，它是 Slotframe 每次频率迭代的映射。邻居之间交换的每个数据包都发生在一个单元格内。绝对时隙编号（absolute slot number，ASN）表示自网络启动以来经过的时隙数，每个时隙都递增。它是一个 5B 的计数器，可以支持网络运行超过 300 年而无须换行（假设一个时隙为 10ms）。信道跳变为多径衰落和外部干扰提供了更高的可靠性[61-62]。它由 TSCH 通过在 IEEE 802.15.4 规范中称为 macHopSeq 的信道跳频序列进行处理。在每个时隙，无线电要使用的信道（CH）由式（4.2）计算，以产生伪随机信道跳变。信道跳频序列包含每个 macHopSeqLen 时隙。macHopSeqLen 在 IEEE 802.15.4 配置中定义，对应于 macHopSeq 列表中的元素个数。

$$\begin{cases} \text{COUNTER} = \text{ASN} + \text{ch}_{\text{offset}} \\ \text{CH} = \text{macHopSeq}\left[\text{COUNTER mod macHopSeqLen}\right] \end{cases} \tag{4.2}$$

图 4.16 给出了一个 Slotframe 随时间重复的示例。单元（0，0）是控制平面单元，由 RFC8180[63]定义，称为“最小单元”。该单元用于在网络启动时建立初始调度。单元（2，1）、（4，0）与（6，3）用于接收来自其一个邻居的数据包。单元（3，2）和（5，3）用于将数据包传输到另一个邻居。

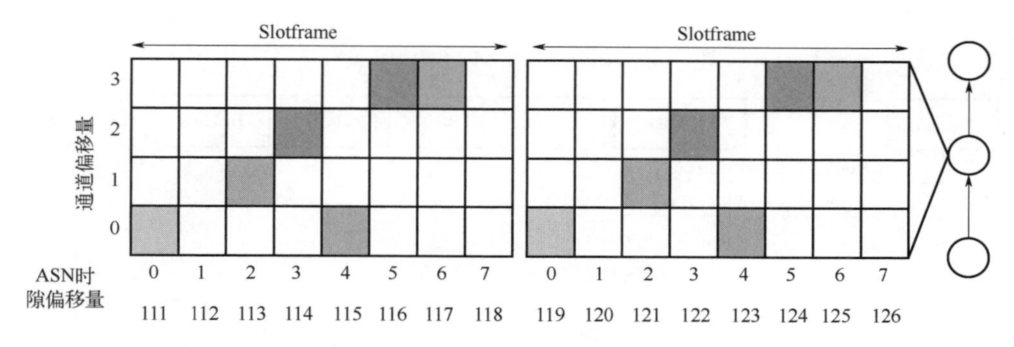

图 4.16 6TiSCH 网络同步；时间被分成时隙，时隙被组织成随时间重复的时隙帧

图 4.17 给出了发射和接收器所采用的 IEEE 802.15.4 TSCH 时隙时序（timeslot timing）。在一个时隙内，发送节点最多使用四个超时（timeout）。假设时隙从时间偏移量零开始，超时 T1 被安排在需要进行畅通信道评估（clear channel assessment，CCA）的时刻，这恰好是自时隙开始以来的 TsCCAOffset。CCA 是可选的。需要传输数据包的确切时刻是 TsTxOffset；超时 T2 必须在此出现，这样才能启动无线传输。超时 T3 被安排在接收到帧结束事件后的相对时间偏移处开始侦听确认帧。此相对偏移时间称为 TsRxAckDelay。超时 T4 被用于限制持续无线监听时长，即在没有收到确认包的情况下，最长持续时间限制在 Guard-time 内。在接收端，无线接收在 TsRxOffset 处打开，由超时 R1 确定。超时 R2 用于确定在未收到数据包的情况下（空闲侦听）保持无线侦听的时间。在接收到一个数据包之后，超时 R3 被安排在一个确切的偏移量处发送确认，因为已经收到了 endOfFrame 事件。该偏移量称为 TsTxAckDelay。

图 4.18 给出了发送（Tx）时隙的状态机（Tx slot state machine）。可以看出，时隙活动涉及不同的软件组件。其中包括指示当前时隙类型和目标的 Schedule（调度）数据库，存储要发送的数据包的 Queue（队列），作为无线驱动器启动数据能够立即发送的 Radio，能够在不

久的将来精确设置报警的 Timer（定时器），提供帮助函数来解析 IEEE 802.15.4 报头的 Headers，以及封装更高层功能的 ULMAC。当一个时隙开始时，节点调用 getLinkDestination()从 Schedule 数据库中获取相关的链路层目的地。然后它调用 getPacketToSend()来检查 Queue 中是否有数据包挂起。如果有，数据包将通过调用 loadPacket()加载到 Radio。然后，Timer

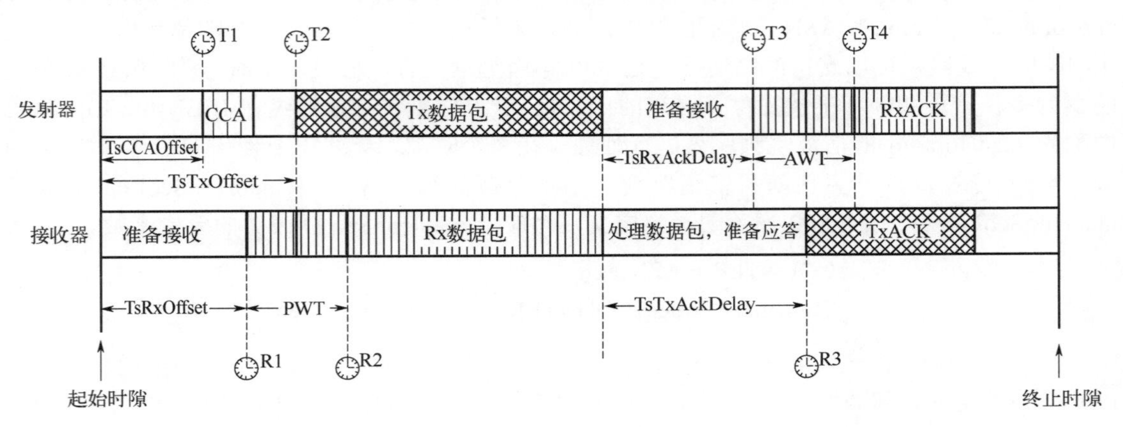

图 4.17 IEEE 802.15.4 TSCH 时隙时序

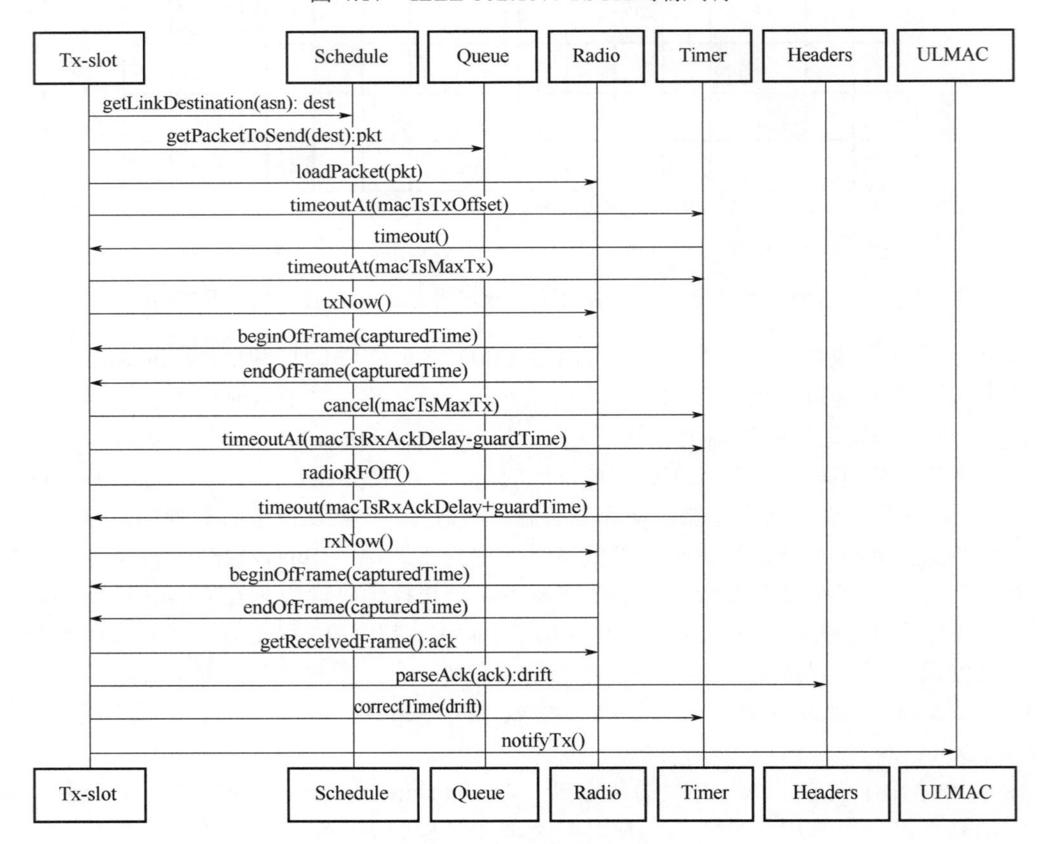

图 4.18 Tx 时隙状态机

将安排一个警报，以在时隙内的确切偏移（标准称为 macTsTxOffset）处发送数据包。当警报到期时，Radio 将调用 txNow()以把数据包发送出去。当数据包的第一位离开无线电时，Radio 将会捕获到 beginOfFrame 信号。此事件用于捕获时隙计时器的值，以便在时隙内发生这种情况时精确地打上时间戳。endOfFrame 信号发生在数据包的最后一个位离开无线电时。如果需要确认数据包，则在 IEEE 802.15.4 报头中指出。节点在 macTsRxAckDelay-guardTime 时安排 timeout 以将其无线电切换到接收模式。此时无线电已关闭，等待 timeout 发生。当 timeout 到期时，无线电被打开并通过调用 rxNow()配置为接收模式。在 macTsRxAckDelay+ guardTime 时安排一个新 timeout，定义了两倍于 guardTime 的监听周期。如果在 timeout 之前接收到一个数据包，Radio 将首先捕获 beginOfFrame 信号，之后捕获 endOf Frame 信号。收到确认帧后，解析其头部，得到时间校正。如果邻居是其时间源邻居，则节点应校正，并通过调用 notifyTx()向上层通知传输状态。

图 4.19 给出了接收（Rx）时隙的状态机（Rx slot state machine）。接收时隙中的活动与传输时隙中的活动相似，但会反转无线电状态：首先接收帧，然后发送 ACK。在 Rx-slot 开始时，节点调用 getLinkSource()以了解要接收的数据包的预期来源。之后，安排一个 Timeout 时间开始监听。一个节点必须在 macTsRxOffset 处进行监听以便接收帧（图 4.17）。接收到帧后，Radio 被配置为发送确认（如果请求）。

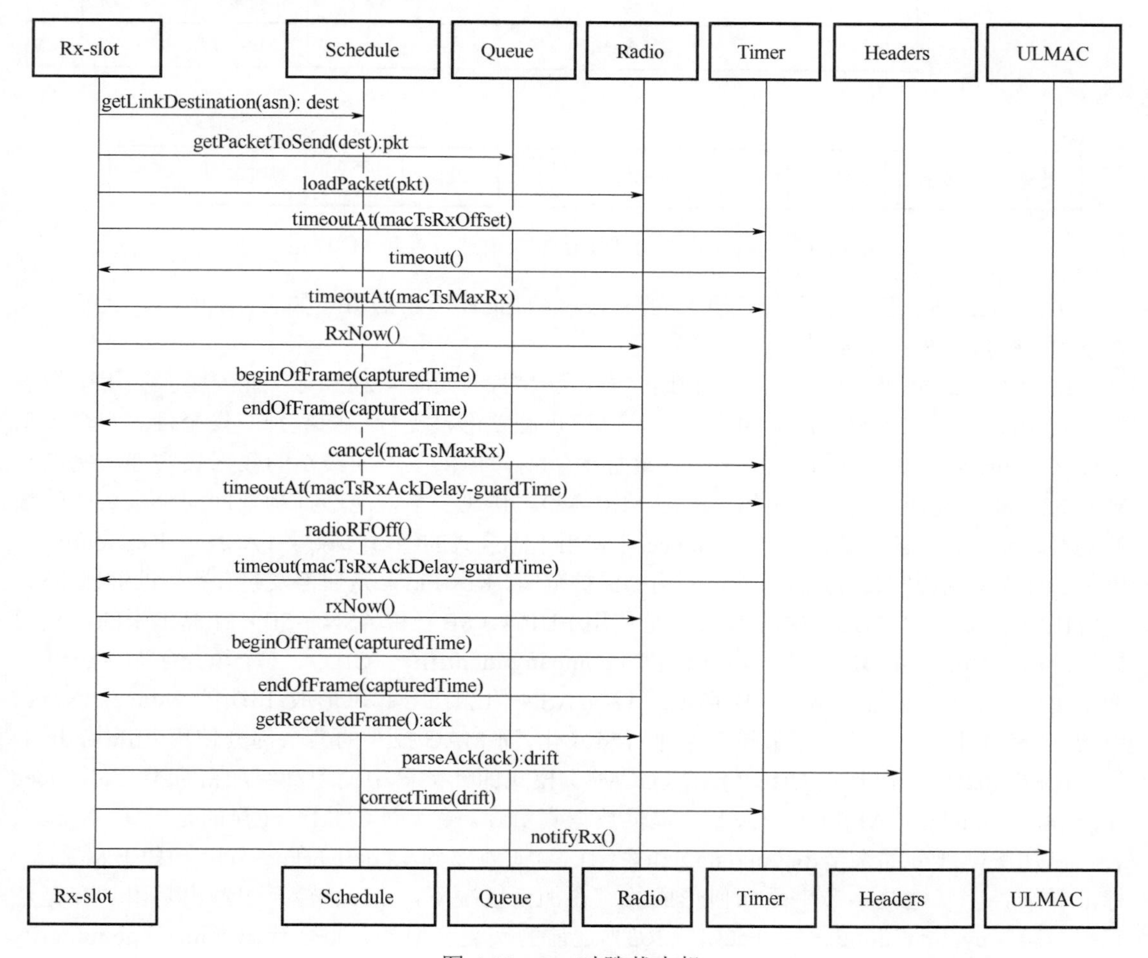

图 4.19　Rx 时隙状态机

（2）数据包格式

IEEE 802.15.4 报头已在文献和 IEEE 标准中进行了描述[58,64]。然而，我们关注的是那些与 6TiSCH 相关的字段如何使用与配置。图 4.20 给出了 IEEE 802.15.4 MAC 报头。帧控制字段（frame control field，FCF）用于配置帧属性。IE Present 字段在 6TiSCH 控制平面帧中广泛使用。当设置该位时，信息元素（information element，IE）由帧传输，既可以作为报头（Header IE），又可以作为有效载荷（Payload IE）的一部分。IEEE 802.15.4 定义的 IE 是信息占位符，用于在通信节点之间分发信息。报头 IE 未加密，但可以进行身份验证。有效载荷 IE 既经过加密又经过身份验证。

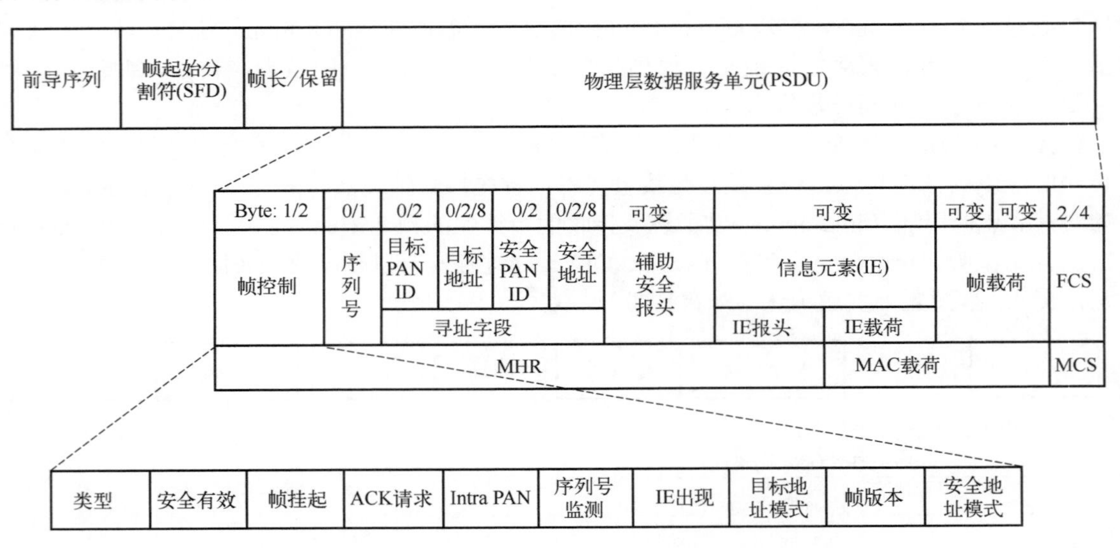

图 4.20　IEEE 802.15.4 TSCH 帧的物理报头和 MAC 报头

IEEE 802.15.4 标准定义了可用 IE 的列表。6TiSCH 所用的 IES 如表 4.9 所示。完整列表详见 IEEE 802.15.4 标准[64]。

IEEE 802.15.4 报头包含了一个辅助安全报头字段，如图 4.21 所示。此安全报头用于指示帧的安全配置。IEEE 802.15.4 的安全性是高度可配置的，支持不同级别的安全性。安全控制字段（security control field）用于指定这样的级别，提供了不同级别的数据真实性（例如，MIC-32）和可选的机密性（例如，ENC-MIC-32）。其他子字段能够抑制辅助安全报头中的帧计数器。被抑制的帧计数器表示在 Nonce 中使用了隐含式的绝对时隙号（ASN）。KeySource 字段用于标识密钥的发起者，从而界定密钥的保护范围。Key Index 是通信发起者所用的键值索引。

IEEE 802.15.4 TSCH 中的 Nonce 是使用 EUI64（8B）和 ASN（5B）计算出来的。使用短地址时，Nonce 由 3B 长的公司标识符（company identifier，CID）、1 个填充字节（0x00）、网络 PANID 和短地址组成的 8B 形成。其与 ASN 附加在一起以形成 13B 的 Nonce。Nonce 中的 ASN 使用 big endian 字节排序来进行格式化，而 MAC 报头的其余部分使用 little endian。

IEEE 802.15.4 在具有 CBC-MAC（CCM*）模式的计数器中使用高级加密标准（advanced encryption standard，AES）来加密帧并提供数据真实性。输入到 CCM* 转换的是密钥、Nonce、表示已加密帧部分的字节串（m data）和表示已验证帧部分（a data）的字节串。IEEE 802.15.4 标准详细说明了这些字节串是如何形成的。在加密情况下，CCM*转换的输出是附加在循环冗余校验（cyclic redundancy check，CRC）之前的密文和消息完整性代码（message integrity code，MIC）。在解密的情况下，CCM*转换的输出是明文和接收帧的 MIC 是否与本地生成的匹配的信号。

表 4.9　6TiSCH 所用的 IEEE 802.15.4 信息元素（IES）

名称	序号	类型	RFC8180	描述
校时 IE	0x1e	报头 IE	否	由 ACK 使用来指示时间校正
报头终止 1	0x7e	报头 IE	是	分隔报头 IE 与有效载荷 IE
报头终止 2	0x7f	报头 IE	否	分隔报头 IE 与 MAC 有效载荷
TSCH 同步 IE	0x1a	载荷 IE（短）	是	包含 ASN 和 Join 指标。根据 RFC8180，当使用 RPL 时，JoinMetric 值设置为 DAGRank（rank）-1
TSCH 时隙帧与链路 IE	0x1b	载荷 IE（短）	是	指示时隙帧的大小和数量，并在所通告的调度中宣布活动单元的数量。位置（时隙偏移、信道偏移）为每个活动单元指示 RFC8180 推荐单个活动单元
TSCH 时隙 IE	0x1b	载荷 IE（短）	是	用于时隙的定时模板。根据 RFC8180 使用默认时隙模板。只有时隙模板标识符以 0 值存在（macTimeslotTemplateId=0）
信道跳频 IE	0x9	载荷 IE（长）	是	信道跳频的描述。根据 RFC8180 使用默认信道跳频模板。只有信道跳频模板标识符以 0 值存在（macHoppingSequence-TemplateId=0）
IEFTIE	0x5	载荷 IE（长）	否	保留 IE，用于传输 IEFT 信息（RFC8137）

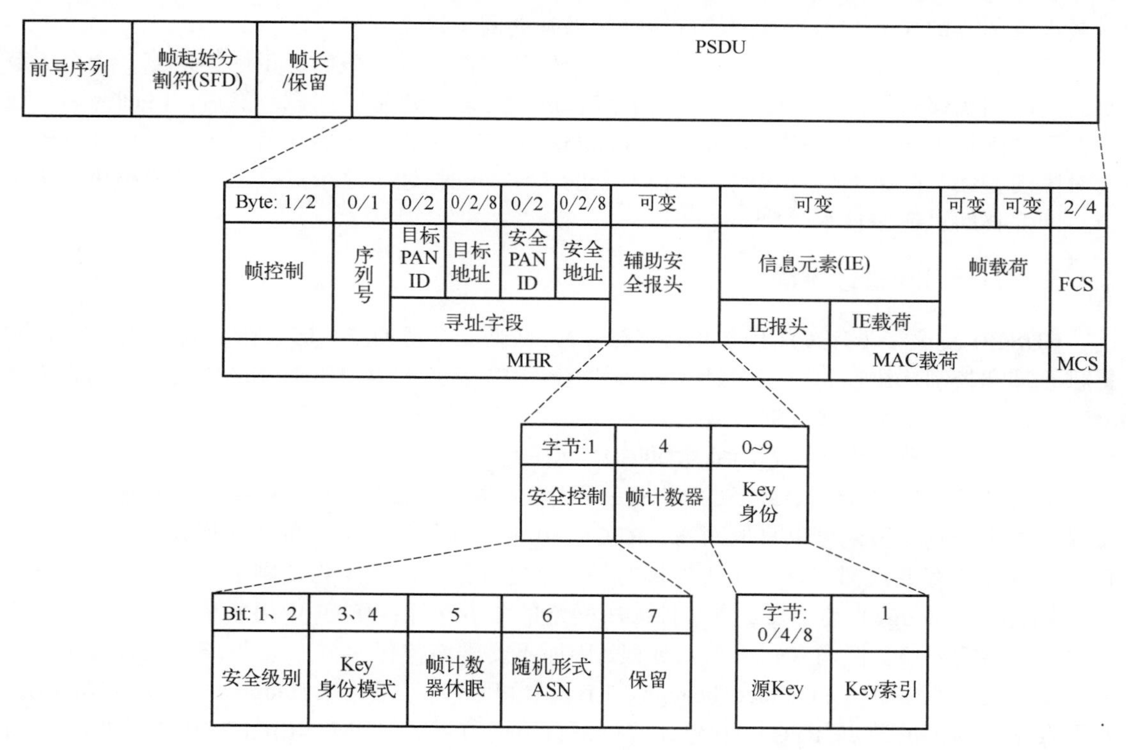

图 4.21　IEEE 802.15.4 TSCH 帧的辅助安全报头

（3）同步

由 IEEE 802.15.4 TSCH 的定义可知，节点与其时间源邻居之间的同步过程是通过成对通信实现的。节点在从其时间源邻居接收数据包（“基于数据包的同步”）或确认（ACK）（“基于确认的同步”）时进行同步，如图 4.22 所示。

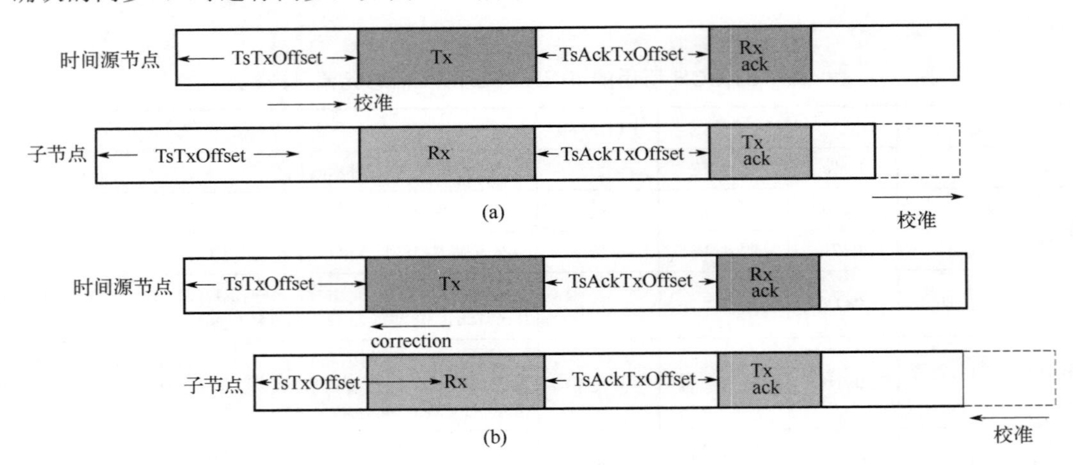

图 4.22　基于数据包的同步流程

当使用基于数据包的同步时，时间源节点在从时隙开始的精确偏移量（TsTxOffset）处向其子节点发送数据包。当子节点接收到数据包时，它对收到的第一个比特打上时间戳，并计算实际接收时间之间的时间差与理想接收时间（TsTxOffset）。然后子节点增加［图 4.22（a）］或减少［图 4.22（b）］当前时隙的持续时间以补偿同步误差。

基于确认的同步遵循类似的原则，只是在确认帧的字段中明确携带同步误差。一个子节点向其时间源邻居发送一个帧，该邻居为该帧的到达时间加上时间戳。然后，时间源邻居在它发回的确认中的信息元素（information element，IE）中指示同步误差。子节点通过更改当前时隙的持续时间来补偿该误差。先前发表的工作详细描述了这个过程，包括最小化网络中节点间漂移的自适应技术[65-68]。

4.4.3　6TiSCH 管理平面

6TiSCH 定义了 6TiSCH 操作子层（6top），这是一个薄的 2.5 层（在 MAC 层之上），它提供管理和控制原语以将异步 IP 层绑定到同步 IEEE 802.15.4 TSCH MAC 层。下面将描述 6top 子层以及它如何管理 TSCH 调度。

（1）最小配置文件（minimal profile）

RFC8180[63]定义了一个最小的 6TiSCH 配置文件。该配置文件为网络广告和加入的流量安排了最小带宽，因此可以形成网络。RFC8180 也可以作为一种后备运行模式，即如果动态调度失败，所有节点都可以依靠所提供的最小带宽的最小配置来恢复网络运行。

“承诺”（pledge）为想要加入 6TiSCH 网络的节点（注：IETF 中用术语“承诺”来指定尝试加入给定网络，但尚未完成加入过程，因而不受网络信任的节点）。网络中的所有节点都会定期发送增强信标（enhanced beacon，EB）。当开启时，承诺（pledge）节点将监听 EB，从而发现其周围的节点。RFC8180 建议等待来自不同节点的 NUM_NEIGHBOURS_ TO_WAIT（value = 2）个 EB，然后在安全加入过程中选择将扮演加入代理（join proxy，JP）角色的节点。选择哪个节点作为 JP，取决于连接性指标，例如链路质量和 EB 内的同步 IE（synchronization IE）中的加入指标（join metric）的值。该策略建议选择具有最低加入指标值的邻居。EB 包含一组有效负载信息元素（information element，IE），使承诺节点能够了解要采用的最小调度和 MAC 层配置。

通过解析这些 IE，加入节点知道了用于维持网络与安全引导程序的配置。RFC8180 建议采用单个共享单元加入以进行通信（即时隙化 ALOHA），并将时隙帧的大小留给实施者进行处理，可以用较大的功耗换取更短的加入时间。所推荐的最小单元位于时隙偏移量 0 与信道偏移量 0 处，linkType 定义为 ADVERTISING，因此可以通过它发送 EB。linkOptions 用传输、接收、共享和计时集标志进行设置。这会将该单元转换为时隙化的 ALOHA 链路，该链路可以发送任何类型的数据包，即用于时间同步的 Keep Alive（KA）数据包、EB 和数据包。

在加入过程中，承诺（pledge）节点用 EB 进行同步。而加入时则使用 KA 数据包。

如果使用 RPL，则强制使用非存储模式（存储模式是可选的）。RFC8180 使用加入指标（Join Metric）字段匹配链路层拓扑和路由拓扑，该字段是 synchronization IE 的一部分并在增强信标中传输。用作 Join Metric 的值是 RPL 等级的表示，RFC6550 中所定义的值可用式（4.3）计算得到。这确保了承诺节点选择一个靠近网络根的 JP，并且很有可能成为其 RPL 首选父节点。

$$\text{Join Metric} = \text{DagRank}(\text{Rank}) - 1 \tag{4.3}$$

当采用 RPL 时，RFC8180 要求使用预期传输计数（expected transmission count，ETX）[69]并由目标函数零（objective function zero，OF0）[70]进行规范化指导。后者构建了一个网络拓扑，使端到端（重新）传输计数最小化。

除了最小配置文件之外，6TiSCH 还支持动态调度，其中动态添加/删除链路层资源（TSCH 调度中的单元）用以匹配应用的通信要求。动态调度分为两个概念部分。6top 协议（6P）[7]是一种允许相邻节点协商将哪些单元添加到/从其调度中删除的协议。调度功能（scheduling function，SF）是决定何时添加/删除单元以及触发 6P 协商的算法。

（2）6top 协议（6P）

RFC8480[71]中定义的 6top 协议（6P）为控制平面操作提供了成对协商机制。该协议支持邻居之间的调度，从而实现分布式调度。表 4.10 列出了 6P 支持命令。

表 4.10　6top 协议（6P）所支持的命令

命令	代码	描述
ADD	1	在两个邻居间增加一个单元。CellOption 位图表示所增加单元的类型
DELETE	2	从调度中删除单元
RELOCATE	3	在调度中重新安排单元。用于处理调度中出现的冲突
COUNT	4	对具有特定 CellOptions 的单元计数
LIST	5	对具有特定 CellOptions 的单元列表
SIGNAL	6	SF 特定命令的占位符
CLEAR	7	清除两个邻居间所有的单元。用于处理计划不一致

可以使用 2 步和 3 步事务处理成对协商。两步事务使请求者节点能够选择要添加（ADD）、删除（DELETE）或重新安排（RELOCATE）的单元。3 步事务可使接收节点选择单元，例如允许父节点在其子节点之间平均分割单元。所要设置的单元类型由 CellOptions 字段定义。图 4.23 描绘了在两个节点之间调度 2 个单元的 3 步事务。节点 A 发出添加 2 个 TX 和 Shared 单元的请求，但未指定哪些；节点 B 以 3 个候选单元格给予响应；节点 A 选择其中两个。事

务完成后，节点 A 和 B 都在它们的调度表中安装了商定的单元。详细来说，节点 A 在其调度表中安装了 2 个单元（2，2）和（3，5）作为 TX 和 Shared 单元。节点 B 反过来也安装了相同的单元，但具有 CellOptions RX 和 Shared。

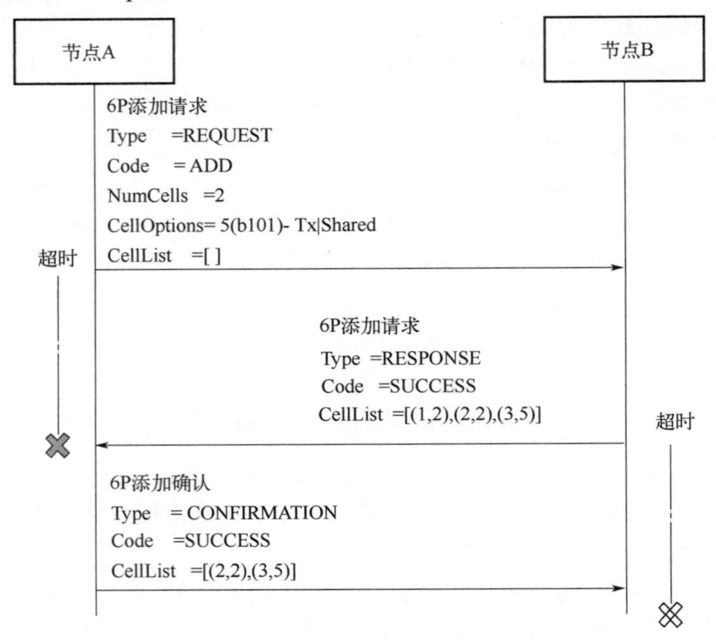

图 4.23　3 步 6P 产生了从节点 A 到相邻节点 B 的 2 个额外单元

6P 命令在信息元素（IE）中传输，只传输一跳。IEEE 为 IETF 保留了一个组 ID，称为 IETF IE（值 0x05），并在 RFC8137 中给予了定义[72]。6P 在 IE 组（SUBID_6TOP）向 IANA 的请求上使用子类型。图 4.24 所示为 6P 包内的 6P IE 封装。它显示了 Payload IE 报头，随后的 IETF IE SubHeader 以及 6P 协议报头。所有 6P 消息都使用通用的报头字段，附加字段取决于命令类型。

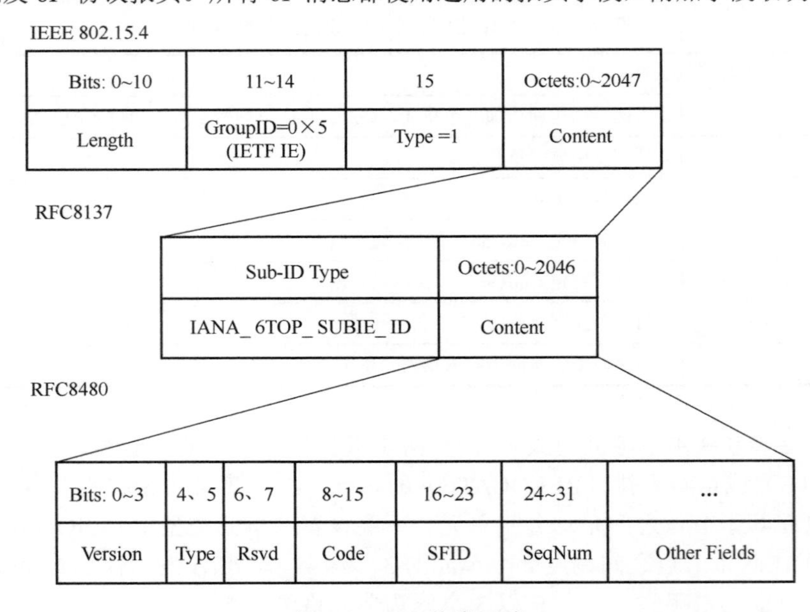

图 4.24　6P 信息元素

当2步或3步在两个相邻节点上正确执行时，6P事务成功。6P使用Timeout来取消长期事务。由于使用了序列号（sequence number，SeqNum），并且在未收到最后一个ACK时检测到消息丢失，因此可以检测到调度不一致。

图4.25说明了当节点A启动事务，在最后一个响应之后，且链路层ACK丢失时，将出现不一致情况。该图还说明了如何管理SeqNum。特别是，当请求者（节点A）认为事务成功时，SeqNum将增加。然而，SeqNum在另一端（节点B）却减少了，因为丢失ACK而失败。在检测到丢失的ACK时，节点B通过采用调度功能（SF）来定义规则。可以发出CLEAR命令来重置A和B之间的所有单元，或者尝试通过回滚操作来纠正可能的不一致。在后一种情况下，节点B将在超时后发出LIST命令以识别调度差异并通过后续的ADD、DELETE或RELOCATE操作来纠正它们。SeqNum还用于检测复制消息与节点重置。SeqNum必须实现为一个1B的棒棒糖计数器，从0xff到0x01，并在每次请求时精确地递增1。值0x00仅在节点重置后或CLEAR命令后才有可能出现。

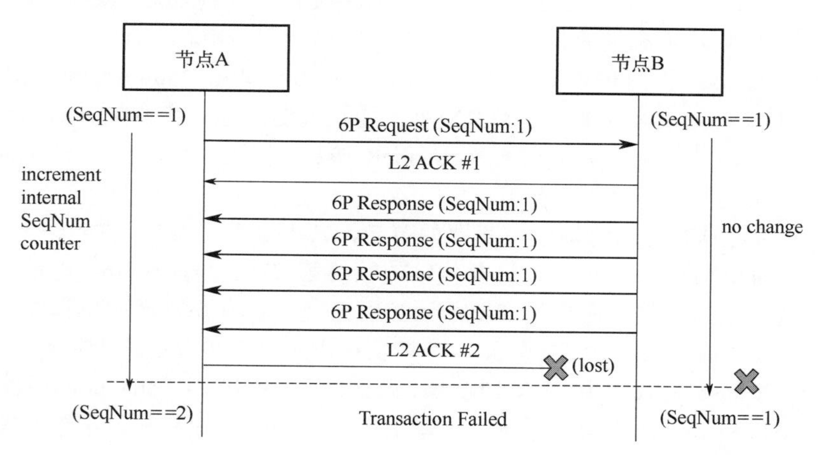

图4.25　6P 事务失败示例

由于网络中的节点存储了从邻居调度中看到的最后一个成功的SeqNum，所以可以检测到重置。当一个节点在6P请求中接收到的SeqNum为0时，将会发生这种情况，同时它为该邻居存储了具有不同值的SeqNum。这种情况需要接收方节点通过发送一个RC_SEQNUM响应码来处理（见表4.11）。接收到这样的响应的任何节点都可以启动如上所述的恢复或重置调度的过程。

表4.11　对每个6P错误代码所做的处理

代码	描述	所推荐的处理
RC_SUCCESS	运行成功	无
RC_EOL	列出单元时到达列表末尾	无
RC_ERR	一般错误。格式错误或无效的参数	隔离
RC_RESET	关键错误。重置事务	隔离
RC_ERR_VERSION	不支持6P版本	隔离
RC_ERR_SFID	不支持SFID	隔离
RC_ERR_SEQNUM	调度不一致	清除

续表

代码	描述	所推荐的处理
RC_ERR_CELLLIST	事务中的 CellList 错误	清除
RC_ERR_BUSY	并发事务忙	等待重试
RC_ERR_LOCKED	请求的单元被另一个事务锁定	等待重试

（3）调度功能

6P 与调度功能（scheduling function，SF）密切相关，SF 是决定如何维护单元和触发 6P 事务的策略。最小调度功能（minimal scheduling function，MSF）[73]是 6TiSCH WG 定义的默认 SF；将来可以定义其他标准化的 SF。MSF 扩展了最小调度配置，用于根据流量载荷增加子-父节点链接。该策略定义了两种类型的单元，称为自治单元（autonomous cell）和协商单元（negotiated cell）。自治单元无须任何信令即可提供与任何邻居的连接。协商单元则由 6P 协议处理，并按照基于流量的反应性策略安装或从调度中删除。

运行 MSF 的节点维护两种类型的自治单元：自治 RX 单元（autonomous RX cell）和自治 TX 单元（autonomous TX cell）。自治 RX 单元是具有链路选项字段配置的单元，其中设置了接收（RX）位。它由一对（slotOffset，channelOffset）标识，用于计算节点的 EUI64 的哈希值。

自治 TX 单元是具有链路选项字段配置的单元，其中设置了发送（TX）位。它们由一对（slotOffset，channelOffset）标识，计算要传输的帧的第 2 层目标 EUI64 地址的哈希值。自治 RX 单元按调度永久安装，而自治 TX 单元按需安装。当有要发送的单播帧并且调度中没有协商 TX 单元时，则安装自治 TX 单元。当帧发送出去时，单元被立即删除。

MSF 用 SAX hash 函数并由 EUI64 地址计算坐标（slotOffset，channelOffset）。该方法确保单元沿时隙偏移和信道偏移均匀分布。这避免了第一个时隙偏移与最小单元发生冲突（根据 RFC8180）。

式（4.4）详细说明了在给定 EUI64 地址的情况下如何计算坐标。

$$\begin{cases} \text{slotOffset} = 1 + \text{hash}\left(\text{EUI64}, \left(\text{len(Slotframe)} - 1\right)\right) \\ \text{channelOffset} = \text{hash}\left(\text{EUI64}, 16\right) \end{cases} \tag{4.4}$$

由于散列（hash）冲突，存在自治 TX 单元和自治 RX 单元被安排在同一时间偏移和/或信道偏移处的情况。在给定时间偏移量的一组单元间的哈希冲突在运行时按照如下规则来解决冲突问题：①输出队列中数据包最多的自治 TX 单元优先。②如果所有的自治 TX 单元都有空的输出队列，则所有自治 TX 单元优先。其他规则通过 MSF 发生作用以确保自治单元在网络生命周期内得到维护。自治 TX 单元和自治 RX 单元必须保留在调度表中，即使在 6P RESET 或 CLEAR 事务发生之后也是如此。仅当没有单播帧要传输或有自治 TX 单元被用于传输帧时，才会删除自治 TX 单元。

MSF 依赖于 4.4.2 节中详述的 6TiSCH 最低安全规范，以便节点安全地加入 6TiSCH 网络。使用从加入过程中获得的密钥材料，节点能够解密 RPL DIO，获取其 Rank 并选择其首选路由父节点。自治 RX 单元在节点启动时安装。在加入过程以及 6P 事务过程中，根据加入请求/响应以及 6P 请求/响应的第 2 层的目的地，在承诺方和 JP 方都安装自治 TX 单元。加入过程的解释包括加入请求和响应之间的流程，在 4.4.4 节中详细说明。

在获得一个RPL等级后，通过发送TSCH持续活动帧，节点开始仅与其首选的父节点同步（在等待加入过程完成时，节点通过侦听来自其所有邻居的EB进行同步）。然后节点产生一个6P ADD请求，要求将第一个专用协商TX单元安装到其父节点。如果6P事务失败，节点将重复发送6P ADD请求，直到一个协商TX单元安装到其父节点。之后，节点开始发送EB和RPL DIO，允许新的承诺节点通过它加入。此时加入的节点依靠MSF和6P来动态支持应用流量。

MSF负责根据节点与其首选父节点交换应用数据包的速率来添加/删除协商单元。MSF跟踪协商单元的使用情况，即与其首选父单元一起使用的单元比例：它会在每个经过的单元格处增加numCellElapsed，并在每次使用该单元向该邻居发送或接收帧时增加numCellUsed。每16个时隙帧，MSF将单元使用率计算为numCellUsed与numCellElapsed间的比率。如果单元使用率大于75%，MSF将发出6P ADD请求以向该邻居添加一个协商专用单元。如果单元使用率小于25%，MSF将向邻居发出6P DELETE 请求以删除一个协商专用单元。默认情况下，调度表中至少保留一个协商单元给父节点。

当用RX单元替换TX单元时，MSF将能够适应下行流量。在每个 RX单元中，包括了自治RX单元、numCellElapsed递增。如果在RX单元接收到具有正确的CRC的有效帧，则numCellUsed递增。然后根据单元使用情况应用相同的策略来添加/删除RX单元以自适应下行流量。

如果一个节点切换其首选父节点，它会向新父节点安排一个与前父节点相同数量的单元，然后删除前一个父节点的所有单元。

由MSF分配的协商单元也可能发生调度冲突，因为单元是由邻居随机选择的，附近的邻居对可能（意外地）调度相同的单元。MSF检测调度冲突并将冲突的受管理单元重新定位到调度中的其他位置。

每分钟，MSF都会计算所有单元到其首选父单元的数据包传递率（packet delivery ratio，PDR），并识别具有最高PDR的单元。然后，它将该PDR与所有其他单元的PDR与相同的首选父单元进行比较。如果差异大于50%，MSF认为该单元发生冲突，并发出6P RELOCATE请求。

当6P返回错误代码时，MSF定义了处理它的行为。表4.11给出了在接收到特定错误代码时所采取的操作。

4.4.4 6TiSCH安全加入过程

安全加入[74]是承诺者进入网络的过程。网络由一个称为加入注册器/协调器（join registrar/coordinator，JRC）的中央实体表示。该过程中的第三个实体称为加入代理（join proxy，JP），它是承诺者的无线电邻居与应用级中继，其作用是促进承诺者与JRC间的通信，可能在云中运行。JP是根据收到的EB中包含的加入指标（join metric）来选择的。

承诺者和JRC是基于秘密密钥的知识来相互验证的，称为预共享密钥（pre-shared key，PSK）。PSK必须预先提供给承诺者。对于授权加入网络的每个承诺者，JRC存储了其PSK和唯一标识符。作为正在进行的零接触标准化工作的一部分，支持基于证书的身份验证[75]，但它仍处于早期讨论阶段。

JRC管理网络中使用的动态链路层密钥，以及为承诺者分配唯一的短链路层地址。密钥和分配的短地址由JRC在成功验证和授权后提供给承诺者。

（1）链路层注意事项

加入过程需要在承诺者的调度表中至少有一个活动单元。如4.4.3节所述，此单元由

RFC8180 提供。在生产的网络中，根据 RFC8180，必须启用链路层安全功能，EB 用密钥 K1 进行身份验证，数据帧进行身份验证，其有效载荷用密钥 K2 加密。这两个密钥可以具有相同的值。

因为 K1 和 K2 在加入时对承诺者是未知的，这需要在承诺者和 JP 的 IEEE 802.15.4 安全表中配置一个称为 secExempt 的绕过机制。完成加入过程所需的链路层安全行为是：

① 承诺者接收来自可能的多个节点的 EB，这些节点无法验证但需要处理以选择 JP。

② 承诺者接收来自 JP 的未受保护的帧；承诺者向 JP 发送不受保护的帧。

③ JP 接收来自承诺者的不受保护的帧；JP 向承诺者发送不受保护的帧。

IEEE 802.15.4 MAC 层提供的 secExempt 标志使节点能够在本地覆盖用于特定邻居接收的安全级别，禁用安全处理结果验证，从而接收不安全的帧。需要强调的是，secExempt 机制的配置应该非常小心，因为它可能会对网络产生严重的安全后果。虽然 secExempt 配置策略是实现规范，但 IETF 6TiSCH 工作组正在讨论一种通过网络传播的“激活”信号的机制。主要思想是在 EB 中使用带有标志的信息元素，该标志向 JP 指示它们是否可以接收转发来自承诺者的流量。或者，这可以通过例如按下设备上的按钮或通过自定义应用层命令在每个节点本地实现。

总之，在承诺者与 JP 间所交换的帧在链路层不受保护，但是从承诺者到 JRC 的端到端消息却相反。在这些帧中承载，在应用级使用从 PSK 派生的密钥。

（2）网络层注意事项

转到 IP 层，我们下面详细介绍在加入期间所交换的 IPv6 数据包的结构。由于加入时，承诺者既没有网络的 IPv6 前缀，也没有 JRC 的 IPv6 地址，因此它不能直接与 JRC 交换数据包，这可能是多跳 IP 所致。相反，承诺者在应用层与 JP 通信，然后将加入消息转发给 JRC（一旦 JRC 加入网络，JP 通过下述两种情况知道 JRC 的 IPv6 地址：①RPL DIO 消息中的 DODAGID 字段，如果 JRC 与 DODAG 根位于同一位置；②在接收到的加入消息中显式地获知 JRC 的 IPv6 地址 JP 作为承诺者时来自 JRC，以防 JRC 在云中）。一旦承诺者选择了一个 JP，它就会根据收到的 EB 的链路层源地址构造 JP 的链路本地 IPv6 地址，如 RFC4944 的第 7 节所定义，并开始向其发送 IPv6 数据包。当该数据包（从承诺者到 JP，反之亦然）进行 IP 级压缩时，它们最终会携带无状态 RFC6282 压缩标志。

JP 在应用层处理来自承诺者的消息，而无须了解其所有内容，因为它们部分使用 JP 不拥有的密钥加密。然后，JP 用全局 IPv6 地址和有状态的 RFC6282 压缩，在新的 IPv6 数据包中将消息转发给 JRC，因为它知道网络前缀与 JRC 的 IPv6 地址。

（3）应用层注意事项

成功地加入的交换由两个应用级消息组成：加入请求（join request）和加入响应（join response）。消息由 JP 双向代理，如图 4.26 所示。承诺者将加入请求消息构造为 CoAP POST 请求，由 OSCORE 进行端到端保护[76]。在接收并正确验证加入请求后，JRC 将链路层密钥即分配的短地址放入到加入响应的有效载荷中。加入请求和加入响应由两个不同的密钥进行加密，两者都来自承诺者与 JRC 都知道的 PSK。图 4.27 详细说明了 OSCORE 密钥导出过程。

实际的 OSCORE 加密算法 CCM*[77]与链路层中使用的算法相同，因此可以重用通常由 IEEE 802.15.4 兼容芯片提供的通用库和硬件加速器。

承诺者和 JRC 被实现为 CoAP 应用：在加入时，承诺者充当客户端，一旦加入，它就成为服务器；JRC 在加入过程中充当服务器，并在不同节点上作为客户端以更新网络中的参数。JP 充当通用 CoAP 代理，因此不需要特定的应用层代码，但 CoAP 库需要补充处理 CoAP 扩展令牌[78]。承诺者发起加入请求，添加 6TiSCH[74]中定义的 CoAP 选项，并使用 OSCORE[76]来保护请求。用于保护请求的 OSCORE 安全环境按照 6TiSCH[74]中的定义进行了实例化。OSCORE 加密请求保留了代理需要处理的选项。

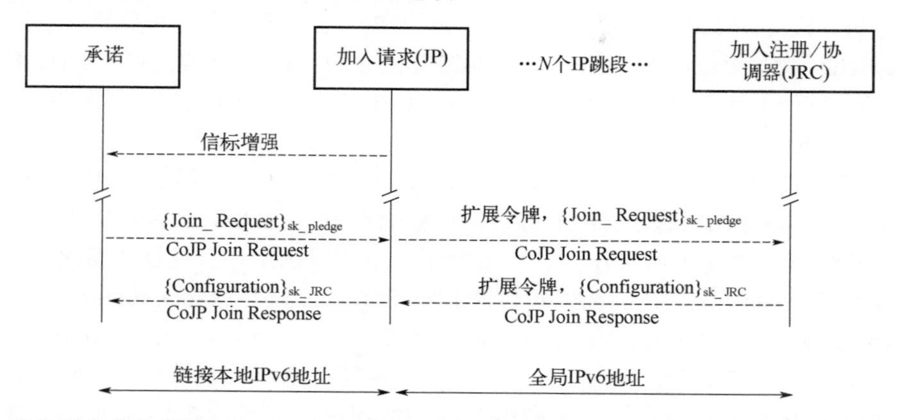

图 4.26 具有预共享密钥的 6TiSCH 加入过程，包括通过增强信标发现网络与执行约束加入协议。$\{\cdots\}_K$ 表示在 OSCORE 定义的密钥 K 下的认证加密。加入请求消息携带了一个受保护的 Join_Request 数据对象。加入响应消息携带了用于承诺者的具有配置参数的配置数据对象。响应以加密方式与请求匹配，且两者都保护重放攻击。sk_pledge 和 sk_JRC 密钥都是从 PSK 派生的：“sk”代表发送者密钥

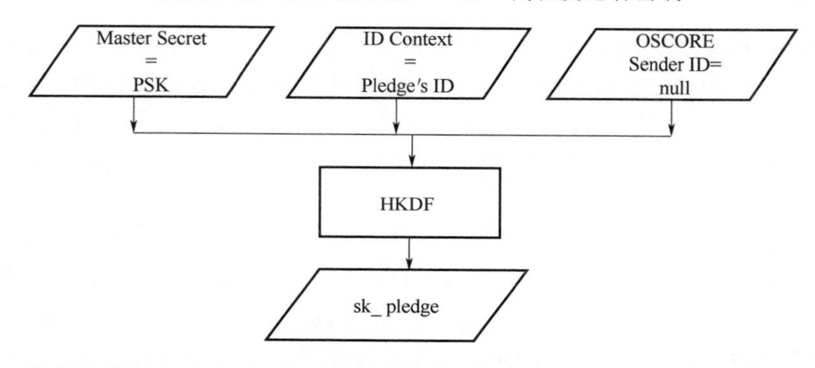

图 4.27 简化 OSCORE 密钥的推导用于约束连接协议（constrained join protocol）。HKDF 是 RFC5869[77]中定义的密钥派生函数。密钥 sk_JRC 是通过采用等于“JRC”的 OSCORE Sender ID 导出的，所有其他输入都相同

在将请求转发到 JRC 之前，JP 将它需要在本地保留的状态包装到（可扩展的）CoAP 令牌中，然后由 JRC 在加入响应中回显。这使得 JP 保持无状态，并避免保留每个承诺者的状态以便转发某个承诺者的响应。此扩展令牌的内容和格式仅与 JP 相关，因此未标准化。通常，它包含承诺者的链路层唯一标识符，可以从中派生链路本地 IPv6 地址，如果与默认 CoAP 端口不同，则为 UDP 端口号，如果 JP 拥有更多端口，则可能是本地接口标识符，在此情况下 JP 可能不止一个网络接口。在将响应转发给承诺者之前，JP 将删除这个扩展令牌。

4.4.5 6LoWPAN 与 6TiSCH 的集成

6LoWPAN 是指一组能够在不同的受限链路层之上传输 IPv6 数据报的规范。6LoWPAN

最初被指定为支持 IEEE 802.15.4 上的 IPv6，但现在已支持其他受限技术，如低能耗蓝牙、BACnet 和 DECT ULE，还有很多正在发展的技术（NFC 和电力线通信）[57]。

6LoWPAN 框架由提供报头压缩（RFC4944 和 RFC6282）、邻居发现（RFC6775 和 RFC8505）和分段（RFC4944）功能的不同规范组成，这些规范正不断更新。它还包含改进报头压缩的功能，例如 Paging Dispatch（RFC8025），它可以压缩 RPL 数据路径工件（RFC8138），以及 ESC Dispatch（RFC8066），这允许通过在 IETF 外定义的协议进行额外的扩展。

（1）无状态报头压缩

最初的 6LoWPAN 报头压缩（header compression）实现了一定程度的 IPv6 和 UDP 报头压缩，但是，由于完全无状态，它不能有效地压缩全局 IPv6 地址。此后该功能已被 RFC6282 取代，RFC6282 是一种部分状态压缩，它依赖于共享环境以允许压缩任意前缀。

Shelby 和 Bormann[79]扩展了 RFC4944 提出的细节，对基于 header compression 1（HC1 – IP header compression）和 header compression 2（HC2 – UDP header compression）方案的无状态 IPHC 给予了详尽描述。这些压缩方案在压缩本地链路地址时非常有效，能够完全或部分压缩源地址和目标地址，因为同一子网络中的前缀相同，并且主机地址可以映射为节点的 EUI64。然而，无状态报头压缩对于可路由地址（即那些跨越网络边界或路由器的地址）表现不佳。在这些情况下，前缀不能将无状态省略。因此，RFC6282 提出了一种基于预先配置的环境信息（例如在邻居发现期间）的部分压缩地址的方案。

具体地说，环境 ID 用于标识源地址和目标地址的一部分，例如前缀，将环境 ID 字段添加到 IPHC 报头上。

6TiSCH 依赖于两种报头压缩方案。当承诺者与 JP 交互时，在安全加入过程中采用无状态地址压缩。承诺者和 JP 之间的通信是以完全压缩的链路本地地址进行的，因为承诺者还没有全局 IP 地址。在加入过程之后，当承诺者是网络的一部分时，它用全局 IP 寻址并与 Internet 交互，同时仍然用无状态地址压缩和本地链接地址处理内部网络信令，例如控制消息（例如 RPL 消息）。

（2）跨网络边界

当一个节点是原始数据包的源，并已知目的地在同一个 RPL 域内时，该节点将在原始数据包中直接包含 RPL 选项。否则，节点必须使用 IPv6-in-IPv6 隧道[80]并将 RPL 选项放置在隧道报头中，如图 4.28 所示。采用 IPv6-in-IPv6 隧道可确保交付的数据包保持不变，并将由 RPL 选项生成的 ICMPv6 错误发送回生成 RPL 选项的节点。

这个要求被 6TiSCH WG 认定为有问题，因为它增加了报头的额外开销。当与采用源路由报头结合使用时，该要求会出现更多问题，例如 RPL 的非存储模式。为了解决这个问题，6Lo、ROLL 与 6TiSCH 致力于压缩 RPL 工件。

（3）扩展报头

6LoWPAN 在帧的最开始定义了一个字节的调度（dispatch）字段，指示帧中下一个字节的内容是由什么组成的。多个调度字节可以一个接一个地使用，例如先分段，然后是 IP 报头压缩。但是最初的规范（RFC4944、RFC6282）大部分都忽视可能的模式，协议的扩展性将受到限制。为了解决该问题，IETF 开发了两种新机制：

① 寻呼调度（paging dispatch）（RFC8025）：是 16 个调度值的集合，每个值都引入了一个新的调度空间。寻呼调度显示为一个开关，因此该开关之后的下一个调度值都在开关指示的寻呼内进行解释，直到帧被顺序解析时出现另一个寻呼开关为止。图 4.29 和图 4.30 可作为其应用的参考。调度值 1111 后所跟的页码是此 IPHC 扩展的指示。图中，我们可以看到它

后面是一个压缩的 RPL 工件。

② ESC 调度（ESC dispatch）（RFC8066）：增加了调度字段的宽度，因此可以分配新值。到目前为止，ESC 调度仅用于非 IETF 规范，因此它不适用于 6TiSCH。该调度的缺点是每个转义的调度值之前必须有一个 ESC 调度，每个都消耗 2 个字节而不是一个。

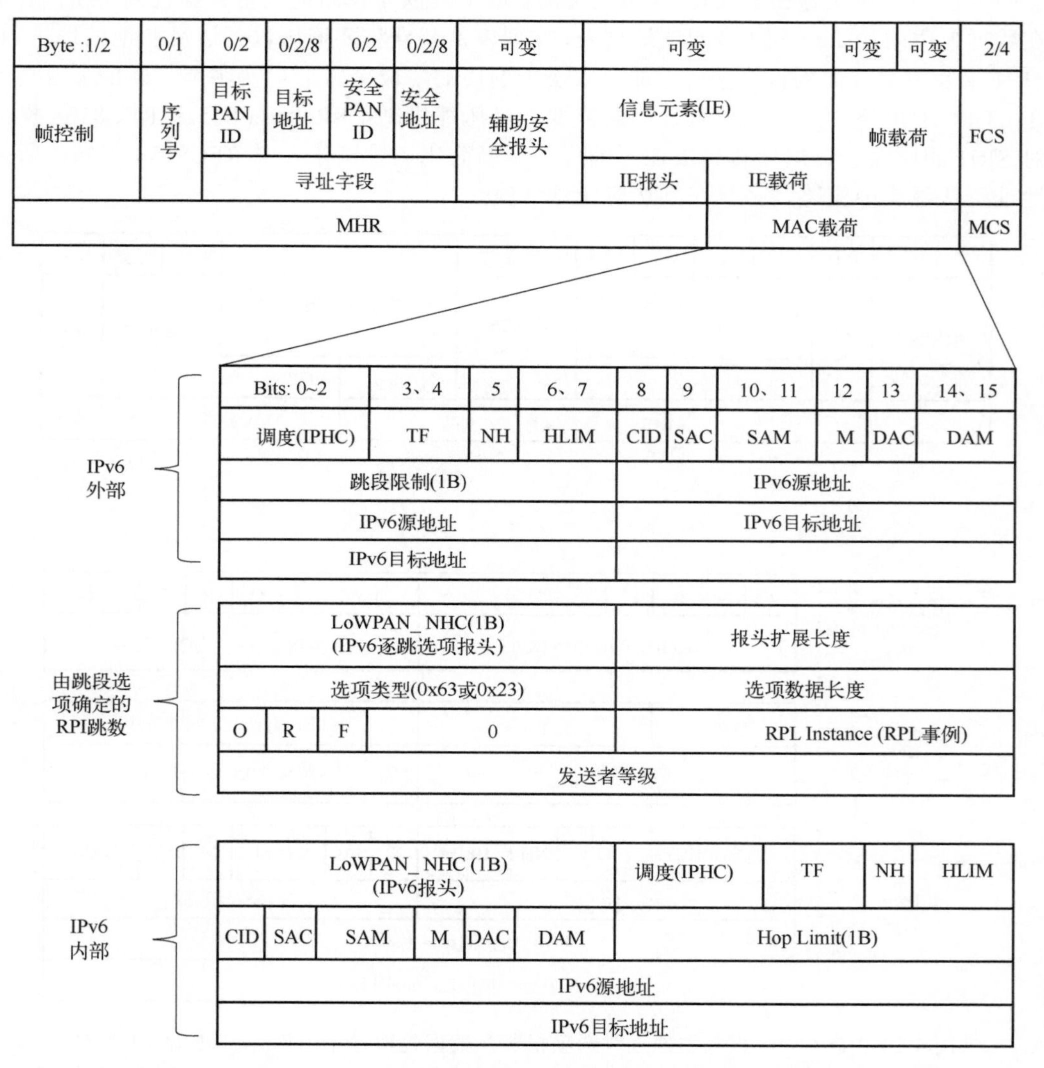

图 4.28　IPv6 外部报头中的逐跳选项报头。数据包通过路由器时的 IP-in-IP 封装。无 6LoRH 也无寻呼调度压缩

第一个利用 page dispatch 的规范是“IPv6 over Low-Power Wireless Personal Area Network（6LoWPAN）Routing Header”（6LoRH），为 RFC8138。RFC8138 压缩了 RPL 数据路径工件，这些工件被添加以启用 RPL 域内的路由。这些工件是 RPL 数据包信息（RPL Packet Information，RPI）和 RPL 源路由报头（source routing header，SRH）。RFC8138 还可以改进 IP-in-IP 封装压缩，这在处理 IPv6 报头时是必需的。

如图 4.29 所示，RPI 报头是根据 RFC6553 从其原始形式压缩的，调度字段使用了 2 个字节，工件字段使用了 6 个字节。每个 RFC8138 的 RPI-6LoRH 报头最多使用 4 个字节。压缩

是通过减少选项标识符的空间来实现的，删除可以推断的选项长度，如果 RPL Instance ID 为 0，则启用消除，并使用下式压缩由 RFC6550 定义的 RPL Rank：

$$\text{DAGRank(rank)} = \text{floor(rank / MinHopRankIncrease)} \tag{4.5}$$

RPL 源路由报头是在 RFC6554 中定义的，用于其以非存储模式将数据包向下游路由。报头在数据包中附加了一个严格的地址列表，该列表是节点将要遍历以到达目的地的地址。RPL SRH 使用 8 个字节作为报头字段，加上取决于遍历的跳段个数的可变字节。该报头限制了可以在 6TiSCH 网络中遍历的跳数，因此需要一种压缩机制。SRH-6LoRH 由 RFC8138 提出，是对 SRH 的压缩。该选项首先放在压缩包中，以简化逐跳操作。由 RFC8138 可知，所采用的地址将从报头中删除，并且在到达时无法恢复。

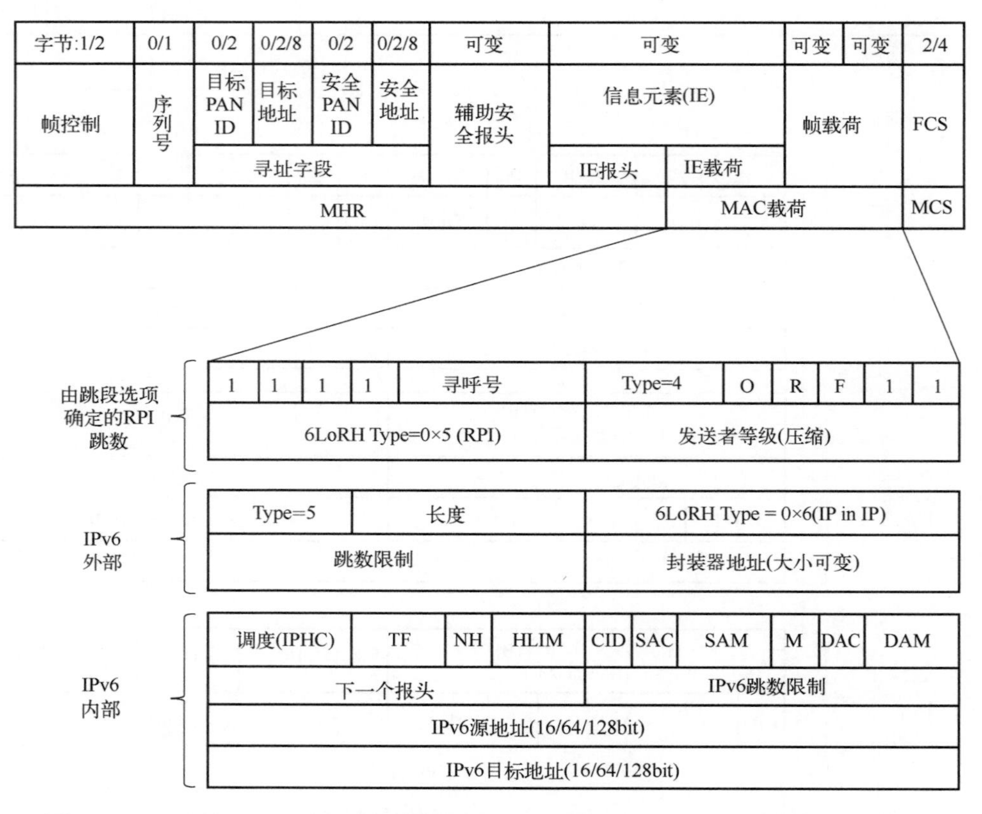

图 4.29　IPv6 外部报头中的逐跳选项报头。数据包通过路由器时的 IP-in-IP 封装

图 4.30 给出了使用 SRH-6LoRH 报头和 RPI 的示例。这是 RFC6554 中为 RPL 的非存储模式定义的源路由报头的压缩。类型字段定义了报头中所携带的地址的长度（见表 4.12）。地址根据公共前缀部分进行压缩。

可以被 6LoRH 规范压缩的最后一个工件是 IPv6-in-IPv6 报头。

图 4.28 给出了一个未压缩的 IP-in-IP 报头，而图 4.29 展示了其带有 6LoRH 的压缩形式。6LoRH 报头中扩展报头的顺序已更改，因此可以有效地完成解析。外部 IPv6 报头是按照 6LoRH 规范压缩的，通过压缩可以从内部 IPv6 报头推断出一些字段。在 ROLL WG [81]的文档中描述了使用带有 IPv6 报头的 RPL 工件的更多细节和说明。该文档还引入了一个新的选项类型值 0x23，它允许在 IP 封装中省略 IP 以用于穿越路由器进行上游通信。

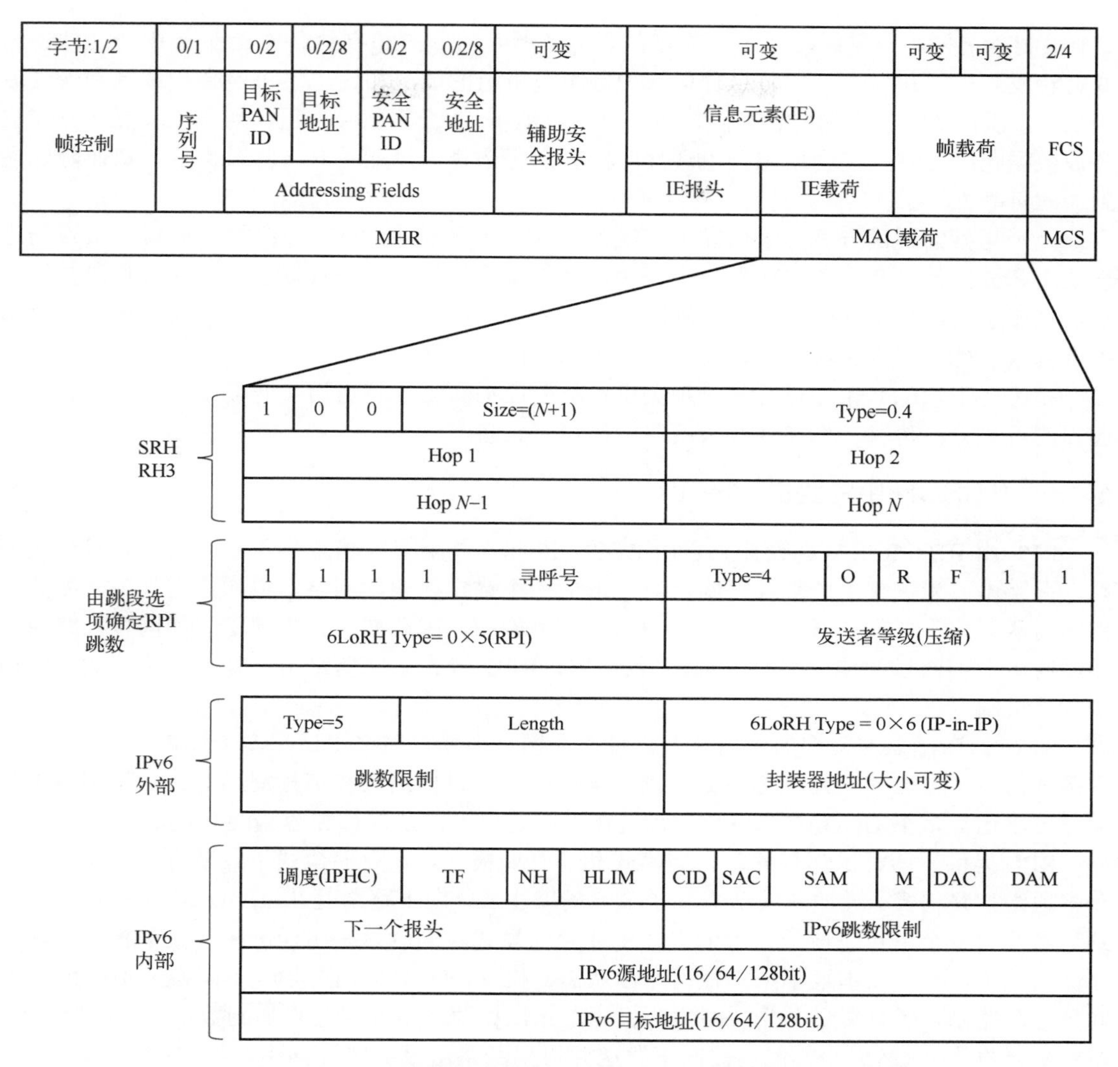

图 4.30 用于源路由的 SRH（RH3）。IPv6 外部报头中的逐跳选项报头。数据包通过路由器时的 IP-in-IP 封装

表 4.12 地址压缩

6LoRH 类型	所压缩的 IPv6 地址长度/B
0	1
1	2
2	4
3	8
4	16

（4）分段转发

当 IPv6 数据包太长而无法在单个 IEEE 802.15.4 帧中承载时，RFC4944 定义了一种对其进行分段的机制。这可能会导致在每一跳处产生碎片和重组。进行每跳分段和重组至少受到

2 个限制。首先，在重组时，一个节点需要等待所有的分段都收到后才能生成 IPv6 数据包，并将转发到下一跳。与转发每个分段而无须每跳重组的情况相比，这可能会导致端到端延迟增加。其次，受限节点的内存有限，通常只能容纳 1～3 个重组缓冲区。当一个节点同时接收分段数据包时，它可能会用完重组缓冲区，它别无选择，只能丢弃一些数据包，从而降低端到端的可靠性[82]。

一个巧妙的解决方案是采用虚拟重组缓冲区来实现 6LoWPAN 分段[83]，即每个节点仍进行重组和分段，只是它尽快转发一个分段，而不是重新组装整个数据包。这就是片段转发，从而克服了上面列出的限制。它特别巧妙，因为它是一种实现技术，而不是新标准，但对有损链接很敏感，因为丢失的分段会长时间阻塞重组缓冲区。

相比之下，IETF 正在进行的一项关于可靠分段的新工作将启用具有流量控制和显式拥塞通知的可靠分段传输，但需要升级网络中的所有设备[84]。

4.4.6　6TiSCH 中的路由：RPL

RPL 由 IETF Roll WG 设计。它由 RFC6550 和一些配套文档规范。RPL 的主要目标是实现多跳路由。为了解决低功耗限制，RPL 形成一个锚定在根的网络，根通常是外部网络的边界路由器。由于任何一对节点之间的通信都是可能的，因此需要首先向上（朝向根）路由，然后向下（朝向目的地）。为了解决丢包问题，RPL 包含了敏捷路由选择、环路检测、路由修复等机制。

RPL 旨在涵盖非常广的应用。节点可以在同一个物理网络中运行多个 RPL 实例。每个实例都指定了自己的一组配置参数，例如操作模式、目标函数和信标周期等。一个实例中的节点可以运行多个 DODAG，每个都锚定在不同的根上，从而增加容错性和灵活性。

RPL 提供了两种操作模式：存储模式和非存储模式。在存储模式下，节点以分布式方式在本地维护路由表。遵循从父节点到子节点的路由表，向下路由是从 DODAG 中的任何节点到下面的另一个节点完成的。我们专注于非存储模式，因为这是 6TiSCH 规定的模式。在非存储模式下，节点在本地不维护任何路由状态。相反，DODAG 根维护一个完整的拓扑视图，并执行源路由。所有流量首先被路由到根，在此计算源路由并将其附加到数据包（作为 IPv6 路由扩展报头）。然后，数据包被向下发送并根据源路由报头转发。

RPL 流量控制是各向异性的，这意味着它向上和向下的运行是不同的。它利用四个专用的 ICMPv6 代码：DODAG 信息请求（DODAG information solicitation，DIS）、DODAG 信息对象（DODAG information object，DIO）、目的地广告对象（destination advertisement object，DAO）和目的地广告对象确认（destination advertisement object acknowledgment，DAO-ACK）。

DIS 和 DIO 消息用于形成如图 4.31 所示的网络拓扑，并启用默认的向上路由，而 DAO 和 DAO-ACK 使用更具体的向下路由填充所生成的 DODAG。更具体地说：DIS 消息用于节点向（一组）邻居请求路由信息；DIO 消息用于节点从根开始构建 DODAG，并向（一组）邻居通告默认以及更具体的可能路由信息；节点使用 DAO 消息来获得沿 DODAG 的可达性；DAO-ACK 确认 DAO 消息以进行可靠的路由（注销）注册。

配置为根（root）的节点将通过多播 DIO 通告其实例和 DODAG，并等待节点加入。多播 DIO 用 Trickle 计时器在动态周期内发送[85]。愿意加入网络的节点通常会发送多播 DIS 以向邻居请求 DIO（而不是被动地等待下一个多播 DIO）。收到 DIO 后，节点可以选择加入实例和 DODAG。在这种情况下，它会根据实例的目标函数选择父节点（接下来将讨论）。然后它将通过将 DAO 直接发送到根（非存储模式）来告知其父节点，然后根将存储新的子父关系（在 DAO 中描述为目标和传输信息）。然后，根将选择采用 DAO-ACK 确认 DAO。当接收到 DAO-ACK 时，新加入的节点知道它现在可以访问了。然后它可以开始使用多播 DIO 通告 DODAG，其中包括 Rank（阶），表示到根的逻辑距离。听到 DIO 的其他节点将更新其邻居表，相应地选择父节点，从而参与多跳拓扑形成。在网络运行期间，节点不断监测与邻居的链路质量，并更新其父节点以保持拓扑的高效性。

RPL 被设计为通用距离矢量（distance vector，DV）协议，旨在在优化路由和控制成本之间取得平衡，运行如下。一方面，从 P2MP（point to multipoint，点到多点）到 MP2P（multipoint to point，多点到点）的 RPL DODAG 根的路由被优化，这需要一定数量的控制消息。另一方面，网络中设备之间的路由是通过一个共同的父节点来延伸的。这允许最大限度地使用默认路由，并最大限度地减少设备到设备通信的控制消息和路由状态信息的成本，这通常是 LLN 应用中的次要问题。此外，控制消息的传输速率可以保持非常低，其副作用是可能无法立即修复损坏的路由。这可以通过基于 RPL 包信息（RPL packet information，RPI）的数据平面路由错误检测来缓解，RPL 将 RPL 包信息放置在数据包中，并且在有效使用时能够检测和删除陈旧的路由和循环。这已在 4.4.5 节中讨论过。没有得到有效利用的断路可能会存在一段时间，这不会影响网络的运行，修复也不会浪费精力。

虽然 RPL 以一种优化 P2MP 和 MP2P 流量的方式定义了通用 DV 运行，但所需的优化结果取决于要解决的问题，例如延迟和交付率、协议可以观察和做出决策的指标（例如 ETX 和长期链路质量指标）以及需要应用的冗余程度（多路径、FEC/编码）。对这些指标的理解实际上取决于用例，并且超出了 RFC6550。

为了适应其服务的多样化的用例，RPL 提供了一个类似于 Web 浏览器中的插件的概念，其中目标函数（objective function，OF）扩展了通用 DV 操作并使其适于立即解决问题。基本假设是，其他标准定义组织（standard defining organization，SDO），例如 IEEE，甚至个别供应商，可能会为他们所构建的网络提供自己的优化，同时受益于 RPL 所提供的避免环路功能以及通用 DV 操作。OF 的选择决定了父节点选择策略、冗余策略以及端到端的可靠性和及时性等属性，对如何构建和维护多跳拓扑起着至关重要的作用。

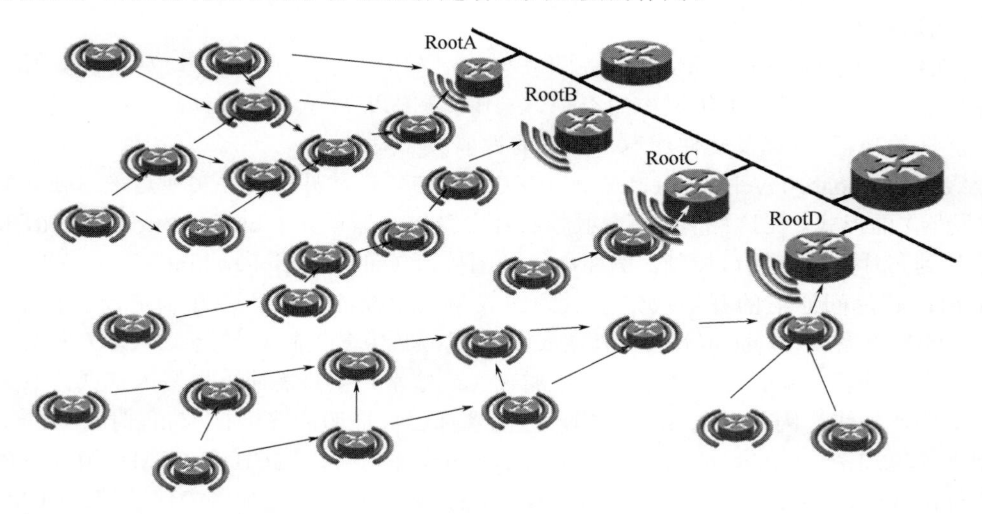

图 4.31　由下行信令消息形成的 RPL 上行拓扑，首先由 DAGRoot 发起，随后用于形成网络的节点

IETF 最初定义了其中两个：OF0（RFC6552），一个非常简单的 OF，可以服务于可用跳数的有线网络等用例，适用于将标准化的更复杂的指标；MRHOF（RFC6719），它采用滞后来稳定父节点的选择。两个目标函数都可以在一组不同的指标和约束上运行（在 RFC6551 中定义）。指标允许针对特定的性能标准优化拓扑（例如，以延迟或能量为代价的事务可靠性）。约束允许通过具有特定属性的节点强制路由，例如，设计一个仅在电源供电节点上进行路由的实例。6TiSCH 中的 RFC8180 使用 OF0 和 ETX 作为指标[86]。

RPL 提供了不同的安全机制。默认情况下，依赖于 IEEE 802.15.4 MAC 和 CCM*提供的底层安全机制，但也可以使用预先建立的密钥对信令消息进行加密。

4.4.7 实现

（1）要求

6TiSCH 协议栈的硬件实现依赖于 TSCH MAC 层。本节，我们将讨论如何选择有利于实现符合 IEEE 802.15.4 软件的硬件。硬件将影响两个高级性能指标：①6TiSCH 网络的容量；②每个节点可实现的最小占空比，这会转化为设备寿命。容量直接取决于 TSCH 时隙的持续时间，该时隙在设计上对网络中的所有节点都是通用的。时隙内的空闲间隔（信道上没有通信）说明了不完全同步的设备和处理延迟。通过最小化这些空闲间隔并缩短时隙，我们将最大化容量。同步保护间隔和处理延迟都取决于硬件。可实现的最小占空比主要取决于通过与时间源邻居交换帧来保持同步的需要。

关键处理延迟（critical processing delay）：为了与 6TiSCH 兼容，理想情况下设备支持默认的时隙为 10ms。时隙内的关键操作时间是接收帧和发送确认之间的时间间隔。由于 TSCH 确认对于保持同步至关重要，因此它们是加密的。在接收到帧的最后一个符号之后，需要准确地发送确认 TsTxAckDelay（见图 4.18）。在 TsTxAckDelay（10ms 时隙中的 1ms）内，接收器需要能够进行如下操作：

① 从射频中检索帧；

② 解析和解密接收到的帧；

③ 构造和加密确认；

④ 在射频中加载确认。

操作①和④严重受到板级架构的影响。操作②和③取决于系统时钟的频率（通常需要保持尽可能低的功耗），以及硬件加速、加密的性能。

板级架构（board-level architecture）：IEEE 802.15.4 最常见的硬件实现是采用独立射频芯片（收发器）的形式。在这种情况下，射频芯片由微控制器单元（micro-controller unit，MCU）通过芯片到芯片的通信接口控制，例如串行外围接口（serial peripheral interface，SPI）总线。用该架构，芯片间通信的开销决定了射频加载与检索帧的延迟。一些制造商提供了 IEEE 802.15.4 的片上系统（system-on-chip，SoC）实现，其中微控制器单元（MCU）和射频收发器共享一个公共存储器。在这些情况下，加载（或检索）帧只需简单地写入（或读取）到内存，速率明显加快。因此首选 SoC 架构，但两者都已被证明能够运行 10ms 时隙。

硬件加速加密（hardware-accelerated encryption，HAE）：TSCH 在 CCM* 模式下使用高级加密标准（advanced encryption standard，AES）通过身份验证加密来保护帧。CCM*通过链计数器（chaining counter，CTR）和区块链（cipher block chaining，CBC）模式对帧进行加密和验证。在加密模式下使用 AES，用于 CCM* 加密和解密，因此可选择支持 AES 解密功能。几乎所有符合 IEEE 802.15.4 标准的芯片都提供硬件加速 AES，其功能级别各不相同，极大地影响了性能。一些芯片仅提供一个 16B 块的独立的 AES 加密，因此 MCU 必须一次性地加载/检索 16 个字节。一个 16B AES 加密的延迟通常可以忽略不计，并且可以在速率低至 10 个周期的硬件中实现。问题通常是访问加速块与加载/检索数据所产生的延迟。当 MCU 通过 SPI 等片间通信接口与此类加速模块进行通信时，解密和验证 127B 帧的延迟可能会超过 1ms，因此在 10ms 的时隙中运行是不可行的。其他芯片实现了具有不同链接模式的 AES，有些芯片包括了完整的 CCM*操作，从而可以一次性加载和加密整个 127B 帧。射频芯片内的一些实现允许在射频缓冲区中对帧进行解密/加密，而无须由 MCU 处理。这些优化将提供良好的性能，但在 6TiSCH 的开源实现中没有得到很好的支持，因为逻辑流和接口高度依赖于特定的硬件。

MCU 内的加速模块应优先考虑。如果此模块支持完整的 CCM*操作，则在 32MHz 下加密/解密和验证 127B 帧的延迟将低于 60μs。如果仅支持中间 CTR 和 CBC 模式，并且需要在软件中构建 CCM* 特定向量，则 32MHz 的延迟可以达到 300μs，但仍然可以在 1ms 内完成所有操作。

同步（synchronization）：网络中的节点具有独立的时钟源，它们固有地以略微不同的频率运行，这种差异既来自制造工艺的不完善，也来自温度、电源电压和老化等因素所导致的时钟漂移。TSCH 网络中的节点通过交换帧并根据来自其时间源邻居的反馈调整时钟来保持同步。节点需要多久与它的时间源邻居同步取决于它们之间的相对漂移和时隙中使用的固定保护间隔（2.2ms，10ms 时隙）。

时钟源（clock sources）：典型的 TSCH 板配备了两个外部晶体：

① 高速晶体，大约 20MHz，连接到射频，用于符合 IEEE 802.15.4 PHY 的调制。该晶体仅在射频需要通信时供电。漂移通常低于 40×10^{-6}。

② 低速晶体，通常为 32kHz，连接到 MCU。漂移通常低于 30×10^{-6}。

设计时的关键考虑是让一个由低速晶体所提供的时钟用于 MCU 定时器运行，而 MCU 的其余部分（和电路板）则断电停止运行。该定时器至少需要一个比较寄存器，以便通过在正确的时刻产生中断来唤醒系统。睡眠模式下电路板的功耗主要由低速晶体的功耗与 MCU 的睡眠模式的功耗决定。睡眠模式功耗是所有低功耗系统的关键指标，因为节点通常将 99%以上的时间用于睡眠。

本地计时（local timekeeping）：时钟源的精度只是影响同步精度的因素之一。TSCH 实现还需要精确地为不同的事件加上时间戳，并根据时间值安排硬件操作。最低要求是知道射频接收到帧起始分隔符（start of frame delimiter，SFD）的时刻。例如，可以在中断服务程序中读取时间戳，其中由软件轮询硬件以获取当前时间。一些硬件实现还促进了基于异步事件的时间戳，其中硬件自动用时间值填充给定寄存器，例如在 SFD 到达时。后者是首选，因为它提供了更好的时间戳精度，是传播到网络中两个节点的同步精度。对于传出帧，硬件至少应该能够控制 SFD 离开射频电路的确切时间。例如，在独立射频芯片的情况下，可以通过 SPI 命令或通过提升引脚来实现；在 SoC 的情况下，可以通过写入特定的内存位置（寄存器）来实现。

（2）现有的实现

6TiSCH 协议栈至少有 4 个开源项目完全实现：OpenWSN[87]、Contiki（-NG）[88]、RIOT[89] 和 TinyOS[90]。这些实现大多是独立完成的，并且已经在不同的 IETF 插件测试事件中证明了其互操作性[91]。表 4.13 给出了由 6TiSCH 社区开发的相关评估工具的列表。

表 4.13 支持 6TiSCH 实现的可用的 Mote 列表

Mote	6TiSCH 协议栈
Analog Devices LTP5903[92]	Proprietary
I3Mote[93]	Contiki NG
IoTeam Dusty[94]	Proprietary Contiki NG
IoT Lab M3[102]	OpenWSN RiOT
Jenic JN516x[95]	Contiki NG
Nordic NRF51822[96]	OpenWSN
OpenMote-CC2538[101]	OpenWSN RiOT
OpenMote-B[97]	OPenWSM RioT Contiki NG
TelosB[98]	OPenWSM RioT
TI CC2650/1350[99]	Contiki NG
Zolertia Re-Mote[100]	Contiki NG

OpenWSN 项目是用于 IEEE 802.15.4 TSCH 网络的 6TiSCH 标准协议栈的开源实现。该项目起源于加州大学伯克利分校，现在在世界各地拥有扩展的贡献者社区。OpenWSN 实现了 IEEE 802.15.4 时间同步信道跳频 MAC 层，并通过 6TiSCH 管理层将其耦合到 6LoWPAN、RPL 和 CoAP。OpenWSN 是 6TiSCH 工作组工作的早期采用者，提供最新标准的早期实施。

OpenWSN 用 C 语言实现，并被移植到不同的硬件平台，包括流行的 TelosB、OpenMote 和 IoT-LABmotes。它还支持来自主要供应商的各种低功耗微控制器。ETSI 已选择 OpenWSN 作为互操作性事件期间的参考实现。Contiki 及其分支 Contiki NG 是一个用于受限设备的开源操作系统。Contiki 始于 2003 年，来自学术界和工业界的贡献者。它具有完全认证的 IPv6 协议栈以及许多 IETF 低功耗 IPv6 协议。自 2015 年以来，它还支持 6TiSCH，并在两个 IETF 插件测试中测试了所实现的互操作性。

Contiki NG 是 Contiki 的一个分支，于 2017 年发布，专注于依赖低功耗 IPv6 的现代物联网平台。它带来了常规清理、更新的 6TiSCH 支持的 6top 和 6P、简化的 RPL 实现以及低功耗互联网设备的许多其他功能。在 2017 年 7 月的 IETF 插件测试中，在三个不同的硬件平台（cc2538、cc2650、JN516x）上成功测试了互操作性。

本章小结

在物联网中，面向不同的应用场景，由于对通信的要求不同，某些物联网设备在功耗、部署成本和覆盖范围等方面受到了多种限制，这将阻碍物联网整体性能的提高。遗憾的是，目前还没有一种成熟的商业化的短距离或长距离通信技术来提供有效的连接以克服这些限制。因此，迫切需要开发合适的技术来满足不同物联网应用的不同需求。

虽然诸如无线传感器网络、Wi-Fi、蜂窝等短距离无线通信网络可以为物联网设备提供高速数据传输和可靠通信。但是，它们的部署成本很高，功耗大，不适合独立地远程通信。而有些物联网终端设备则需要以低功耗运行，并能实现一定覆盖范围的通信。因此，迫切需要一种能提供低功耗、适当覆盖范围的通信技术来满足低成本部署、低功耗运行、可靠通信的需求。

近年来出现的低功率广域（low power wide area，LPWA）网的新无线通信技术则满足了上述应用要求，从而能以较低功耗、较大覆盖范围实现长寿命的独立部署。

LPWA 是一系列新的通信技术，它以低功耗实现远程低速数据传输，主要用于机器对机器（M2M）通信。LPWA 技术通常采用星形网络拓扑，节点收集周围的数据并传输到基站。由于基站的占空比规定，LPWA 技术不需要将大量数据从网关中继到节点，这将降低功耗并提高通信的可靠性。LPWA 网络应用非常广泛，预计大约 25%的物联网设备将采用这种通信技术。

LPWA 技术的出现弥补了传统蜂窝和短距离物联网技术无法长距离传输或部署成本过高的不足。LPWA 技术可以低成本实现低数据速率（约 10kbit/s）传输，其通信距离可达到几千米到几十千米，电池寿命可长达 10 年以上，因此被用于物联网设备的泛在互联。LPWA 技术以低传输速率（通常为数十千比特/秒）和高延迟（通常为几秒或几分钟）为代价实现了长传输距离和低功耗，因此只适用于对网络延迟有容忍度，要求低功耗、低成本，对传输速率没有要求的应用。长距离、低功耗、低成本和可扩展性是 LPWA 技术的目标和特点。

LoRa、Sigfox、Weightless、Telensa、Ingenu、Dash7 和 6TiSCH 是 LPWA 的一些典型技术。其中 LoRa 技术应用尤为广泛，而 6TiSCH 由于直接可以用于 IPv6 通信，具有光明的应用前景。

本章我们主要讨论一些典型的 LPWA。

首先，从 LPWA 技术的特点、设计目标和一些典型的 LPWA 技术等方面对 LPWA 给予了整体上的讨论。

其次，介绍并讨论了 LoRa 技术应用实例。主要对 LoRaWAN 网络架构、典型芯片与传输模式、LoRaWAN 给予了讨论与介绍，也介绍其应用于水利灌溉的应用实例。

再次，由于 Sigfox 也是一种非常典型的 LPWA 技术，但其应用不如 LoRa 流行，为此，本章简要地介绍了 Sigfox 在水质监测与预测方面的应用。

最后，本章花费了大量的篇幅介绍并讨论了新的 6TiSCH 技术。6TiSCH 的主要工作之一是将 IPv6 引入工业化低功耗无线网络，它将时隙信道跳频（time slotted channel hopping，TSCH）网络与 6LoWPAN 网络有机地连接到一起。它解决了在小容量网络上构建 IPv6 时存在的许多挑战。它已成为不同层的黏合剂，并引发了报头压缩、IP-in-IP 封装和 6LoWPAN 邻居发现的改进，提供更强大的路由方案和安全管理，并始终以更高的效率和简单性为目标。

虽然 NB-IoT 也属于低功率广域网技术范围，但需要部署大量的蜂窝基站对其支持，这与单独部署的其他 LPWA 技术有所不同。第 5 章将重点讨论 NB-IoT 技术。

参考文献

[1] Dartmann G，Song H，Schmeink A．Big data analytics for cyber-physical systems：Machine learning for the internet of things [J]．Elsevier，2019．

[2] Rawat D B，Brecher C，Song H，et al．Industrial internet of things：Cyber-manufacturing systems [M]．Springer，2017．

[3] Song H，Rawat D B，Jeschke S，et al．Cyber-physical systems：Foundations，principles and applications [M]．Morgan Kaufmann，2016．

[4] Iotconnectivity，2019 [EB/OL]．https://www.iotforall.com/iot-connectivity-comparison-LoRa-sigfox-rpma-lpwan-technologies/.

[5] Sanchez-Iborra R，Cano M D．State of the art in lp-wan solutions for industrial IoT services [J]．Sensors，2016，16（5）：708．

[6] Raza U, Kulkarni P, Sooriyabandara M. Low power wide area networks: An overview [J]. IEEE Commun. Surv. Tutor., 2017, 19 (2): 855-873.

[7] Sinha R S, Wei Y, Hwang S H. A survey on LPWA technology: LoRa and NB-IoT [J]. Ict Express, 2017, 3 (1): 14-21.

[8] Finnegan J, Brown S. A comparative survey of LPWA networking [J]. arXiv, 2018, 1802. 04222.

[9] Petajajarvi J, Mikhaylov K, Roivainen A, et al. On the coverage of LPWANS: Range evaluation and channel attenuation model for LoRa technology [C]. ITS Telecommunications (ITST), 2015 14th International Conference on. IEEE, 2015, 55-59.

[10] Gu F, Niu J, Jiang L, et al. Survey of the low power wide area network technologies [J]. Journal of Network and Computer Applications, 2020, 149: 102459 (https://doi.org/10.1016/j.jnca.2019.102459).

[11] Andreev S, Galinina O, Pyattaev A, et al. Understanding the IoT connectivity landscape: A contemporary M2M radio technology roadmap [J]. IEEE Commun. Mag., 2015, 53 (9): 32-40.

[12] Reynders B, Meert W, Pollin S. Range and coexistence analysis of long range unlicensed communication [C]. Telecommunications (ICT), 2016 23rd International Conference on. IEEE, 2016: 1-6.

[13] Goursaud C, Gorce J M. Dedicated networks for IoT: Phy/mac state of the art and challenges[R]. EAI endorsed transactions on Internet of Things, 2015.

[14] Zhang R, Wang M, Cai L X, et al. Lte-unlicensed: The future of spectrum aggregation for cellular networks [J]. IEEE Wirel. Commun., 2015, 22 (3): 150-159.

[15] Sornin N, Luis M, Eirich T, et al. LoRaWAN specification [S]. LoRa Alliance, 2015.

[16] Sinha R S, Wei Y, Hwang S H. A survey on LPWA technology: LoRa and NB-IoT [J]. Ict Express, 2017, 3 (1): 14-21.

[17] Cano C, et al. Fair coexistence of scheduled and random access wireless networks: Unlicensed ITE/WiFi [J]. IEEE/ACM Trans. Netw., 2017, 25 (6): 3267-3281.

[18] Gu F, Niu J, Qi Z, et al. Partitioning and offloading in smart mobile devices for mobile cloud computing: state of the art and future directions [J]. J. Netw. Comput. Appl, 2018.

[19] Wang Y P E, Lin X, Adhikary A, et al. A primer on 3GPP narrowband internet of things [J]. IEEE Commun. Mag., 2017, 55 (3): 117-123.

[20] Chen M, Miao Y, Hao Y, et al. Narrow band internet of things [J]. IEEE Access, 2017, 5: 20557-20577.

[21] Yu C, Yu L, Wu Y, et al. Uplink scheduling and link adaptation for narrowband internet of things systems [J]. IEEE Access, 2017, 5: 1724-1734.

[22]Ratasuk R, Mangalvedhe N, Zhang Y, et al. Overview of narrowband IoT in LTE Rel-13[C]. Standards for Communications and Networking (CSCN), 2016 IEEE Conference on. IEEE, 2016, 1-7.

[23] Semtech [EB/OL]. http://www.semtech.com/.

[24] Reynders B, Pollin S. Chirp spread spectrum as a modulation technique for long range communication [C]. Communications and Vehicular Technologies (SCVT), 2016 Symposium on. IEEE, 2016: 1-5.

[25] Bor M, Vidler J E, Roedig U. LoRa for the Internet of Things [R]. 2016.

[26] Augustin A, Yi J, Clausen T, et al. A study of LoRa: Long range and low power networks for the internet of things [J]. Sensors, 2016, 16 (9): 1466.

[27] Nolan K E, Guibene W, Kelly M Y. An evaluation of low power wide area network technologies for the internet of things [C]. Wireless Communications and Mobile Computing Conference (IWCMC), 2016 International. IEEE, 2016: 439-444.

[28] Waspmote sigfox networking guide [Z]. 2015.

[29] Margelis G, et al. Low throughput networks for the IoT: Lessons learned from industrial implementations [C]. Internet

of Things（WFIoT），2015 IEEE 2nd World Forum on．IEEE，2015：181-186.
[30] Weightless S．LPWAN technology decisions：17 critical features [EB/OL]．http://www.weightless.or g/about/weightlessp.
[31] A cellular-type protocol innovation for the internet of things．http://www.theinternetofthings.eu/sites/ default/files/20for.
[32] Weightless architecture [EB/OL]．https://www.radio-electronics.com/info/wireless/weigh tless-m2m-white-space -wireless-commu- nications/network-architecture.php/.
[33] Song H，Srinivasan R，Sookoor T，et al．Smart cities：Foundations，principles，and applications [M]．John Wiley and Sons，2017.
[34] Massam P D，Bowden P A，Howe T D，et al．Narrow band transceiver [P]．Jan，9，2013：115-121.
[35] Ingenu [EB/OL]．http://en.wikipedia.org/wiki/Ingenu.
[36] Weyn M，Ergeerts G，Berkvens R，et al．Dash7 alliance protocol 1.0：Low-power，mid-range sensor and actuator communication [C]．2015 IEEE Conference on Standards for Communications and Networking（CSCN）．IEEE，2015：54-59.
[37] Ergeerts G，Nikodem M，Subotic D，et al．Dash7 alliance protocol in monitoring applications [C]．In：2015 10th International Conference on P2P，Parallel，Grid，Cloud and Internet Computing（3PGCIC）．IEEE，2015：623-628.
[38] Dash7 [EB/OL]．http://www.dash7design.com.
[39] Georgiou O，Raza U．Low power wide area network analysis：Can LoRa scale? [J] IEEE Wirel．Commun．Lett.，2017，6（2）：162-165.
[40] Laya A，Kalalas C，Vazquez-Gallego F，et al．Goodbye，aloha! [J] IEEE Access，2016，4：2029-2044.
[41] Beltran F，et al．Understanding the current operation and future roles of wireless networks：Co-existence，competition and co-operation in the unlicensed spectrum bands [J]．IEEE J．Sel．Area．Commun.，2016，34（11）：2829-2837.
[42] deCastroTome M，Nardelli P H，Alves H．Long-range low-power wireless networks and sampling strategies in electricity metering [J]．IEEE Trans．Ind．Electron.，2019，66（2）：1629-1637.
[43] Kaushal H，Kaddoum G．Optical communication in space：Challenges and mitigation techniques [J]．IEEE Commun．Surv．Tutor.，2017，19（1）：57-96.
[44] Bembe M，Abu-Mahfouz A，Masonta M，et al．A survey on low-power wide area networks for IoT applications [J]．Telecommun．Syst.，2019，1-26.
[45] Kang W，Han Y．Smartpdr：Smartphone-based pedestrian dead reckoning for indoor localization [J]．IEEE Sens．J.，2015，15（5）：2906-2916.
[46] Krizman K J，Biedka T E，Rappaport S．1997．Wireless position location：Fundamentals，implementation strategies，and sources of error [C]．IEEE Vehicular Technology Conference，1997，47：919-923.
[47] Zanella A．Best practice in rss measurements and ranging [J]．IEEE Commun．Surv．Tutor.，2016，18（4）：2662-2686.
[48] Benjamin Sartori，Maite Bezunartea，Steffen Thielemans．Enabling RPL multihop communications based on LoRa [C]．2017 IEEE 13th International Conference on Wireless and Mobile Computing，Networking and Communications（Wi Mob）.
[49] 陈方亭．基于 LoRa 的窄带无线自组网路由协议研究 [D]．西安：西安电子科技大学，2018.
[50] Semtech Corporation．SX1272/3/6/7/8LoRa Modem Design Guide [R]．2013．6.
[51] LoRa Alliance．V1.0.1-2016 LoRa WANTM Specification [S]．2016.
[52] 赵文举．低功耗广覆盖 LoRa 系统的研究与应用 [D]．北京：北京邮电大学，2019.
[53] Al-Fuqaha A，Guizani M，Mohammadi M，et al．Internet of things：A survey on enabling technologies，protocols，and applications [J]．IEEE Commun．Surv．Tutor.，2015，17（4）：2347-2376.
[54] Zuniga J C，Ponsard B．SIGFOX system description [C]．LPWAN@ IETF97，Nov．14th，25，2017 URL https:

//tools.ietf.org/html/draft-zuniga-lpwan-sigfox-system-description-04.

[55] Boccadoro P，Daniele V，Di Gennaro P，et al. Water quality prediction on a Sigfox-compliant IoT device：The road ahead of WaterS [J]. Ad Hoc Networks，2022，126：102749（https://doi.org/ 10.1016/j.adhoc.2021.102749）.

[56] Di Gennaro P，Lofù D，Vitanio D，et al. Waters：A Sigfox compliant prototype for water monitoring[J]. Internet Technol，Lett.，2019，2（1）：e74，http://dx.doi.org/10.1002/itl2.74.

[57] Vilajosana X，Watteyne T，Chang T，et al. IETF 6TiSCH：A tutorial [J]，IEEE Commun. Surv. Tutor.，2019，1（http://dx.doi.org/10.1109/COMST.2019.2939407）.

[58] Palattella M R，Accettura N，Vilajosana X，et al. Standardized protocol stack for the Internet of（important）things[J]. IEEE Commun. Surveys Tuts.，2013，15（3（3rd Quart））：1389-1406.

[59] Dujovne D，Watteyne T，Vilajosana X，et al. 6TiSCH：Deterministic IP-enabled industrial Internet（of Things）[J]. IEEE Commun. Mag.，2014，52（12（Dec））：36-41.

[60] WI-SUN Field Area Networks [EB/OL]. https://www.wi-sun.org/.

[61] Watteyne T，Mehta A，Pister K. Reliability through frequency diversity：Why channel hopping makes sense[C]. Proc. 6th ACM Symp. Perform. Eval. Wireless Ad hoc sensor ubiquitous Netw.，2009：116-123.

[62] Watteyne T，Adjih C，Vilajosana X. Lessons learned from largescale dense IEEE 802.15.4 connectivity traces [C]. Proc. IEEE CASE，2015：145-150.

[63] Vilajosana X，Pister K，Watteyne T. Minimal IPv6 over the TSCH mode of IEEE 802.15.4e（6TiSCH）configuration [R]. Internet Eng. Task Force Standard RFC8180，May 2017.

[64] IEEE Standard for Local and Metropolitan Area Networks—Part 15.4：Low-rate wireless personal area networks（LR-WPANs）amendment 1：MAC sublayer [R]. IEEE Standard 802.15.4-2015，Oct. 2015.

[65] Vilajosana X，Tuset-Peiro P，Vazquez-Gallego F，et al. Standardized low-power wireless communication technologies for distributed sensing applications [J]. Sensors，2014，14（2）：2663-2682.

[66] Stanislowski D，Vilajosana X，Wang Q，et al. Adaptive synchronization in IEEE 802.15.4e networks [J]. IEEE Trans. Ind. Informat.，2014，10（1（Feb.））：795-802.

[67] Martinez B，Vilajosana X，Dujovne D. Accurate clock discipline for long-term synchronization intervals [J]. IEEE Sensors J.，2017，17（7（Apr.））：2249-2258.

[68] Chang T，Watteyne T，Pister K，et al. Adaptive synchronization in multi-hop TSCH networks [J]. Comput. Netw.，2015，76（Jan.）：165-176.

[69] Barthel D，Vasseur J，Pister K，et al. Routing metrics used for path calculation in low-power and lossy networks，Internet Eng [EB/OL]. Task Force Standard RFC6551，Mar. 2012.

[70] Thubert P. Objective function zero for the routing protocol for low-power and lossy networks（RPL），Internet Eng [EB/OL]. Task Force Standard RFC6552，Mar. 2012.

[71] Wang Q，Vilajosana X，Watteyne T. 6Top protocol（6P），Internet Eng [EB/OL]. Task Force Standard RFC8480，Aug. 2018.

[72] Kivinen T，Kinney P. IEEE 802.15.4 information element for the IETF，Internet Eng [EB/OL]. Task Force Standard RFC8137，May 2017.

[73] Chang T，Vucinic M，Duquennoy S，et al. 6TiSCH minimal scheduling function（MSF），Internet Eng [EB/OL]. Task Force，draft-ietf-6tisch-msf-06，Aug. 2019.

[74] Vučinić M，Simon J，Pister K，et al. Minimal security framework for 6TiSCH， Internet Eng [EB/OL]. Task Force，draft-ietf-6tischminimal-security-09 [work-in-progress]，Nov. 2018.

[75] Richardson M，Damm B. 6TiSCH zero-touch secure join protocol，Internet Eng [EB/OL]. Task Force，draft-ietf-6tisch-dtsecurity-zerotouchjoin-01 [work-in-progress]，Oct. 2017.

[76] Selander G，Mattsson J，Palombini F，et al. Object security for constrained RESTful environments（OSCORE），Internet Eng. Task Force，RFC 8613，Jul. 2019 [S/OL]. https://rfceditor.org/rfc/rfc8613.txt.

[77] Krawczyk D H，Eronen P. HMAC-based extract-and-expand key derivation function（HKDF）. Internet Eng. Task Force，RFC 5869，May 2010 [S/OL]. https://rfc-editor.org/rfc/rfc5869.txt.

[78] Hartke K. Extended tokens and stateless clients in the constrained application protocol（CoAP），Internet Eng [S]. Task Force Std. draft-ietfcore-stateless-01 [work-in-progress]，Mar. 2019.

[79] Shelby Z，Bormann C. 6LoWPAN：The wireless embedded internet [M]. Hoboken，NJ，USA：Wiley，2010.

[80] Deering S E，Conta A. Generic packet tunneling in IPv6 specification，Internet Eng [S]. Task Force Standard RFC2473，Dec.1998.

[81] Robles I，Richardson M，Thubert P. Using RPL option type，routing header for source routes and IPv6-in- IPv6 encapsulation in the RPL data plane，Internet Eng[S]. Task Force，Internet-Draft draft-ietf-roll-useofrplinfo-24，Jan. 2019 [S/OL]. https://datatracker.ietf.org/doc/html/draft-ietf-roll-useofrplinfo-24.

[82] Watteyne T，Bormann C，Thubert P. LLN minimal fragment forwarding，Internet Eng [S]. Task Force，Internet-Draft draft-ietf-6lominimal-fragment [work-in-progress]，Mar. 2019. [S/OL]. https://datatracker.ietf.org/doc/html/draft-ietf-6lo-minimal-fragment-01.

[83] Bormann C，Watteyne T. Virtual reassembly buffers in 6LoWPAN，Internet Eng [S]. Task Force，Internet-Draft draft-ietf-lwig-6lowpan-virtual-reassembly [work-in-progress]，Mar. 2019. [S/OL]. https://datatracker.ietf.org/doc/html/draft-ietf-lwig-6lowpanvirtual-reassembly-01.

[84] Thubert P. 6LoWPAN selective fragment recovery，Internet Eng [S]. Task Force，Internet-Draft draft-ietf-6lo-fragmentrecovery [work-in-progress]，Jan. 2019 [S/OL]. https://datatracker.ietf.org/doc/html/draft-ietf-6lo-fragment-recovery-02.

[85] Levis P，Clausen T H，Gnawali O，et al. The trickle algorithm，Internet Eng [S]. Task Force Standard RFC6206，Mar. 2011.

[86] De Couto D S J，Aguayo D，Bicket J，et al. A high-throughput path metric for multi-hop wireless routing [C]. MobiCom，2003，134-146（http://doi.acm.org/10.1145/938985.939000）.

[87] Watteyne T，et al. OpenWSN：A standards-based low-power wireless development environment [J]. Trans. Emerg. Telecommun. Technol.，2012，23（5）：480-493.

[88] Duquennoy S，et al. TSCH and 6TiSCH for contiki：Challenges，design and evaluation [C]. DCOSS，2017：11-18.

[89] Baccelli E，Hahm O，Gunes M，et al. RIoT OS：Towards an OS for the Internet of Things [C]. Proc. IEEE Conf. Comput. Commun. Workshops（INFOCOM WKSHPS），Apr. 2013，79-80.

[90] Levis P，et al. TinyOS：An operating system for sensor networks [M]. Heidelberg，Germany：Springer，2005：115-148.

[91] Palattella M R，Vilajosana X，Chang T，et al. Lessons learned from the 6TiSCH plugtests [C]. Proc. Conf. Interoperability IoT（InterIoT）iOT360 Summit，Oct. 2015：415-426.

[92] Analog Devices. Smartmesh IP wireless IEEE 802. 15. 4e PCBA module with antenna connector [EB/OL]. http://www.analog.com/en/products/ltp5902-ipm.html.

[93] Martinez B，et al. I3Mote：An open development platform for the intelligent industrial Internet [J]. Sensors，2017，17（5）：E986（http://www.mdpi.com/1424-8220/17/5/986）.

[94] IoT team dusty breakout [EB/OL]. http://ioteam.strikingly.com/.

[95] Jenic JN516X mote. https://www.nxp.com/products/wirelessconnectivity/proprietary-ieee-802.15.4-based/support- resources-for-jn516x-mcus：SUPPORT-RESOURCES-JN516X-MCUS.

[96] Nordic. Nordic NRF52832 Advanced Performance Bluetooth5/ANT/2.4GHz proprietary SOC [EB/OL]. https://www.nordicsemi. com/eng/Products/Bluetooth-low-energy/nRF52832.

[97] Openmote-B dual radio open source mote. OpenMote Technol., Barcelona, Spain, 2018 [EB/OL]. http://www.openmote.com/.

[98] TelosB data sheet. Sentilla, Redwood City, CA, USA, 2010 [EB/OL]. http://www.sentilla.com/files/pdf/eol/tmote-skydatasheet.pdf.

[99] CC2650 simplelink multi-standard 2.4GHz ultra-low power wireless MCU. Texas Instrum., Dallas, TX, USA, 2018 [EB/OL]. http://www.ti.com/product/CC2650.

[100] Zolertia. Re-Mote [EB/OL]. https://zolertia.io/.

[101] Vilajosana X, Tuset P, Watteyne T, et al. OpenMote: Opensource prototyping platform for the industrial IoT [C]. Proc. Int. Conf. Ad Hoc Netw. (AdHocNets), Sep. 2015: 211-222.

[102] Adjih C, Baccelli E, Fleury E, et al. Fit IoT-lab: A large scale open experimental IoT testbed [C]. Proc. IEEE 2nd World Forum Internet of Things (WF-IoT), Dec. 2015: 459-464.

第 5 章

窄带物联网

物联网设备的数量正在快速增长，与车辆、物流、电网、农业、抄表等相关的一些新的物联网应用如雨后春笋般涌现。许多低功耗广域（low power wide area，LPWA）[1-2]技术已应运而生，以满足这种高速数据传输需求。这些技术支持深度覆盖、低功耗、大量用户和低设备复杂性等需求。

NB-IoT 是一种 LPWA 技术，由 3GPP 于 2015 年 9 月提出[3]，并最终于 2016 年 6 月被 3GPP 标准化[4]。它在随后的 3GPP 版本中继续发展。窄带传输的优势在于其提供覆盖和容量扩展[5]。NB-IoT 的架构基本上源自传统的 LTE（long term evolution）。NB-IoT 技术适用于传输低速率、不频繁与容忍数据延迟的场景。此外，泛在覆盖、可扩展性和与 LTE 网络的共存使得 NB-IoT 部署更简单、更快捷。此外，NB-IoT 在许可频段内运行，因此与该技术相关的干扰问题受到限制[6]。

5.1 NB-IoT 的目标与产业发展

3GPP 在关于 NB-IoT 标准的标准中对其目标给予了描述，主要实现深度覆盖、低功耗、低复杂度与支持海量连接的目标。经过多年的发展，这些目标已实现，NB-IoT 实现了高度产业化。

5.1.1 NB-IoT 的目标

NB-IoT 的主要目标已在 3GPP 标准中进行了描述[7]，包括以下方面。

（1）深度覆盖（deep coverage）

NB-IoT 旨在为室内和室外提供深度覆盖[8]。与传统 LTE 网络相比，NB-IoT 的覆盖范围高达 20dB[9]。传统 LTE 支持 144dB 的最大耦合损耗（maximum coupling loss，MCL），而 NB-IoT 所支持的 MCL 为 164dB。根据 3GPP 标准，可通过减少带宽和增加数据传输重复次数来实现高覆盖[10]。带宽减少提高了用户的功率谱密度（power spectral density，PSD），从而增加了覆盖范围。增加覆盖的数据传输重复次数取决于 NB-IoT 用户的覆盖增强（coverage enhancement，CE）级别（定义了三个 CE 级别，分别为 CE-0、CE-1 和 CE-2）。所定义的下行链路（downlink，DL）重复数最多为 2048，上行链路（uplink，UL）的重复数最多为 128[1,11]。但是，增加覆盖范围却存在两个不足，即带宽减少会降低数据传输速率，而大量重复会增加数据传输延迟和设备的能耗[1]。

（2）低功耗（low power consumption）

NB-IoT 设备所设计的电池寿命要超过 10 年。为了确保 NB-IoT 设备的长电池寿命，3GPP Rel-12 与 Rel-13 分别引入了省电模式（power saving mode，PSM）和增强不连续接收（enhanced discontinuous reception，eDRX）模式。NB-IoT 设备所设计的电池寿命超过 10 年，电池容量为 5W・h，MCL 为 164dB，UL 数据传输达每天 200B，DL 响应达 65B[7]。这两种技术都旨在通过在不需要数据传输或接收时将设备置于睡眠模式来节省 NB-IoT 设备的电池电量[12]。PSM 提供了最大 310h 的睡眠持续时间，可节省大量电能。由于 PSM 对 DL 数据的到达的响应时间较长，不适合智能电表和智能电网等应用。因此，3GPP Rel-13 引入了 eDRX，它提高了 DL 的可访问性。eDRX 工作于 NB-IoT 设备的空闲和连接状态。在 eDRX 中，空闲和连接状态分别支持 2.91h 和 10.24s 的最大睡眠周期[13]。

（3）低复杂度（low complexity）

NB-IoT 设备成本应保持在 5 美元以下。为了降低设备成本，NB-IoT 设备结构和网络层已被简化和优化。与传统 LTE 系统相比，NB-IoT 中的网络协议量以及信道、信号和收发器的数量都被减少。UL 和 DL 传输只有一个收发器[10]。由于 NB-IoT 仅支持低数据传输速率应用，因此不需要大容量内存，从而降低了设备成本。NB-IoT 设备不需要 IP 多媒体系统，这也降低了成本。

（4）支持海量连接（support of massive number of connections）

NB-IoT 旨在支持每个小区超过 50000 个连接[10]。在 NB-IoT 通信模型中，用户只发送低传输速率、不频繁和容忍延迟的数据，因此，单个小区可以同时满足海量设备的需求。此外，NB-IoT UL 传输使用子载波级传输，提供了更高的 UL 资源利用率。NB-IoT 支持两种单音传输参数：15kHz 与 3.75kHz。在 3.75kHz 方案中，单音 Node B（eNB）可以支持 48 个用户同时进行上行传输。与传统 LTE 相比，NB-IoT 的信令开销也得到了简化。随着 eNB 和用户之间的信令消息数量的减少，资源将在较短的持续时间内被释放。这也有助于容纳更多的用户。

在所有 LPWA 技术中，应用正朝着部署 NB-IoT 技术的方向发展[14]。NB-IoT 是一个开放的 3GPP 标准，它提供了部署灵活性以及更广泛的市场支持。它可以很容易地与现有的蜂窝技术共存。因此，作为商业上的成功的技术，它吸引了全球众多公司和大量研究人员参与开发与应用。

5.1.2 NB-IoT 的产业化发展

NB-IoT 取得了商业上的成功，因为它吸引了各种组织和行业在不同方面合作部署[1]。多年来，智能设备、工业、建筑公用事业等不断发展，所有这些都需要互联。根据爱立信移动通信报告预测，到 2024 年，蜂窝物联网连接的数量将增长到 45 亿，其中 NB-IoT 和 CAT-M1 设备占互联总数的 45% [15]。这些设备的主要市场包括面向消费者的应用和工业应用，例如物流、个人可穿戴设备、智能电表、智能农业和安全服务。在市场上的主要参与者包括高通、联发科、英特尔、爱立信和华为[1]。它们正致力于开发新的 NB-IoT 模块并部署 NB-IoT 网络，以提高覆盖范围并扩大应用该技术的商业领域。此外，全球有大量电信运营商，如 AT&T、沃达丰、中国移动等，提供商用 NB-IoT 网络[1]。以下是一些典型企业，它们对 NB-IoT 进行了产业化。

（1）MediaTek（联发科）

该企业是推动 NB-IoT 制定和实施的主要参与者之一。它推出了两种支持 NB-IoT 的片上系统（system-on-chip，SoC）设备：MT2625 和 MT2621。MT2625 是兼容 3GPP Rel-14 的 SoC，适用于智能家居、智能信标等众多应用。预计使用 MT2625 的设备将是超低功耗的且具有较高的成本效益。MT2621 是一款双模物联网 SoC，能够同时支持 NB-IoT（3GPP Rel-14）和 GSM/GPRS 连接。该模块支持扩展覆盖范围，是延长电池寿命的理想选择，可确保长期安装。它能够实现智能跟踪器、物联网安全和其他工业应用等应用[1]。

（2）Qualcomm（高通）

高通也积极致力于在工业、住宅和企业生态系统中部署 NB-IoT。它设计了一个灵活的 MDM9206 LTE 调制解调器，为需要低带宽和具有数年电池寿命的物联网产品提供可靠和优化的蜂窝连接。MDM9206 支持 PSM 和 eDRX 进行电源管理。

（3）Intel

英特尔是物联网领域重要的 NB-IoT 芯片组供应商。它提供了具有 NB-IoT 功能的微控制器和 SoC：Intel XMM 7115 与 Intel XMM 7315。Intel XMM 7115 调制解调器旨在支持基于 NB-IoT 的工业设备和应用，它可以与传感器、智能电表和其他低功耗应用集成。Intel XMM 7315 支持 LTE-M 和 NB-IoT 技术。调制解调器的速度范围从 200kbit/s（NB-IoT）到 1Mbit/s（LTE-M）[1]。

（4）Ericsson（爱立信）

爱立信与 Telstra 合作，在 Telstra 商业网络中成功部署和测试了距离基站 100km 的 NB-IoT 数据互联[1]。它拥有生态系统，并计划推出可用于智能储物柜、健康手环、儿童安全手表等的智能芯片。爱立信为 DISH 的 NB-IoT 网络提供无线接入和核心网络。

（5）华为

华为也在努力实现 NB-IoT 商业化。华为推出了基于 3GPP Rel-14 的 NB-IoT 解决方案，该解决方案有望提高覆盖率、数据传输速率和小区容量，使其适用于资产跟踪、物流和追踪。它商业化了端到端的 NB-IoT 解决方案，其中包括智能设备、eNodeB、物联网数据包核心和基于云的物联网连接管理平台。它还推出了支持轻松集成和低功耗的 NB-IoT 芯片[16]。NB-IoT 被认为是用于智能电表、烟雾追踪器、智慧农业等用例的有前途的技术之一，并且在商业和技术上都已准备好在中国的一些地区部署[17]。

（6）Samsung（三星）

三星也在为构建 NB-IoT 网络做出贡献。三星和韩国电信（Korea Telecom，KT）正在为 NB-IoT 的商业化做准备，以进入快速发展的物联网市场。此外，三星与 KT 一起宣布在韩国首尔的试点服务，以扩展多样化的服务模型和覆盖范围。多样化的服务模型将包括公用事业抄表、智能工厂、货物跟踪以及儿童和货物的位置跟踪等应用。它还推出了三星连接标签，该标签提供基于 NB-IoT 网络的智能位置通知。三星还发布了 NB-IoT 解决方案 Exynos 的 iS111，该解决方案提供极广的覆盖范围、低功耗、准确的位置反馈和强大的安全性，并针对当今的实时跟踪应用进行了优化，例如安全可穿戴设备或智能仪表。Exynos 的 iS111 符合 3GPP Rel-14，可以独立、带内和保护带模式运行，它支持用于电源管理的 PSM 和 eDRX 以及用于定位的观测到达时间差（OTDOA）[1]。

（7）Korea Telecom（KT，韩国电信）

由于漫游和互操作性、更好的 QoS 保证、增强的安全性和成本效益等优势，KT 认为 NB-IoT 是其物联网业务的一项有前途的技术。KT 计划为多个用例部署 NB-IoT，例如智能电表、智能废物管理、防灾、防盗、资产管理、位置跟踪、智能工厂等[1]。KT 与 Dalim 特种车辆一起推出了基于 NB-IoT 的远程 LPG 计量系统，该系统将跟踪 LP 气罐中的液位并有效管理燃料输送。KT 与 Kolon Industry 合作，生产具有英特尔制造的 NB-IoT 通信模块的物联网安全套件，其将通过在紧急情况下发送信号和警报来帮助遇险人员。这些模块价格便宜，功耗低，即使在信号强度较弱的区域也能继续工作。KT 已将诺基亚的 NB-IoT 基站和专用核心网络设备用于地下停车场和远程路径监控等各种应用。

（8）Vodafone（沃达丰）

沃达丰正积极致力于构建全球 NB-IoT 生态系统，并认为 NB-IoT 可以成为低成本、广域部署的最佳解决方案。沃达丰为潜在客户提供的各种应用包括传感器网络、智能城市应用（如智能照明和智能垃圾箱）、跟踪等。沃达丰在新西兰推出了 NB-IoT 技术，旨在提供更好的农业设施并在未来连接农场。此外，沃达丰的 NB-IoT 网络已用于监控英国的水表。沃达丰还计划在印度推出 NB-IoT 服务，旨在为印度的主要城市提供智能电表设施。

（9）AT&T

AT&T 是美国一家主要的电信供应商，已在美国和墨西哥推出了一个全国性的 NB-IoT 网络。AT&T 还致力于开发支持 NB-IoT 的多模块，可以将设备连接到 NB-IoT 网络。AT&T 和沃达丰计划一起在美国和欧洲的一些国家/地区之间达成漫游协议，以便客户可以在这些国家/地区访问其 NB-IoT 网络。

（10）中国移动

中国移动已经在中国主要城市部署了 NB-IoT 网络，因为它认为 NB-IoT 可以提供广泛覆盖，支持海量连接，并且消耗更少的电能[18]。它正计划推出完全商业化的 NB-IoT 服务，预计将支持广泛的应用，包括智能停车、智能计量和水质测量[19]。中国移动与 DT Mobile 正在开发智能停车服务系统，旨在提供更好的停车设施[20]。

（11）其他芯片供应商

NB-IoT 芯片供应商也在为建立 NB-IoT 生态系统做出贡献[21]。Altair 推出了 ALT1250，这是一款支持 3GPP Rel-13 CAT-M1 和 NB-IoT 的芯片组，适用于超低功耗设备[22]。Quectel 推出了支持 NB-IoT 并符合 3GPP Rel-13 的 BC95 模块[23]，它非常适合 LPWA 应用。Riot Micro 为 LTE-M 和 NB-IoT 开发了与 3GPP Rel-13 兼容的 RM1000[24]。Sequans 推出了 Monarch N，它是一种先进的基于 NB-IoT 的模块，符合 3GPP Rel-14/15[25]，适用于资产跟踪、可穿戴设备等低数据传输速率的应用。NTT DoCoMo 和 Sequans 已经在 NTT Docomo 网络上的 NB-IoT 设备和应用上进行了合作，其中 Sequans Monarch LTE 平台（LTE-M/NB-IoT 版本）和 Monarch N（NB-IoT-only 版本）芯片解决方案将得到应用[26]。

5.2 NB-IoT 架构及其 Layer-1 和 Layer-2 架构

NB-IoT 架构及其 Layer-1 和 Layer-2 架构已在 3GPP Rel-13 中给出了定义，本节将对它们给予介绍与讨论。

5.2.1 NB-IoT 架构

NB-IoT 架构源自传统 LTE 的架构。但是，LTE 的架构已得到修改以此满足 NB-IoT 的要求。3GPP Rel-13 定义了较为详细的 NB-IoT 的整体架构，其整体架构如图 5.1 所示。

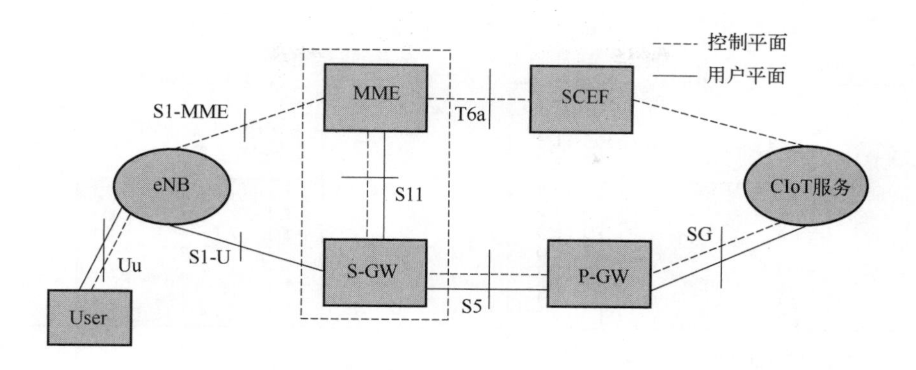

图 5.1 NB-IoT 整体架构

图 5.1 分别以虚线和实线给出了 NB-IoT 无线接入网的控制平面（control plane，CP）和用户平面 [27]。

NB-IoT eNB 分别通过 S1-MME、S1-U 和 Uu 接口连接到移动管理实体（mobility management entity，MME）、服务网关（serving gateway，S-GW）和 NB-IoT 用户。

S-GW 通过 S5 接口连接到分组数据网络网关（packet data network gateway，P-GW），类似地，P-GW 通过 SG 接口连接到服务点。MME 通过 T6a 接口连接到服务能力暴露功能（service capability exposure function，SCEF）[28]。SCEF 是添加到 NB-IoT 架构的新节点，它通过 CP 传递非 IP 数据，并为网络服务提供接口，包括授权、身份验证、接入网络能力和发现。该节点不在传统的 LTE 架构中。

对于 NB-IoT 用户，可以通过 CP 传输数据。用户数据首先从 eNB 传输到 MME，然后传输到 S-GW，最后传输到 P-GW 和服务点。对于 NB-IoT，在 MME 和 S-GW 之间新增了 S11-U 接口，这在传统的 LTE 架构中是不存在的。对于用户平面上的数据传输，用户数据首先从 eNB 传输到 S-GW，然后再传输到 P-GW 和服务点[28]。

在 UL（up link，上行链路）和 DL（down link，下行链路）中，NB-IoT 支持频分双工（FDD）模式，信道和全载波带宽分别为 200kHz 和 180kHz[4]。它支持用户中的单天线和 eNB 中的两到四个天线。NB-IoT 在一个小区中定义了三个 CE 级别：CE-0、CE-1 和 CE-2，所具有的 MCL 分别为 144dB、154dB 和 164dB。图 5.2 给出了 NB-IoT 的覆盖水平。

图 5.2 NB-IoT 的覆盖水平

NB-IoT 支持三种部署模式：带内模式、保护带模式、独立模式[7]。NB-IoT 的三种部署模式如图 5.3 所示。

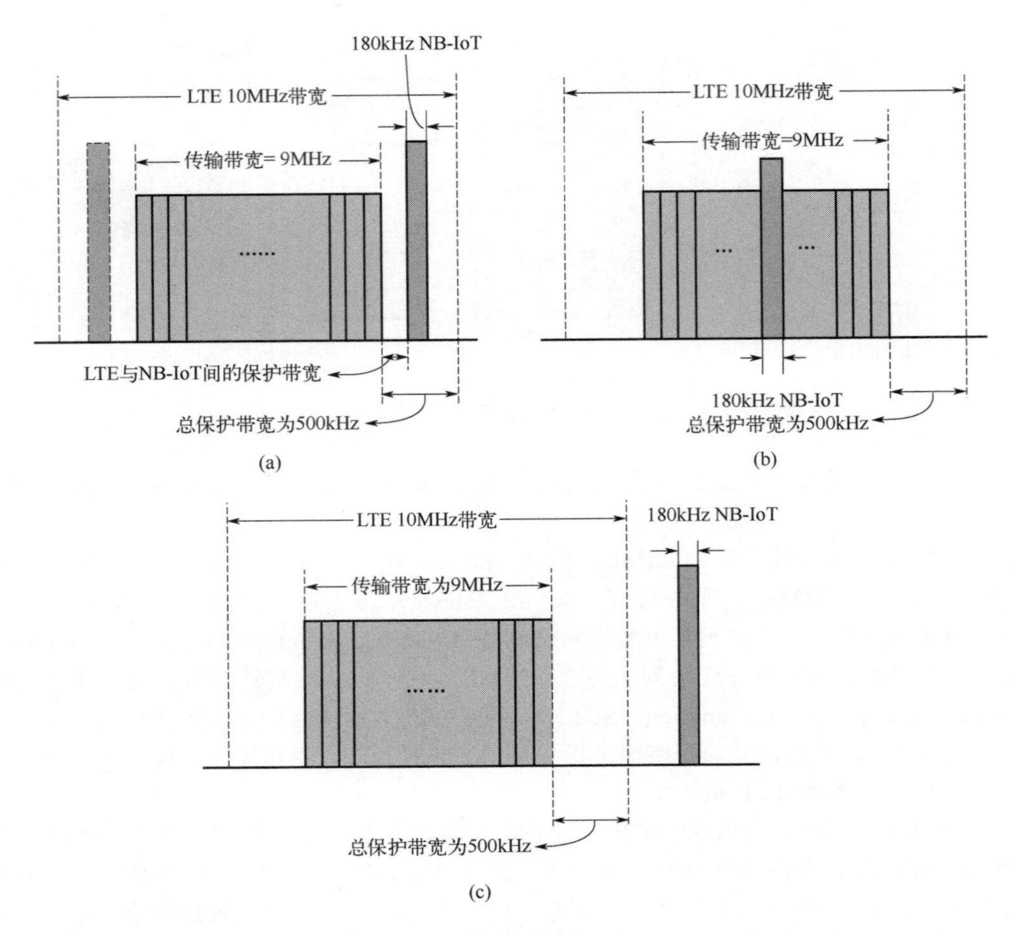

图 5.3 NB-IoT 的部署模式[1]

（a）保护带模式；（b）带内模式；（c）独立模式

（1）带内模式（in-band mode）

在此模式下，传统 LTE 带宽内为 UL 和 DL 保留一个物理资源块（physical resource block，PRB）。但是，NB-IoT 不允许使用为 LTE 物理下行链路控制信道（physical downlink control channel，PDCCH）和 LTE 小区特定参考信号（cell specific reference signal，CRS）预留的资源。当没有 NB-IoT 通信时，分配给 NB-IoT 的 PRB 可能会被 LTE 网络使用。NB-IoT 通信和传统 LTE 通信由 eNB 的调度器进行复用。考虑到小区 ID 和天线数量，为了使系统非常灵活，带内操作支持两种模式：相同物理小区 ID（physical cell ID，PCID）模式，其中 LTE 和 NB-IoT 的参数相同；不同 PCID 模式，其中参数对于 LTE 和 NB-IoT 可能不同[29]。

（2）保护带模式（guard-band mode）

在这种模式下，LTE 运营商可以在其两个保护带中的任何一个中支持 NB-IoT 运营商[30]。仅使用 5MHz 或更大带宽的 LTE 运营商支持此模式。LTE 和 NB-IoT 之间的干扰对 NB-IoT 的 UL 影响很小[30]。LTE 网络没有为 NB-IoT 预留 PRB。

（3）独立模式（stand-alone mode）

在这种模式下，NB-IoT 用新的载波频率。例如，NB-IoT 运营商可以取代现有的 GSM 运营商。独立模式和保护带模式的资源使用类似。与保护带操作类似，它不会影响现有的 LTE 网络。

5.2.2 Layer-1 和 Layer-2 架构

我们将描述 NB-IoT 的 Layer-1（第 1 层，物理层）和 Layer-2（第 2 层）架构。在 NB-IoT 中，物理信道的设计在某种程度上是基于传统的 LTE。下面我们首先概述 UL 和 DL 物理信道和信号。然后，介绍 NB-IoT 的 Layer-2 架构与 LTE 相比所发生的变化。

（1）下行物理信道和信号

图 5.4 所示为 DL NB-IoT 的帧结构。与传统 LTE 类似，NB-IoT 采用正交频分多址（OFDMA），子载波间隔为 15kHz。在 NB-IoT 中使用时长为 1ms 的子帧（subframe），两个时隙，每个时隙为 0.5ms。每个时隙有 7 个 OFDMA 符号。与 LTE 相比，NB-IoT 中的信道和信号数量有所减少。

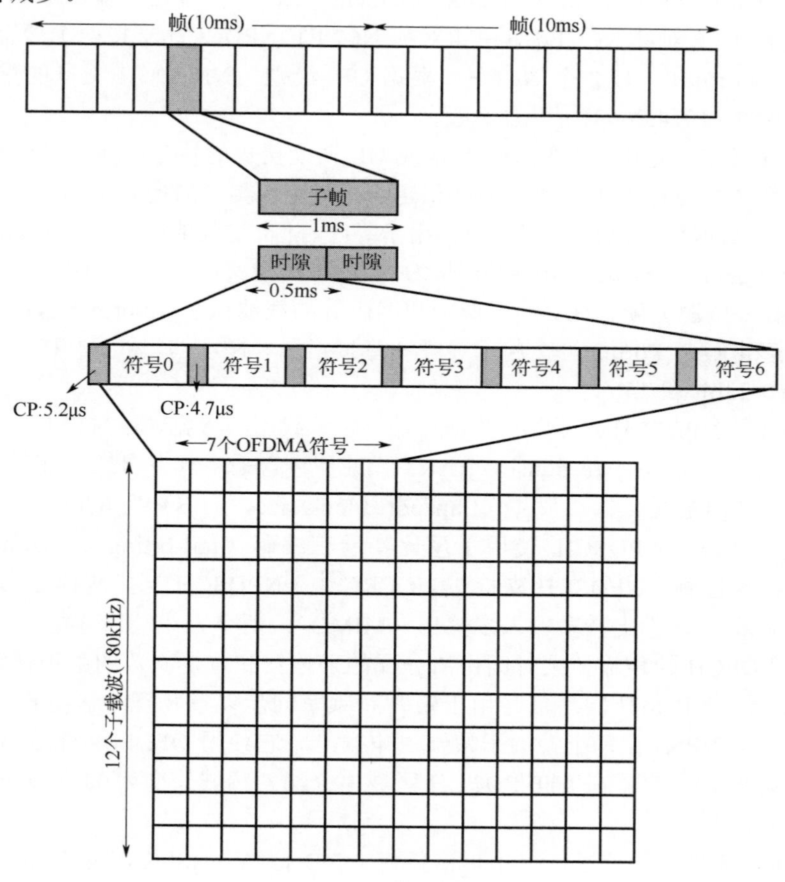

图 5.4 下行帧结构[1]

NB-IoT 的物理信道和信号包括：窄带物理广播信道（narrowband physical broadcast channel，NPBCH）；窄带物理下行链路控制信道（narrowband physical downlink control channel，NPDCCH）；窄带物理下行链路共享信道（narrowband physical downlink shared channel，NPDSCH）；窄带主同步信号（narrowband primary synchronization signal，NPSS）；窄带辅助同步信号（narrowband secondary synchronization signal，NSSS）；窄带参考信号（narrowband reference signal，NRS）。

由于用于 UL 业务信道的混合自动重复请求（hybrid automatic repeat request，HARQ）反馈信息是通过下行链路控制信息（downlink control information，DCI）中的新数据指示符（new data indicator，NDI）传递的，因此 NB-IoT 中未定义物理 HARQ 指示符信道（physical harq indicator channel，PHICH）。

① NPBCH　NPBCH 负责承载窄带主信息块（narrowband master information block，MIB-NB），并始终在任何无线帧的第一个子帧（子帧#0）中传输[4]。MIB-NB 分为 8 个块，每个块传输 8 次。因此，每个 MIB-NB 有 64 次传输，总时间为 640ms。NPBCH 采用 QPSK 调制，包含 34bit，其中 18bit 承载系统信息，16bit 承载循环冗余校验（cyclic redundancy check，CRC）[31]。它支持两个天线端口。

② NPDCCH　NPDCCH 承载用于 UL 和 DL 的调度信息[4]。它采用 QPSK 调制并用窄带控制信道元素（narrowband control channel element，NCCE）进行传输。每个 NCCE 对应 6 个连续的子载波：0～5 对应 NCCE0，6～11 对应 NCCE1。NPDCCH 支持两个聚合级：Format0，有 1 个 NCCE；Forma1，有 2 个 NCCE。根据 CE 级别，NPDCCH 支持的重复次数为{1, 2,4,8,16,128,256,512,1024,2048}[32]。

NPDCCH 搜索空间是用户监视 DL 数据或 UL 调度授权的特定区域。搜索空间的周期由 NPDCCH 的起始子帧与最大重复次数的乘积定义。有两种类型的搜索空间：用户特定搜索空间，用于调度用户数据传输；公共搜索空间，用于寻呼、随机访问响应（random access response，RAR）以及 message-3 与 message-4 传输[29]。为 NPDCCH 定义了三种 DCI 格式：Format N0 用于 UL 调度和有关资源分配、HARQ、调制和编码等的载波信息；Format N1 用于 NPDCCH 发起的 DL 调度和 RA；Format N2 用于寻呼和直接指示。N0、N1 和 N2 格式的最大有效载荷分别为 23bit、23bit 和 14bit。

③ NPDSCH　NPDSCH 用于 DL 数据传输。它承载用户数据、系统信息、寻呼消息和随机访问响应（random access response，RAR）消息[4]。它采用具有自适应和异步重传的单个 HARQ 进程。它使用最大传输块尺寸（transport block size，TBS）为 680bit 的 QPSK 调制。为了降低实现复杂度，NPDSCH 使用了尾比特卷积编码（tail-biting convolution coding，TBCC）。对于错误检测，NPDSCH 支持 24bit CRC[31]。NPDSCH 支持两种 DL 传输方案：单个天线端口（端口 0），不支持多输入多输出（MIMO）；两个天线端口（端口 0 和端口 1），支持 SFBC。NPDSCH 的传输持续时间由所分配的子帧数和重复次数的乘积计算得出[32]。

④ 同步信号　NB-IoT 同步信号用于定时和频率同步以及物理小区身份（physical cell ID，PCID）检测。NPSS 在每个帧的子帧#5 中传输[4]。它使用 OFDMA 符号 3 到符号 13 和子载波 0 到子载波 10。它不在 LTE PDCCH 区域中分配。频域长度为 11 的 zadoff-chu（ZC）用于生成 NPSS 序列[32]。

NPSS 为子帧提供同步信息，但不提供任何 PCID 信息。NSSS 在每 20ms 后在每帧的子帧#9 中传输[4]。它使用 OFDMA 符号 3 到符号 13 和子载波 0 到子载波 11。频域长度 131ZC 用于生成 NSSS 序列。NSSS 表示 504 个唯一的 PCID 中的一个[32]。

⑤ NRS　插入 NRS 是为了对用户进行信道估计[4]。NRS 可以使用单个天线端口（端口 0）或两个天线端口（端口 0 和端口 1）传输。当使用两个天线端口时，NRS 传输使用具有空间频率块编码（space frequency block coding，SFBC）的发射分集。NRS 序列从 PCID 导出，并在频域中以 PCID 模式进行循环移位。在相同 PCID 模式的带内部署中，LTE 和 NB-IoT 中用于传输参考信号的天线端口数量相同[32]。因此，NB-IoT 用户也可以使用 LTE CRS 进行信

道估计。在 SIB-1 中提供了 NRS 与 LTE CRS 间的功率偏移。

（2）上行物理信道和信号

UL 物理信道和信号包括：窄带物理上行链路共享信道（narrowband physical uplink shared channel，NPUSCH）；窄带物理随机接入信道（narrowband physical random access channel，NPRACH）；解调参考信号（demodulation reference signal，DMRS）。

① NPUSCH　NPUSCH 用于承载 UL 数据，并支持增强覆盖、延长电池寿命和增大容量[33]。NPUSCH 有两种格式：Format1，用于承载 UL-SCH；Format2，用于承载上行链路控制信息（uplink control information，UCI）[4]。与传统 LTE 的物理上行链路控制信道（physical uplink control channel，PUCCH）不同，NB-IoT 不用单独的信道来承载 UCI。这两种格式都基于单载波 FDMA（single-carrier FDMA，SC-FDMA）。NPUSCH 用具有两个冗余版本（redundancy version，RV）和 1000bit 的最大 TBS 的单个 HARQ 进程。它所支持的重复次数为{1,2,4, 8,16,32,64,128}[31]。

图 5.5 为 NPUSCH 的帧结构。NPUSCH Format1 支持单音与多音传输[4]。在单音传输中，具有 15kHz 和 3.75kHz 子载波间隔的两个参数集分别使用 8ms 和 32ms 的资源单位持续时间。在多音传输中，子载波可以分为 3、6 或 12 个子载波分组。多音传输使用的 4ms、2ms 和 1ms 资源单位持续时间分别用于 3 个子载波、6 个子载波和 12 个子载波的分组。为了进行错误检测，NPUSCH Format1 使用 Turbo 码与 24bit 的 CRC。单音传输使用 π/2-BPSK 和π/4-QPSK 调制方案，而多音传输使用 QPSK 调制方案。

NPUSCH Format2 仅支持单音传输，子载波间隔为 15kHz 和 3.75kHz，资源单位持续时间分别为 2ms 和 8ms[4]。采用π/2-BPSK 与π/4-QPSK 调制方案。为了进行错误检测，它使用块编码但没有 CRC。

② NPRACH　在 NB-IoT 中，随机接入（random access，RA）过程用于在用户和 eNB 间建立初始链路。NPRACH 用于在 RA 过程中从用户向 eNB 传输前导码。DL 接收信号功率由用户测量以估计其 CE 电平。每个 CE 等级的 NPRACH 资源都不同。eNB 可以从所用的 NPRACH 资源中识别出用户的 CE 等级。

在频域，NPRACH 采用 3.75kHz 的子载波间隔并占用 12、24、36 或 48 个连续子载波[4,34]。在时域，有两种 CP 长度不同的前导码格式：Format0、Format1。每个 NPRACH 前导码有 4 个符号组，每个组由一个循环前缀（cyclic prefix，CP）和 5 个符号组成。这 5 个符号的长度为 1.333ms。CP 的长度可以是 66.7μs（Format0）或 266.7μs（Format1），具体取决于小区半径，所产生的符号组的时长分别为 1.4ms 或 1.6ms。前导码传输可以重复 1、2、4、8、16、32、64 或 128 次。NPRACH 周期可配置为 40ms～2.56s。

NB-IoT 支持多级跳频。跳频算法可确保无冲突前导码的数量与 NPRACH 子载波的数量一样多。NPRACH 信号中没有用于小区 ID 的序列，因此，它的性能将受到来自其他小区的干扰。为了减轻小区间干扰，不同小区中的 NPRACH 频率区域通过采用不同的载波偏移来分开。

③ DMRS　它是用户特定的参考信号，用于估计 UL 中的信道响应，并与 NPUSCH 一起传输。对于具有单音传输的 NPUSCH Format1，DMRS 在 15kHz 子载波间隔的时隙的第四个 SC-FDMA 符号中传输，在 3.75kHz 子载波间隔的时隙的第五个 SC-FDMA 符号中传输[4]。序列长度为 16，并且用不同的基本序列和共同的 Gold 序列创建多个参考信号。对于具有多音传输的 NPUSCH Format1，DMRS 在时隙的第四个 SC-FDMA 符号中传输。序列长度与所分配的子载波的个数相同，并且使用不同基序列以及相同序列的不同循环移位来创建多个参

考信号。对于 NPUSCH Format1，也可以启用频域中的 DMRS 序列组进行跳频。

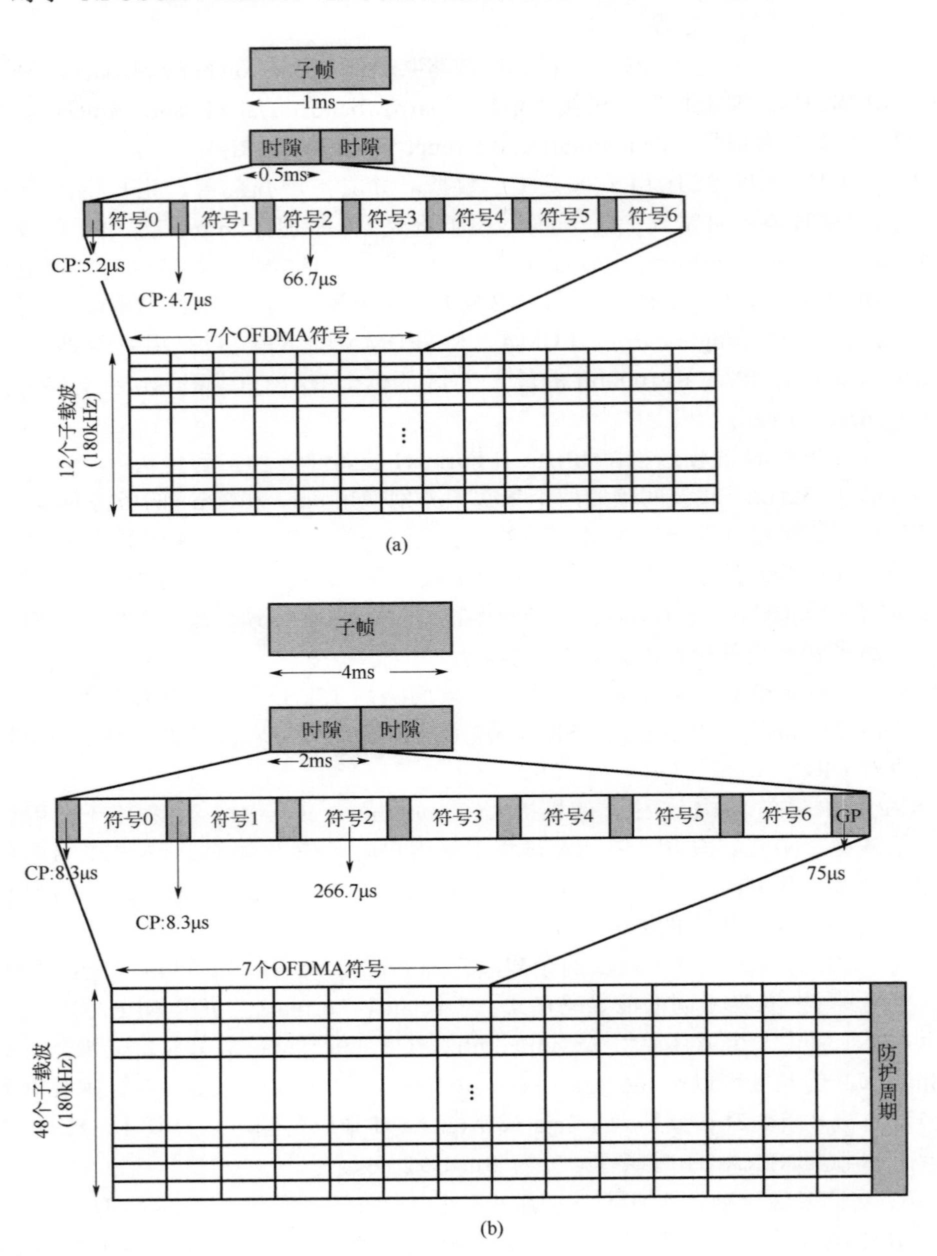

图 5.5　NPUSCH 的帧结构

（a）15kHz 子载波间隔与 0.5ms 持续时间的时隙；（b）3.75kHz 子载波间隔和 2ms 持续时间的时隙[1]

对于具有单音传输的 NPUSCH Format2，DMRS 在 15kHz 子载波间隔的时隙的第 3 个、第 4 个和第 5 个 SC-FDMA 符号中传输，以及在 3.75kHz 子载波间隔的时隙的第一个、第二个和第三个 SC-FDMA 符号中传输。多参考信号是采用不同的基序列、公共 Gold 序列和不同的正交覆盖码创建的。

（3）Layer-2 架构

与传统 LTE 设备相比，NB-IoT 设备复杂度较低。因此，NB-IoT 中有几个功能发生了变化。下面将根据 3GPP Rel-13 来描述 NB-IoT 的 Layer-2 架构。接下来的 3GPP 版本对 Layer-2 架构进行了增强，将在 5.3 节中进行描述。

在 NB-IoT 中，介质访问控制（MAC）得到优化，支持灵活调度、降低功耗并减少协议栈处理流程的开销。由于 NB-IoT 设备专为小吞吐量而设计，与传统 LTE 不同，NB-IoT 仅支持单个 HARQ 进程。这有助于降低 NB-IoT 设备的复杂度。NB-IoT 不支持基于非竞争的 RA 和信道质量指标报告[10]。此外，为了降低复杂度，它在 UL 中支持开环功率控制，而不支持闭环功率控制[35]。在开环功率控制中，eNB 不向用户发送功率控制命令。用户可以根据调制和编码方案（modulation and coding scheme，MCS）和资源单元（resource unit，RU）确定 UL 传输功率。无闭环功率控制的算法降低了很多设备复杂度[36]。

在无线链路控制（radio link control，RLC）层，NB-IoT 仅支持透明模式（transparent mode，TM）和确认模式（acknowledged mode，AM）。NB-IoT 在 Rel-13 中不支持语音业务，因此取消了未确认模式（unacknowledged mode，UM）[37]。当使用控制平面优化并且在用户平面优化中未激活访问层（access stratum，AS）安全性时[4]，不采用分组数据融合协议（packet data convergence protocol，PDCP）层。NB-IoT 中不使用 PDCP 状态报告功能[38]。由于 NB-IoT 不支持切换，因此在 NB-IoT 中去除切换时 PDCP SDU 重传。出于同样的原因，移动性管理从 RRC 层中移除[4]。

虽然 3GPP Rel-13 中的 NB-IoT 的 Layer-1 架构源自 LTE，但为了支持 NB-IoT 的目标，例如低设备复杂度和低功耗，已经对架构进行了一些更改。这些变化包括物理信道和信号数量的减少以及其余信道和信号的简化设计（例如，较少的 Tx/Rx 天线数量、较低的 TBS、更简单的调制和编码方案等）。同样，NB-IoT 的 Layer-2 架构也是由 LTE 简化而来。主要变化在于 NB-IoT 的 MAC 层仅支持 1 个 HARQ 进程，仅支持基于竞争的 RA，仅支持开环功率控制，不支持 CSI 报告。表 5.1 比较了 NB-IoT 和 LTE 的 3GPP Rel-13 的 Layer-1 和 Layer-2 架构。

表 5.1　3GPP Rel-13 中 NB-IoT 与 LTE Layer-1 和 Layer-2 的比较[1]

参数	NB-IoT	LTE
访问媒介	UL：SC-FDMA，DL：OFDMA	UL：SC-FDMA，DL：OFDMA
调制	UL：QPSK，π/4-QPSK，π/2-BPSK，DL：QPSK	UL：QPSK，16-QAM，64-QAM，DL：QPSK，16-QAM，64-QAM，256-QAM
载波间隔	UL：15kHz，3.75kHz，DL：15kHz	UL：15kHz，DL：15kHz
最大净载荷	UL：1000bit，DL：680bit	UL：195816bit，DL：391656bit
	①NPUSCH 的频率资源分配可以以小于 1 个 PRB 为单位进行 ②NPUSCH 仅在单层上传输 ③NPUSCH 的 Format1 和 Format2 分别用 Turbo 码和重复码进行编码	①PUSCH 的频率资源分配只能以 1 个 PRB 为单位进行 ②PUSCH 可以通过空间复用在多个层上传输 ③PUSCH 用 Turbo 码进行编码
	NPRACH 用 3.75kHz 子载波间隔上的单音跳频在 1 个 PRB 上传输	PRACH 在 6 个 PRB 上传输，没有用跳频和 1.25 kHz 子载波间隔传输
	由 OCC 生成的 DMRS 序列，以建立从 Gold 序列来生成基序列	DMRS 序列是通过循环移位和 OCC 生成，所建立基序列是 zadoff-chu 序列的循环扩展

续表

参数	NB-IoT	LTE
信道与信号	通过 NPBCH，MIB 在 640ms 的 TTI 上传输	通过 PBCH，MIB 在 40ms 的 TTI 上传输
	NPDCCH 在一个子帧中的 1 个 PRB 上传输，但分布在多个子帧上	PDCCH 在一个子帧中的多个 PRB 传输
	NPDSCH 用尾比特卷积码进行编码，并用 1 个 RV 传输	PDSCH 用 Turbo 码编码，可用 4 个 RV 传输
	①NPSS 在 1 个 PRB 上以 10ms 周期进行传输 ②NPSS 不携带有关 PCID 信息	①PSS 在 6 个 PRB 上以 5ms 的周期进行传输 ②PSS 携带了一些 PCID 信息
	NSSS 在 1 个 PRB 上以 20ms 周期进行传输	NSSS 在 6 个 PRB 上以 10ms 周期进行传输
	NRS 序列源自 PCID，并在 1 个 PRB 上通过 1 个或 2 个天线端口传输	CRS 序列源自 PCID，并在所有 PRB 上通过 1～4 个天线端口传输
	NB-IoT 不支持	PUCCH，SRS，PMCH，PCFICH，PHICH，MBSFN RS，PRS，CSI-RS
MAC	1 个 HARQ 进程	8 个 HARQ 进程
	无 CSI 报告	支持 CSI 报告
	仅基于争用的 RA	基于争用、非基于争用的 RA
	仅有开环功率控制	开闭环功率控制
	在 RRC_CONNECTED 状态下，可能的最大 DRX 周期长度为 9.216s	在 RRC_CONNECTED 状态下，可能的最大 DR 周期长度为 10.24s（基于 eDRX）
	在 RRC_IDLE 状态下，当采用 eDRX 时，在 2.91h 的 PTW 中，可能最大 DRX 周期长度为 10.24s。使用 eDRX 后，当 T3412 定时器到期时结束（最大值为 413.3 天），用户进入 PSM 态	在 RRC_IDLE 状态下，可能最大的 DRX 周期长度为 2.56s
RLC	确认模式，仅透明模式	已确认、未确认、透明模式
PDCP	PDCP 不与 CP 优化一起使用，并在 UP 优化中未激活 AS 安全性时使用	始终使用 PDCP
	不支持 PDCP 状态报告功能	支持 PDCP 状态报告功能
	由于 PDCP 不支持切换，PDU 也不支持重传	由于 PDCP 支持切换，因此 PDU 支撑重传

注：PUCCH（physical uplink control channel）：物理上行链路控制信道；SRS（sounding reference signal）：探测参考信号；PMCH（physical multicast channel）：物理组播信道；PCFICH（physical control format indicator channel）：物理控制格式指示信道；PHICH（physical HARQ indicator channel）：物理 HARQ 指示信道；MBSFN RS（multimedia broadcast multicast service single frequency network reference signal）：多媒体广播组播业务单频网络参考信号；PRS（positioning reference signals）：定位参考信号；CSI-RS（channel state information reference signal）：信道状态信息参考信号；OCC（orthogonal cover codes）：正交覆盖代码；RV（redundancy version）：冗余版本。

5.3 NB-IoT 的演进

在 NB-IoT 之前，3GPP 已分别在 3GPP Rel-10 和 3GPP Rel-12 中标准化了两种 LPWA 技术，即 eMTC 和 User Category-0（Cat-0），以服务于越来越多的物联网设备。然而，这些技术不足以满足数十亿物联网设备的需求。考虑到这种情况，华为和高通提出了窄带蜂窝物联网（narrowband-cellular IoT，NB-CIoT）。后来，诺基亚、爱立信和 AT&T 提出了可以与传统 LTE 共存的窄带 LTE（narrow band LTE，NB-LTE）。同样，爱立信还提出了移动通信扩展覆盖全球系统 1（EC-GSM），通过一些软件升级可以在现有的 GSM 网络中使用物联网设备。

2015 年，3GPP Rel-13 正式将 NB-IoT 和 EC-GSM 纳入标准化进程[39]。

3GPP Rel-13 引入了 NB-IoT 并描述了其架构。为了解决在初始版本中遇到一些不足，随后的 3GPP 版本添加了新功能并修改了 NB-IoT 的一些现有功能。本节将介绍 3GPP Rel-13 中引入的功能以及后续 3GPP 版本中引入的增强功能。

5.3.1 Release 13

Release 13（Rel-13）发布于 2016 年 3 月，主要针对 NB-IoT 中对延迟不敏感、低数据传输速率的物联网终端设备。为此，3GPP Rel-13 对 NB-IoT 的定义进行了优化，即对控制平面（control plane，CP）与用户平面（user plane，UP）进行了优化[4]。这些优化过程可以最大限度地减少信令开销，尤其是在无线接口上[40]。

（1）控制平面（CP）优化

图 5.6 所示为应用 CP 优化而形成的网络中的数据流[4]。与传统 LTE 不同，其无接入安全（access security，AS）设置和无线数据承载设置。

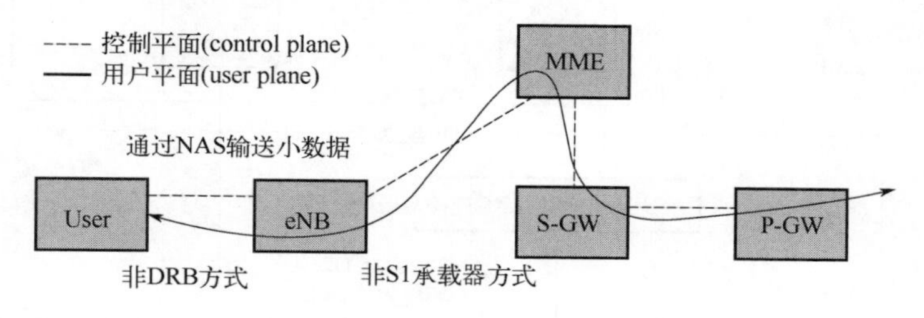

图 5.6 控制平面（CP）优化[4]

封装为 NAS 协议数据单元（protocol data unit，PDU）的数据包通过 S1 接口从 eNB 发送到 MME。MME 采用新引入的 S11-U 接口将数据包传输到 S-GW。图 5.7 所示为 eNB 与用户间针对移动所发起的数据传输过程[4]。用户通过发送随机选择的前导码开始数据传输过程。用户检测到 eNB 发送的 RA 响应后，发送 RRC 连接请求消息，接收 RRC 连接建立消息。因此，NB-IoT RA 过程与传统 LTE 相同。在传统的 LTE 中，RRC 连接建立完成的消息仅包括控制信息。但是，NB-IoT 用户也可以在此消息中包含 UL 数据，并将其封装为 NAS PDU。

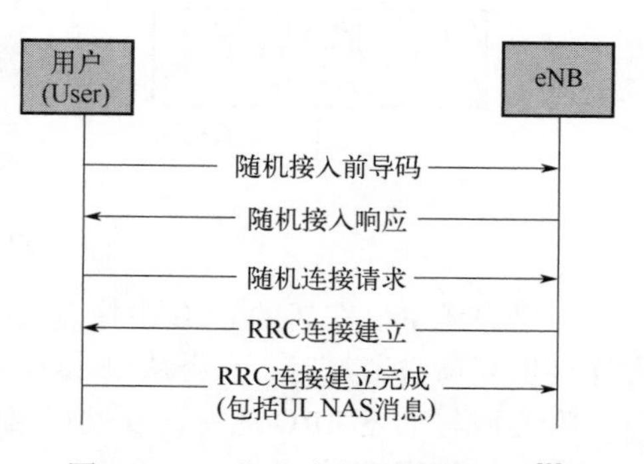

图 5.7 CP 优化中的信令数据流[3]

（2）用户平面（UP）优化

当要传输的数据规模超过阈值时，NB-IoT 数据可以用 UP 优化过程传输。在这里，用户可以要求网络建立一个数据无线承载量，以与传统 LTE 相同的方式传输数据。对于 NB-IoT 用户，UP 优化的支持是可选的[13]。图 5.8 给出了 UP 优化过程中的数据流[4]。用户与配置数据无线承载及 AS 安全环境的网络建立 RRC 连接。初始数据传输结束后，用户释放 RRC 连接并用 RRC Suspend 进程进入 RRC_IDLE 状态，如图 5.9 所示[4]。此时，用户释放所有承载，但保存 AS 安全环境。接着 eNB 通知 MME 暂停该用户的所有承载，并向用户提供一个 Resume ID，该 ID 可用于稍后在图 5.10 所示的 RRC 连接请求进程[3]。

当用户想要重新建立 RRC 连接时，不必建立新的连接。相反，它可以通过发送 RRC 连接恢复请求（RRC connection request resume）消息（包括 Resume ID）来恢复旧连接。eNB 恢复连接，重新建立 AS 安全，用户进入 RRC 连接状态。随后，用户与 eNB 间将进行数据交换。由于连接恢复，从 RRC_IDLE 到 RRC_CONNECTED 状态的转换延迟减少了。由于 UP 优化过程利用用户平面进行数据传输，它适用于小型和大型数据传输。

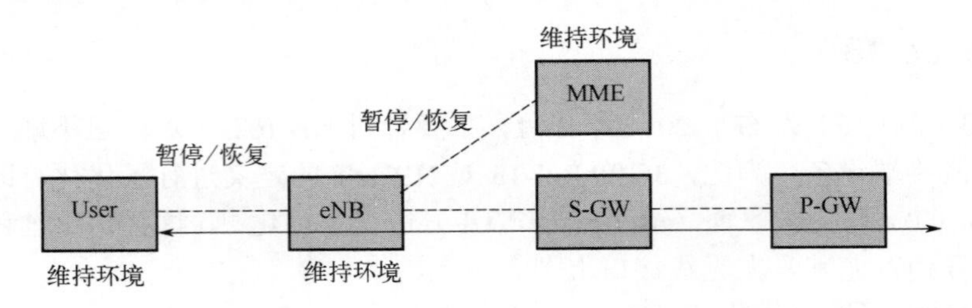

图 5.8 用户平面（UP）优化[3]

其中虚线为控制平面，实线为用户平面

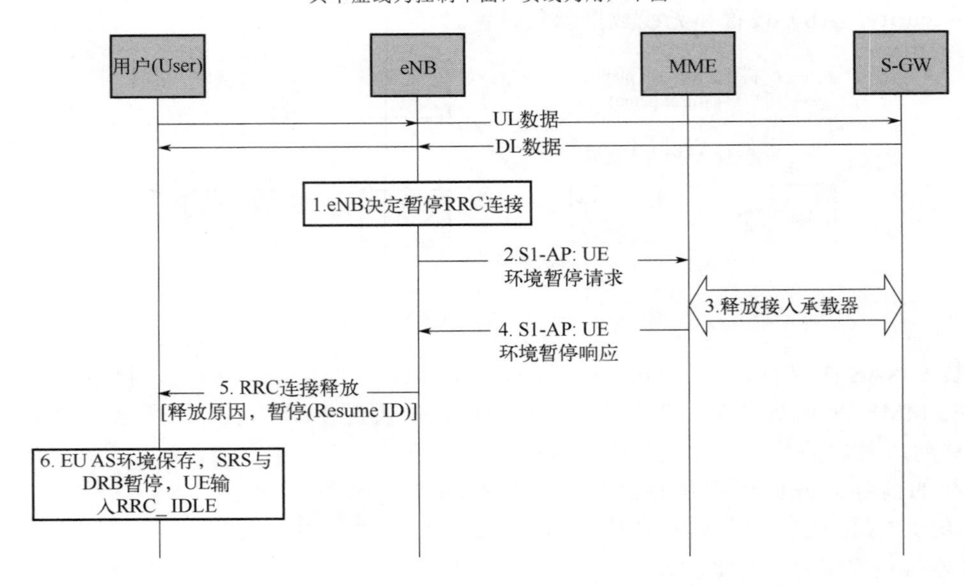

图 5.9 RRC 连接/暂停过程[3]

用户还可以在新的 eNB 中恢复 RRC 连接，与暂停 RRC 连接的不同。当新 eNB 收到 RRC 连接恢复请求消息时，它会从旧 eNB 获取用户环境，包括 Resume ID。之后，新的 eNB 和用户将遵循与上述 RRC 连接恢复过程相同的过程。

（3）省电技术

NB-IoT 专为电池寿命长达 10 年或更长时间的设备而设计。在 RRC_CONNECTED 状态下，NB-IoT 用户可以通过 DRX 功能节省电量。当没有数据发送或接收时，用户进入 DRX 睡眠状态，并在所定义的 paging occasion（PO）周期上定期唤醒以检查 PDSCH 上是否存在 P-RNTI。在存在 P-RNTI 的情况下，用户开始从 PDSCH 接收数据。然后再次进入睡眠状态，等待下一个 PO 到来。由于最大 DRX 周期为 9.216s，因此两个 PO 的开始间隔最长为 9.216s。在 RRC_IDLE 状态下，NB-IoT 有两种节能机制：PSM（3GPP Rel-12）和 eDRX（3GPP Rel-13）[41]。网络可以为 NB-IoT 用户设置两个定时器：跟踪区更新（tracking area update，TAU）定时器（T3412）和活动定时器（T3324），如图 5.11 所示。当用户进入 RRC_IDLE 状态时，这两个定时器同时开始运行。在 RRC_IDLE 状态下，当 T3324 运行时，用户在常规 PO 处接收寻呼。不使用 eDRX 时，两个 PO 间的最大间隔为 10.24s。使用 eDRX 时，定义了寻呼时间窗口（paging time window，PTW），用户在 PTW 内的常规 PO 处接收寻呼。两个 PTW 最多可以相隔 2.91h。T3324 到期后，NB-IoT 用户进入 PSM 并保持在 PSM 中，直到 T3412 到期。T3412 最长可设置为 413.3 天，以 310h 为单位进行配置。用户在 PSM 中花费的时间由这两个计时器的差值给出（即 T3412−T3324）。在 PSM 中，设备已注册但未连接到网络，因为它关闭了无线电并且使网络无法访问[42]。与 RRC_CONNECTED 状态相比，RRC_IDLE 状态更为省电。

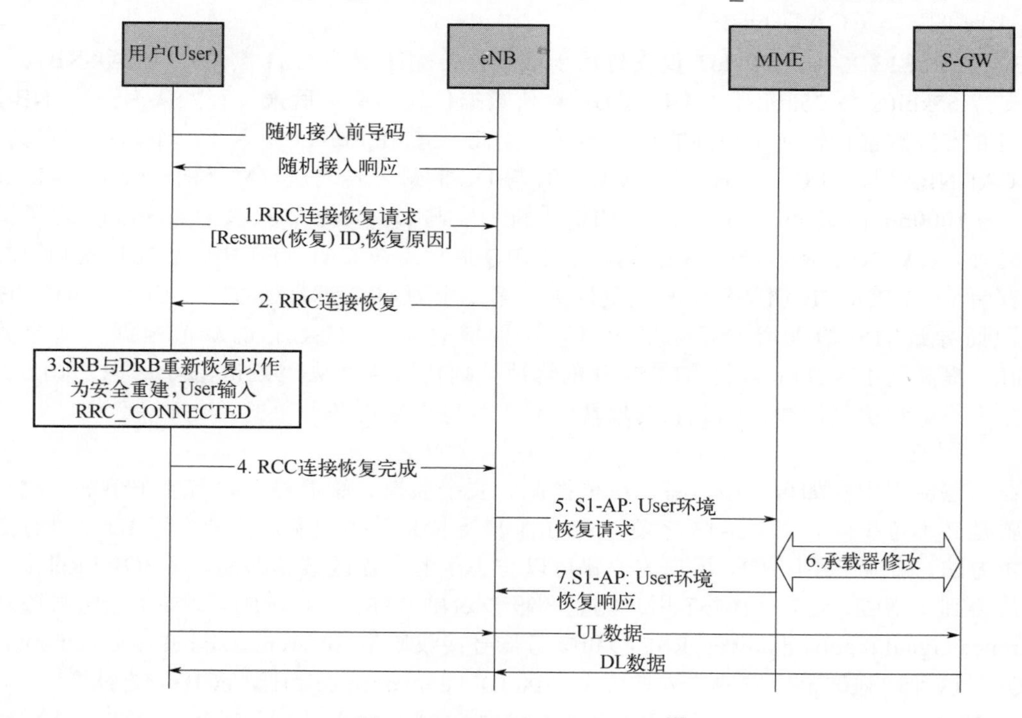

图 5.10　RRC 连接恢复过程[3]

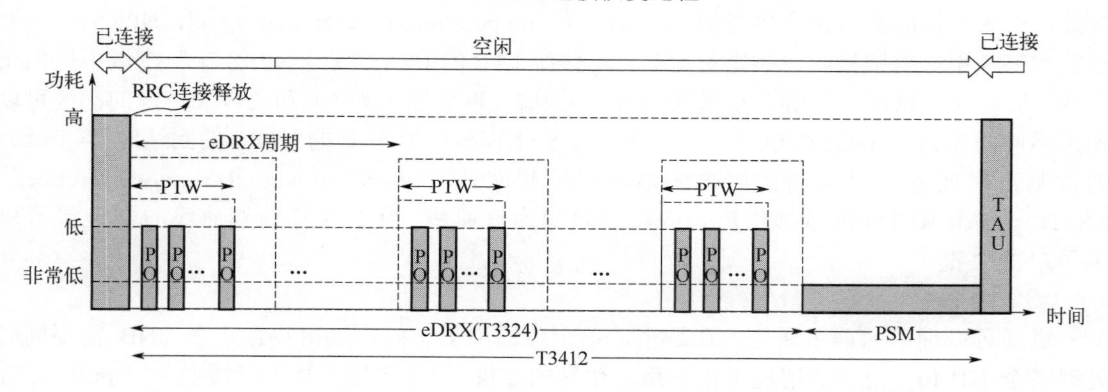

图 5.11　NB-IoT（eDRX 与 PSM）中 RRC_IDLE 状态下的省电机制

PSM 可以为设备节省大量电能，但由于其对移动终端流量的响应时间较长，它仅适用于实时要求较宽松的应用。为了克服响应时间大的问题，我们可以配置一个较长的 T3324 值和一个较短的 T3412 值，从而为设备带来更频繁的寻呼机会。但是，在没有 eDRX 的情况下，由于在 T3324 运行时有非常频繁的 PO，此配置将增加设备功耗。由于 eDRX 可以为 T3324 配置更长的值且不经常寻呼，因此对于某些应用，它在设备可访问性和功耗之间提供了公平的权衡。

5.3.2 Release 14

Release 14（Rel-14）发布于 2017 年 6 月，是对 3GPP Rel-13 中 NB-IoT 的增强功能。下面给予介绍。

（1）NB2 类（CAT-NB2）

3GPP Rel-13 之前，NB-IoT 仅支持用于低数据传输速率的 NB1 类用户（CAT-NB1）。它分别支持 65kbit/s 与 25kbit/s 的 UL 与 DL 峰值数据传输速率。后来，有人认为一些 NB-IoT 用例需要支持数据传输速率稍高的通信场景，因此，3GPP Rel-14 引入了一个新的用户类别，称为 CAT-NB2[43]。与 CAT-NB1 分别支持 UL 与 DL 的最大传输块尺寸（transport block size，TBS）为 1000bit 和 680bit 不同，CAT-NB2 支持 UL 与 DL 的最大 TBS 为 2536bit。除了增加 TBS 之外，CAT-NB2 还可选性地支持两个 HARQ 进程。在 CAT-NB1 中，吞吐量受到限制的原因有两个：NPDCCH 调度延迟和重复次数。第二个 HARQ 过程通过减少由于 NPDCCH 调度间隙而导致的开销来增加吞吐量增益。这种增益将 NPUSCH 的峰值数据传输速率从 106kbit/s 提高到 158.5kbit/s，将 NPDSCH 的峰值数据传输速率从 79kbit/s 提高到 127kbit/s[44]。然而，它不影响重复次数，因此它的增益仅限于良好无线电条件下的吞吐量。

（2）定位

在一些应用中，如可穿戴设备、机械控制、安全监控、智能停车、智能车辆等，确定用户位置是必不可少的。在 Rel-13 之前，NB-IoT 仅支持基于用户所连接的小区 ID 来进行定位的基本方法。知道了小区 ID，用户的位置可以与小区的覆盖区域相匹配。在 3GPP Rel-14 中，此方法得到了增强，允许 NB-IoT 用户测量和报告 eNB 的 Rx-Tx 时间差、参考信号接收功率（reference signal received power，RSRP）和参考信号接收质量（reference signal received quality，RSRQ）。这种增强型定位方法称为增强型小区 ID（enhanced cell ID，eCID）方法[45]。

3GPP Rel-14 也为 NB-IoT 用户引入了另一种定位方法，即到达观测时间差（OTDOA）[45-46]。为此，引入了新的窄带定位参考信号（narrowband positioning reference signal，NPRS）。所发送的 NPRS 用来增强接收器的定位测量。与传统 LTE 的 PRS 类似，NPRS 在三个域中提供正交性：时域（包括用于监听弱小区的静音）、频域（重用因子为 6）和码域（不同的小区可以使用不同的序列）。在 OTDOA 中，估计来自参考 eNB 和相邻 eNB 的 NPRS 的到达时间（ToA）。通过测量时间差，可以估计用户的参考信号时间差（reference signal time difference，RSTD）。每个 RSTD 测量都将用户的位置限制为双曲线。几个这样的双曲线的交点就给出了用户的位置[47]。

（3）组播

组播可以理解为群组通信。在这里，单个传输用于访问一组用户。它在 eNB 需要同时处理多个 NB-IoT 用户的情况下很有用。传统的 LTE 的多媒体广播和组播服务（multimedia broadcast and multicast service，MBMS）方案的高能耗和低效的资源利用不适合 NB-IoT。这促使 3GPP 在 3GPP Rel-14 中的单小区点对多点（single cell point to multipoint，SC-PTM）的通信中引入多播支持[48-49]，SC-PTM 扩展为支持 NB-IoT 的多播 DL 传输。在 SC-PTM 中，有两个逻辑信道：用于承载数据业务的单小区多播业务信道（single cell multicast traffic channel，SC-MTCH）；用于承载周期性控制信息的单小区多播控制信道（single cell multicast control channel，SC-MCCH）。这些信道映射到 NPDSCH 并由 NPDCCH 调度。SC-MCCH 调度信息使用新的系统信息广播（system information broadcast）主信息块（SIB20-NB）进行广播。SC-MTCH 和 SC-MCCH 使用 RLC 未确认模式（unacknowledged mode，UM），该模式也添加到了 3GPP Rel-14 中。

（4）多载波增强

NB-IoT 的用例数量随着时间的推移而不断增长。根据 3GPP TR 45.820 规定，3GPP Rel-13 中的 NB-IoT 针对每平方千米 60000 个设备，而 3GPP Rel-14 中的 NB-IoT 针对每平方千米 600 万个设备[7]。为了支持如此多的设备，3GPP Rel-13 已经在 NB-IoT 中包含了多载波支持，其中用户可以配置锚定载波和非锚定载波。一个锚定载波最多可支持 16 个非锚定载波。但是，在 3GPP Rel-13 中，非锚定载波仅限于卸载数据流量，不支持寻呼和 RA 等操作。它不支持 RRC_IDLE 状态操作，从而产生了容量瓶颈。这促使 3GPP 在 3GPP Rel-14 中的非锚定载波上支持寻呼和 RA 过程。这种增强有望通过大幅减少开销来增加 NB-IoT 系统的容量（带内模式约为 21%，保护频段和独立模式约为 30%）[44]。

（5）低功耗用户

在 3GPP Rel-13 中，NB-IoT 用户允许的最大 UL 功率为 20dBm。在 3GPP Rel-14 中，引入了一类低功率用户，其中最大 UL 功率限制为 14dBm[50]。较低的 UL 发射功率可支持更小的电池、更低的设备功耗，甚至更低的设备成本。然而，输出功率的降低是以传输时间的增加为代价的，因为每比特传输的能量是一样的[51]。这也有助于保持低功耗用户的覆盖范围。但是，它会导致 UL 资源利用与 DL 控制信令的增加。为了应对这种负面影响，3GPP 同意相对于 Rel-13 可以放宽低功耗用户的 MCL[44]。

（6）释放辅助指示

Rel-14 也支持释放辅助指示（release assistance indication，RAI）消息[47]。NB-IoT 专为传输和接收不频繁且少量数据的用户而设计。一旦数据传输完成，RAI 由用户发送给 eNB，来指示用户没有任何数据要传输。eNB 收到消息后，释放 RRC 连接，用户通过返回空闲状态来节省电量[44]。

5.3.3 Release 15

Release 15（Rel-15）发布于 2018 年 9 月，是对前两个版本的增强。下面对 NB-IoT 的增强功能给予介绍。

（1）早期数据传输

为延长 NB-IoT 用户的电池寿命，优化 NB-IoT 设备功耗至关重要。在 3GPP Rel-15 中标准化的早期数据传输（early data transmission，EDT）旨在通过在 RA 过程中传输小数据包来提高用户的电池寿命并减少消息延迟[52-53]。RA 过程通常包括 4 个步骤：RA 前导码传输（Msg-1）；RA 响应（Msg-2）；调度消息（Msg-3）；竞争解决（Msg-4）。在 EDT 中，UL 和 DL 数据分别在 RA 过程的 Msg-3 和 Msg-4 中传输。它将减少用户的总发送和接收时间以及信令开销。EDT 中 Msg-3 可以使用的最大 TBS 由网络广播。该过程只能使用某些特定资源触发，这些资源在 SIB22-NB 和 SIB23-NB 中广播。如果要传输的数据大于 eNB 在 SIB22-NB 中广播的阈值，则不使用 EDT。

图 5.12 给出了 UP 优化的 EDT 过程[52]。与传统过程类似，用户首先将 RA 前导发送给 eNB。如果用户想要使用 EDT，则它使用 eNB 为 EDT 保留的 RA 资源中的一个来发送前导码。用户收到 RA 响应后，发送 RRC 连接恢复请求消息。在 UP EDT 中，用户通过使用已存

储的 AS 安全环境为数据传输做好准备。用户恢复所有无线承载，一旦 AS 安全环境重新建立，eNB 就可以通过 MME 向 S-GW 发送 UL 数据。如果 S-GW 有 DL 数据要发送给用户，则在 RRC 连接释放消息中的 NAS PDU 中捎带该数据，如图 5.12 所示，这使用户保持在 RRC_IDLE 状态。如果 eNB 想要将用户带入 RRC 连接状态，那么它会发送 RRC 连接请求消息而不是 RRC 连接释放消息。

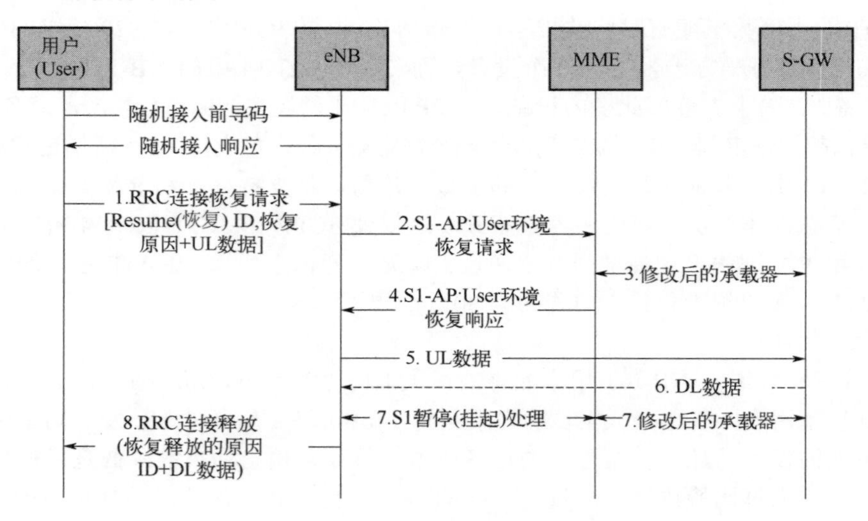

图 5.12　用于用户平面优化的 EDT 过程[52]

图 5.13 给出了 CP 优化的 EDT 过程[52]。在 CP EDT 中，UL 和 DL 数据在 Msg-5 之前传输，因此用户保持在 RRC_IDLE 状态。与传统过程类似，用户首先将 RA 前导发送给 eNB。用户收到 RA 响应后，发送 RRC early data request 消息。此消息包含在 3GPP Rel-15 中，允许用户将 UL 数据封装为消息中的 NAS PDU。eNB 向 MME 发送 NAS 消息，MME 将 NAS 消息传递给 S-GW。如果 S-GW 有 DL 数据要发送给用户，在 RRC early data complete 消息中的 NAS PDU 中捎带数据，如图 5.13 所示。当用户收到此消息时，它会释放与 eNB 的进一步连接并保持 RRC_IDLE 状态。

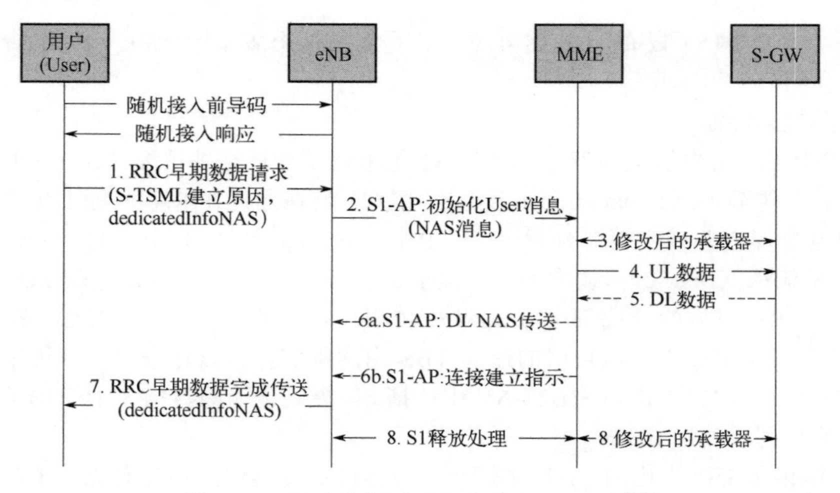

图 5.13　用于控制平面优化的 EDT 过程[52]

（2）时分双工

在 3GPP Rel-14 之前，NB-IoT 仅支持 FDD 模式，这限制了可用频谱的最佳利用。从 3GPP Rel-15 开始，NB-IoT 支持了 UL 和 DL 的时分双工（time division duplex，TDD）模式[52]。但是，传统 LTE 与 NB-IoT 中的 TDD 间存在一些差异。在传统的 LTE 中，采用多个 DL/UL 子帧配置来定义哪些子帧是 DL、UL 和帧内的特殊子帧。对于特殊子帧，也有几种配置定义了哪些 OFDM 符号是下行链路导频时隙（downlink pilot time slot，DwPTS）符号、上行链路导频时隙（uplink pilot time slot，UpPTS）符号和保护符号。在 NB-IoT 的 TDD 中，不允许使用 DL/UL 配置子帧#0 和#6。允许使用所有特殊子帧配置，但禁止使用 UpPTS 符号进行 UL 传输。图 5.14 给出了 5ms 交换时间周期的 TDD 帧结构。主信息传输出现在 NB-IoT 的 FDD 与 TDD 载波的不同子帧中。为此，定义了一个新的 TDD 主信息块（master information block for TDD，MIB-TDD-NB）用于 TDD 载频，而旧的 MIB-NB 仅用于 FDD 频率。同时也为 RA 前导定义了两个新的循环前缀。此外，只有以下锚定+非锚定部署模式的组合可用于 DD，即带内+带内、带内+保护带、保护带+带内、保护带+保护带、单机+单机。

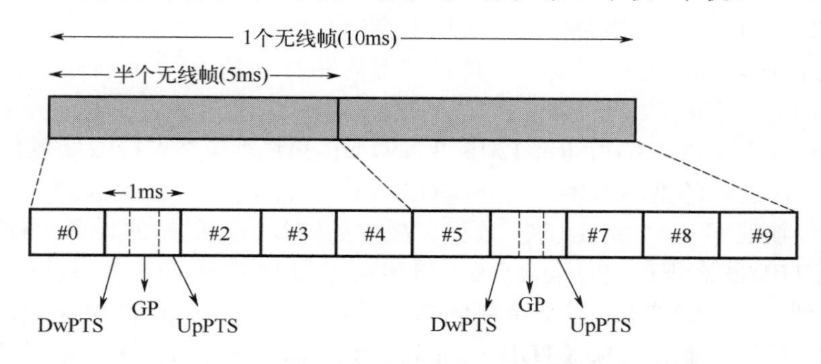

图 5.14　TDD 帧结构（5ms 交换时间周期）[52]

（3）唤醒信号

3GPP Rel-15 引入了唤醒信号（wake-up signal，WUS）以进一步降低 NB-IoT 用户的功耗[52]。eNB 在系统信息（system information）中广播与 WUS 相关的信息[54]。该信息与 WUS 持续时间、WUS 的频域位置、与 WUS 关联的 PO 数量以及 WUS 与第一个 PO 之间的时间偏移有关[54]。如果用户处于 RRC_IDLE 状态并且支持 WUS，那么首先它将尝试检测 WUS 而不是 PO 中的寻呼消息。如果用户检测到 WUS，那么它将解码接下来的几个寻呼消息，否则它会等待下一个 WUS。由于它只需解码较少数量的寻呼消息，因此降低了用户的功耗。

（4）其他增强

3GPP Rel-15 中的其他 NB-IoT 增强功能包括[52]：

① NB-IoT 用户可以发送调度请求（scheduling request，SR）。SR 资源可以通过 RRC 信令分配或撤销。对于 NPDSCH，SR 可以在有或没有 HARQ ACK/NACK 的情况下传输。

② 支持 NB-IoT 用户的无线链路控制（radio link control，RLC）非确认模式（unacknowledged mode，UM）承载。在 3GPP Rel-14 中，NB-IoT 用户只能将 RLC UM 用于 SC-PTM 承载。

③ NPRACH 支持 1.25kHz 子载波间隔，最小跳频距离为 1.25kHz。这种增强有望提高可靠性和增加覆盖。

④ 支持 NB-IoT 在小小区中的部署。小小区包括微小区、微微小区和毫微微小区[55]。

⑤ 支持 Msg-4 传输，包括只包含用户竞争解决标识的 MAC PDU，而没有任何 RRC 消息。

5.3.4 Release 16

在 3GPP 中，目前正在讨论 3GPP Rel-16（Release 16）中将对 NB-IoT 的功能给予的增强。可能增强的功能总结如下[56]。

① 为提高 DL 传输效率，可支持移动终端 EDT 和用户组 WUS。

② 当用户处于 RRC_IDLE 状态时，为了减少网络接入时间和提高用户功耗，如果用户具有有效的定时提前值，则可以允许在专用的预配置资源中进行 UL 传输。

③ 为了支持自组织网络（self-organizing network，SON）功能，NB-IoT 用户可以选择性地报告小区全球身份、最强邻居、RA 性能、无线链路故障等。

④ 可以添加往返 LTE 的空闲模式的无线接入技术（radio access technology，RAT），以增强用户移动性。

⑤ NB-IoT 与 5G NR 共存的相关问题可能会得到解决。

⑥ 其他可能的增强功能：调度多个具有或不具有 DCI 的 DL/UL 传输块、增强多载波操作、连接到 5G 核心网络等。

最后，我们得出结论，3GPP Rel-13 中引入的 NB-IoT 架构是支持深度覆盖、低功耗、低复杂度和大量连接设备的基本 NB-IoT。在 3GPP Rel-14 中，架构中添加了一些增强功能以支持更高的数据传输速率（2 个 HARQ 进程、更大的 TBS）、更好的设备定位技术、多播、RRC_CONNECTED 状态下的更低功耗（最大输出功率为 14dBm）和高效寻呼。在 3GPP Rel-15 中，NB-IoT 得到了进一步增强，以支持更低的延迟（EDT）、RRC_CONNECTED 状态（WUS）下的更低功耗以及新的部署选项（TDD、small-cell）。表 5.2 总结了这些增强功能。

表 5.2 3GPP Rel-13、Rel-14 与 Rel-15 中的 NB-IoT 特性总结

功能	Rel-13（2016.03）	Rel-14（2017.06）	Rel-15（2018，09）
用户类别	仅 CAT-NB1	CAT-NB1/2	CAT-NB1/2
	1 个 HARQ 过程	最大 2 个 HARQ 过程	最大 2 个 HARQ 过程
	最大 UL TBS：1kbit	最大 UL 与 DL TBS：2536bit	最大 UL 与 DL TBS：2536bit
	最大 DL TBS：680bit		
定位支持	基于 CID 定位	基于 CID、eCID、OTDOA 定位	基于 CID，eCID，OTDOA 定位
组播支持	不支持	通过 SC-PTM 支持	通过 SC-PTM 支持
最大用户功率输出	20dBm 与 23dBm	14dBm、20dBm 和 23dBm	14dBm、20dBm 与 23dBm
多载波支持	锚定载波：数据传输、寻呼，非锚定载波：数据传输	锚定与非锚定载波：数据传输、寻呼与 RA	锚定与非锚定载波：数据传输、寻呼与 RA
早期数据传输	不支持	不支持	支持
TD 支持	不支持	不支持	支持
唤醒信号	不支持	不支持	支持
小小区	不支持	不支持	支持

5.4 NB-IoT 与其他技术

NB-IoT 与 D2D（device-to-device）、M2M（machine-to-machine）、NOMA 以及社交物联网等其他技术的结合有助于提高其在网络能耗、通信延迟、所支持的设备数量、拥堵等各个方面的性能。

5.4.1 M2M 与 D2D 通信

Chen 等人提出了一种 M2M 中继[57]，它减少了 NB-IoT 系统中的重复次数，因此在保持系统吞吐量和用户 QoS 的同时节省了能源消耗。所提出的调度机制表明，对于 0.3 的传输设备密度，系统可以节省高达 65%的能耗。文献[58]的作者提出了一种中继选择算法，以最小化 NB-IoT 小区中的能耗。空闲用户充当中继并协作将数据从另一个用户传递到基站。该方案降低了网络总能耗。然而，该工作在性能评估中没有考虑吞吐量、延迟、分组调度和重传方案等参数。文献[59]的作者研究了一个场景，NB-IoT 由移动车辆辅助，这些车辆将 NB-IoT 流量中继到基站。他们用能源效率、延迟和通信可靠性等参数来评估其方案的性能。

在异构网络中，NB-IoT 用户的链路质量可能无法满足其 QoS 要求。因此，文献[60]的作者使用 D2D 通信来路由 NB-IoT UL 传输，这意味着 NB-IoT 用户的数据通过 D2D 中继发送到基站。类似地，文献[61]的作者使用了基于机会的多跳的 D2D 的内容上传方案，并采用 NB-IoT 技术通过 D2D 在用户和 eNB 之间建立链接，以进行基于邻居的传输。该方案在内容上传时间、能耗和数据丢失方面优于传统方案。Zhang 等[62]提出了一种基于 NB-IoT 和 LoRa 的新通信方法。这里，通信模式由两个节点组成：主节点同时使用这两种技术，而子节点仅基于 LoRa。这两种技术的结合有望降低系统的运营成本并提高覆盖率。总之，我们可以说在 NB-IoT 网络中使用 M2M 中继将是有益的。采用 M2M 中继可以降低 NB-IoT 用户的功耗并减少它们的内容上传时间。

5.4.2 非正交多址

NB-IoT 设备的数量正在快速增长，可用的有限网络资源无法满足如此庞大数量的设备。因此，当网络需要支持大量 NB-IoT 设备时，分配正交资源却是一个瓶颈。例如，NB-IoT UL 用子载波进行数据传输，由于一个用户将占用一个子载波，因此，在特定时间最多可以服务 48 个用户（子载波间隔为 3.75kHz）。

非正交多址（non-orthogonal multiple access，NOMA）是解决资源有限问题的一种很有前途的方法[63-64]。图 5.15 给出了两个用户场景的 OMA 和 NOMA 方案。与 OMA 不同的是，整个带宽由 NOMA 中的两个用户同时共享。在 NOMA 中，多个用户在特定时间共享同一个子载波，从而提高频谱效率。NOMA 的两个主要分类是：功率域 NOMA，用户在功率域中多路复用；另一个是码域 NOMA，用户在码域中多路复用[64]。其他多路复用技术是受 CDMA 系统启发的稀疏码多路访问、多用户共享访问和模式分割多路访问的[65-66]。文献[67]的作者讨论了 NOMA 在蜂窝物联网中的潜在优势和局限性。文献[68]的仿真结果表明，如果数据到达率较小且数据接收器结构经过仔细选择，则 NOMA 将比 OMA 增益高。

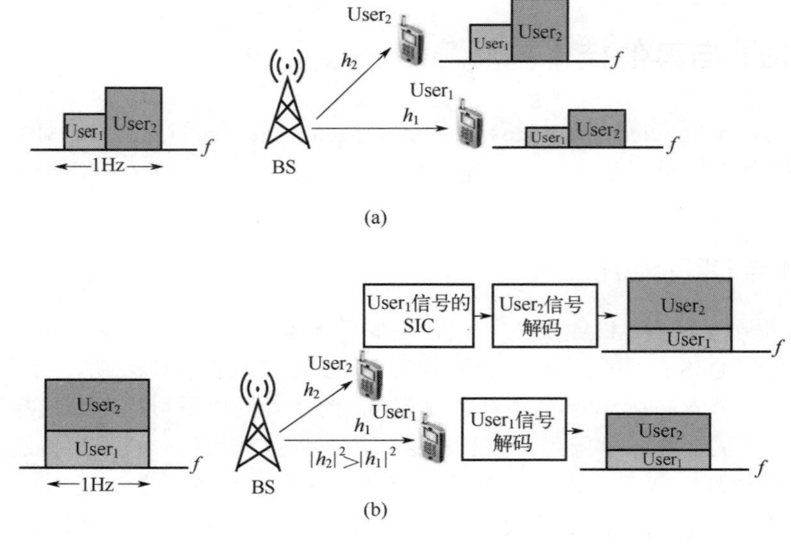

图 5.15 正交和非正交多址接入[64]

（a）正交多址接入；（b）非正交多址接入

为了将大量 NB-IoT 用户连接到网络，Mostafa 等[69]提出了一种功率域 NOMA 方案，该方案与 OMA 相比支持更高的连接密度，同时满足了 QoS 要求。作者为设备分配子载波和传输功率，旨在最大化连接到网络的设备数量。同样，文献[70]的作者将功率域 NOMA 应用于采用移动边缘计算（mobile edge computing，MEC）的 NB-IoT 网络。他们提出了采用最小化最大任务执行延迟的算法，该算法将优化 MEC 计算资源分配与按序消除 NB-IoT 设备的连续干扰相结合，但是，这项工作没有包括设备调度的动态优化。NB-IoT 设备可以相互决定哪些设备将一起传输以及它们的数据传输持续时间。

文献[71]的作者考虑了基于 NOMA 的网络的 DL，并制定了使用 Lyapunov 优化技术解决用户调度和功率分配问题。所提出的方案基于实时系统状态做出决策，并使功耗和用户满意度得到改善。文献[72]的作者考虑了支持大规模物联网的网络中随机数据包到达场景的 NOMA。其仿真结果表明，与 NB-IoT 支持每秒 18 个数据包的 UL 延迟大约 2.8s 不同，NOMA 可以支持每秒 100 个数据包的到达率，延迟要求为 100ms。类似地，文献[73]的作者将用户聚类应用于功率域 NOMA，以通过对 MTC 设备的最佳资源分配来最大化吞吐量并增加连接到网络的设备数量。文献[74]的作者为单天线和多天线系统设计了非正交高效频分复用频谱，并表明，与 NB-IoT 相比，它可以将 DL 吞吐量增加 11%。

因此，NOMA 可以成为支持大量设备与 NB-IoT 的有前途的解决方案。研究人员已应用多种技术将 NOMA 与 NB-IoT 相结合，并表明 NOMA 可以潜在地增加 NB-IoT 支持的用户数量。然而，需要做大量的研究来克服在 NB-IoT 网络中应用 NOMA 的局限性。

5.4.3 社交 NB-IoT

NB-IoT 与 D2D 技术可以支持物联网应用的快速增长。然而，与这些技术相关的一些安全性、可靠性和通信拥堵问题可以采用社交物联网的概念在一定程度上缓解这些问题。

文献[75]提出了社会关系的概念。作者讨论了两种可信模型：主观模型，基于个人经验和共同朋友的经验；客观模型，其中每个节点的信息存储在哈希表结构中并分发给其他节点。

包含此概念可提高网络在可扩展性和安全性方面的效率。然而，由于反馈交换消息，网络流量增加。

受社交物联网（social IoT，S-IoT）的启发，Militano 等在 NB-IoT 中引入了社交意识概念[76]。在此，作者考虑了网络中所连接的设备间的信任级别，并用信誉和可靠性概念对其进行建模。他们已将 S-IoT 概念应用于 NB-IoT 与 D2D 通信，这有助于节省设备的能量、提供安全的数据传输和流量卸载。在其方法中，NB-IoT 用于在用户和 eNB 间建立连接，但是将协作多跳的 D2D 用于向 eNB 上传数据。借助信任的概念，可以处理网络中存在的恶意节点。作者发现，设备之间的社交意识可以减少恶意节点造成的负面影响，它还可以降低数据丢失、提高内容上传时间和降低能耗。

此外，在文献[62]中，作者利用了 NB-IoT 与 D2D 通信的优势。他们考虑将内容上传到基站的短程多跳中继。他们采用 NB-IoT 在用户和基站之间建立连接，并用 D2D 通信在邻近设备间建立连接。他们利用 S-IoT 概念在设备间建立信任关系，以检测用户的恶意行为，并通过包括减少数据丢失、降低平均能耗和缩短数据上传时间在内的多个参数来评估模型性能。对采用基于信任的解决方案的分析表明，与传统方法的数据丢失相比，数据丢失减少了 19%。

Ning 等人[77]提出了一种基于社会意识的群体形成机制。作者开发了一种社交感知、支持 D2D 的 NB-IoT 协作框架，称为 SAGA，并使用它向 eNB 上传信息。对于资源分配，他们制定了一个考虑成本、传输功率、网络负载等约束的最优组博弈。他们提出的方案增加了服务用户的数量，并降低了中断概率和传输功率。

可以说，社交物联网对 NB-IoT 网络的安全性和可靠性很有帮助，可以减少网络中恶意节点的影响。迄今为止的研究表明，社交物联网不仅可以支持安全的数据传输，还可以用于卸载流量、减少数据丢失和减少 UL 往返时间。

5.4.4 5G NR 中的 NB-IoT

与 LTE 相比，5G NR 技术旨在以极低的延迟提供高数据传输速率、增加基站容量并提高 QoS[78]。5G 技术将显著提高网络性能、可扩展性和效率，并减少端到端延迟。Palattella 等人[79]指出 NB-IoT 是 5G 时代连接物联网设备的重要技术。3GPP 现已使 NB-IoT 成为 5G 的一部分。3GPP 对 5G NR、LTE-M 和 NB-IoT 的性能进行了评估，结果表明 LTE-M 和 NB-IoT 可以支持每平方千米布置 100 万台设备的密度要求，最大延迟为 10s[80]。多接入 5G 核心网络将提供与 LTE、NB-IoT 与 5G IoT 的连接。在 5G 规范中，3GPP 涵盖了四种主要用例[81]：

（1）超可靠低延迟通信（ultra reliable low latency communication，URLLC）

它旨在提供低至 1ms 延迟的高质量通信，传输的数据既可靠又准确。URLLC 的主要应用包括实时监控、V2X、智能电网等。

（2）增强型机器类型通信（enhanced machine type communication，eMTC）

该特性适用于物联网设备极多的应用，旨在建立万物互联。这些设备应该具有低成本和非常长的电池寿命。

（3）增强型移动宽带（enhanced mobile broadband，eMBB）

其适用于需要高数据传输速率和无缝用户体验的用例。使用场景包括广域覆盖和热点。应用包括 4K 高清视频、虚拟和增强现实、远程医疗等。

（4）NR-Light

它计划包含在 3GPP Rel-17 中，并将针对物联网市场，例如视频监控摄像头和工业无线传感器，这些市场无法由用于 mMTC 用例的 LPWA 设备提供服务[82]。与 LPWA 设备相比，这些物联网设备具有以 UL 为主的流量，并且需要更高的数据传输速率、更频繁的数据传输和更短的电池寿命。它们需要比 LPWA 设备更复杂，但不需要像 eMBB 或 URLLC 设备那样复杂。

NB-IoT 现在已经被 3GPP 纳入了 5G 技术。对 5G NR 与 NB-IoT 的应用研究表明，采用 5G 技术（如 Fast-OFDM 和 SEFDM）可以增加 NB-IoT 支持的设备数量，同时保持所需的数据传输速率和较低的设备复杂性。将 NB-IoT 与 5G 结合使用还有其他好处，例如快速验证 NB-IoT 设备。

表 5.3 总结了 NB-IoT 与其他技术相结合的应用研究。

表 5.3 NB-IoT 与其他技术相结合的应用研究

工作领域	应用
M2M 与 D2D	可以将 NB-IoT 与 M2M 和 D2D 相结合
	提高能耗、延迟和可靠性方面的性能
	防止数据丢失并降低系统运营成本
NOMA	多个用户共享同一个子载波，从而提高频谱效率
	提高吞吐量并降低延迟
	可满足 NB-IoT 对海量连接和更高频谱效率的要求
社交 NB-IoT	解决与安全性、可靠性和拥堵相关的问题
	减少恶意节点的负面影响，提高数据传输的可靠性和安全性
	降低设备的延迟和能耗
	增加服务的用户数量并降低中断概率
5G NR 中的 NB-IoT	与 LTE 相比，5G NR 具有多项优势，如更大的吞吐量、更低的延迟和改进 QoS 处理
	多接入 5G 核心网可支持 LTE、NB-IoT、5G IoT
	Fast-OFDM 与 SEFDM 等 5G 技术可以在不影响数据传输速率和接收器复杂度的情况下增加连接设备的数量
	5G 能支持 NB-IoT 的快速认证服务，这将减少 NB-IoT 设备的访问时间和功耗

5.5 NB-IoT 应用实例

本节将以“基于 NB-IoT 的智慧医疗监测系统的设计与实现[82]”为实例来讨论 NB-IoT 的实际应用。

5.5.1 总体方案

物联网在医药卫生领域中的应用使得“智慧医疗”有了长足的发展，这种发展极大地提升了医疗服务的质量与效率。惠普公司的行业调查显示，80%应用物联网技术的医疗机构将会迎来创新式发展，医生将可能随时获取病人的医疗数据，以便于及时诊断[83]。对于医护人员来说，掌握病人每天的基本生理指标如体温、血氧等数据比较重要，尤其是对于术后效果以及药物疗效的判断，或是对慢性病做病理学或药理学的临床追踪。因此，建立一个实时监测患者主要生理参数的监测系统对于“智慧医疗”的发展具有基础性的作用。NB-IoT 技术由于其部署方便、相对成本低廉、扩展性强，可广泛应用到智慧医疗的数据采集与监测系统中。

（1）系统目标

① 系统能够实现对病床患者基本生理参数（血氧含量、体温）的采集及输液监测；

② 数据采集终端小巧轻便，不能影响原有医疗设施布局，无须布线，便于拆装更换，续航能力强，操作简单；

③ 终端与网络的连接稳定，网络的连接数要大，能够满足一个医院院区所有病床的连接部署要求；

④ 网络传输通畅，丢包率低，在 Web 页面可实时获取到终端的相关数据信息。

（2）技术指标

① 血氧浓度的测量精度可达到 0.01%，误差±0.5%；

② 体温测量传感器的测量精度可达到 0.01℃，误差±0.2℃；

③ 在正常工作模式下，NB 终端在 10s 内能够正常上报一次数据，可在 5s 内接收来自物联网平台的命令并响应命令；

④ NB-IoT 终端的功耗要足够低，续航足够长，在全功能模式下运行 24h 的电量消耗不超过 1000mA • h；

⑤ NB-IoT 设备具有调试接口，方便维护；

⑥ 系统的网络连接要保持通畅，传输要稳定，丢包率控制在 0.1%以下；

⑦ 物联网云平台数据同步要及时，物联网云平台与 NB 终端的数据要在 5s 内达到同步。

（3）系统架构

根据上述系统目标和技术指标，将整个系统设计为“端”—“管”—“云”架构。

其中，NB 终端设备部署于病房环境中，它是一种基于单片机的设备，主控核心为 MCU，通信模块为 NB-IoT 模组，其他部件为外围电路与传感器。

物联网云平台是数据的中转站，它向下连接到南向设备，在此，南向设备即为 NB-IoT 终端设备，它将数据传送到 NB 基站后通过 CoAP 与物联网云平台相连接。

云平台向上连接到北向应用侧，在此，北向应用即是展示数据的 Web 前端页面，通过 HTTP 与物联网云平台相连。“端”—“管”—“云”的架构设计如图 5.16 所示。

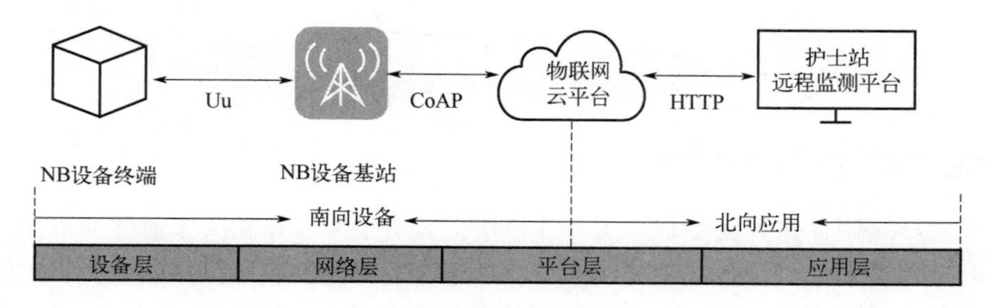

图 5.16　系统整体架构[82]

（4）南向设备层架构

由于 NB-IoT 基站（图 5.16 表示为 NB 设备基站）由电信运营商部署，因此在此处的南向设备特指 NB 终端设备，其架构如图 5.17 所示。

传感交互层包括体温和输液传感器以及按键、显示屏等硬件交互设备，用于完成相关数据的收集传输。程序主控层对应的硬件设备是 MCU，它内部烧录了控制程序，用来控制整块设备终端的设备行为。数据通信层对应的是 NB-IoT 模组，它负责 NB 设备终端与物联网平台的数据传输。

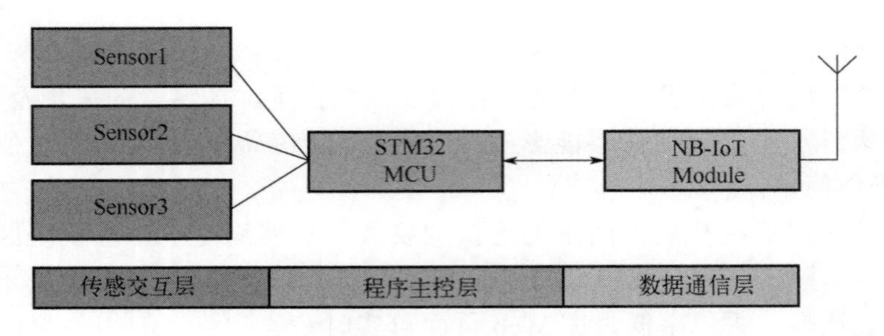

图 5.17　南向设备 NB 终端架构图[82]

（5）北向应用层架构

北向应用是建立在物联网云平台的数据基础之上的。物联网云平台具有开放性的 API 接口，用户可以通过二次开发去调用这些接口，与自己的业务逻辑和管理能力进行继承，定制自己的物联网应用。北向应用通过从物联网云平台调用 API 的方式来完成对南向设备终端的间接通信与控制。北向应用与物联网平台的连接架构如图 5.18 所示。

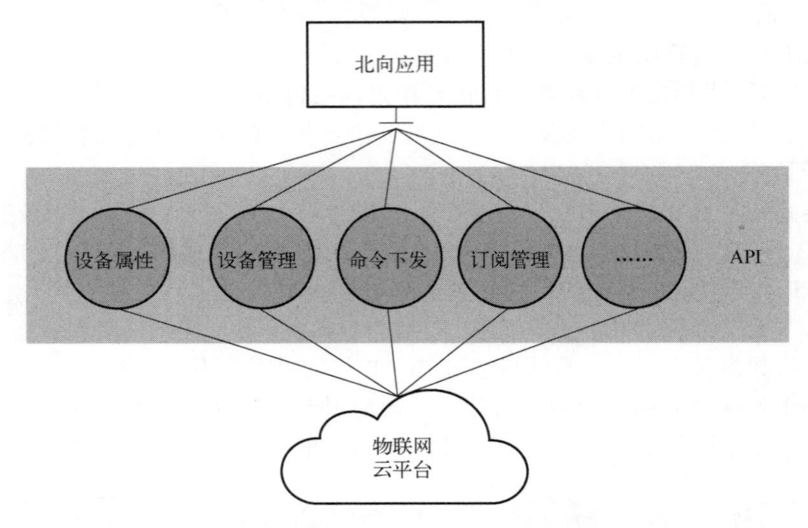

图 5.18　北向应用，通过 API 访问物联网云平台[82]

5.5.2　NB 终端设备的硬件系统

NB 设备终端硬件作为底层基础的硬件模块，负责采集人体相关生命体征数据以及输液状态数据，并将数据在本地显示，同时通过 NB 模组将数据传输到物联网云平台。硬件系统的整体结构如图 5.19 所示。整个硬件系统可以分为四个部分：MCU 最小系统、NB 模组、传感器电路、供电及电源管理模块。

MCU 最小系统为硬件电路的核心，微控制器 MCU 负责软件灌入、控制传感器进行数据采集与处理、与 NB 模组通信、通过 USB 串口打印设备调试信息、控制电源供电等。NB 模组包含模组本身及模组附加的 NB 卡、天线及外围阻容电路，它向下通过串口与 MCU 进行信息交互，向上通过天线连接基站与物联网云平台进行数据传输。传感器电路负责采集数据，分别采集血氧、体温和输液信息。供电及电源管理模块为系统提供稳定的直流电源，通过电池充放电模块来维持系统续航，通过 LDO 调配出各个元器件所需的 5V 和 3.3V 电压。

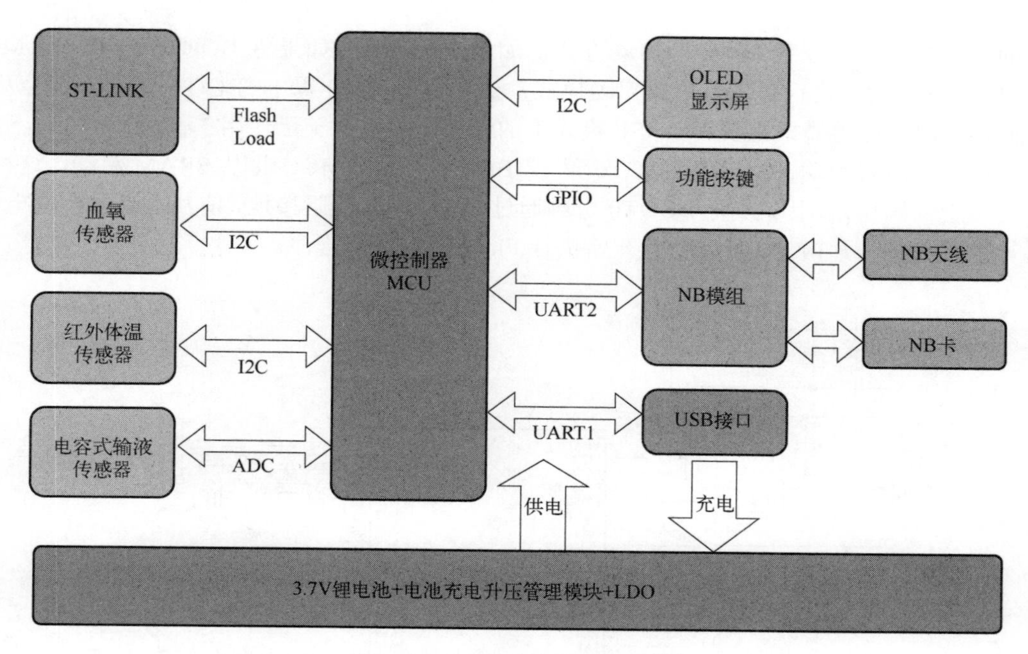

图 5.19　硬件系统总体结构[82]

（1）主控 MCU 的系统

采用 STM32L4 系列中的 STM32L431RCT6 作为 MCU。它是一款超低功耗高性能处理器，采用 ARM®Cortex®-M4 内核，主频较高（3.42MHz），存储容量适中（64KB/256KB），接口丰富（CAN，I2C，IrDA，LIN，MMC/SD，QSPI，SAI，SPI，SWPMI，UART/USART），引脚数量适中（64-LQFP），价格低廉。

MCU 电路是整个硬件电路设计的核心，所有的控制指令都是从这里发出去的，除了供电系统由充电芯片控制外，其他所有的片上外设全部由 MCU 控制。STM32L431RCT6 的单片机最小系统如图 5.20 所示。整个最小系统分为供电电路、时钟电路、复位按键电路、GPIO 接口、程序灌入接口等。其中供电电路分为五组，VDD 和 VBAT 与供电电路 V3.3 相连，VSS 则与 GND 相连，在每组 VDD 和 VSS 之间接一个 100nF 的耦合电容，用于过滤供电端可能产生的噪声信号。

时钟电路由两颗晶振和四个电容组成。PH0 和 PH1 引脚是外部高速时钟（high speed external clock signal，HSE）接口，可以外接 4～48MHz 的高速外部晶体作为 HSE，相比于内部时钟，外部时钟能够提供更加精准的时钟源，本课题配置 MCU 在上电系统初始化完毕后，使用 HSE 作为主要时钟源。这里选用最为常用的封装为 5032 的 8MHz 外部晶振，其中两个时钟信号引脚连接 22pF 的负载电容，加速晶振的起振，并使振荡更为稳定。PC14 和 PC15 引脚是连接外部低速时钟（low speed external clock signal，LSE）的引脚，LSE 外接频率为 32.768kHz 的晶振作为 RTC 时钟源，后部通过连接两个 12pF 的负载电容接地。相比于内部时钟源，用 LSE 晶振作 RTC 时钟源功耗更低，更为精准，而且不选用内部时钟源避免了由于 MCU 芯片内部的温度升高影响时钟频率的问题。

图 5.20 的右部有一个 4pin 的接口（HDR I×4），此接口即为 SWD 程序调试与灌入接口。SWD 排针的四个引脚分别对应 SWCLK、V3.3、GND、SWDIO，这四线引脚可直接与外部烧录（灌入）器 ST-Link 相连，从而将外部程序下载烧录进 MCU。MCU 的 BOOT0 和 BOOT1

引脚的高低电平可以控制 MCU 的启动方式，如表 5.4 所示。如果将 BOOT0 置 0，则 MCU 从片内 Flash 启动，这也是最常用的启动模式；如果将 BOOT0 置 1，BOOT1 置 0，则会从系统存储器启动，这种模式主要用于 ISP 模式下的串口下载，由于已使用了 SWD 的串口下载，因此不需要此模式启动；如果将 BOOT0 置 1，BOOT1 置 1，MCU 将从 SRAM 启动，这种模式主要用于代码调试。因此，将 BOOT0 引脚通过一个 10kΩ 电阻接地，使其永远保持低电平，使得每次启动都从片内 Flash 启动并开始执行 Flash 内的灌入程序。

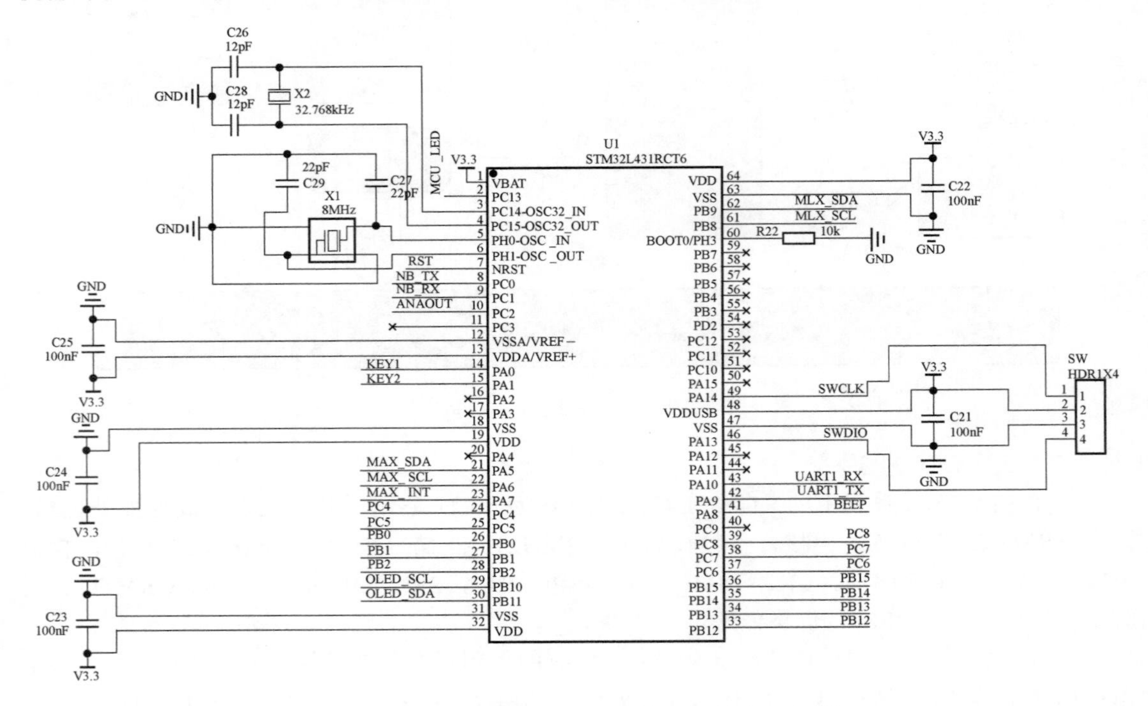

图 5.20　STM32L431RCT6 的单片机最小系统[82]

表 5.4　BOOT 引脚和 MCU 启动模式的关系[82]

BOOT0	BOOT1	启动模式	说明
0	×	用户闪存存储器	从 MCU 片内 Flash 启动
1	0	系统存储器	从系统存储器启动（ISP 模式）
1	1	SRAM 启动	从 MCU 片内 SRAM 启动

复位及按键电路如图 5.21 所示，图中的 RST 导线连接至 MCU 的 NRST 引脚，STM32 的复位有效电平为低电平有效，通过一个 10kΩ 的上拉电阻与 3.3V 相连，确保在按键未触发时 NRST 引脚维持高电平，并在 RST 按键旁布置了阻容电路，确保复位按键低电平的持续时间大于 300ns。另外两个按键阻容电路则是分别连接到了 KEY1 和 KEY2 按键，最终连接到 MCU 的 GPIO 接口，为后续开发控制功能提供了交互的接口。

BEEP 引脚通过 MCU 的 GPIO 连接到蜂鸣器，PC13 引脚通过 GPIO 连接到一个 LED，作为 MCU 工作状态的指示灯。在 V3.3 和 GND 之间，再连接 4 个 100nF 滤波电容，进一步滤除电源信号里的高频成分，如图 5.22 所示。

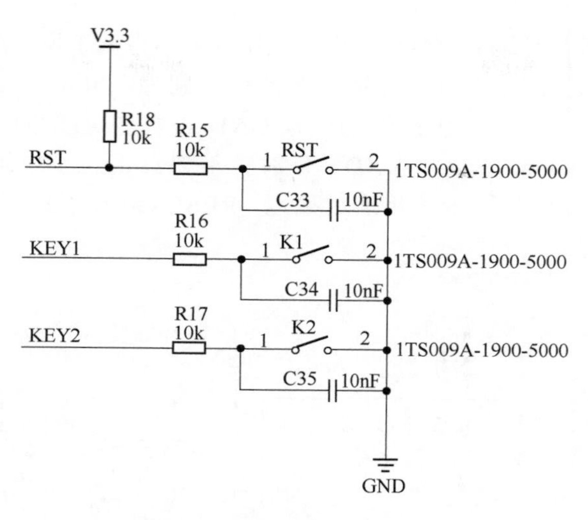

图 5.21　复位及按键电路[82]

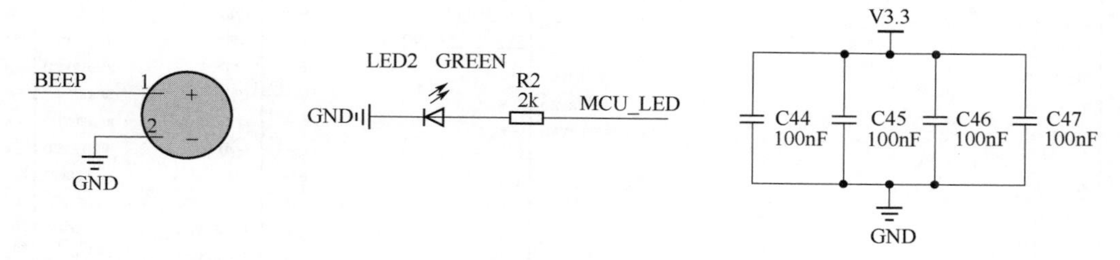

图 5.22　MCU 最小系统辅助电路

PC0 和 PC1 作为低功耗的通用异步串口（low-power universal asynchronous receiver transmitter，LPUART）与 NB 模组的串口相连作为数据收发通道；引出 PC2 作为 ADC 采集口来采集输液传感器端传来的电压值；引出 PA5、PA6、PA7 作为血氧采集芯片的模拟 I2C 通道以及中断控制通道；引出 PB8 和 PB9 作为体温传感器的模拟 I2C 通道；引出 PA9 和 PA10 作为串口 Debug 信息通道通过 CH340 后连接至 USB 端口；引出 PB10 和 PB11 作为 OLED 显示屏的 I2C 数据通道。剩余引脚中，引出 12 个作为备用扩展接口，其余引脚不做电气连接。

（2）NB 模组

对于 NB 模组的要求，除了能够满足 CoAP 数据传输之外，还要能够做到低时延、低功耗、价格适中、支持频带广泛、体积小、配套文档详细等。为此，选用移远公司的 BC35-G 作为 NB 模组。

BC35-G 是一款高性能、低功耗的多频段 NB-IoT 无线通信模块，支持 B1/B3/B8/B5/B20/B28 频段，采用的是华为海思 Boudica V150 SoC，基于 ARM®Cortex®-M0 架构。另外，该模块采用 LCC 封装形式（易于焊接），具有-40℃～+85℃的超宽工作温度范围，能耗很低，在最大射频发射状态的耗流值只有 250mA。它还内嵌了丰富的网络服务协议栈，如 IPv4、UDP、CoAP、LWM2M 等，因此可满足多协议通信的要求。

NB 模组电路原理图如图 5.23 所示。供电设计会影响到 NB 模组的性能。在 NB 模组电路设计的时候，参考了移远公司的《BC95 硬件设计手册》，使用 LDO 作为供电电源，需选择低静态电流，输出电流为 0.5A，同时模组能够支持锂电池供电，电源 VBAT 电压输入范围为 3.1～4.2V，模块在数据传输时，要确保电源电压跌落不得低于模块最低工作电压 3.1V[84]。在供电引脚 VBAT 以及 GND 之间，连接两个数值分别为 100nF 和 22μF 的电容来滤除高频成分，以稳定供电。在天线引脚附近的四根 GND 线要与地进行良好的连接，以确保天线周围良好接地。对于串口 TXD 和 RXD，分别接入 2kΩ 的上拉电阻后接入 MCU 对应的 LPUART 端。其余 GND 引脚则全部相连后接地，RESERVED 引脚以及未用到的功能引脚不做电气连接。

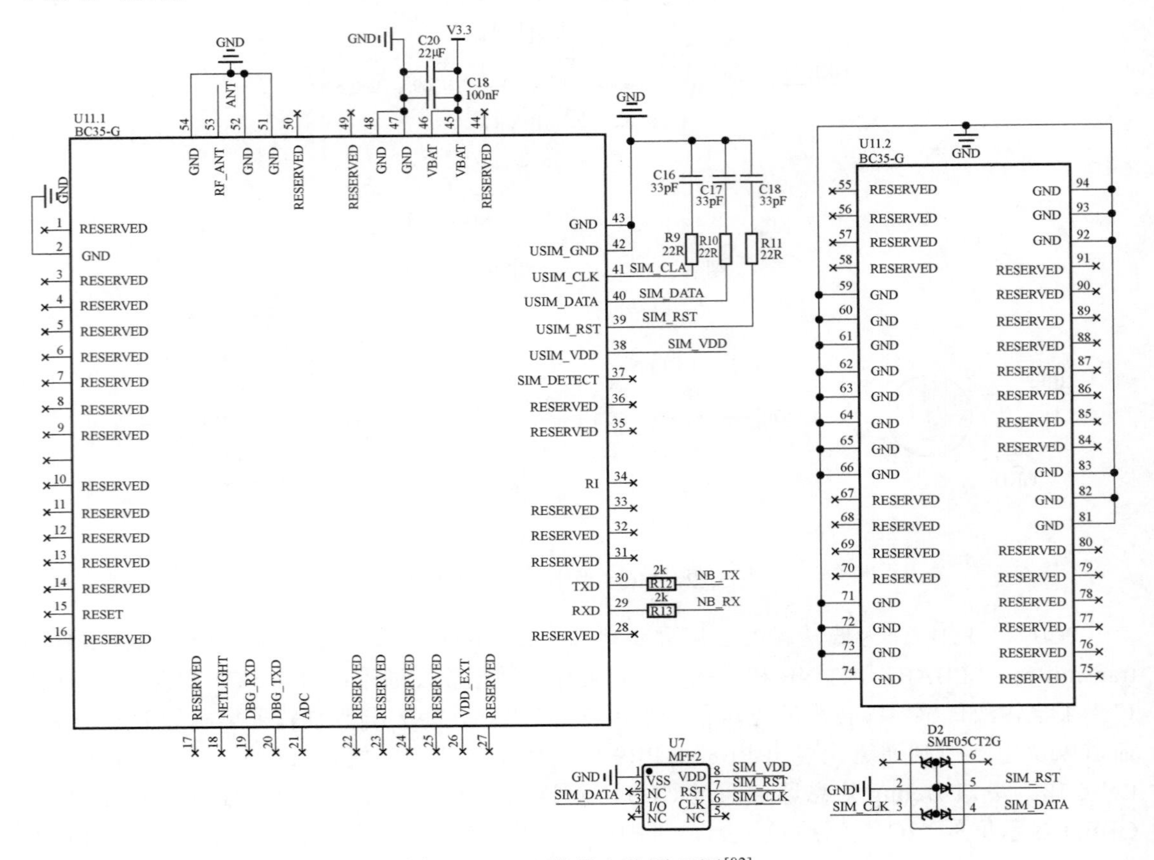

图 5.23　NB 模组电路原理图[82]

对于外部 USIM 接口的电路，为了确保电路能正常运行且具有一定的稳定性，根据移远公司相关设计手册建议，遵循以下设计原则[82,84]：

① 外部 USIM 卡座靠近模块摆放，尽量保证外部 USIM 卡信号线布线长度不超过 200mm。

② 外部 USIM 卡信号线布线远离 RF 走线和 VBAT 电源线。

③ 外部 USIM 卡座的地与模块的 USIM_GND 布线要短而粗，为保证相同的电势，需确保布线宽度不小于 0.5mm；USIM_VDD 的去耦电容不超过 1μF，且电容应靠近外部 USIM 卡座摆放。

④ 为确保良好的 ESD 防护性能，建议在外部 USIM 卡的引脚增加 TVS 管，所选择的 TVS 管寄生电容应不大于 50pF，ESD 保护器件尽量靠近外部 USIM 卡座摆放，外部 USIM 卡信号线走线应先从外部 USIM 卡座连到 ESD 保护器件再从 ESD 保护器件连到模块。在模块

和外部 USIM 卡之间需要串联 22Ω 的电阻用以抑制杂散 EMI，增强 ESD 防护。外部 USIM 卡的外围器件应尽量靠近外部 USIM 卡座摆放。

根据以上设计规范，将四个引脚 SIM_CLK、SIM_DATA、SIM_RST、SIM_VDD 全部接到 SIM 卡槽 U7 对应的引脚上，同时 SIM_CLK、SIM_DATA、SIM_RST 三个引脚继续接入 22Ω 的电阻和 33pF 的电容后接地。为了做好静电防护，采用五线电涌保护阵列集成器件 SMF05CT2G 连接到 SIM_CLK、SIM_DATA、SIM_RST 三个引脚上，由于五线引脚只用到了三个，余出的两个引脚不做电气连接，GND 引脚接地。

（3）数据采集和传感器模块

数据采集和传感器模块包含三个部分：体温测量模块、血氧测量模块、输液测量模块。MCU 控制这三个部分的数据采集，并将采集到的数据传输给 NB 模组，进而通过 NB 模组传送到云平台。

① 体温测量模块　物体的测温方法按接触类型来分类，一般可以分为接触式和非接触式两种。接触式测温是通过测量设备与被测物体一定时间的直接接触传导热量，达到热平衡之后得出读数，这种测量方法较为准确。

非接触式测温则是测量设备不直接与被测物体接触，通过某种媒介，如红外辐射等来确定被测物体的温度。由于不与被测物体接触，不需要热量传导，因此非接触式测温可以迅速完成，测量温度范围更广，缺点是结果误差比接触式测温要大，但通过一定的优化和校准，非接触式测温也能达到较为理想的准确度。下面介绍采用典型的测温模块 MLX90614 为核心元件的测温模型。

MLX90614 系列测温模块，是一款红外非接触式测温传感器，详细参数见表 5.5。MLX90614 采用了红外热电堆传感器芯片 MLX81101 和专用于处理红外传感器的信号调节输出端 MLX90302。红外热电堆传感器芯片负责输出一个电压参数 V_{ir}，这个参数是环境温度 T_a 和被测物体温度 T_o 共同作用得到的结果，V_{ir} 的计算公式如下：

$$V_{ir}\left(T_a - T_o\right) = A\left(T_o^4 - T_a^4\right)$$

式中，A 是元件的灵敏度系数；电压输出值 V_{ir} 为一个模拟量，它被送入信号调节输出端来做进一步的 A/D 转换和数字信号处理，最后输出数字温度值。

MLX90614 的电路原理图如图 5.24 所示，SDA 和 SCL 引脚分别接 4.7kΩ 的上拉电阻后与 MCU 相连。Vdd 接入从 LDO 传来的 3.3V 电源，Vdd 和 Vss 直接接上一个 4.7μF 的滤波电容，最后与地线 GND 相连。

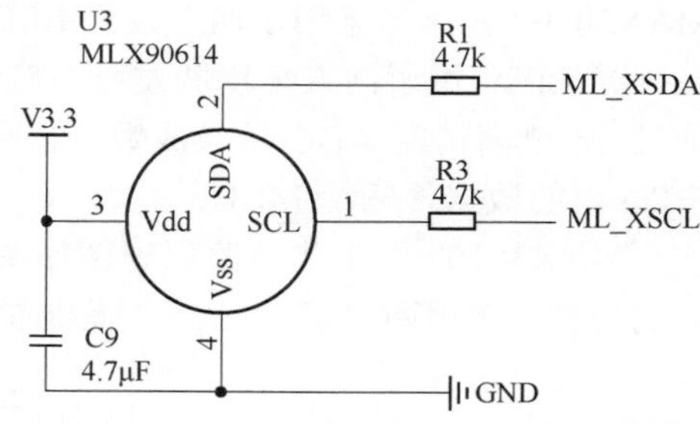

图 5.24　MLX90614 的电路原理图[82]

表 5.5　MLX90614 参数[82]

参数	指标
工作电压/V	3～5
测温度范围/℃	环境温度：-40～+125
	目标温度：-70～+380
分辨率/℃	0.02

续表

参数	指标
精度	普通温度下（0～50℃）：±0.5
	人体温度下（36～38℃）：±0.2
通信协议	SMBus/10bit PWM
封装	TO-39

② 血氧测量模块　血氧饱和度指的是血液中被氧结合的氧合血红蛋白容量占全部可氧合的血红蛋白容量的百分比，即血液中血氧的浓度。传统的血氧饱和度测量需要先从人体采血，经过血氧分析仪的电化学分析才能进一步计算出血氧饱和度。这种测量方法虽然很精确，但是会对患者造成痛苦，而且不能进行连续的实时的测量，分析计算还需要较为专业的人士进行。目前较为方便的无创光容积法测量方式已经得到了广泛应用。

光容积法利用的是人体组织在血管搏动时造成透光率发生变化这一特性。将特定的光源照射到人体组织上后被部分吸收，这时光电变换器接收经过人体组织反射后的光线进行分析，得到对应的氧合血红蛋白（HbO_2）和普通血红蛋白（Hb）的含量，进而通过以下公式计算出血氧饱和度 SaO_2：

$$SaO_2 = \frac{C_{HbO_2}}{C_{HbO_2} + C_{Hb}}$$

式中，C_{HbO_2} 与 C_{Hb} 分别为氧合血红蛋白（HbO_2）和普通血红蛋白（Hb）的含量。

下面介绍采用 Maxim Integrated 公司生产的 MAX30102 传感器所设计的血氧测量模块。

该传感器利用光容积法进行血氧饱和度的测量。携带氧的红细胞所吸收的红外光波长在 850～1000nm 间，未携带氧的红细胞所吸收的红光的波长在 620～750nm 间[82]。对此，MAX30102 传感器采用了两个发光 LED，分别为波长 660nm 的红光 LED 和波长为 880nm 的红外光 LED，用于向人体皮肤发射对应频率的光波。之后将反射回的光波经光电二极管收集，通过 18 位高精度 ADC 转换成数字信号，存入芯片自带的 FIFO，最后通过 I2C 总线协议将 FIFO 内的数据传输给 MCU。

MAX30102 的工作电路原理图如图 5.25 所示，芯片出于降低整体功耗并满足 LED 大电流的考虑，采用两路供电。V5.0 提供 5V 电压到两个 VLED+引脚，为可能会出现的 50mA 大

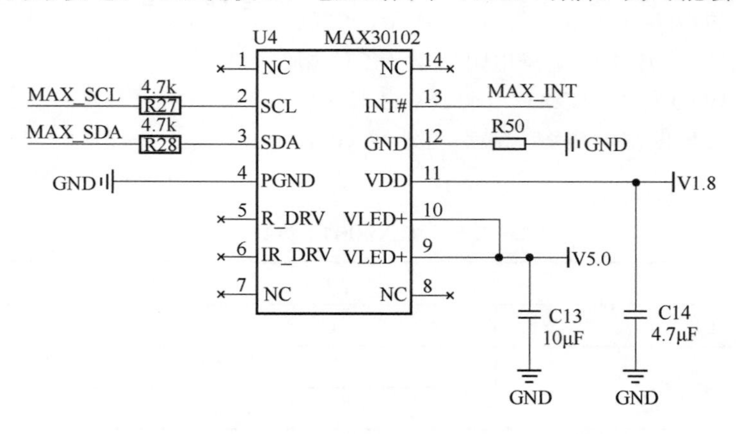

图 5.25　MAX30102 的工作电路原理图[82]

电流进行充足的供电，保证了 LED 的出射光强足够强。1.8V 正向电压接 VDD 引脚，这部分电压单独为 ADC 电路和 I2C 线路供电。MAX_SCL 和 MAX_SDA 为标准的 I2C 总线接口，连接上拉电阻后再接 MCU 对应的引脚即可。MAX_INT 引脚为芯片的中断控制引脚，此引脚控制 MCU 周期读取 FIFO 中的数据。其余未用到引脚不做连接。

③ 输液测量模块　输液测量模块由一个 555 定时器电路及其周围电路组成，如图 5.26 所示。555 定时器收集从 ANAOUT 引脚和地线引脚之间传输过来的电压差，此电压差的大小取决于电路中金属表面的感应电容，从而造成输出电压值的波动。输液管中有无液体会改变采样到的电压值，将此电压值的波动送入 MCU 的 ADC 接口，即可监测外部输液管中的液体变化情况。

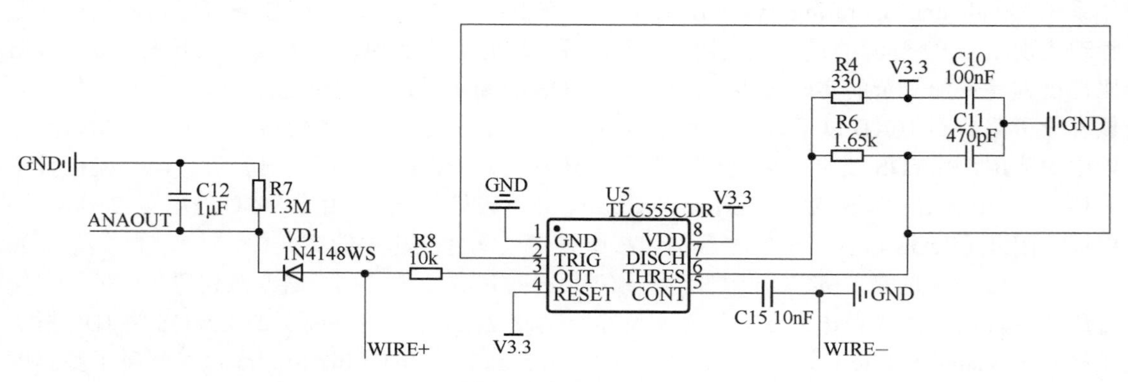

图 5.26　输液测量模块电路原理图[82]

（4）显示模块

为了便于硬件终端在本地显示监测数据，采用一块 OLED 显示屏作为显示器，其电路连接原理图如图 5.27 所示。OLED 的型号为全智景 QG-2832TSWFG02，分辨率为 128×32，有 256 级亮度可选，通过 I2C 协议与 MCU 相连。

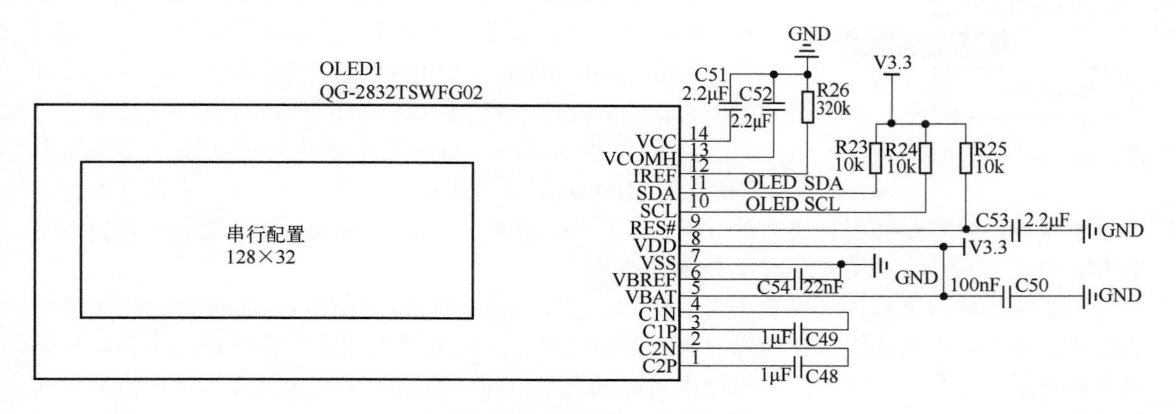

图 5.27　OLED 显示屏电路[82]

5.5.3　驱动软件

本节将介绍用于驱动硬件电路的软件的设计，使得 MCU 可以对整个硬件电路进行控制，完成数据采集和数据传送，以及与 Web 页面进行交互。

（1）嵌入式软件开发环境

Keil μVision 5 是一款支持 ARM 系列芯片架构的 IDE。通过 Keil 软件和 ST 公司开发的用于 STM32 的预配置软件 STM32CubeMX，可以更加便捷地实现时钟和各个接口的底层配置，而不再需要去手动编写对应的寄存器配置代码，极大加快了开发速度，可视化的界面也使得配置更加清晰、便捷。对 MCU 的引脚预配置可以在 STM32CubeMX 上完成。配置完成后通过 Keil 打开生成的.uvprojx 工程文件，选择对应的.c 和.h 文件即可看到通过 STM32CubeMX 自动生成的配置代码。当需要启用某端口时，直接调用该端口的初始化函数即可。

（2）嵌入式实时操作系统

以下简要介绍嵌入式实时操作系统 LiteOS。该系统是由华为公司开发的一款开源实时操作系统（real-time operating system，RTOS）。在 RTOS 中，内核控制任务调度，内核多任务管理实现了 CPU 资源的最大化利用。而多任务管理有助于实现程序的模块化开发，可以做出比裸机程序更加复杂的实时应用程序。而 LiteOS 的高实时性、高稳定性、超小内核（基础内核容量可裁剪到 10KB 以下）、低功耗以及支持功能静态裁剪等优势使得它更加适合物联网环境中的应用。LiteOS 支持主流的嵌入式语言开发，如 C、C++、汇编语言等，而且支持较多内核，尤其是 ARM 内核，对于 Cortex-A、Cortex-M 有较好的支持。由于 MCU 采用了 Cortex-M4 内核，因此 LiteOS 可为其适配相应的内核配置启动文件及相关的头文件。

LiteOS 遵循的是 BSD-3 开源许可协议，用户可以自由地使用、修改源代码，也可以将修改后的源代码开源或者作为专有软件再发布[85]。在 2020 年 4 月，新版的 LiteOS 将 IDE 框架迁移到了 Visual Studio Code 平台，名为 IoT Link Studio。IoT Link Studio 自身配备了整套的编译、灌入（烧录）调试系统，可以一站式完成对芯片的代码编写、程序调试、串口信息输出调试，使得整个开发流程更为便捷。

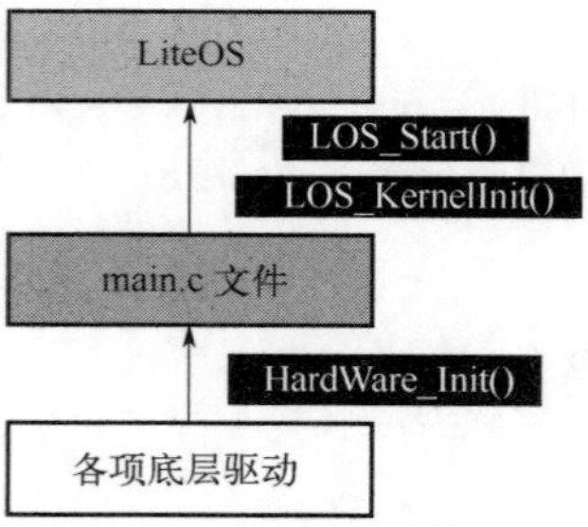

LiteOS

LOS_Start()

LOS_KernelInit()

main.c 文件

HardWare_Init()

各项底层驱动

图 5.28　嵌入式代码整体结构[82]

（3）嵌入式代码

嵌入式代码由两个部分构成，第一部分是各个硬件的驱动代码，第二部分是 LiteOS 任务代码，这两个部分通过 main.c 文件进行有机连接，如图 5.28 所示。在 main.c 文件中，调用 HardWare_Init( )函数进行各种硬件设备的初始化，然后利用 LOS_KernelInit( )函数进行 LiteOS 系统的初始化，最后通过 LOS_Start( )函数转入到 LiteOS 的任务循环机制。

① 硬件驱动代码　硬件的驱动代码可放在开发环境中所建立的 Hardware 文件夹中。可在 Hardware 文件夹中建立三个子目录，分别是体温传感器的 Temp 文件夹、输液传感器 Infusion 文件夹和血氧传感器的 BloodO2 文件夹，以存放三个传感器的代码。

所要传输的数据放在一个预定义的结构体变量 struct DataUpload_TypeDef 中，在里面存放血氧、体温和输液状态三种测量数据，然后通过 extern 修饰符将此结构体链接出去，分别在各数据采集函数中链接到此结构体中对应的变量，作为数据采集的接口传入本结构体，其代码如下。

```
typedef struct
{
float BloodOxygen;          //血氧数据
float temp;                     //体温数据
```

```
    int InfusionUp;              //输液状态数据
    } DataUpload_TypeDef;

    extern DataUpload_TypeDef HardwareData;
```

a. 血氧采集电路代码　BloodO2 文件夹里面存放着与 MAX30102 血氧采集硬件有关的驱动代码。文件夹里面共有四对.c 和.h 关联文件对。四个源文件的关系如图 5.29 所示，iic.c 为硬件提供 I2C 通信协议与 MCU 通信；MAX30102.c 提供了硬件初始化、配置寄存器以及读取 FIFO 等的函数；算法源文件 algorithm.c 为血氧计算提供必要的 FFT 滤波算法和数学函数；blood.c 文件为血氧测量文件，联合调用上述几个文件中的函数测出血氧数据传递给结构体 HardwareData 再到后面的任务函数。

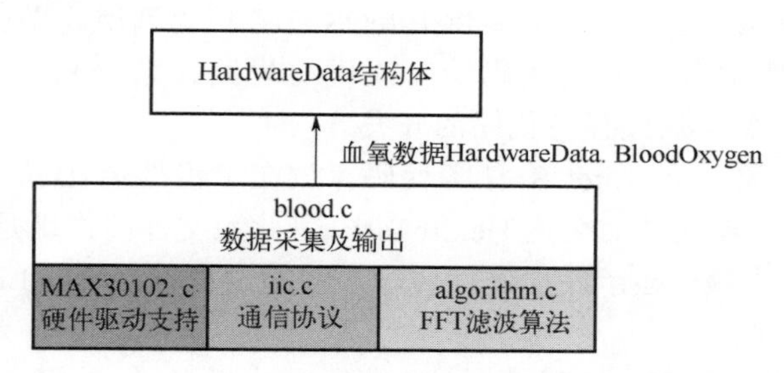

图 5.29　BloodO2 文件夹内各源文件的关系示意图[82]

对于血氧数据的采集，简要的代码流程如图 5.30 所示。首先是初始化的配置。在 MAX30102.c 文件里定义好 I2C 通信引脚和中断数据控制引脚，配置好各寄存器并进行初始化，配置每次傅里叶变换点数为 512。然后通过 BloodData_Get( )函数通过 I2C 总线读取 MAX30102 的 FIFO 中已经收集到的数据。每当数据收集到 512 组之后，收集任务结束。接着进行滤波，然后计算血氧浓度，并将结果传递给结构体内数据 HardwareData.BloodOxygen 即可完成从数据采集函数到任务代码函数的传递。之后在任务代码函数中直接调用数据 HardwareData.BloodOxygen 就可进行任务的上报。

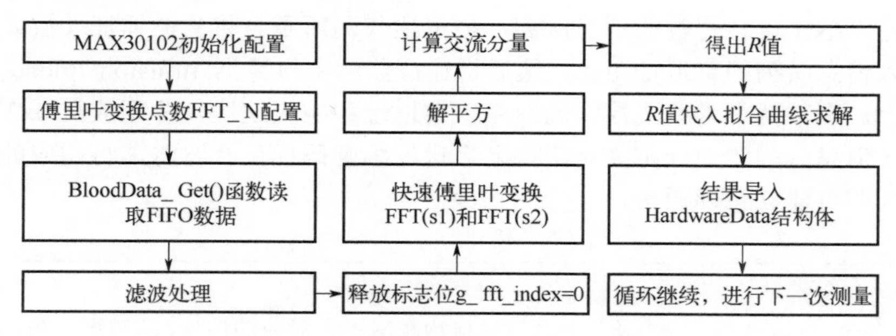

图 5.30　血氧数据采集代码流程[82]

b. 输液监测电路代码　先通过 STM32CubeMX 生成 ADC 的基本配置初始化代码，将分辨率 Resolution 设为 12bit，即最高精度，其他选项保持默认即可，然后将相关文件复制进工程文件的预留位置。在 Infusion.c 文件中创建一个 ADC 采集函数 AD_ValueGet( )，开启并等待 ADC 运算转化完毕，将每 20 次采集到的数据分成一组取均值后，返回这组的测量结果。

之后在 LiteOS 任务代码中调用此函数即可。

c. 体温测量电路代码　体温测量模块采用的是 MLX90614，它有两种通信方式，一种是 SMBus 协议，另一种是 PWM 方式。这里选用 SMBus 协议进行通信。在配置时将相关 GPIO 的速率配置为 GPIO_InitStruct.Speed=GPIO_SPEED_FREQ_LOW，使得 SMBus 总线能够工作在 100kHz 的频率下；而在配置 MAX30102 模块的时候相关 GPIO 的速率配置为 GPIO_InitStruct.Speed=GPIO_SPEED_FREQ_HIGH，使得 I2C 总线协议能够正常工作在 400kHz 的频率下。

在 STM32CubeMX 配置好引脚以及速率生成文件之后，在文件中写入 SMBus 传输协议以及 CRC 校验函数，最后定义温度测量函数 SMBus_ReadTemp( )，对于数据的处理这里也采用与上一小节相同的均值输出。利用函数 SMBus_ReadMemory（SA，RAM_ACCESS|RAM_TOBJ1）从硬件中存储温度寄存器的位置连续读取到 20 个温度数据，做均值处理后传递给定义好的结构体变量 HardwareData.Temp 中供 LiteOS 任务代码调用，之后循环上述操作。

以上是硬件传感器部分的驱动代码编写流程与思路，各个传感器测得的数据都传入 HardwareData 结构体，便于后续任务代码的开发。

② LiteOS 任务代码　将 LiteOS 任务代码存放在工程目录 Demos 文件夹下所建立的 HealthTask 文件夹，并将该文件命名为 HealthTask.c，此源文件的作用是配置对接物联网云平台的相关信息，接收、上报、显示底层硬件传输来的测量数据，通过 LiteOS 操作系统对整个硬件终端做出合理的控制。

a. 预编译信息定义　在 HealthTask.c 文件中先通过#include 关键字添加进 C11 版本包含的部分头文件、与 LiteOS SDK 系统的抽象层、LWM2M 相关的联网控制头文件，以及创建编辑完成的所有硬件驱动头文件。

相关头文件定义完毕后，对 NB 硬件终端的联网信息进行定义。将 cn_endpoint_id 定义为“PPDHealth”，这是对终端设备的个性化标注。将 cn_app_server 物联网云平台 IP 地址设定为“xx.x.xx.xxx（如 49.4.85.232）”，将 cn_app_port 端口号设定为“xxxx（如 5683）”。由于此版本的 NB 固件不能直接解析域名地址，因此这里只能填入 IP 地址，否则 NB 模组无法正常联网。联网的相关地址参数在编解码插件部署完毕后，可以通过物联网云平台获取。

接下来定义 NB 设备传输的消息队列，如下述代码所示。将生命体征（血氧和体温）的上报数据放入消息队列的首地址 0x0，然后将输液监测上报数据 InfusionUpload 放在第二个地址位 0x1 上。剩下两个为模式控制的命令下发地址和响应地址，分别放在 0x2 和 0x3 的地址位上，至此消息队列的地址定义完毕。之后进行编解码插件开发时，将相应的消息地址名称设置为相同即可建立正确通信。

```
//用于 AT 命令控制
#define cn_app_DataUpload 0x0 //与物联网平台对应的地址,即数据上报地址
#define cn_app_InfusionUpload 0x1          //输液数据上报地址
#define cn_app_ModeControl 0x2             //模式控制命令地址
#define cn_app_Respone_ ModeControl 0x3   //模式控制响应地址
```

接着在#pragma pack（1）代码头的下面定义上述消息队列中各个消息所包含的详细数据。#pragma pack 是预编译的组合代码头，如果没有此预编译环节，则会导致物联网云平台的

Profile只能找到对应消息的队列地址编码，但是不能找到其中所包含的定义，发送和接收的时候就会导致数据丢失。

此部分代码块由预编译命令#pragma pack（1）和#pragma pack( )首尾组合包裹而成，在代码块内部是多个结构体定义，结构代码如下：

```
#pragma pack(1)
typedef struct
{
   int8u messageId;
   string BloodOxygen[5];
   string Temp[4];
} tag_app_DataUpload;

typedef struct
{
   int8u messageId;
   int8u InfusionUp;
} tag_app_InfusionUpload;

typedef struct
{
   int8u messageId;
   int16_t mid;
   char Mode[1];
} tag_app_ModeControl;

typedef struct
{
   int8u messageId;
   int16_t mid;
   int8u errcode;
   int8u ModeResponse;
} tag_app_Respone_ModeControl;
#pragma pack( )
```

前两个结构体为消息上报结构体，第三个为云平台的命令下发结构体，第四个为命令响应结构体。四个结构体的第一条定义都是一样的——int8u messageId，此即为存放刚刚在消息队列里定义过的队列地址。云平台只有首先识别了消息队列的地址，才能判断此条消息的属性和功能，防止消息发生错误传递。

除了第一条消息之外，每个结构体中的其他消息定义都是不同的，也就是说除了第一条存放地址信息的定义外，其他都是结构体内部的私有定义。DataUpload 结构体中包含了血氧和体温数据，这两个采集数据的类型都是浮点类，但消息队列中并不能直接传输浮点数格式数据，因此这里将两种数据分别定义成占 5 个字节的 BloodOxygen[5]和占 4 个字节的 Temp[4]字符串类型数据，之后通过 sprintf( )函数进行浮点类型到字符串类型的数据格式转换。InfusionUpload 结构体中的私有定义是输液状态，输液状态直接通过整型 1 和 0 来表示，因此这里定义成 int8u InfusionUp。

命令下发结构体 ModeControl 是物联网云平台向 NB 终端下发命令的结构体。此结构体跟上述两个消息上报结构体有些不同，它还包含一条占两个字节的 uint16_t 型 mid 消息，此 mid 是命令下发时的序列认证，保证每一条消息的唯一性。之后通过一个 char 类型定义了 Mode[1]参数，里面存放模式信息的枚举值 A 和 B，代表两种不同测量模式的切换。最后一个结构体 ResponseModeControl 是与 ModeControl 对应的结构体，它包含了一个与命令下发结构体相同的 mid 参数，还有一个 errcode 错误参数信息，最后定义的是返回平台的响应信息 ModeResponse。

最后定义了 NB 模组接收 OC 平台消息队列的相关信息，如下述代码所示。这里定义了 OC 每次向终端下发消息的最大数据量：cn_app_rcv_buf_len 为 128 字节，实际接收的数据的长度为 s_rcv_datalen，最后定义了一个信号量 s_rcv_sync，用于任务的同步。

```
                                       //消息队列控制的相关定义
#define cn_app_rcv_buf_len 128
static int s_rcv_buffer[cn_app_rcv_len];
                                       //buffer 队列池,接收数据的数组
static int s_rcv_datalen;              //定义接收数据的长度
static int osal_semp_t s_rcv_sync;     //创建信号量,用于任务同步
```

b. LiteOS 函数代码　前面介绍了预编译所定义的代码，在此，利用已预定义的代码编写任务函数，这些任务函数的关系如图 5.31 所示。

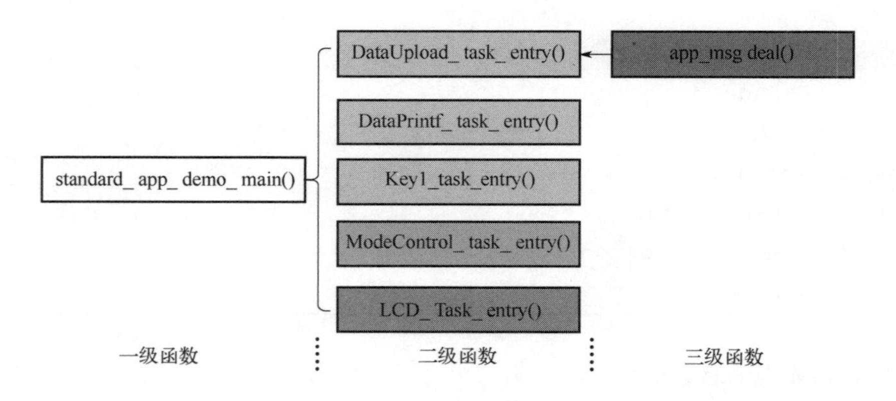

图 5.31　任务函数关系结构图[82]

一级函数 standard_app_demo_main( )是此文件的核心主函数。它利用 osal_semp_create( )函数创建了一个用于任务间同步的信号量，然后利用 LiteOS 内核的任务创建函数

osal_task_create( )建立了四个任务函数，利用 osal_int_connect( )函数创建了一个中断函数，这四个任务函数和一个中断函数分别去调用各自的二级函数，五个二级函数的代码存在于以下主函数中：

```
osal_task_create("DataPrintf",DataPrintf_task_entry,NULL,0x400,NULL,2);
                                        //传感器数据采集任务
osal_task_create("DataUpload",DataUpload_task_entry,NULL,0x1000, NULL,2);
                                        //传感器数据上传任务
osal_task_create("ModeControl",ModeControl_task_entry,NULL,0x1000,NULL,3);
                                        //命令下发任务
osal_task_create("LCD_SHOW",LCD_task_entry,NULL,0x1000,NULL,4);
                                        //LCD 显示任务
osal_int_connect(KEY1_EXTI_IRQn,2,0,key1_task_entry,NULL);
                                        //按键中断
```

这五个函数分别负责传感器的数据收集、传感器的数据上报、物联网云平台的命令解析、LCD 屏显示测量数据、检测按键中断。

任务函数的原型为 void*osal_task_create（constchar*name，int（*task_entry）（void* args），void *args，intstack_size，void *stack，intprior）。函数的第一个参数为用户为本任务创建的名称。第二个参数为所要实际调用任务函数的入口，此任务函数只是一个创建并启用任务的引导函数，所要实现的内容需要调用事先写好的二级函数。第三个参数为任务参数，如未使用，则为 NULL。第四个参数为任务栈大小，此项参数根据任务的实际大小和复杂度来合理调配，如果分配过小则程序不能正常运行，根据实际使用情况调配成 0x400 或 0x1000。第五个参数为栈指针，若不使用，用 NULL 覆盖。最后一个参数为任务优先级，根据实际情况设置。

DataUpload_task_entry( )函数是通过 NB 设备将数据上传到物联网云平台的函数，它的作用是使医护人员能够获取到 NB 终端设备所监测患者的健康数据。DataUpload_task_entry( )入口函数中包含两部分内容。第一部分是对物联网云平台 OC 服务的接口配置和数据上报结构体的配置，用于将之前定义好的服务器的 IP 地址、端口号和终端设备名称传递给 LiteOS 的内核联网结构体 oc_param 的对应位置。其核心代码如下：

```
// DataUpload_task_entry( )的相关配置
oc_config_param_t  oc_param;                    //OC 的结构体变量的继承
tag_app_DataUpload DataUpload;                  //数据上传的结构体继承
tag_app_InfusionUpload InfusionUpload;          //输液数据结构体

(void)memset(&oc_param,0,sizef(oc_param));      //服务器端口的连接数据

oc_param.app_server.address=cn_app_server;      //服务器 IP 地址
oc_param.app_server.port=cn_app_port;           //服务器端口号
```

```
    oc_param.app_server.ep_id=cn_endpoint_id;     //终端设备名
    oc_param.boot_mode=en_oc_boot_strap_mode_factory;
    oc_param.rcv_func=app_msg_deal;              //下发命令对数据进行处理
```

第二部分是 while（1）循环中的数据上传代码。其核心代码如下：

```
// DataUpload_task_entry( )中的数据上传代码
while(1)
{
printf("xxx",ModeState);
if(ModeState==1)
    {
        DataUpload.messageId=cn_app_DataUpload;
        Sprint(DataUpload.BloodOxygen,"%2,2f",HardwareData.BloodOxygen);
        oc_lwm2m_report((char *)&DataUpload,sizeof(DataUpload),1000);
                                            //数据上传函数
    }
        InfusionUpload. messageId=cn_app_InfusionUpload;
        InfusionUpload.InfusionUp=(int8u)HardwareData.InfusionUp;
        oc_lwm2m_report((char *)& InfusionUpload,sizeof(InfusionUpload), 1000);
                                            //输液数据上传函数

        osal_task_sleep(2*1000);            //延迟 2s
}
```

对于上述代码，先利用串口打印标志位 ModeState 在串口输出中读取目前机器所处的测量模式，然后利用 if 语句判断 ModeState 是否为 1，如果为 1，则进行血氧和体温的数据上传：将 DataUpload.messageId 结构体选项选择为 cn_app_DataUpload，因为血氧和体温的结构体定义存放在 cn_app_DataUpload 中。然后利用 sprintf( )函数进行从 float 类型到 string 类型的转换。数据类型转换完毕后就可以进行数据的上传，利用 oc_lwm2m_report( )函数完成；cn_app_DataUpload 结构体中的消息上传。在此函数中，第一个参数为需要上报的消息结构体；第二个参数为统计消息的大小；第三个参数为超时时间设置，这里设置为 1000 即 1s，超时后会进行消息重传，直到成功为止。如果当模式发生改变，即模式标志位 ModeState 为 0 时，if 语句会直接忽略此部分代码，不再上报上述内容。

类似地，通过同样的方法将输液结构体 cn_app_InfusionUpload 中的消息上传到物联网平台。每次上传完成后设置 2s 的系统延时，有利于调节整个系统的任务处理速度，防止系统卡死。

DataPrintf_task_entry( )是采集数据和通过串口打印数据的函数。此函数从串口输出 NB 模组运行状态信息和硬件采集信息，有利于开发人员进行调试和维护。代码从功能上可以分为两部分：第一部分是将之前写好的各个传感器驱动文件中的数据导入到本函数中循环采集

（见硬件采集信息导入代码），第二部分是通过串口输出 Debug 信息和数据采集信息，便于开发人员在串口调试工具中更清楚地调试和开发设备。

```
//硬件采集信息导入代码
static int DataPrint_task_entry( )
{
    while(1)
    {
      SMBus_ReadTemp( );
      Int Infusion=AD_ValueGet( );
      HardwareData.InfusionUp=Infusion<3200?1:0;
      for(int i=0;i<128,i++)
      {
         while(MAX30102_INPin_Read( )==0)
         {
              Max30102_read_fifo( );
         }
      }
  }
  Blood_Loop( );
}
```

5.5.4 AT 指令与 NB 模组

AT 指令是用来控制终端设备（terminal equipment，TE）和移动终端（mobile terminal，MT）之间的交互规则的，如图 5.32 所示。其中，User 就代表着操作用户，TE 使用的是 PC 端的 SSCOM 调试工具，MT 为 NB 模组 BC-35G，采用图 5.32 所示的方式就可以实现对 NB 模组的调试与控制。NB 模组的各项功能和行为是通过 AT 指令去控制的，AT 指令用于终端设备与 PC 应用之间的通信。在 AT 指令的通信协议中，除 AT 两个字符外，最多可以接收长度为 1056 个字符的数据（包括最后的空字符）[86]。

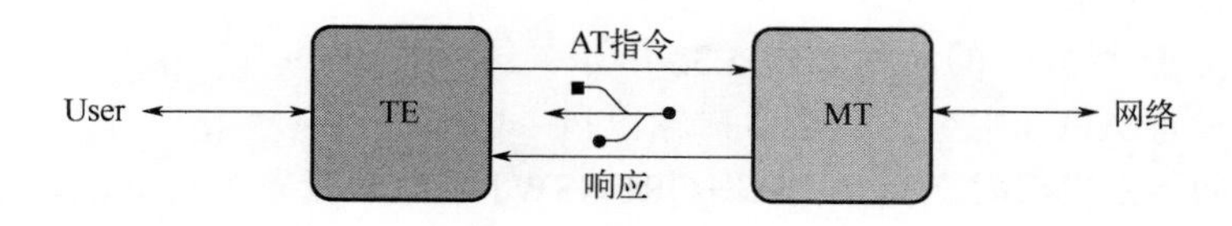

图 5.32　AT 指令控制示意图[82, 86]

（1）AT 指令语法

AT 指令按照语法结构和功能的不同可以分为四类：测试指令、查询指令、设置指令和执行指令，如表 5.6 所示。

表 5.6 AT 指令及语法

类型	语法	示例
测试指令	AT+<X>=?	AT+CMEE=?
查询指令	AT+<X>?	AT+CFUN?
设置指令	AT+<X>=<...>	AT+CFUN=1
执行指令	AT+<X>	AT+CSQ

测试指令用来显示某条 AT 指令能够设置的全部合法参数值，例如 AT+CMEE=?指令是让设备是否显示终端错误提示的配置参数，AT+CMEE=1 表示显示终端错误提示参数，AT+CMEE=0 则表示不显示终端错误提示参数。查询指令用来查询当前 AT 指令设置的属性值，例如 AT+CFUN?，如果模组返回 1 则代表射频模块处于全功能模式，如果模组返回 0 则代表射频模块处于最小功能模式。设置指令用来设置 AT 指令中用户想要指定的属性，例如 AT+CFUN=1 表示设置射频模块全功能开启。执行指令不需要参数，例如查询当前信号强度指令 AT+CSQ，NB 模组会返回给 TE 一串表示信号质量的参数。

3GPP 标准 AT 指令集版本为 3GPP（27.2007），它包含了控制 NB 设备运行的一切基础指令，如返回 NB 模组制造商信息 AT+CGMI、查询国际移动设备识别码（international mobile equipment identity，IMEI）、查询或附着网络 AT+CGATT 等，通过这些基础指令的调配，模组就可以进入基本的运行模式，从而完成消息的收发。

对于某些特定的应用场景，比如连接物联网云平台的时候，普通的 AT 指令集没有做相关适配，因此芯片厂商或模组厂商还要对能够对接的物联网云平台开发出一套特殊的 AT 指令来满足这类的服务，这就是模组特殊 AT 指令集。如最常用的向物联网云平台发送一条消息的指令 AT+NMGS，以及显示从云平台获取一条新消息的指令 AT+NNMI，这两条 AT 指令配合使用就形成了一次 NB 模组与物联网云平台的信息交互。指令 AT+QREGSWT 是设置对接云平台注册模式的指令，它是 LiteOS 通过 AT 指令来控制 NB 模组联网的第一个步骤，它可以作为查询指令或者设置指令，具体参数见表 5.7。

表 5.7 AT+QREGSWT 指令相关设置参数

指令	NB 模组返回值	<type>备注
查询指令：AT+QREGSWT?	+QREGSWT：<type> OK	0：手动注册模式；1：自动注册模式；2：关闭注册通道
设置指令：AT+QREGSWT=<type>	OK	

（2）注册与附着网络

模组在自动注册模式下的流程如图 5.33 所示。

① LiteOS 设置 ATE0 指令，禁止串口输出指令回显。

② LiteOS 向 NB 模组发送指令“AT+QREGSWT=1”，设置为自动注册模式，使 NB 模组自动连接物联网云平台。

③ LiteOS 向模组发送指令“AT+CMEE=1”，用来显示终端错误提示代码。

④ LiteOS 向模组发送查询 NB-IoT 终端的行为参数指令“AT+NCONFIG?”，NB 模组会返回一串开头为+NCONFIG 的信息，每条都携带着 NB 模组的基本配置信息。

⑤ LiteOS 向模组发送查询部署频段的指令“AT+NBAND?”，这里模组回复的消息是“+NBAND：5，8，20”，代表 NB 模组能够部署在这三个频段上。

⑥ LiteOS 向模组发送两条设置指令“AT+CFUN=1”和“AT+COPS=0”，分别是开启全部射频功能和控制模组自动搜网。

⑦ 通过“AT+NCDP”来设置 NB 终端要连接的 OC 物联网云平台的地址和端口号。

⑧ 通过“AT+NNMI=1”来打开平台侧下发消息的显示功能。

⑨ LiteOS 通过不断发送“AT+CGATT?”来查询 NB 终端是否已经成功附着网络，如果 NB 终端的返回消息为 0，则继续发送此条查询消息，直到返回值为 1；但是如果超过了 300s 等待时间仍不能附着成功，模组将自动执行软重启程序。

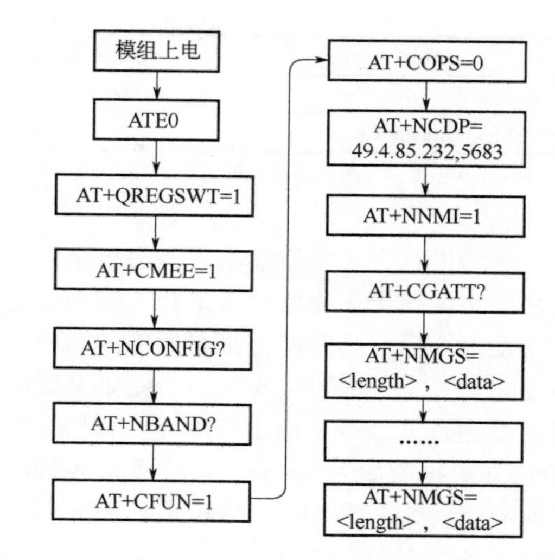

图 5.33 自动注册模式下的 AT 指令控制流程[82]

⑩ 在此过程中，模组返回了两组参数：“+QLWEVTIND：0”与“+QLWEVTIND：3”，第一条为附着网络成功的标志，第二条为报告终端此时可以发送数据到物联网平台了。到此 NB 模组正式联通了 OC 云平台网络，Debug 信息中输出一条来自内核 Boudica150 的信息：NB MODULE RXTX READY NOW，这表示 NB 模组驱动了消息传输引脚，与 MCU 的 USART1 串口正式进行连接，可以与 MCU 进行板上串口通信了。

⑪ LiteOS 将 MCU 传来的信息封装成 AT 指令通过串口发给 NB 模组，即为 AT+NMGS 指令。

5.5.5 物联网云平台

由于选用的华为物联网云平台没有支持 NB 终端设备数据传输的通道，因此需要开发。可在华为物联网云平台进行模型的开发。物联网云平台的模型开发分为两个部分：物模型开发和编解码插件开发。

（1）物模型的设计与开发

物模型（也称 Profile）用于描述设备具备的能力和特性。开发者通过定义 Profile，在物联网云平台构建一个设备的抽象模型，使平台理解该设备支持的服务、属性、命令等信息[87]。其中厂商 ID 和型号用来唯一标识本课题中的 NB 设备，协议选择 LWM2M。服务能力描述的是设备所能进行的业务处理，根据产品负责领域的不同可以划分成多个服务类。每个服务类里又可以包含属性和命令字段，属性字段用来定义设备将要上报的数据，命令字段用来定义设备能够接收和响应什么命令。维护能力用来描述设备的维护能力，主要包括设备是否具有软件升级、固件升级、配置更新等能力。

根据上述相关开发描述，在华为云 OceanConnect 开发中心新建一个产品，在服务列表中新建一个 HealthCare 服务，在属性列表中分别添加三个属性——BloodOxygen、Temp、InfusionUp，各个属性的相关配置参数见表 5.8。这里参数的定义与#pragma pack 结构体数据参数完全对应，否则数据将不能正常上报至物联网云平台。

表 5.8 HealthCare 属性模型配置

属性名	数据类型	范围	长度	访问模式
BloodOxygen	string	—	5	RWE

续表

属性名	数据类型	范围	长度	访问模式
Temp	string	—	4	RWE
InfusionUp	int	0～1	—	RWE

注：RWE 表示可读、可写、可执行。

然后进行命令字段的编写。命令字段分为两个部分：下发命令字段和响应命令字段。下发命令字段携带了物联网云平台向南向设备发送的指令，而响应命令字段则是南向设备在收到下发命令后对物联网云平台做出的响应，以回复此命令的执行情况。下发命令字段和响应命令字段一定是成对出现的，否则定义无效。另外，定义了一个名为 ModeControl 的命令，目的是通过此命令来改变 NB 终端设备的测量模式，如表 5.9 所示。下发命令字段命名为 Mode，数据类型为 string，枚举值为 A 和 B，代表测量模式 A 和测量模式 B。相应地，将命令响应字段命名为 ModeResponse 字段，数据类型定义为 int，范围设定为 0～1，含义为：对命令 A 有响应则回复 1，对命令 B 有响应则回复 0。

表 5.9 ModeControl 命令模型配置

属性名称	数据类型	范围	枚举值
Mode（下发命令字段）	string	—	A，B
ModeResponse（响应命令字段）	int	0～1	—

根据上述物模型的设计，在华为云物联网平台对 Profile 进行定义，得到 Profile 定义界面后，点击“保存”后物模型的开发完毕。此外，开发完成的物模型还可以以.zip 文件形式导出后保存，也可通过导入.zip 文件的方式来加载已有的物模型，在同类型大规模的设备开发中部署。

（2）编解码插件的设计与开发

NB 终端设备与物联网云平台之间不能直接通信，由于低功耗的要求，NB 设备采用的是二进制通信，而物联网云平台侧为了与北向平台对接，采用的是 Json 格式的数据报文。移动远端模组对二进制格式进行了组装，实际传输过程中为十六进制的消息格式。而编解码插件的作用就是将十六进制的编码与 Json 格式编码互相转换。NB 数据上报十六进制码流，经过编解码插件的编码，转换成 Json 格式传向物联网云平台；而物联网云平台下发的 Json 命令，经过编解码插件的 Decode 接口，解码成十六进制码流以供 NB 设备接收，如图 5.34 所示。

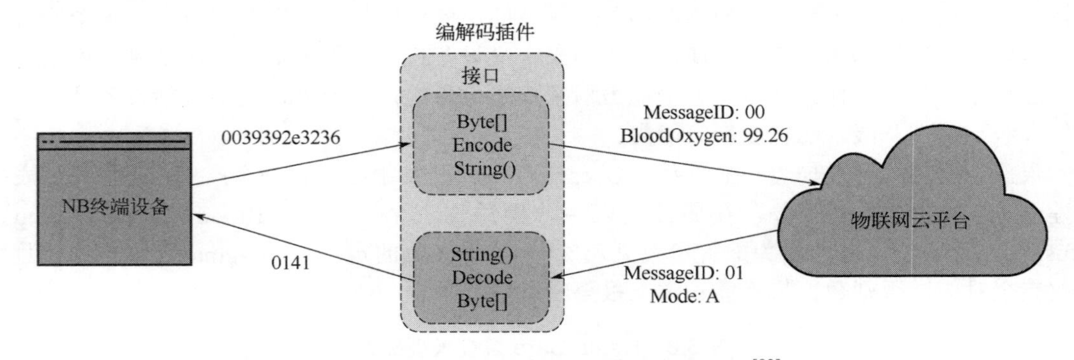

图 5.34 IoT 平台编解码插件转换原理图[82]

根据上述物模型所设定的属性参数、命令参数，将插件编排为三个消息队列，分别命名为 DataUpload、InfusionUp 和 ModeControl。DataUpload 消息队列负责上传属性列表中与人体生命体征有关的两个数据；InfusionUp 消息队列只负责上传跟输液状态有关的一个数据；ModeControl 消息队列负责的是关于命令下发和命令响应的消息队列。

DataUpload 与 InfusionUp 属于数据上报型字段，本类型数据字段由三部分组成：Message ID、User Defined Data、Response Data。其中，Message ID 和 User Defined Data 是必选项，Response Data 为可选项，如图 5.35 所示。Message ID 是描述数据上报字段的首地址，是消息字段的消息头，占 1 个字节长度，编解码插件通过数据地址来判断数据的来源。User Defined Data 是本条消息中的实际有效数据，所占用的字节长度取决于开发者的定义，它与物模型中定义的属性直接关联。Response Data 是非必选项，用于平台侧向终端侧对收到对应消息做出回复，占 4 个字节长。

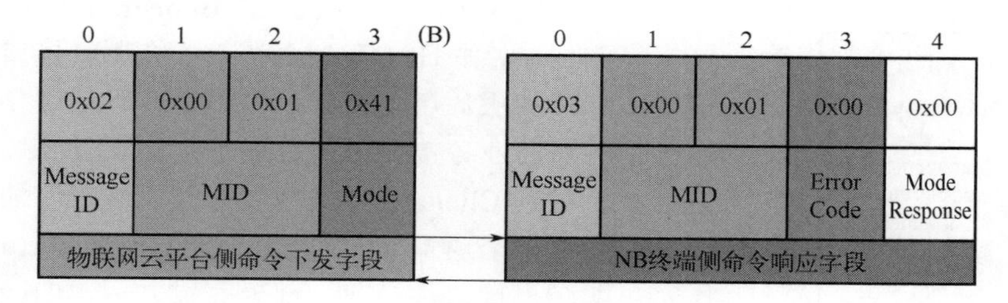

图 5.35　命令型字段编码示意图[82]

此处的 Message ID 是 0x02，此编号即代表命令下发字段的消息头，MID 是命令消息组特有的消息身份认证，它与响应字段中的 MID 成对出现，MID 相同的命令下发字段和命令响应字段才是互相对应的消息组。User Defined Data 被定义成 Mode 字段，此为本字段的实际有效数据，它有两个枚举值 A 和 B，代表对应的测量模式。命令响应字段包含四个部分：前两个字段 Message ID 和 MID 与上述含义相同；Error Code 字段用来回复终端是否发生了命令响应错误或产生错误的代码；Mode Response 字段则是通过回复 1 或 0 来响应对物联网云平台命令的接收情况。

（3）北向应用的搭建

物联网云平台模型开发完毕之后，数据通道建立，NB 设备终端的消息已经可以到达物联网云平台了，使得消息从物联网云平台传输至北向应用界面，让监测者更直观、更便利地从网页上直接获取终端监测的相关数据，及时掌握所观测患者的动态。

① LWM2M 协议架构　华为 LiteOS 中基于 OceanConnect 云平台的 OC_LWM2M 协议栈实现了终端到云平台的通信，此协议在配置 Kconfig 文件时配置。其 SDK 架构包含三个部分，如图 5.36 所示，其中最下层是基于 UDP 的 CoAP，中间是基于 CoAP 的 LWM2M 实现，最上层就是通过 LWM2M 协议定义的 IPSO 资源模型，IPSO 资源模型用于对从传感器采集到的各项数据的属性进行区分标识，也就是上面所述的 Profile 文件所做的工作。在经过三层协议的层层交互之后，硬件终端传输的数据就进入了物联网云平台的接入层。

LWM2M 协议是由 OMA（Open Mobile Alliance）组织制定的专为小数据量的物联网传输所设计的轻量化 M2M 协议，全称为 Light Weight Machine to Machine 协议[88]。该轻量化协议定义了三个逻辑实体：LWM2M Server 服务器；LWM2M Client 客户端，负责执行服务器的命令以及上报执行的结果；LWM2M Bootstrap Server 引导服务器，负责配置 LWM2M 客户端[89]。LWM2M 的三个逻辑实体通过 4 个逻辑接口进行交互，如图 5.37 所示为 LWM2M 的接口模型。

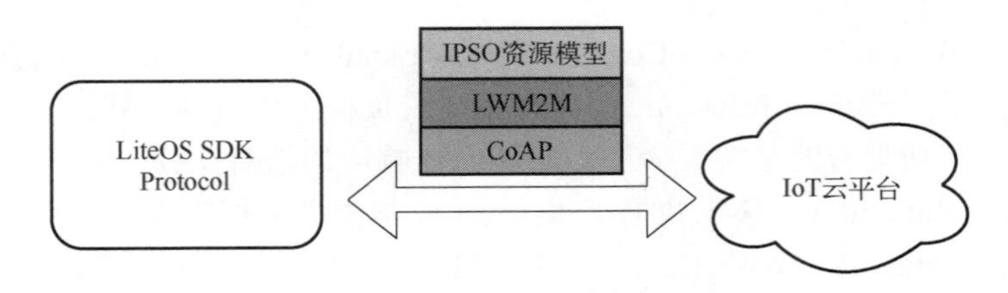

图 5.36 OC_LWM2M 的协议架构

图 5.37 中，第一个逻辑接口为 Device Discovery and Registration，这个接口是让服务器发现设备并将客户端注册到服务器，然后报告设备所支持的设备能力。第二个逻辑接口为 Bootstrap，它会通过 Bootstrap 服务去配置客户端，如 URL 地址等。第三个逻辑接口是设备管理和服务启动接口，这个接口是 LWM2M 中最主要的业务接口，通过这个接口，Server 端发送指令到 Client 端，并接收 Client 端返回的消息。最后一个逻辑接口是 Information Reporting 即消息上报接口，当前三部分完成之后，Client 端就可以正常上报消息了。在本课题中的上报消息即为 NB 模组上报的资源信息：来自各项传感器的数据。其中资源信息的上报方式可以由事件触发，也可以周期性上报，当每组传感器的信息全部收集完毕后，消息立即上报，因此属于周期性上报模式。

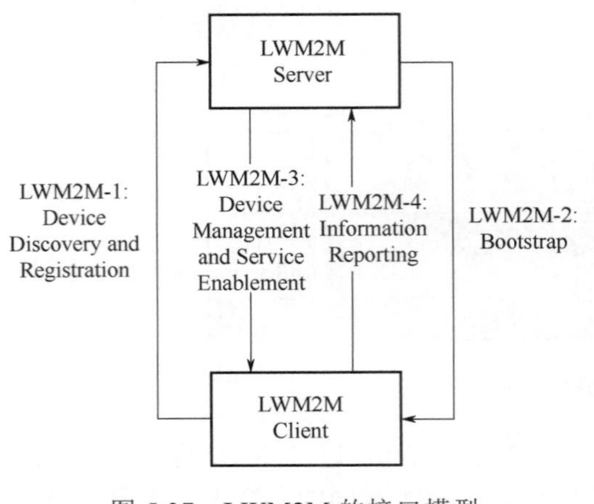

图 5.37 LWM2M 的接口模型

② 通过 OceanBooster 进行北向应用搭建　采用与 OceanConnect IoT 云平台配套的北向应用开发工具 Ocean Booster 应用开发端进行北向应用的搭建、连接与部署。

OceanBooster 是一种无代码化的应用开发 SaaS 服务，具备较为灵活的组件布局，拥有直观的可视化图表界面，适合用作终端采集的数据显示界面。在打开 OceanBooster 之后先点击“构建应用”，填写相关应用名称、描述，上传应用图表，然后选择应用构建方式，这里选择自定义构建方式，之后选择基础功能模块，只勾选必选的设备注册模块，最后在产品列表里面添加之前在 OceanConnect 云平台写好的 Profile 文件，点击“创建”。

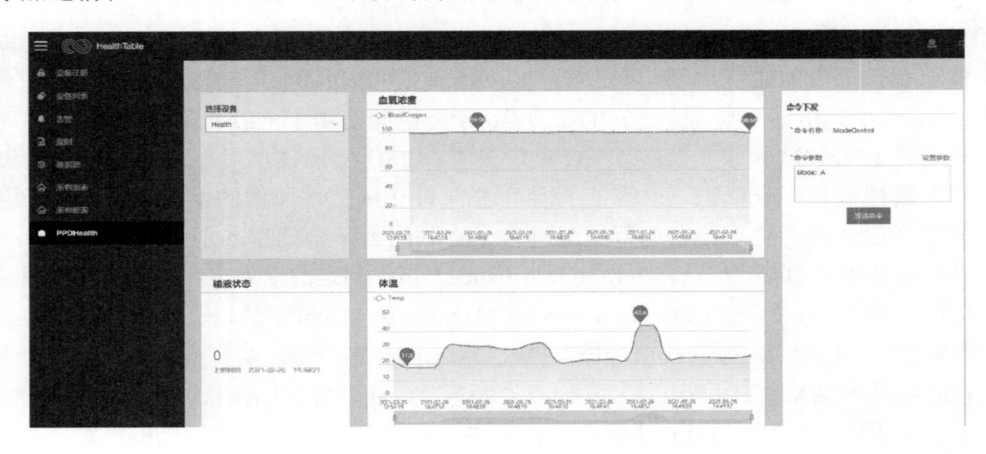

图 5.38 OceanBooster 中的数据可视化界面[82]

在创建完成后，选择开发应用，通过左侧的面板组件向编辑区域中拖拽所需的组件。对此，选择了三种类型的业务，分别是选择设备、设备监控和命令下发组件。其中选择设备用来选择相对应的NB实体设备，通过不同设备之间的切换可以看到不同NB终端所监测的数据。在设备监控业务中添加了三个监控组件，其中两个为图表显示类型，分别是血氧浓度和体温的参数显示，图表会随着每次数据的采集上报而实时更新，从而形成动态的波形图；另外一个监控组件为简易型的输液状态显示，前面对输液状态进行了定义——1代表正在输液，0代表输液完成，因此在这里只显示1或0两种输液状态，供观测者接收输液状态的提示。最后添加了一个命令下发的组件，用来控制监测终端的测量模式，命令名称ModeControl即为上一节的编解码插件开发中设计的控制命令名称，其中包含两个参数：A和B，分别代表两种不同的监测模式A模式和B模式。选择好命令参数之后再点击“发送命令”按钮即可向NB终端发送切换监测模式的命令。当全部设置完毕点击“保存”后进入应用，如果此时NB终端设备在线且正在采集数据，那么此时就可以看到相应的测量数据的可视化界面，如图5.38所示。

本章用到的缩略语见表5.10。

表5.10 本章用到的缩略语

符号	含义（英文）	含义（中文）
3GPP	third generation partnership project	第三代合作伙伴计划
5G	5th generation	第五代
AM	acknowledged mode	确认模式
CDMA	code division multiple access	码分多址
CE	coverage enhancement	覆盖增强
CP	cyclic prefix	循环前缀
CRS	cell-specific reference signal	小区特性参考信号
DCI	downlink control information	下行链路控制信息
eCID	enhanced cell ID	增强小区ID
eDRX	enhanced discontinuous reception	增强的不连续接收
EDT	early data transmission	早期数据传输
eMBB	enhanced mobile broadband	增强型移动宽带
EPS	evolved packet system	演进的分组系统
EUTRAN	evolved universal terrestrial radio access network	演进的通用陆地无线电接入网络
FDD	frequency division duplexing	频分双工
HARQ	hybrid automatic repeat request	混合自动重复请求
LTE	long term evolution	长期演进
MAC	medium access control	介质访问控制
MBMS	multimedia broadcast multicast service	多媒体广播和组播服务
MCL	maximum coupling loss	最大耦合损耗
MIB-NB	narrowband master information block	窄带主信息块
MIMO	multiple input multiple output	多输入多输出
MME	mobility management entity	移动管理实体

续表

符号	含义（英文）	含义（中文）
mMTC	massive machine type communication	海量机器类型通信
NB-IoT	narrow band internet of things	窄带物联网
NB-MIB	narrowband master information block	窄带主信息块
NCCE	narrowband control channel element	窄带控制信道元素
DMRS	demodulation reference signal	解调参考信号
NOMA	non-orthogonal multiple access	非正交多址
NPBCH	narrowband physical broadcast channel	窄带物理广播信道
NPDCCH	narrowband downlink common channel	窄带下行链路公共信道
NPDSCH	narrowband physical downlink shared channel	窄带物理下行链路共享信道
NPRACH	narrowband physical random access channel	窄带物理随机接入信道
NPRS	narrowband positioning reference signal	窄带定位参考信号
NPSS	narrowband primary synchronization signal	窄带主同步信号
NPUSCH	narrowband physical uplink shared channel	窄带物理上行链路共享信道
NSSS	narrowband secondary synchronization signal	窄带二次同步信号
OFDMA	orthogonal frequency division multiple access	正交频分多址
OTDOA	observed time difference of arrival	到达观测时间差
PCI	physical cell ID	物理小区 ID
PDCCH	physical downlink control channel	物理下行链路控制信道
PDCP	packet data convergence protocol	分组数据融合协议
PDU	protocol data unit	协议数据单元
PO	paging occasion	寻呼场合
PRB	physical resource block	物理资源块
P-RNTI	paging-radio network temporary identifier	寻呼-无线电网络临时标识符
PSD	power spectral density	功率谱密度
PSM	power saving mode	省电模式
QoS	quality of service	服务质量
QPSK	quadrature phase shift keying	正交相移键控
RA	random access	随机接入
RAR	random access response	随机接入响应
RAT	radio access technology	无线接入技术
RLC	radio link control	无线链路控制
RSTD	reference signal time difference	参考信号时间差
RU	resource unit	资源单元
SCEF	service capability exposure function	业务能力暴露函数
SCFDMA	single carrier frequency division multiple access	单载波频分多址
SC-PTM	single cell point to multipoint	单小区点对多点
SFBC	space frequency block coding	空频块编码

续表

符号	含义（英文）	含义（中文）
SNR	signal to noise ratio	信噪比
TBS	transport block size	传输块尺寸
TDD	time division duplexing	时分双工
TDoA	time difference of arrival	到达时间差
TTI	transmission time interval	传输时间间隔
UCI	uplink control information	上行链路控制信息
UM	unacknowledged mode	未确认模式
UpPTS	uplink pilot time slot	上行链路导频时隙
URLLC	ultra-reliable low-latency communication	超可靠低延迟通信

本章小结

NB-IoT 是一种 LPWA 技术，由 3GPP 开发并标准化。它在随后的 3GPP 版本中继续发展。窄带传输的优势在于其提供覆盖和容量扩展。NB-IoT 技术适用于传输低速率、不频繁与容忍数据延迟的用户。此外，泛在覆盖、可扩展性和与 LTE 网络的共存使得 NB-IoT 部署更简单、更快捷。此外，NB-IoT 在许可频段内运行，因此与该技术相关的干扰问题受到限制。此外，泛在覆盖、可扩展性和与 LTE 网络的共存使得 NB-IoT 部署更简单、更快捷。

NB-IoT 主要实现深度覆盖、低功耗、低复杂度与支持海量连接的目标。经过多年的发展其已实现高度的产业化。

NB-IoT 支持三种部署模式：带内模式、保护带模式和独立模式。

NB-IoT 处于不断发展与演进中。自从 3GPP Rel-10 和 3GPP Rel-12 标准化了两种 LPWA 技术，即 eMTC 和 User Category-0（Cat-0），以服务于越来越多的物联网设备后，目前经过不断增强已演进到了 3GPP Rel-16。

NB-IoT 与 D2D、M2M、NOMA 以及社交物联网等其他技术的结合改善了其在网络能耗、通信延迟、所支持的设备数量、拥堵等各个方面的性能。

NB-IoT 应用非常广泛，本章详细介绍了一个将 NB-IoT 应用于医疗看护的实例——基于 NB-IoT 的智慧医疗监测系统的设计与实现。该系统采用“端”—“管”—“云”的物联网架构。其中，NB 终端设备部署于病房环境中，它是一种基于单片机的设备，主控核心为 MCU，通信模块为 NB-IoT 模组，其他部件为外围电路与传感器；物联网云平台是数据的中转站，它向下连接到南向设备，在此南向设备即为 NB-IoT 终端设备，它将数据传送到 NB 基站后通过 CoAP 协议与物联网云平台相连接；云平台向上连接到北向应用侧，在此，北向应用即是展示数据的 Web 前端页面，通过 HTTP 协议与物联网云平台相连。我们对本实例的设计与实现从硬件设计与软件方面的设计都给予了详细的介绍，该实例可以作为设计开发基于 NB-IoT 物联网应用的参考。

参考文献

[1] Rastogi E, Saxena N, Roy A, et al. Narrowband Internet of Things: A comprehensive study [J]. Computer Networks, 2020, 173: 107209 (https://doi.org/10.1016/j.comnet.2020.107209).

[2] Raza U, Kulkarni P, Sooriyabandara M. Low power wide area networks: An overview [J]. IEEE Commun. Surv. Tutor., 2017, 19 (2): 855-873.

[3] NB-IoT. Document RP-151621 [R]. 3GPP TSG RAN meeting #69, Technical Report, 2015.

[4] Evolved universal terrestrial radio access (E-UTRA) and evolved universal terrestrial radio access network (E-UTRAN); Overall description [R]. Technical Specification (TS), 3rd Generation Partnership Project (3GPP), 2018. Version 13.12.0.

[5] Yang W, Wang M, Zhang J, et al. Narrowband wireless access for low-power massive internet of things: A bandwidth perspective [J]. IEEE Wireless Commun., 2017, 24 (3): 138-145.

[6] Petroni A, Cuomo F, Schepis L, et al. Adaptive data synchronization algorithm for IoT-oriented low-power wide-area networks [J]. Sensors, 2018, 18 (11): 4053.

[7] Technical specification group GSM/EDGE radio access network; Cellular system support for ultra-low complexity and low throughput Internet of Things (CIoT) [R]. Technical Report (TR), 3rd Generation Partnership Project (3GPP), 2015. Version 13.1.0.

[8] Lauridsen M, Kovacs I Z, Mogensen P, et al. Coverage and capacity analysis of LTE-M and NB-IoT in a rural area [C]. Vehicular Technology Conference (VTC-Fall), 2016 IEEE 84th, IEEE, 2016: 1-5.

[9] Beyene Y D, Jantti R, Tirkkonen O, et al. NB-IoT technology overview and experience from cloud-RAN implementation [J]. IEEE Wireless Commun., 2017, 24 (3): 26-32.

[10] Xu J, Yao J, Wang L, et al. Narrowband internet of things: evolutions, technologies, and open issues [J]. IEEE Internet Things J., 2018, 5 (3): 1449-1462.

[11] Ali M S, Li Y, Jewel M K H, et al. Channel estimation and peak-to-average power ratio analysis of narrowband internet of things uplink systems [J]. Wirel. Commun. Mobile Comput., 2018.

[12] Towards massive machine type communications in ultra-dense cellular iot networks: current issues and machine learning-assisted solutions [J]. IEEE Commun. Surv. Tutor., 2019.

[13] Andres-Maldonado P, Ameigeiras P, Prados-Garzon J, et al. Narrowband IoT data transmission procedures for massive machine-type communications [J]. IEEE Netw., 2017, 31 (6): 8-15.

[14] Popli S, Jha R K, Jain S. A survey on energy efficient narrowband internet of things (NB-IoT): architecture, application and challenges [J]. IEEE Access, 2018.

[15] What is NB-IoT? Practical tips to unlock its business potential [EB/OL]. https: //www. ericsson. com/en/blog/2019/10/what-is-NB-IoT.

[16] Huawei expects big shipments of NB-IoT chips next month [EB/OL]. https:// enterpriseiotinsights.com/20170519/nb-iot/20170519nb-iothuawei-ship-large-volumes-nbiot-chip-next-month-tag23.

[17] NB-IoT is cheap in China from as little as $3 per module [EB/OL]. https:// enterpriseiotinsights.com/20190725/channels/news/nb-iot-is-cheap-in-china- says-huawei.

[18] China Mobile rolls out NB-IoT in five cities [EB/OL]. https://www.gsma.com/iot/rollout- china-mobile/.

[19] China Mobile pilots NB-IoT for smart parking, smart lighting and water quality monitoring [EB/OL]. https://www.gsma.com/iot/mobile-iot-pilots-operator/china-mobile/.

[20] NB-IoT powers China Mobile smart parking [EB/OL]. https: //futureiot. tech/nb-iot-powers-china-mobile-smart-parking/.

[21] Narrow band (NB) -IoT modem chip vendors [EB/OL]. http://www.techplayon.com/narrow-band-nb-iot-modem-chip-

vendors/.

[22] ALT1250：CAT-M & NB-IoT lowest power，smallest，most secured and highly integrated chipset [EB/OL]. https://altair-semi.com/products/alt1250/.

[23] Quectels NB-IoT BC95 module first to receive GCF certification [EB/OL]. https://www.quectel.com/infocenter/news/246.htm.

[24] Optimized cellular IoT [EB/OL]. http：//riotmicro. com/products/rm1000/.

[25] Ultra integrated chip for pure NB-IoT operation [EB/OL]. http://www.sequans.com/ press-release/sequans-introduces-new-nb-iot-platform-monarch-n/.

[26] sequans inks deal with NTT DoCoMo to boost NB-IoT development in Japan [EB/OL]. https://enterpriseiotinsights.com/20180703/chipsets/sequans-inks-deal-with-ntt- docomo-to-boost-nb-iot-development-in-japan-tag23.

[27] Zayas A D，Merino P. The 3GPP NB-IoT system architecture for the internet of things [C]. ICC Workshops，IEEE，2017：277-282.

[28] Technical specification group services and system aspects；Security aspects of machine-type communications（MTC）and other mobile data applications communications enhancements [S]. Technical Specification（TS），3rd Generation Partnership Project（3GPP），2016. Version 13.0.1.

[29] Technical specification group radio access network；Evolved universal terrestrial radio access（E-UTRA）；Physical layer procedures [S]. Technical Specification（TS），3rd Generation Partnership Project（3GPP），2018. Version 13.11.0.

[30] Ratasuk R，Tan J，Mangalvedhe N，et al. Analysis of NB-IoT deployment in LTE guard-band [C]. VTC Spring，2017 IEEE 85th，IEEE，2017：1-5.

[31] Technical specification group radio access network；Evolved universal terrestrial radio access（E-UTRA）；Multiplexing and channel coding [S]. Technical Specification（TS），3rd Generation Partnership Project（3GPP），2018. Version 13.8.0.

[32] Technical specification group radio access network；Evolved universal terrestrial radio access（E-UTRA）；Physical channels and modulation [S]. Technical Specification（TS），3rd Generation Partnership Project（3GPP），2018. Version 13.10.0.

[33] Ha S，Seo H，Moon Y，et al. A novel solution for NB-IoT cell coverage expansion [C]. 2018 Global Internet of Things Summit（GIoTS），IEEE，2018：1-5.

[34] Wang Y P E，Lin X，Adhikary A，et al. A primer on 3GPP narrowband internet of things [J]. IEEE Commun. Mag.，2017，55（3）：117-123.

[35] Yu C，Yu L，Wu Y，et al. Uplink scheduling and link adaptation for narrowband internet of things systems [J]. IEEE Access，2017，5：1724-1734.

[36] Lei L，Xu H，Xiong X，et al. Joint computation offloading and multi-user scheduling using approximate dynamic programming in NB-Iot edge computing system [J]. IEEE Internet Things J.，2019.

[37] Technical specification group radio access network；Evolved universal terrestrial radio access（E-UTRA）；Radio link control（RLC）protocol specification [S]. Technical Specification，3rd Generation Partnership Project（3GPP），2016.

[38] LTE；Evolved universal terrestrial radio access（E-UTRA）；Packet data convergence protocol（PDCP）specification [S]. Technical Specification，3rd Generation Partnership Project（3GPP），2016.

[39] Barros S，Bazzo J，dos Reis Pereira O，et al. Evolution of long term narrowband-IoT [C]. 2017 IEEE XXIV International Conference on Electronics，Electrical Engineering and Computing（INTERCON），IEEE，2017：1-4.

[40] Ratasuk R，Mangalvedhe N，Zhang Y，et al. Overview of narrowband iot in LTE rel-13 [C]. CSCN，2016 IEEE Conference on，IEEE，2016：1-7.

[41] El Soussi M，Zand P，Pasveer F，et al. Evaluating the performance of eMTC and NB-IoT for smart city applications [C]. 2018 IEEE International Conference on Communications（ICC），IEEE，2018：1-7.

［42］Martinez B，Adelantado F，Bartoli A，et al．Exploring the performance boundaries of NB-IoT［J］．IEEE Internet Things J．，2019．

［43］Evolved universal terrestrial radio access（E-UTRA）；User equipment（UE）radio access capabilities［S］．Technical specification（TS），3rd Generation Partnership Project（3GPP），2018．Version 14.8.0．

［44］Hoglund A，Lin X，Liberg O，et al．Overview of 3GPP release 14 enhanced NB-IoT［J］．IEEE Netw．，2017，31（6）：16-22．

［45］Evolved universal terrestrial radio access（E-UTRA）；LTE positioning protocol（LPP），Technical Specification（TS），3rd Generation Partnership Project（3GPP），2018．Version 14.7.0．

［46］Evolved universal terrestrial radio access（E-UTRA）and evolved universal terrestrial radio access network（E-UTRAN）；Overall description；Stage 2，Technical Specification（TS），3rd Generation Partnership Project（3GPP），2018．Version 14.8.0．

［47］Lin X，Bergman J，Gunnarsson F，et al．Positioning for the internet of things：A 3GPP perspective［J］．IEEE Commun．Mag．，2017，55（12）：179-185．

［48］Feltrin L，Tsoukaneri G，Condoluci M，et al．Narrowband-IoT：A survey on downlink and uplink perspectives［J］．IEEE Wireless Commun．Netw．，2018．

［49］Introduction of the multimedia broadcast/multicast service（MBMS）in the radio access network（RAN）；Stage 2，Technical Specification（TS），3rd Generation Partnership Project（3GPP），2018．

［50］Evolved universal terrestrial radio access（E-UTRA）；User equipment（UE）radio transmission and reception，Technical Specification（TS），3rd Generation Partnership Project（3GPP），2018．Version 14.9.0．

［51］Ratasuk R，Mangalvedhe N，Xiong Z，et al．Enhancements of narrowband IoT in 3GPP Rel-14 and Rel-15［C］．2017 IEEE Conference on Standards for Communications and Networking（CSCN），IEEE，2017：60-65．

［52］Evolved universal terrestrial radio access（E-UTRA）and evolved universal terrestrial radio access network（E-UTRAN）；Overall description；Stage 2，Technical Specification（TS），3rd Generation Partnership Project（3GPP），2018．Version 15.3.0．

［53］Hoglund A，Van D P，Tirronen T，et al．3GPP Release 15 early data transmission［J］．IEEE Commun．Standards Mag．，2018，2（2）：90-96．

［54］LTE；Evolved universal terrestrial radio access（E-UTRA）；Radio resource control（RRC）；Protocol specification，Technical Specification，3rd Generation Partnership Project（3GPP），2018．

［55］Abbasi M．NB-IoT small cell：A 3GPP perspective［J］．arXiv：1910．00677，2019．

［56］New WID on Rel-16 enhancements for NB-IoT，work item description，3rd Generation Partnership Project（3GPP），2018．

［57］Chen C Y，Huang A C S，Huang S Y，et al．Energy-saving scheduling in the 3GPP narrowband internet of things（NB-IoT）using energy-aware machine-to-machine relays［C］．Wireless and Optical Communication Conference（WOCC），2018 27th，IEEE，2018：1-3．

［58］Di Lecce D，Grassi A，Piro G，et al．Boosting energy efficiency of NB-IoT cellular networks through cooperative relaying［C］．2018 IEEE 29th Annual International Symposium on Personal，Indoor and Mobile Radio Communications（PIMRC），IEEE，2018：1-5．

［59］Petrov V，Samuylov A，Begishev V，et al．Vehicle-based relay assistance for opportunistic crowdsensing over narrowband IoT（NB-IoT）［J］．IEEE Internet Things J．，2017．

［60］Li Y，Chi K，Chen H，et al．Narrowband internet of things systems with opportunistic D2D communication［J］．IEEE Internet Things J．，2018，5（3）：1474-1484．

［61］Militano L，Orsino A，Araniti G，et al．NB-IoT for D2D-enhanced content up- loading with social trustworthiness in 5G systems [J]. Future Internet, 2017, 9 (3): 31.

[62] Zhang X, Zhang M, Meng F, et al. A low-power wide-area network information monitoring system by combining NB-IoT and LoRa [J]. IEEE Internet Things J., 2019, 6 (1): 590-598.

[63] Anxin L, Yang L, Xiaohang C, et al. Non-orthogonal multiple access (NOMA) for future downlink radio access of 5G [J]. China Commun., 2015, 12 (Supplement): 28-37.

[64] Islam S R, Avazov N, Dobre O A, et al. Power-domain non-orthogonal multiple access (noma) in 5G systems: Potentials and challenges [J]. IEEE Commun. Surv. Tutor., 2017, 19 (2): 721-742.

[65] Yunzheng T, Long L, Shang L, et al. A survey: Several technologies of non-orthogonal transmission for 5G [J]. China Commun., 2015, 12 (10): 1-15.

[66] Wang B, Wang K, Lu Z, et al. Comparison study of non-orthogonal multiple access schemes for 5G [C]. Broadband Multimedia Systems and Broadcasting (BMSB), 2015 IEEE International Symposium on, IEEE, 2015: 1-5.

[67] Shirvanimoghaddam M, Dohler M, Johnson S J. Massive non-orthogonal multiple access for cellular IoT: Potentials and limitations [J]. IEEE Commun. Mag., 2017, 55 (9): 55-61.

[68] Technical specification group radio access network; Study on non-orthogonal multiple access (NOMA) for NR [R]. Technical Report, 3rd Generation Partnership Project (3GPP), 2018.

[69] Mostafa A E, Zhou Y, Wong V W. Connectivity maximization for narrowband IoT systems with NOMA [C]. Communications (ICC), 2017 IEEE International Conference, IEEE, 2017: 1-6.

[70] Qian L P, Feng A, Huang Y, et al. Optimal SIC ordering and computation resource allocation in MEC-aware NOMA NB-Iot networks [J]. IEEE Internet Things J., 2018.

[71] Zhai D, Zhang R, Cai L, et al. Energy-efficient user scheduling and power allocation for NOMA based wireless networks with massive IoT devices [J]. IEEE Internet Things J., 2018.

[72] Shirvanimoghaddam M, Condoluci M, Dohler M, et al. On the fundamental limits of random non-orthogonal multiple access in cellular massive IoT [J]. IEEE J. Sel. Areas Commun., 2017, 35 (10): 2238-2252.

[73] Shahini A, Ansari N. NOMA aided narrowband IoT for machine type communications with user clustering [J]. IEEE Internet Things J., 2019.

[74] Xu T, Masouros C, Darwazeh I. Waveform and space precoding for next generation downlink narrowband IoT [J]. IEEE Internet Things J., 2019.

[75] Nitti M, Girau R, Atzori L. Trustworthiness management in the social internet of things [J]. IEEE Trans. Knowl. Data Eng., 2014, 26 (5): 1253-1266.

[76] Militano L, Orsino A, Araniti G, et al. Trusted D2D-based data uploading in-band narrowband-IoT with social awareness [C]. Personal, In- door, and Mobile Radio Communications (PIMRC), 2016 IEEE 27th Annual International Symposium on, IEEE, 2016: 1-6.

[77] Ning Z, Wang X, Kong X, et al. A social-aware group formation framework for information diffusion in narrowband internet of things [J]. IEEE Internet Things J., 2018, 5 (3): 1527-1538.

[78] Agiwal M, Roy A, Saxena N. Next generation 5G wireless networks: A comprehensive survey [J]. IEEE Commun. Surv. Tutor., 2016, 18 (3): 1617-1655.

[79] Palattella M R, Dohler M, Grieco A, et al. Internet of Things in the 5G Era: Enablers, architecture, and business models [J]. IEEE J. Sel. Areas Commun., 2016, 34 (3): 510-527.

[80] LTE-M and NB-IoT meet the 5G performance requirements [EB/OL]. https://www.ericsson.com/en/blog/2018/12/lte-m-and-nb-iot-meet-the-5g-performance-requirements.

[81] Cheng J, Chen W, Tao F, et al. Industrial IoT in 5G environment towards smart manufacturing [J]. J. Ind. Inf. Integr.,

2018，10：10-19.
[82] Further views on Rel-17 NR light work area [R]. Technical Report，3rd Generation Partnership Project（3GPP），2019.
[83] 代荷舟．基于 NB-IoT 的智慧医疗监测系统的设计与实现 [D]. 成都：电子科技大学，2021.
[84] 张冬杨．2017 年全球物联网大事记及 2018 年发展预测 [J]. 物联网技术，2018，8（4）：5-7.
[85] 鲁义文，张剑楠．BC95_硬件设计手册_V1.3 [M]. 上海：上海移远通信技术股份有限公司，2017：16-19.
[86] 刘旭明，刘火良，李雪峰．物联网操作系统 LiteOS 内核开发与实践 [M]. 北京：人民邮电出版社，2020：1-2.
[87] 熊保松，李雪峰，魏彪．物联网 NB-IoT 开发与实战 [M]. 北京：人民邮电出版社，2020：56-57.
[88] 华为云．设备管理服务用户指南 [EB/OL]. https://support.huaweicloud.com/intl/ zh-cn/usermanual-IoT/iot-usermanual.pdf，Aug．28，2019.
[89] O．M．Alliance．OMA LightweightM2M（LwM2M）object and resource registry [EB/OL]. http://www.openmobilealliance.org/wp/OMNA/LwM2M/LwM2MRegistry.html，Feb.26，2021.

第 6 章

机器对机器通信（M2M）

机器对机器（machine-to-machine，M2M）通信源于监控和数据采集（supervisory control and data acquisition，SCADA）系统，通过有线或无线通信互联的传感器（即所谓的“机器”）和其他设备与计算机一起用于监视和控制工业过程[1]。

M2M 通信是物联网中的一种新的通信范式[1-2]，其中，诸如传感器、家用电器、摄像机和智能对象等大量“智能设备”可以自主地相互通信并做出协作决策，而无须直接人工干预[3]，以实现提高效率并进行实时管理。M2M 与其他通信范式最重要的不同在于其在通信的过程中没有人为干预。

M2M 通信由于其低成本、普适连接及泛在的可访问性，在物联网通信中得到广泛应用[2]。移动互联设备的大量部署，以及传感器、监视器和执行器等在工业、智慧城市、智能家居等领域的普遍应用，使得通过 IP 连接的设备相互连接、相互交互，从而促发了新的互联交互服务，而这些服务将改变我们的日常生活。

利用机器产生的多种信息源，使 M2M 技术得到了广泛的应用，从这种意义上来说，人们有时也把 M2M 称为“物联网”（IoT）[4]，这意味着有时可将 M2M 与 IoT 互换。

M2M 应用非常广泛，包括智能交通、智能家居、智能停车和废物管理、教育、农业、工业、智能城市、智能社区、智能医疗保健、智能电网、智能建筑和监控等[5-7]。

6.1 M2M 系统模型、应用特点及其所支持的属性

6.1.1 M2M 系统模型

M2M 系统模型如图 6.1 所示。它由三个相互关联的域组成，M2M 设备域、网络域和应用域。

（1）M2M 设备域（M2M device domain）

该域由大量设备（例如传感器、执行器和智能仪表）与网关（数据聚合点/集中器）相互协作而形成一个 M2M 区域网络。

这些设备从 M2M 区域网络的不同部分采集或感知数据，并协同做出“智能决策”，同时将感知和监控数据传输到网关。

网关本身就是一个“智能设备”，它接收感知数据，并对接收到的数据包进行智能管理。

它通过单跳或多跳信道将数据包通过有效路径从网络域转发到应用域的后端服务器。当一个M2M 区域网络中存在多个网关时，它们可以进一步相互直接通信（点对点通信）以做出协同决策。M2M 设备域中部署的设备可能因应用类型而异。

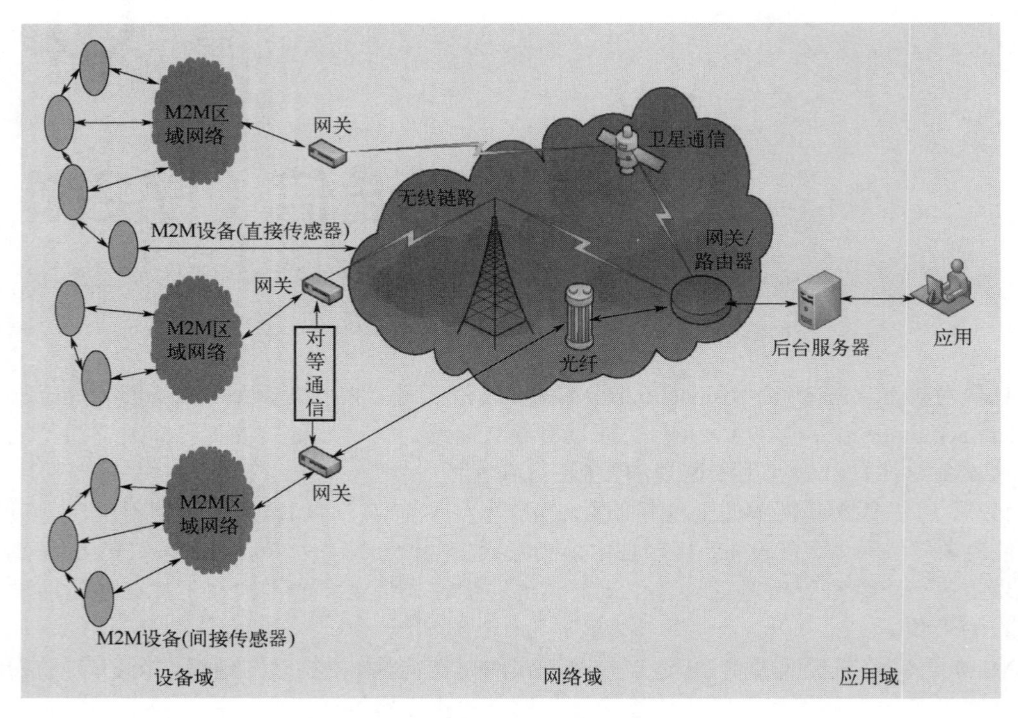

图 6.1　M2M 系统模型[1]

（2）网络域（network domain）

网络域充当 M2M 设备域和应用域之间的接口。在该域中，采用远程有线/无线网络协议（例如电话网络、WiMAX 和 3G/4G/5G 蜂窝网络）来提供成本效益好、可靠性高且覆盖范围广的通信信道，从而将感知信息从 M2M 设备域传送到应用域。

（3）应用域（application domain）

应用域由后端服务器（back-end server，BS）和 M2M 应用客户端组成。后端服务器是M2M 系统的主要组成部分，作为一个集成点来存储从 M2M 设备域传来的所有感知信息。它还向各种客户端应用提供实时监控数据，用于实时远程监控管理（remote monitoring management，RMM），如智能抄表、电子医疗保健和交通监控。BS 也可以针对不同的应用而变化，例如在智能电网中，控制中心充当 BS，而在电子医疗保健系统中，BS 是 M2M 健康监控服务器。

仅考虑图 6.1 中的 M2M 域，我们可以设想两种通信场景。第一种场景假设客户端/服务器模型考虑了 M2M 设备（部署在 M2M 设备域中）和一个或多个 M2M 服务器（在应用域内）之间的通信。此场景代表了最受关注的场景，并用于各种 M2M 应用，例如智能电网、家庭自动化和环境监测。另一方面，其他类型的 M2M 应用将可能涉及另一种通信范式，例如对等（peer-to-peer，P2P）模型[8]，其中 M2M 设备之间直接通信，这些应用构成了第二种场景的基础。这种 M2M 设备间的通信可以通过移动网络或 Ad-hoc 模式进行。

6.1.2 M2M 应用特点及其所支持的属性

M2M 网络可以应用于不同的领域，所涉及的领域包括智能电网、家庭局域网、电子医疗保健、智能交通系统、环境监测、制造业等。为了有效地支持上述以及新的 M2M 应用及其数据流量特性，需要对空中无线接口进行优化。下面，我们将讨论 M2M 独有但存在一个或多个 M2M 应用共有的特性。

① 并发批量设备传输　此特性可处理从大量 M2M 设备到接入网络网关或基站的并发/同时传输的尝试。许多用例可能需要此特性，例如医疗保健、公共安全、安全访问和监视以及智能抄表。对该属性的支持需要对信道请求和分配协议进行增强，需要干扰减轻机制以及通信协作。

② 可靠性　可靠性是指无论工作环境如何（例如移动性、干扰和信道质量），都必须确保连接。在机密性非常重要的紧急情况下（例如医疗保健和远程支付）需要此特性。提高可靠性需要更改信道请求和分配协议、改进干扰缓解机制以及设备间的相互协作。

③ 优先调度与访问　为了在各种用例中处理“事件”，优先访问是必要的。访问优先级的改进需要改进信道请求和分配协议、有效的设备睡眠和唤醒机制以及优秀的协作通信，另外还需要改进帧结构。

④ 低功耗　能量（电源）受限的设备需要此特性，设备应该按需唤醒，并且在完成任务后进入睡眠机制，直到下一次唤醒。支持这一特性需要控制信令更新、高效的睡眠和唤醒机制以及设备协作。

⑤ 突发通信　在大多数情况下，M2M 设备传输的数据是突发的。支持此特性需要改进传输机制、信道请求和分配协议、通道编码和帧结构。此外，较小的资源单元对于传输非常小的 DL/UL 突发数据很重要。

⑥ 低或无移动性　许多 M2M 应用场景涉及固定或高/低移动性设备。在这种情况下，系统必须改进移动性管理，以最小化功耗和信令开销。

⑦ 监控和安全　由于 M2M 设备部署在现场，会使其暴露在硬软件攻击以及网络攻击之中。此外，这些设备还可能危及凭证和配置。为了防止此类事情发生，M2M 设备必须能够感知异常事件，例如设备位置的变化，并改进 M2M 设备和网关的身份验证。对监控和安全性的改进需要有效的移动性管理机制、干扰缓解机制，以及对协作通信算法和网络进入/重新进入程序的改进。

⑧ 低延迟　低延迟要求将网络访问延迟和数据传输延迟都进行最小化。许多紧急情况都需要此特性。需要改进信道请求和分配协议以及网络进入/重新进入协议以支持此特性。此外，可能还需要改变帧结构和控制信令。

6.1.3 M2M 数据流量类型[1]

随着 M2M 通信的兴起，无线网络将需要处理爆炸式增长的 M2M 信令流量。无线网络服务提供商需要寻找新的方法来满足各种 M2M 应用的需求，同时更有效地屏蔽网络和管理可用资源。

此外，网络数据流量管理是确定优先级（调度）和减少网络流量（特别是互联网带宽）、拥塞、延迟和丢包的过程。确定网络流量以找出网络拥塞的原因并明确地为这些问题提供解决方案始终是重要且必要的。

世界范围内的电信行业已经在寻找更多的解决方案，这将有助于网络运营商应对 M2M

数据流量的显著增长。电信标准化机构也在考虑无线接入网络（radio access network，RAN）和核心网络中的过载控制标准。

阿尔卡特朗讯的相关报告指出，与M2M数据流量相关的关键问题为[9]：

① 控制流量：由于大量的M2M设备参与到M2M通信中，会产生巨大的数据流量。对这些数据的操作量将超过目前最大的网络操作量。

② 新的信令需求：随着M2M设备的实际部署，信令/控制流量将成为主要瓶颈之一。

③ 资源使用效率低下：关键信息，例如M2M设备的位置、设备处于活动状态的持续时间、谁在授权访问以及网络的哪些部分拥塞，通常会被应用程序开发人员忽略。这种情况导致网络和设备的资源使用效率低下。

网络流量管理分为访问级、网络级和应用级三个级别。在这三个级别中，前两个级别的流量管理可以处理无线接入网络和核心网络的机制。设备与接入网络之间的通信是RAN的主要关注点。对于这种通信，如果网络过载，RAN会广播一条消息以阻止进一步的访问，直到过载问题得到解决。另一方面，应用级管理提供了防止网络拥塞的最佳方法。应用级为网络运营商提供了优先考虑M2M运营的机会。在一个完美的应用级管理解决方案中，位于应用域和网络域之间的网关（图6.1）将有助于网络运营商对来自不同M2M应用的数据流量进行优先级排序，并实施确保客户满意度的网络使用策略。因此，结合所有这三个级别的流量管理可能是解决上述问题的最有效的方法之一。

此外，为了了解数据流量的特征，下面，我们将简要解释M2M应用的一些实例，以及它们之间的区别。

① 弹性应用　这些应用的延迟相对可以容忍。此类应用的一个示例是从MTC服务器下载远程MTCD的文件。它们的用户效用随着可达到的数据传输速率的额外增加而进行微小的改进。

② 硬实时应用　这些应用要求其数据在指定的延迟约束内提供服务，否则，即使数据传输速率进一步提高，效用也没有进一步增加。传统电话是此类应用的一个很好的例子。一个经典的M2M业务应用是车辆和资产跟踪，它必须实时观察和管理MTCD。

③ 延迟自适应应用　音频和视频服务等应用的一个特性是它们对延迟敏感。但是，可以对其中的一些应用采用延迟限制，当超时时丢弃其数据包。这些应用对数据传输速率要求有最基本的要求，只有当数据传输速率低于基本要求时，用户的实效性才会迅速下降。M2M通信中有大量此类应用，例如电子健康服务中的远程监控。

④ 速率自适应应用　这些应用根据可用的无线电资源调整它们的传输速率，同时保持合理的延迟。因此，这些应用的性能在很大程度上取决于调度方案和底层无线信道的质量。显然，随着数据传输速率的增加，其改善效果不大。另一方面，由于信号质量非常差，在非常低的数据传输速率下，改善也不太显著。

⑤ 移动流媒体　此类应用的一个用例是摄像头采集信号。该信号将通过移动网络传输到控制中心。用户可以通过互联网查看和控制设置。移动流媒体的内容通常是视频包，传输速率通常为几Mbit/s，传输方式通常是连续的，优先级一般较低，因为流媒体信号传输需要较大的带宽，在拥塞时可能会被阻塞。移动流媒体服务具有容错性。

⑥ 智能电网　智能电网使发电和输送基础设施能够进行通信以自动监测和控制。通过这种方式，对电力供应与需求进行动态匹配，也可以显著节省资源。一些智能电网应用包括配电网络自动化、智能抄表、需求响应、设备诊断以及广域监测和控制。

⑦ 定期监测　这类应用的一些用例是环境监测、智能电网中的电力传输和开关监测、

公共安全中的路灯控制等。此类应用的内容为数据包，一般为几十或几百字节。传输模式是周期性的，周期可能从几十秒到几个小时不等。数据包的传输优先级较低，在拥塞时可能会被拒绝。

⑧ 紧急服务　紧急服务在意外情况下启动，立即引起人们对警报消息引起注意。此类应用的用例包括智能电网中的低/高压警报、智能家居中的气体泄漏/非法进入警报等。在此类应用中传输的内容是分组数据或视频流。例如，通过数据发送自动售货机缺货的警报消息，通过视频流发送防盗警报消息。在分组数据的情况下，分组数据会很小。相反，在视频流的情况下，数据包会很大。此外，紧急服务的传输方式是突发的，传输优先级高的原因显而易见。

⑨ 电子医疗　电子医疗旨在提高患者护理质量并降低相关成本。这种应用的用例包括远程医疗，通过更准确、更快速地报告患者身体状态的变化，医疗设备与医院网络的自动连接以及这些设备的远程管理来改善患者护理质量。我们可以模拟一个远程病人护理和监测的场景，病人戴上生物传感器来监测健康和五十个指标，如体温、心率、血压和体重。传感器可以将收集的传感数据转发到 M2M 设备（信息聚合器），该设备进一步将数据转发到云中的 M2M 应用服务器。基于收集到的数据，M2M 服务器向医疗服务提供商发送警报与适当的医疗记录。

⑩ 信息和导航服务　大多数车载 M2M 应用可以分为以下类别，即安全和安保、信息和导航、诊断或娱乐。安全和安保服务的用例之一是自动驾驶崩溃通知。在这种情况下，车辆上的各种碰撞传感器用于报告车辆损坏的位置和程度。它还建立了语音呼叫，以帮助人们向紧急服务部门报告事故。此外，信息和导航服务可为车辆乘员提供对各种位置敏感信息和内容的访问。

⑪ 家庭能源管理系统（home energy management system，HEMS）　HEMS 部署在智能电网的用电侧，控制中心可以通过智能电表对家用电器（如空调、冰箱和洗衣机）进行监控，以优化供电和用电。M2M 通信在 HEMS 中发挥着关键作用，因为有关家用电器的信息必须传输到控制中心进行分析和优化。由于低成本和灵活的基础设施，一些已知的无线通信技术（例如 WiMAX 和 ZigBee）将是可能的选择。

⑫ 铁路系统和公共安全　每年，由于无法获得有关火车到达特定道口的时间信息，全球有数百/数千人意外死亡。为了防止这种情况发生，出现了许多设备（尤其是传感器）以增强公共安全。这种 M2M 应用可以是无人驾驶平交道口的自动保护，以及铁路网络中的列车跟踪。由传感器提供所有必要的信息，数据包长度很短（约 1KB）。传感器以高优先级的周期性方式传输传感数据。

M2M 数据流量不均匀分布，主要是上行/下行链路。因此，在设计 M2M 网络时必须考虑到这一特性。现有的通信网络及其相关标准仅针对下行链路流量进行设计和优化。

由于同步效应，M2M 数据流量增大通常是突发的，这是由相当多的 M2M 设备同时尝试访问信道以及传输数据造成的。此外，可能有一些 M2M 应用的高峰时间不连贯；混合 M2M 数据流量的高峰时间几乎与基于人的个人通信的高峰时间相同。因此，网络运营商无法利用脱节的高峰时段进行基于人的个人通信和 M2M 通信。为了确保网络稳定性和成本效益，必须考虑其他方法，例如过载控制和延迟容限。很明显，为了提供具有成本效益的 M2M 通信，M2M 设备功能及其操作实践必须充分利用 M2M 数据流量特性。此外，还需要严格的服务水平协议，以避免干扰到基于人的个人通信。

6.2 M2M 标准

标准化是 M2M 技术可持续发展的最重要因素之一。为此，需要一种通用的 M2M 系统架构及其元素。为此，一些标准开发组织（standard development organization，SDO）以及技术驱动联盟和应用驱动联盟已同意并共同制定了 M2M 通信的全球通用标准。此外，需要将 M2M 标准化才能提供具有较高成本效益的 M2M 解决方案，并将其应用快速发展。M2M 标准可以加速服务层解决方案的开发和重用。另一方面，典型的 M2M 解决方案由多个利益相关者组成。作为完整解决方案的一部分，每个利益相关者都执行一项或多项特定任务。这些任务可能包括连通性、互操作性、部署、激活、集成服务以及许多其他任务，具体取决于行业和应用。建立 M2M 合作伙伴关系的原因有很多，从用户的角度来看，要尽量减少复杂性，并开发特定的 M2M 应用，以缩短企业商业化的时间。鉴于减少复杂性和企业专注于其核心竞争力的愿望，单个企业通常无法自行提供集成的端到端解决方案。因此，战略联盟是 M2M 通信的关键方面之一。

本节，我们将重点介绍一些标准开发组织（SDO）、技术驱动联盟和应用驱动联盟提出的主要标准化工作和不同 SDO 所采用的系统模型，它们的根本区别以及具体目标。

6.2.1 标准制定组织

正如 3GPP、ETSI、IETF 和 oneM2M 等主要标准开发组织所认识的那样，M2M 服务高度依赖于通信网络以实现现场所部署的大量设备与 M2M 应用服务器之间的连接。根据这些 SDO 的研究，一个通用的、成本效益高、易于使用且广泛可用的 M2M 服务层，可以嵌入到各种硬件和软件中，这对于 M2M 服务至关重要。以下对 SDO、技术驱动联盟、应用驱动联盟及其具体目标给予介绍。

（1）第三代合作伙伴计划（Third Generation Partnership Project，3GPP）

M2M 在 3GPP[10]中称为机器类型通信（machine-type communication，MTC）。3GPP 对 M2M 架构的网络域进行了标准化工作，优化了核心网络基础设施和网络资源接入，从而促进了 M2M 服务的高效交付。3GPP 在服务和系统方面（SA1）已经于 2008 年提交了一份技术报告 TR 22.868，题为“促进 GSM 和 UMTS 中的 M2M 通信”。3GPP-SA1 现在正致力于增强 MTC 网络，以满足将支持 M2M 服务的运营成本降至最低的要求。根据 3GPP-SA1 给出的详细服务要求，3GPP-SA2 对网络的主要功能及其实体、实体的连接结构以及它们交换的信息进行了分类。3GPP-SA3 正致力于 MTC 的安全方面。此外，3GPP Release 10（Rel-10）致力于识别需求并针对诸如寻址、标识符、低功率、拥塞和过载控制、订阅控制和安全性等特性优化网络。此外，Release 11（Rel-11）及更高版本一直致力于 M2M 网关的网络改进、对等通信、M2M 组和共置 M2M 设备的增强、网络选择和导航、服务要求和优化。

在 3GPP 中，当前的标准工作已经提供了全球演进的增强数据传输速率（enhanced data rates for global evolution，EDGE）。EDGE 设计背后的动机是平衡高速数据包接入（high-speed packet access，HSPA）覆盖范围。EDGE 提高了频谱效率，将延迟降低，并且还提高了吞吐速率。

3GPP2 涵盖高速、宽带和基于互联网协议（IP）的移动系统，具有网络到网络互连、功能/服务透明性、全球漫游和独立于位置的无缝服务等特点。

（2）欧洲电信标准协会（European Telecommunications Standards Institute，ETSI）

ETSI[11]的标准化工作考虑了广泛的安全问题，例如网络安全、对算法的合法拦截、电子签名、智能卡，它们涉及 ICT 的各个方面。此外，ETSI（连同 oneM2M）主要致力于建立高效的电信系统，用以在紧急情况下保护人们以及解决下一代网络、M2M、智能交通系统（intelligent transport system，ITS）和量子密码学等的安全问题。ETSI 定义了网络每个元素的功能和行为要求，以促进端到端连接。ETSI 技术委员会（ETSI technical committee，ETSI-TC）正在开发 M2M 标准，以促进通过网络基础设施（蜂窝或固定）访问电表数据库并提供端到端服务能力，具有三个目标：终端设备（智能电表）、集中器/网关和服务平台。

（3）oneM2M

作为一个全球性组织，oneM2M 的任务是创建技术规范来解决通用 M2M 服务层（如图 6.1 所示的网络域和应用域之间）的要求，并制定协同优化标准。反过来，这将促进通信服务提供商使用通用策略来支持 M2M 应用和服务。oneM2M 将解决对公共 M2M 服务层的重要需求，该服务层将独立于接入网络。它可以被植入到一系列硬件和软件中，并有希望将无数设备与全球 M2M 应用服务器连接起来。对此，当 oneM2M 于 2015 年初发布 Release 1 全球标准时，M2M 设备的广泛部署和物联网的基础出现了重大进展。Release 1 的开发是由 200 多家成员公司通过 7 个领先的 ICT 标准开发组织和 5 个成立 oneM2M 的行业协会做出的贡献。oneM2M 的 Release 1 是一组 11 个规范。这些规范考虑了需求、功能架构、服务层核心协议规范、安全解决方案以及与 CoAP、MQTT 和 HTTP 等常见行业协议的映射。oneM2M Release 1 还使用 OMA 和宽带论坛规范来实现设备管理功能。Release 1 提供了足够的构建块来促进当前一代的 M2M 和 IoT 应用相互协作。

（4）互联网工程任务组（internet engineering task force，IETF）

IETF 已经创建了一系列与智能对象相关的活动，例如 6LoWPAN 与 ROLL（通过低功耗和有损网络进行路由）和传感器技术。这些努力的目的是将互联网协议引入构建以及监控智能电网基础设施所需的 M2M 设备。此外，ROLL 是一个专注于 RPL（低功耗和有损网络的路由协议）的工作组。对此，网络中的节点将是许多具有有限内存、能量与处理资源有限的嵌入式设备。这些节点通过各种无线技术互连（如蓝牙、IEEE 802.15.4、低功耗 Wi-Fi 和电力线通信链路）。其目的是促进端到端的基于 IP 的解决方案，以避免不可互操作的网络问题。此外，IETF 拥有许多成功的小组，它们共同促进以标准化方式将受限设备以 IP 方式集成到互联网中[12]。这些标准包括：

① 6LoWPAN：6LoWPAN 代表基于低功率无线个人区域网络的 IPv6。6LoWPAN 概念背后的基本思想源于互联网协议，甚至应该应用于最小的设备（PAN），并且处理能力有限的低功耗设备应该能够参与物联网。6LoWPAN 组定义的封装和报头压缩机制有助于通过基于 IEEE 802.15.4 的网络传输与接收 IPv6 数据包。

② ROLL：ROLL 是通过低功耗和有损网络进行路由的首字母缩写词。低功耗和有损网络（low-power and lossy network，LLN）基本上是一类网络，其中路由器及其互连都具有有限的资源，并且通常以有限的内存和电池电量运行。它们的互连以低数据传输速率、较高的丢包率和不稳定来描述。LLN 由几十到数千个路由器组成，支持点对点（LLN 内的设备之间）、点对多点（从中央控制点到 LLN 内的设备子集）以及多点对点（从 LLN 内的设备到中央控制点）等数据流。ROLL 小组为 LLN 构建 IPv6 路由解决方案。

③ 6TiSCH：6TiSCH 代表时隙信道跳频。它旨在“促进 IEEE 802.15.4 设备支持广泛的工业应用”。6TiSCH 的核心是一种媒体接入技术，它利用时间同步来实现超低功耗运行和信道跳变以实现高可靠性。它与“继承”的 IEEE 802.15.4 MAC 协议非常不同，因此更好地表述为“重新设计”。6TiSCH 不对物理层做更改，相反，它可以在任何 IEEE 802.15.4 默认硬件上运行。

④ CoAP：受限应用协议（constrained application protocol，CoAP）是一种软件协议，建议用于资源受限的 Internet 设备，例如 Internet 上的 WSN 节点。它针对小型低功耗传感器，其交换需要使用标准互联网远程控制。CoAP 基本上是一个应用层协议，它被设计为简单地转换为 HTTP，以便与 Web 集成，同时还满足一些特定的要求，例如支持多播、低开销、安全性和简单性。满足这些要求对于物联网和机器对机器（M2M）设备尤为重要[13]，因为它们更可能被深度嵌入并且拥有比传统的互联网设备少得多的内存和电能。IETF 受限的 RESTful 环境（constrained restful environment，CoRE）工作组为此协议进行了关键的标准化工作。为了使该协议适用于物联网和 M2M 应用，对其添加了一系列新功能。

6.2.2 技术驱动联盟

（1）WiMAX 技术

WiMAX 技术基于 IEEE 802.16 标准 [为用户站和基站之间的非视线（NLOS）连接而开发]，可以随时随地提供无线宽带服务。WiMAX 产品可以包含跨一系列固定应用和移动应用模型。它定义了应用、低 OPEX 部署模型、基于 IEEE 802.16 协议的功能以及端到端 M2M 系统的性能指南。与所有无线技术一样，WiMAX 可以在较高的比特速率或更长的距离上运行。在 50km 的最大范围内运行会增加误码率，从而致使比特速率降低得多。相反，减小范围（到 1km 以下）则允许设备以更高的比特速率运行。

（2）Wi-Fi 联盟

Wi-Fi 联盟的愿望是无缝连接和互操作性。它提供了广泛认可的互操作性和质量描述，并有助于保证支持 Wi-Fi 的产品提供最佳用户体验。此外，IEEE 802.11 是第一个 WLAN 标准，它是一套 PHY 层和 MAC 层规范，用于在 2.4GHz、3.6GHz、5GHz 和 60GHz 频段实现无线局域网通信。IEEE 802.11 标准及其修正案促进了 Wi-Fi 在无线网络产品中的应用。借助 Wi-Fi 联盟，该技术取得了长足的进步，适用于低功耗网络设计。此外，IEEE 802.11 标准有许多协议，它们的互操作性范围不同。例如，IEEE 802.11a 上的核心 MAC/PHY 层互操作性可以覆盖 20m 的室内和更大的室外范围。使用备用天线，IEEE 802.11b 和 IEEE 802.11g 的覆盖范围室内可达 35m，室外可达 100m。IEEE 802.11n 的范围又增加了一倍以上。覆盖范围随频段而变化。2.4GHz 频段中的 Wi-Fi 比 IEEE 802.11a 和 IEEE 802.11n 所用的 5GHz 频段中的 Wi-Fi 的覆盖范围略好。

（3）ZigBee 联盟

ZigBee 是一种低功耗无线标准。各种 ZigBee 标准可在 IEEE 802.15.4 标准下由 IEEE 802.15 工作组维护。IEEE 802.15.4 是确定低速率无线个域网（LR-WPAN）的 PHY 层和 MAC 层的标准。它是 ZigBee、Mi-Fi 和无线 HART 规范的基础，每一个都通过开发 IEEE 802.15.4 中未定义的上层再次扩展的标准。作为替代方案，我们还可以采用 IEEE 802.15.4 标准和 6LoWPAN 来制作无线嵌入式互联网。以下是一些当前不断发展的 IEEE 802.15.4 版本。

① IEEE 802.15.4e：IEEE 802.15 任务组 4e 的成立是为了修改 IEEE 802.15.4 MAC 层，以满足不同工业应用的需求，从而克服了现有 MAC 的不足。添加了一些特定的增强功能，包括信道跳频和非常适合 ISA100.11a 的可变时隙交替。工业应用包括智能电网、楼宇自动化、工厂自动化、跟踪和追溯。该任务组的目标是信道管理，以改进安全机制，并使用多信道提高链路可靠性。

② IEEE 802.15.4f：IEEE 802.15.4f 标准也称为有源 RFID 系统任务组，定义了新的无线 PHY 层，增加了针对 802.15.4 标准的增强 MAC 层。PHY 和 MAC 层都需要支持有源 RFID

系统双向和位置确定应用的新 PHY 层。

③ IEEE 802.15.4g：IEEE 802.15.4g 标准［也称为智能公用事业网络（smart utility network，SUN）任务组］的目的是对 802.15.4 进行 PHY 层修改，是促进大规模过程控制应用的全球标准。

（4）蓝牙技术（IEEE 802.15.1）

IEEE 802.15.1 任务组定义了蓝牙技术，旨在定义 PHY 层和 MAC 层规范，以在许多支持蓝牙的设备之间提供无线连接和互操作性。然而，在 M2M 和物联网中，蓝牙技术一直是其他现有技术中的首选。作为一种无线技术，蓝牙是一种标准，用于在 2400～2480MHz 的 ISM 频段内以固定设备和移动设备进行短距离数据交换，这反过来又创建了具有高度安全性的个人区域网络（PAN）。蓝牙主要是为低功耗而设计的，它提供了一种在移动电话、笔记本电脑、电话、传真机、打印机、个人计算机、全球定位系统（GPS）接收器和数码相机等设备之间连接以交换信息的安全方式。它主要被设计为一种低带宽技术。

6.2.3 应用驱动的联盟

① 电信行业协会（Telecommunication Industry Association，TIA） TIA 为各种信息和通信技术（ICT）产品开发基于协议的行业标准。TIA 标准和技术部管理 12 个工程委员会，这些委员会为蜂窝塔、私人无线电设备、电话终端设备、卫星、VoIP 设备、车载远程信息处理、智能公用事业网络、可访问性、结构化布线、数据中心、移动设备通信、多媒体多播、医疗保健 ICT 和 M2M 通信建立指南。

TR-48 车载远程信息处理——为车队管理和车辆制造商创建远程信息处理数据传输标准。TR-49 医疗保健 ICT——创建与电信网络相关的医疗保健标准。TR-50 M2M 智能设备通信——创建 M2M 标准以促进设备和服务器之间使能 IP 通信。

② 国际电信联盟（International Telecommunication Union，ITU） 国际电信联盟分配全球无线电频谱和卫星轨道，建立确保网络无缝互连的技术标准，并尽一切努力改善对 ICT 的接入。国际电信联盟活跃在最新一代无线技术、宽带互联网、航空和海上导航、卫星气象学、射电天文、互联网接入、固定移动电话融合、数据、语音、电视广播和下一代网络等领域。

③ 健康联盟。

④ 结构化信息标准促进组织（Organization for the Advancement of Structured Information Standard，OASIS）。

⑤ 家插联盟（Home-Plug Alliance，HPA）。

⑥ 家庭电网论坛（Home Grid Forum，HGF）。

6.3 M2M 应用开发

随着 M2M 的发展和广泛应用，一些标准化组织为 M2M 标准架构提供统一的定义和愿景，从而为 M2M 的便捷开发奠定了基础。这些定义与愿景涉及了多个应用领域[14]，这些应用需要执行多种类型的处理，例如数据聚合和具有不同 QoS 要求的数据通信[15]。为此需要一个开发平台，该平台不仅要提供库，还要为各种应用程序的开发提供预编程的功能。目前，已开发出了多个开源框架（或开源规范），如表 6.1 所示。每个框架都应具有以下功能。

表 6.1　开源 M2M 框架

平台	功能	分布式	集中式	操作系统	语言	服务 API
OM2M	业务平台	是	否	Linux/Window/Mac	Apache Maven，Java	RESTful
Legato	嵌入式	是	是	Linux	Multi-Language	基于 C 库
DeviceHive	中间件	否	是	iOS/Android	网络框架等	C++
Paho	消息协议	是	否	Windows/Unix/Mac	.NET/C/Python	Java API
Koneki	IDE 仿真器	是	否	跨平台	Lua	Java API
Mihini	开放硬件平台	否	是	Linux	Lua	Lua API
Open MTC	中间件	否	是	Linux/Android	HTTP	RESTful

6.3.1　框架功能及其要解决的问题

（1）框架功能

框架的目的是实现机器（设备）到机器（设备）（M2M）实体之间的集成和无缝连接[16]。在促进开发和有效管理设备的同时创建实际需要的应用程序是开发平台的主要目的。以下是框架应提供的重要功能：

① 应该遵循一个标准来实现不同 M2M 业务之间的连接，也可以集成专有协议。

② 应设置一个余量来管理并集成对最终用户透明的不同且复杂的协议。

③ 根据应用需求，系统的扩展应该是灵活和轻量级的。

④ 能够将每个在应用程序上工作的现有设备与平台连接，提供可以被所有相关设备理解的轻量级消息传递标准协议。

⑤ 随着技术的进步，平台应该具有随之更新的灵活性。服务和用户期望也会改变。

（2）框架应解决的问题

M2M 应用开发需要解决如下问题：

① M2M 应用创建了一个跨越大区域并创建群网络的生态系统。需要解决对设备的监督和管理问题。

② 对于开发人员来说，需要解决将 M2M 通信的应用程序嵌入到不仅限于特定任务的底层硬件上的问题。

③ 由于 M2M 服务于众多行业，并且每个行业的标准都复杂多样，因此没有可用的全球标准。每个支持 M2M 的设备都有不同的协议和 API，用于与本地和远程服务器/设备进行通信。因此，需要解决所开发的应用程序与其他应用程序和设备互操作的问题。

④ 开发人员需要解决将所开发的应用程序与现有特定应用程序轻松集成，并解决可移植和可重用性问题。

⑤ 对于智能应用的开发，需要解决高开发成本的问题。

6.3.2　开源框架

以下对表 6.1 所列的框架给予简要的说明与解释。

（1）OM2M[17]

OM2M 是基于 ETSI-M2M 标准开发的 M2M 应用开源平台。该框架的规范于 2015 年 1

月发布。基于 RESTful 原则，OM2M 所实现的功能为 M2M 和 IoT 应用程序提供服务。OM2M 架构如图 6.2 所示。

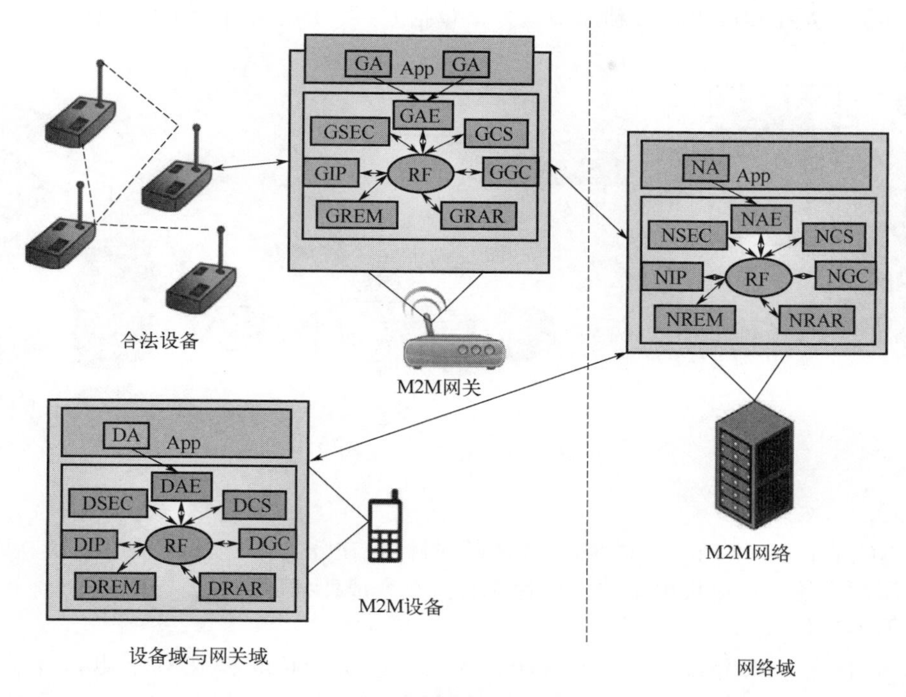

图 6.2　OM2M 架构[17]

RESTful API 用于资源发现、机器（设备）认证、异步和同步通信、容器管理和访问权限管理等。该框架实现了一个服务能力层（service capability layer，SCL），与图 6.2 所示的网络和设备域/网关域的 ETSI 架构相匹配。该平台还意味着 CoAP 与 HTTP 技术的多种协议绑定。OM2M 0.8 是一个“开箱即用”的集成版本，它支持可扩展框架，可使 6LoWPAN、ZWave、蓝牙和 ZigBee 等协议的设备轻松集成。

（2）Seirra Wireless Legato[18]

Seirra Wireless Legato 是一个 M2M 应用框架，集成了 Wind River Linux，遵循 Yocto 项目开发基础设施。Legato 平台如图 6.3 所示，为云和网络服务以及数据库访问服务提供了一组 API。提供 C/C++编程支持。

图 6.3　Legato 平台[18]

（3）DeviceHive[19]

DeviceHive 是一个开源框架，旨在连接设备并为它们提供框架。开发人员可以在操作系统上开发应用程序，包括 iOS 和 Android 等。该框架能够将任何智能设备连接到物联网网络，如图 6.4 所示。DeviceHive 具有三个组件，它们是控制软件、通信层和库。DeviceHive 支持.NET 框架、Web/Javascript 和 iOS 客户端手机开发。在服务器端，该框架使用 Python 和.NET 框架实现功能。API 和库提供多种编程语言，包括 C++、Python 和.NET 框架。

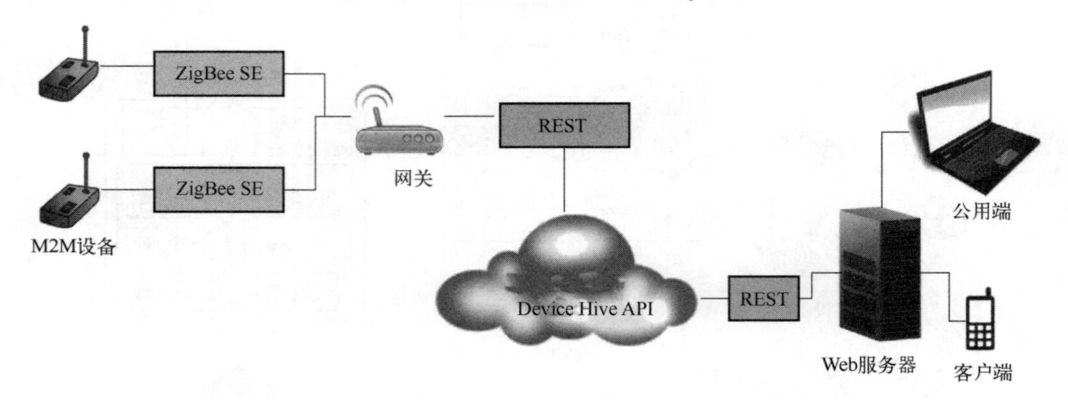

图 6.4　DeviceHive 架构[19]

（4）OpenXC[20]

OpenXC 是 Ford 和 Bugs Lab 的联合开发项目，旨在分发、研究和开发车载连接。OpenXC 基于开源漏洞系统，可以根据某些应用程序将汽车变成即插即用平台。

（5）开源软件栈[21]

2011 年 11 月，Eclipse 基金会和 Sierra Wireless、Eurotech 和 IBM 一起成立了 M2M 行业工作组（IWG），共同致力于为 M2M 开发开源平台。这可以提供一个框架来支持 M2M 开发。这个功能性 M2M 框架由三种开源技术组成。

① Paho　Paho 项目（Paho）提供设备管理和支持开源实现的通用消息传递协议[22]。

② Koneki[23]　为 M2M 开发人员提供包含库和工具的集成开发环境（IDE）。IDE 还包括模拟和调试工具。

③ Mihini[24]　为开发 M2M 嵌入式应用程序，Mihini 提供了一个开源应用程序框架。该框架包括开发 M2M 解决方案所需的 API 和功能。

（6）Open MTC[25-26]

Open MTC 是一个 M2M 框架，为 M2M 服务提供平台，其设计基于如图 6.5 所示的 ETSI M2M 架构。Open MTC 包括两个服务能力层：网关服务能力层和网络服务能力层。Open MTC 遵循 RESTful 架构，用于开发客户端和服务器通信。该框架还使网关和网络层能够交换信息；还提供了一个具有软件开发工具包（SDK）的工具包，用于开发智能城市应用程序。

Open MTC 支持与电信核心网互通[27]，包括用于为 M2M 设备翻译消息和信息交换的演进分组核心（evolved packet core，EPC）和 IP 多媒体子系统（IP multimedia subsystem，IMS）。在 Open EPC 上，Open MTC 依赖于连接管理和服务质量。

6.3.3　云平台

目前已有多个云平台提供了对 M2M 应用的开发功能，下面对这些云平台给予介绍和说明。

（1）Everyware Cloud[28]

对于 M2M 应用的开发，Everyware Cloud 提供了开发设施。它是一个能够维护应用程序并连接设备的软件平台或特定的物联网云平台。它提供了一个能够为分布式设备和桌面系统提供服务的基础架构。因此，它将设备与桌面系统连接起来，并采用开放协议在设备之间进行数据传输，从而降低了网络成本。它还支持没有任何时间限制的事件驱动应用；还可以存储数据并对实时数据流进行分析。它使用双向设备协议、MQTT v3.0 和 EDC 消息格式。对于开发，它支持 Java 和 C++语言。对于 Web 技术，它提供对 XML、JSON 和 REST API 的支持。

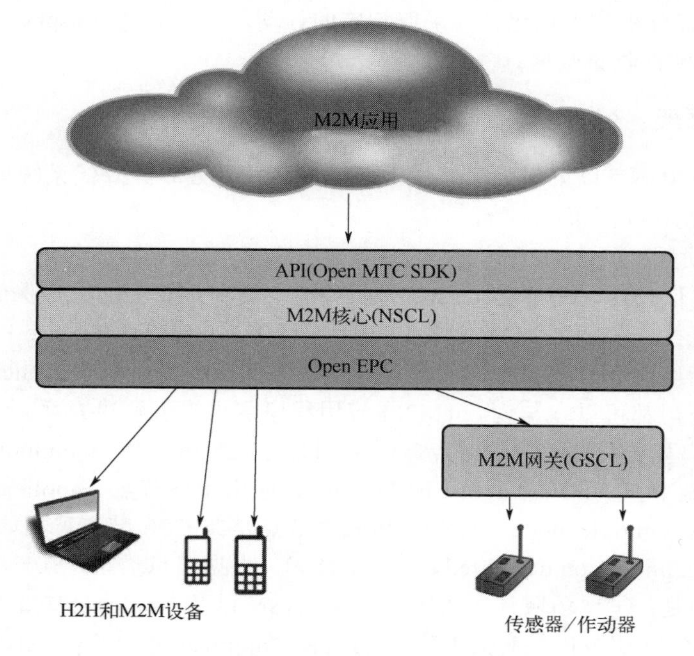

图 6.5　ETSI M2M 架构[25]

（2）SensorLogic[29]

SensorLogic 是一个平台即服务（PaaS）提供者，向 M2M 应用提供托管。它还提供大范围的 GSM/GPRS 网络服务，并预先集成了应用程序。对监控、控制和资产跟踪等应用，它提供了 xpressIQ 服务套件。其他增值网络服务也通过第三方供应系统得到支持，并且能够在用户需求增加时扩展支持。

（3）Google 云[30]

Google 为 M2M 应用提供了一个云平台。云中包含的工具能够扩展并分析数据。Google 云与正在为 Google 计算机引擎开发定制 MQTT 代理的 Agosto 公司合作。该平台支持所有 Google 服务，它通过 Weave 为通信应用提供支持。Weave 是一个开放的通信平台，尤其适用于物联网。它旨在提供设备到设备之间的简单交互并标准化设备上的命令，以进行数据分析、遥测数据支持和 OTA 更新。Google 云集成了 Google 物联网专用操作系统 Brillo。

（4）ThingPlus[31]

ThingPlus 完全支持监控和医疗保健等实时应用。它是一个白标云平台，提供图表形式的数据分析、自动控制、查看实时状态、生成设备报告和发送警报等服务。它还为设备提供预集成的中间件，并通过与服务器系统集成来支持 Web 应用程序，因此用户可以开发自己的客户端应用程序。该架构是水平可扩展的，可以为用户提供私有空间。它还支持 B2B 功能并提供与业务领域无关的建模。它支持几乎所有的操作系统，包括 Linux、Windows、Android、嵌入式 Linux 和 RTOS，也支持 REST API 开发。

（5）Thingspeak[32]

Thingspeak 支持通过 HTTP 从设备检索数据。它是一个开源平台。它提供 API 来通过本地网络存储和检索数据。它基本上是一种免费的 Web 服务，可以通过它开发跟踪和日志记录应用程序。对于开发，它支持 REST API 并将数据存储在云上。所收集的数据可以通过所集成的 MATLAB 进行分析和可视化，并采取相应的行动。它可以从 Raspberry Pi、Arduino 和 BeagleBone Black 硬件收集数据。

6.3.4 中间件框架

开发 M2M 应用还可以采用中间件技术，以提高开发效率并降低系统集成难度。下面介绍 3 个典型的 M2M 开发中间件平台。

（1）oneM2M

oneM2M 为电信公司、技术人员、M2M 服务提供商和涉及智能医疗保健、汽车和公用事业的企业提供了互操作和测试 M2M 解决方案[33]。目前，oneM2M Release 1 已发布，为汽车、家庭自动化、智能电网和公共卫生部门等领域的服务和应用提供框架。oneM2M 的成员资格是开放的，任何公司都可以参与为 oneM2M 应用程序需求提供解决方案。

oneM2M 架构基于两种类型的节点，一类拥有通用服务实体（common service entity，CSE），如基础设施节点（infrastructure node，IN）、应用服务节点（application service node，ASN）和中间节点（middle node，MN）；另一类节点是非 CSE 节点，例如非 oneM2M 节点和应用专用节点（application dedicated node，ADN）。根据节点类型，在一个 M2M 上管理两种类型的域。它们是：①现场域具有 ADN、MN、ASN 以及 Non-oneM2M 节点；②基础设施域只有一个用于 M2M 服务提供商的 IN。应用实体（application entity，AE）位于应用层，由唯一的 AE-ID 标识。每个 AE 创建一个 M2M 应用服务器逻辑。一些 AE 示例包括监测与控制仪表应用、远程监测患者健康应用（例如血糖监测和车辆跟踪应用）。

CSE 在 M2M 节点中运行并提供称为通用服务功能（common services function，CSF）的服务。每个应用在功能架构上定义了不同的 CSF，如位置网络服务、通信管理、组发现和管理、存储库管理、安全服务和计费用户服务等。

网络服务实体（network service entity，NSE）为底层网络中的 CSE 提供服务。主要为这些底层网络提供数据传输服务。为了在实体之间传递数据，提供了某些接口，这些接口称为参考点，即 Mcn、Mca 和 Mcc。Mcn 在底层网络中提供 NSE 与 CSE 间的接口。Mca 为 AE 和 CSE 提供接口。第三个接口 Mcc 使一个 CSE 能够与其他 CSE 通信。oneM2M 技术规范源自 ETSI M2M TS 规范。oneM2M 基金会的主要目标是为服务层提供全球 M2M 标准。主要目标如下：

① 为已部署的网络提供可扩展的服务。

② 通用组件的开发减轻了物联网应用增长的需求。

③ 为应用程序开发提供和支持应用程序编程接口（API）。该组织在服务层为 M2M 通信定义了 API。这种通信基于 REST 并以网络为中心。REST 模型是标准化的，它定义了具有交互资源的树结构，例如“创建—删除—更新—检索”是用于与其他设备通信的简单命令。

④ 为异构技术和系统之间的互操作提供服务。

⑤ 为不同的 M2M 用例提供端到端规范。

（2）AllJoyn

它是 AllSeen 联盟支持的中间件框架[34]。该组织的成员包括微软、Linux 基金会、高通、LG、索尼、海尔、夏普、赛门铁克、思科、松下、微软等。其目标框架是开源的，使设备能够相互通信。通过客户端-服务器模型组织系统。网络上的每个服务器都有广播功能并构建了一个 XML 文件。微软添加了称为设备系统桥的附加功能，可实现家庭和办公自动化协议（如 BACnet 和 Z-Wave）的集成。它提供 Java、Objective-C、C++和 C 绑定。它提供的服务包括安全认证、加入、通知、以同步方式将音频流传输到多个设备的接收器并进行点对点加密。兼容的操作系统有 Linux、Windows、OS X、iOS、Android 等。

（3）OpenIoT[35]

它是专门用于管理和分析数据的中间件。该架构由七层组成，分别是传感器中间件、云数据存储、提供发现服务功能的任务调度程序、服务交付、实用程序管理器以及处理配置、呈现和监控的请求定义。它由欧盟资助，能够处理几乎来自任何设备的各种数据。它还支持通过云进行流式传输和可视化数据。该协议支持传感器和云网络之间的连接。兼容的操作系统有 OS X、Linux 和 Windows。

6.4 M2M 应用实例

本节以智能家庭用电管理系统为实例来讨论 M2M 在该系统中的应用。

6.4.1 M2M 网络架构

一般来说，智能家庭用电管理系统中的 M2M 通信网络架构由家庭区域网（home area network，HAN）、邻域网（neighbor area network，NAN）和广域网（wide area network，WAN）三部分组成[36-37]。家庭区域网是家庭用电管理系统中决策调度的基本网络，可以实现家庭用电设备与智能电表之间的连接以及需求侧应用管理中的智能电表对用电信息的计量和监测。邻域网在特定小范围服务区域内建立起智能电表与集中器之间的连接，多个智能电表的数据统一集中传输至集中器，为下一步数据传输做准备。广域网提供远距离的数据传输，建立起集中器与基站之间的连接，最终将数据传输至控制中心。智能家庭用电管理系统中 M2M 通信网络架构如图 6.6 所示。

如图 6.6 所示的 M2M 网络中包含了如下几个主要组件：

① 家庭用电设备　家庭用电设备是指居民家中的电能消耗设备，包括洗碗机、洗衣机、空调、扫地机器人、电饭煲、热水器、电动车等。智能电表与家庭用电设备连接，收集用电数据。一些智能化的家庭用电设备还可以给智能电表发送未来用电消耗需求报告。

② 智能电表　每户家庭都可以安装一个智能电表，主要用来收集家庭用电设备的用电数据和用电需求。根据《智能电能表功能规范》可知智能电表是由测量单元、数据处理单元、通信单元等组成的，具有电能计量、信息存储及处理、实时监测、自动控制、信息交互显示等功能[37]。当有重要事件发生时，智能电表可以主动上报事件。智能电表可以通过 CPU 卡或射频卡实现本地付费，也可以通过互联网、载波通信等介质和远程售电系统实现远程费控。

③ 集中器　邻域网中智能电表节点中的数据流集中传输至集中器，集中器将接收到的数据流存储在缓存队列中，不同类型的数据包存储在不同的缓存队列中。集中器中的收发器通过检索位于缓存队列的数据队列，将数据流发送至基站。

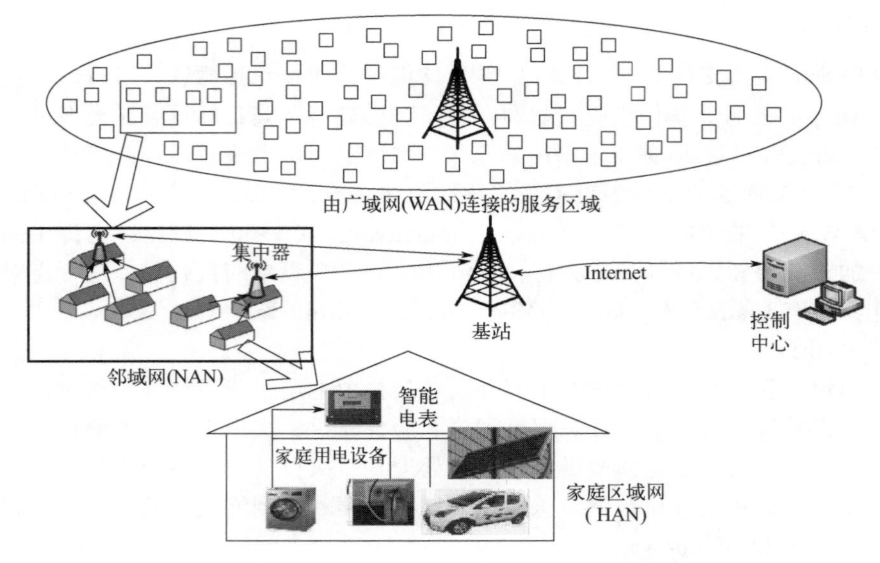

图 6.6 智能家庭用电管理系统中 M2M 通信网络架构[37]

④ 基站 在特定服务区域内设置基站，主要用于带宽分配。集中器通过远距离无线通信技术将数据流传输至基站，基站接收来自集中器的数据流后通过 Internet 将数据流传输至控制中心。

⑤ 控制中心 控制中心的服务器对数据流进行存储、分析和处理，通过预测和调度算法对家庭用电行为进行优化，从而产生一系列智能用电服务。

⑥ ZigBee 由于家庭中的用电设备在房间内的位置是随意的，因此它们与智能电表的通信不适合采用有线通信，所以选择近距离无线通信 ZigBee 作为家庭区域网的通信技术。

由于 ZigBee 传输性能受家里门、窗和墙等阻碍物的影响，因此 ZigBee 的网络拓扑不应复杂，所以在家庭区域网内采用簇-树型网络拓扑结构。这使得无线组网方式变得简单且具有较好的可扩展性，另外还能够降低协调器的负载，增加有效覆盖面积。

⑦ Wi-Fi 由于 Wi-Fi 具备近距离的无线覆盖、高速率的数据传输和无线接入的功能，因此选用 Wi-Fi 作为邻域网中智能电表与集中器进行通信的技术。Wi-Fi 的最大传输速率为 54Mbit/s，能满足邻域网中 M2M 数据传输速率。将邻域网区域设置在以集中器为中心的 300m 范围内，并在邻域网区域内设置室外无线接入点，来增强无线信号，以此使智能电表节点可以快速将数据流集中传输至集中器。

6.4.2 邻域网中智能电表节点分簇策略

在智能家庭用电管理系统（以下简称为家庭用电系统）中的 M2M 通信网络需要支持大规模的家庭用电设备、智能电表、集中器、基站之间的数据传输。由图 6.6 可以看出，家庭用电系统中 M2M 网络中的数据流传输过程为家庭用电数据或其他数据流先由智能电表集中传输至集中器，再由集中器将数据流统一发送至基站以共享基站的带宽。

（1）智能电表节点分簇

家庭用电系统中的 M2M 数据流具有周期频繁、数据量小的特点，合理地对智能电表节点进行分簇，将小范围内的智能电表节点统一管理，使数据流先传输至集中器中，减少同一时段因大规模智能电表节点同时传输数据流造成数据拥塞的可能性，并在保证服务质量

（QoS）的前提下，有效减少智能电表与基站之间 M2M 数据流的传输成本。每一个簇内的智能电表节点数据流由集中器进行收集，数据流服从 M/D/1/K 的排队模型。若数据在集中器的缓存队列中等待时间过长，会导致数据延迟过长；若集中器缺少缓存空间或者数据传输错误，则会导致数据丢失。数据的信号强度随着智能电表与集中器之间的距离增大而减小。如果智能电表与集中器之间的距离太大，数据会因为信号强度太小而丢失；如果智能电表与集中器之间的距离太小，会因为安装过多集中器而导致传输成本增加。因此，智能电表节点与集中器之间的距离应该适当。

对邻域网内的智能电表节点进行分簇，构造智能电表节点到集中器的传输成本函数，使得节点之间距离适中，既可以有效传输数据，又可以减少集中器安装数量。

在邻域网内，假设第 i 个集中器位于第 i 个簇的中心，该簇内的智能电表节点与集中器之间数据传输成本函数 C_i 由 C_{ins} 与 C_{QoS} 两部分构成，其中，C_{ins} 为安装集中器而产生的安装成本；C_{QoS} 为因数据流没有及时可靠地传输至基站而产生的服务质量成本，它也是由数据延迟和数据丢失构成的线性函数。因此，M2M 数据流从智能电表节点传输至集中器的传输成本函数定义为

$$C_i = C_{\text{ins}} + C_{\text{QoS}} = C_{\text{ins}} + \left(w_{\text{del}} \times \text{Delay}_i + w_{\text{loss}} \times \text{Loss}_i\right) \tag{6.1}$$

式中，Delay_i 与 Loss_i 分别表示第 i 个集中器产生的数据时延和丢包数据；w_{del} 和 w_{loss} 分别表示时延和丢包权重。

鉴于 Wi-Fi 的最大传输距离不超过 300m，于是总传输成本函数 $C_{\text{tol}}(S)$ 是领域网中所有簇的集合 S 中最小的，即为

$$\begin{cases} \min C_{\text{tol}}(S) = \sum\limits_{S_i \in S} C_i\left(S_i\right) \\ \text{s.t.}\, 0 \leqslant D_{ij}\left(S_i\right) \leqslant 300 \end{cases}, \quad i, j = 1, 2 \cdots, N \tag{6.2}$$

式中，$C_i\left(S_i\right)$ 为第 i 簇的成本；S_i 表示第 i 个集中器所在的簇；S 表示所有簇的集合；$D_{ij}\left(S_i\right)$ 表示簇 S_i 中集中器 i 与智能电表 j 之间的距离。

（2）动态规划算法

动态规划算法将某一问题分解为若干个更小更相似的相互关联的子问题，根据前一阶段的决策结果，利用递归原则求解最优结果，这样可以减少数据冗余计算以提高求解速度。

利用动态规划算法解决智能电表节点的分簇问题，算法步骤如下：①初始化，将所有智能电表节点分为一个簇；②将原始的大簇分成两个小簇，计算成本 C_{tot}；③继续将两个簇分成三个，当形成新簇所需要的成本小于之前旧簇的成本时，则更新成新簇；④重复上述步骤，直到成本最低或达到最大迭代次数。邻域网中智能电表节点分簇策略的算法如下：

1：set $S_{\text{old}} = \{N\}$；//初始化：将所有智能电表节点置于一个簇内，设 N 为领域网内智能电表节点的个数

2：repeat：

3：$S \leftarrow S_{\text{old}}$

4：for 每一个 $C \in S$，执行

5：$C_{\text{new}} = \min\left\{C_{\text{tot}}\left(S \setminus \{C\} \cup \{C_1, C_2\}\right)\right\}$，$C_1 \cup C_2 = C$；//计算新簇的成本

6：if $C_{\text{new}} < C_{\text{tot}}(S)$，then

7：$S \leftarrow S\{C\} \cup \{C_1, C_2\}$；//获得一个新簇

8：end if

9：end for

10：until $S = S_{\text{old}}$；//直到新分的簇不能再降低成本，则算法结束

6.4.3 广域网差异化随机接入的无线资源管理机制

将 4G/5G 蜂窝技术应用在家庭用电系统中进行远距离 M2M 数据传输时，可以根据 M2M 设备的类型及其所处状态不同，对 M2M 数据流进行优先级分类以减少 M2M 数据流远距离传输过程中的时延。

基于优先级分类的无线资源管理（radio resource management，RRM）机制使用差异化的随机接入方式来分配无线资源，以支持不同 QoS 要求的 M2M 数据流，尤其针对时延敏感的上行消息。

当设备想要发送数据，首先通过基于竞争的随机接入过程发送一个带宽请求（bandwidth request，BR），若发生冲突，则请求失败，将重新发送请求；若请求成功，设备得到带宽授权并发送数据。

在随机接入的过程中，当设备想要发送数据时，先等待一个从 $[0, W-1]$ 中随机选择的帧数（时间），W 表示初始退避窗口。一旦退避帧数计数为零时，从 K 个测距码中等概率地选择一个并将其发送到测距信道。当两个或多个设备同时在同一测距信道中选择了相同的测距码时，则发生竞争，这时可以使用截断二元指数退避方法解决冲突问题。每次传输测距码后，如果在超时参数 T_{16} 内没有收到带宽授权，那么则认为测距码丢失。在这种情况下，设备会将当前的退避窗口增加两倍，直到达到最大退避窗口 W_{m} 为止。然后设备重新发送带宽请求直到达到最大重试次数。在带宽请求的测距信道中，允许多个用户同时发送多个带宽请求码。但由于不同测距码之间存在多址干扰以及无线信道存在噪声和衰落，因此，基站只能检测到有限个测距码 L，其中 $L \leqslant K$ [38]。在随机接入过程中，平均接入时延 $E(t)$ 为

$$E(t) = \sum_{j=0}^{m} (1-p)^j \left[\frac{w_j - 1}{2} + T_{16} \right] \tag{6.3}$$

$$p = \sum_{i=0}^{L} C_{N-i}^{i} \tau^i (1-\tau)^{N-i-1} \left(1 - \frac{1}{K}\right)^i \tag{6.4}$$

$$w_j = 2^j W \tag{6.5}$$

式中，p 为随机接入成功的概率；L 为基站可以监测到的最大测距码个数；τ 为集中器发送带宽请求可能会出现竞争的概率；N 表示在测距信道中活跃的测距码数量；$1/K$ 表示在 K 个测距码中等概率选择其中一个的概率。

在带宽授权过程中，采用简单的轮询（round-robin，RR）算法计算服从 M/D/1 排队模型的单个服务队列的平均授权时延。平均授权时延 $E(\delta)$ 为

$$E(\delta) = \frac{2-\rho}{2\mu(1-\rho)} \tag{6.6}$$

$$\rho=\frac{\lambda}{\mu} \tag{6.7}$$

式中，λ 为到达率；μ 为服务率；ρ 为流量负载。

虽然大部分 M2M 数据是时延容忍的（如正常状态下智能电表周期性发送的用电数据报告），但由于应用服务以及 M2M 设备类型和状态不同，有部分时延敏感的数据流需要优先传输（如事件报警报告和需求管理消息需要马上上报目的节点）。表 6.2 总结了用电中三种不同服务优先级的时延参数。

表 6.2 用电管理中三种不同服务优先级的时延参数

服务	优先级	时延敏感级	时延范围
智能电表报告	低	低	>1s
需求管理消息	中	中	<1s
事件/报警报告	高	高	<250ms

为保证对突发性时延敏感的 M2M 数据流的 QoS，根据表 6.2 中不同服务的时延优先级得出三种不同数据流的 QoS 优先级，具体参数如表 6.3 所示。

表 6.3 三种不同数据流的 QoS 优先级

服务	优先级	时延边界
EE（expedited effort）	高	100ms
AE（assured effort）	中	500ms
BE（best effort）	低	1s

基于数据流优先级分类的无线资源管理机制由随机接入、请求分类和授权分配三部分组成，示意图如图 6.7 所示。首先，将测距信道和测距码这样的随机接入介质分成一系列称作虚拟测距信道（virtual ranging channel，VRC）的逻辑信道。每个虚拟测距信道由位于基站的无线资源代理器（radio resource agent，RRA）自适应分配测距码。无线资源代理器根据定义好的时间间隔周期性地更新分配参数。其次，带宽请求成功后，为满足不同应用的 QoS 要求，每个数据包进入到特定优先级的数据队列。最后，在宽带授权分配过程中，根据每个数据队列的优先级采用非抢占优先排队（non-preemptive priority queue）方法来分配带宽。

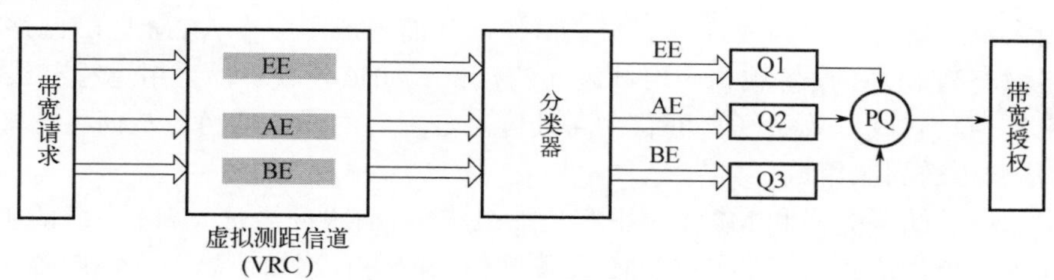

图 6.7 基于数据流优先级分类的无线资源管理机制[37]

无线资源代理器在特定的时间间隔内持续地监测每个虚拟测距信道的竞争载荷。在每个

时间间隔 Δt 内，无线资源代理器监测第 i 个虚拟信道 t 时刻的竞争负载 $l_i(t)$，不同优先级的测距信道的竞争负载 $l_i(t)$ 计算如下

$$l_i(t)=\frac{n_i(t)-n_i(t-\Delta t)}{\Delta t\times \mathrm{FPS}\times k[i]} \tag{6.8}$$

式中，i 表示虚拟测距信道的优先级（当 $i=0$ 时，表示为 EE，优先级为高；当 $i=1$ 时，表示为 AE，优先级为中；当 $i=2$ 时，表示为 BE，优先级为低）；n 表示宽带请求成功的次数；FPS 表示 4G/5G 系统每秒传输的帧数；$k[i]$ 表示虚拟测距信道中测距码的数量。

基于 M2M 数据流优先级分类的无线资源管理机制的算法如下：

1：初始化不同优先级测距信道中测距码的个数 $k[i]=1$，i 表示优先级

2：计算不同优先级虚拟测距信道中的接入负载 $l_i(t)$，对于 EE（$i=0$），执行

$$l_i(t)=\frac{n_i(t)-n_i(t-\Delta t)}{\Delta t\times \mathrm{FPS}\times k[0]},\quad k[0]++$$

直到 $l_0(t)>\hat{l}_0$ 为止　// $\hat{l}_0$ 表示数据优先级为 EE 的虚拟测距信道中允许竞争的最大载荷

3：重复第 2 步，分别计算 $l_1(t)$、$l_2(t)$

4：通过测距信道中带宽请求数量和上行链路映射消息（UL-MAP）来分配测距码和信道对

本章小结

M2M 通信源于 SCADA 系统，包括传感器在内的各种机器可以通过有线或无线通信与执行数据存储、处理、决策、呈现等功能的计算机系统一起用于监控工业过程。

M2M 通信不是一种新的通信技术，而是物联网中一种新的通信范式，它所涉及的“机器”包含了传感器、家用电器、摄像机与智能对象，它们之间可以自主地相互通信并做出协作决策，而无需直接的人为干预，M2M 与其他通信范式最重要的不同在于其在通信的过程中没有人为干预。

利用机器所产生的多种信息源，M2M 技术得到了广泛的应用，从这种意义上来说，人们有时也将 M2M 称为“物联网”（IoT）。

M2M 应用非常广泛，智能家居、教育、农业、工业、智能城市、智能社区、智能医疗保健、智能电网、智能建筑和监控等。

M2M 通信系统模型由 M2M 设备域、网络域和应用域三个相互关联的域组成。M2M 设备域由大量设备与网关构成，它们相互协作，从而形成了一个 M2M 区域网络。

网络域充当 M2M 设备域和应用域之间的接口。在该领域中，采用远程有线/无线网络协议来提供具有成本效益好、可靠性高且覆盖范围广的通信信道，从而将感知信息从 M2M 设备域传送到应用域。

应用域由后端服务器和 M2M 应用客户端组成。后端服务器是 M2M 系统的主要组成部分，作为一个集成点来存储从 M2M 设备域传来的所有感知信息。它还向各种客户端应用提供实时监控数据，用于实时远程监控管理。

M2M 应用有许多共有的特性，主要包括：并发批量设备传输、高可靠性、优先调度与访问、低功耗、突发通信、低移动性、监控和安全性以及低延迟等。标准化是 M2M

技术可持续发展的重要因素之一。为此，需要一种通用的 M2M 系统架构及其元素。为此，一些标准开发组织以及技术驱动联盟和应用驱动联盟已同意并共同制定了 M2M 通信的全球通用标准。此外，需要 M2M 标准化才能提供具有较高成本效益的 M2M 解决方案，并使其应用快速发展。M2M 标准可以加速服务层解决方案的开发和重用。标准化的任务将包括连通、互操作、部署、激活、集成服务等。

随着 M2M 的发展和广泛应用，一些标准化组织为 M2M 标准架构提供了统一的定义和愿景，并提供了多个开发平台，这些平台不仅要提供库，还要为各种应用程序的开发提供预编程的功能。这些开发平台框架包括 OM2M、Seirra Wireless Legato、DeviceHive、OpenXC、开源软件栈等。另外，一些云平台也提供了 M2M 开发功能，包括 Everyware Cloud、SensorLogic、Google 云等。

开发 M2M 应用还可以采用中间件技术，以提高开发效率并降低系统集成难度。

本章还以智能家庭用电管理系统为实例来讨论 M2M 在该系统中的应用。智能家庭用电管理系统中的 M2M 通信网络架构由家庭区域网、邻域网和广域网三部分组成。家庭区域网是家庭用电管理系统中决策调度的基本网络，可以实现家庭用电设备与智能电表之间的连接以及需求侧应用管理中的智能电表对用电信息的计量和监测。邻域网在特定小范围服务区域内建立起智能电表与集中器之间的连接，多个智能电表的数据统一集中传输至集中器，为下一步数据传输做准备。广域网提供远距离的数据传输，建立起集中器与基站之间的连接，最终将数据传输至控制中心。

在智能家庭用电管理系统中的 M2M 通信网络需要支持大规模的家庭用电设备、智能电表、集中器、基站之间的数据传输。

家庭用电系统中的 M2M 数据流具有周期频繁、数据量小的特点，合理地对智能电表节点进行分簇，将小范围内的智能电表节点统一管理，使数据流先集中传输至集中器中，减少同一时段因大规模智能电表节点同时传输数据流造成数据拥塞的可能性并在保证服务质量（QoS）的前提下，有效减少智能电表与基站之间 M2M 数据流的传输成本。将 4G/5G 蜂窝技术应用在家庭用电系统中进行远距离 M2M 数据传输时，可以根据 M2M 设备的类型及其所处状态不同，对 M2M 数据流进行优先级分类以减少 M2M 数据流远距离传输过程中的时延。

5G 也被称为物联网移动通信系统，第 7 章将讨论 5G 物联网通信技术并重点讨论物联网应用中所涉及的 NR V2X 侧链，同时也将简要地讨论 5G 工业物联网。

参考文献

[1] Verma P K，Verma R，Prakash A，et al. Machine-to-machine（M2M）communications：A survey [J]. Journal of Network and Computer Applications，2016，66：83-105（http://dx.doi.org/10.1016/j.jnca.2016.02.016）.

[2] Ali A，Shah G A，Farooq M O，et al. Technologies and challenges in developing machine-to-machine applications：A survey [J]. Journal of Network and Computer Applications，2017，83：124-139（http://dx.doi.org/10.1016/j.jnca.2017.02.002）.

[3] Chen J W M，Li F. Machine-to-machine communications：Architectures，standards，and applications [J]. KSII Trans. Internet Inf. Syst. 2012，6（February（2））：480-497.

[4] Glitho R H. Application architectures for machine-to-machine communications：Research agenda vs. state-of-the art [C]. 6th International Conference on Broadband and Biomedical Communications（IB2Com），November，2011：1-5.

[5] Pellicer S，Santa G，Bleda A L，et al. A global perspective of smart cities：A survey [C]. International Conference on Innovative Mobile and Internet Services in Ubiquitous Computing，2013：439-444.

[6] 3rd generation partnership project（3GPP），service requirements for machine-type communications [R]. Sophia-Antipolis Cedex，France，3GPP TS 22. 368 V11.5.0，September 2012.

[7] Jill J，et al. Scalability of machine to machine systems and the internet of things on LTE mobile networks [C]. Proceedings of the IEEE 16th International Symposium on World of Wireless，Mobile and Multimedia Networks（WoWMoM），2015.

[8] Bojic I，Jezic G，Katusic D，et al. Communication in machine-to-machine environments [C]. Proceedings of the Fifth Balkan Conference in Informatics，ser. BCI '12. New York，NY，USA：ACM，2012，283-286（http://doi.acm.org/10.1145/2371316.2371379）.

[9] http://www2.alcatel-lucent.com/techzine/getting-ready-for-m2m-traffific-growth/.

[10] http://www.3gpp.org/About-3GPP.

[11] http://www.etsi.org.

[12] Villaverde B C，et al. Service discovery protocols for constrained machine-to-machine communications [J]. IEEE Commun. Surv. Tutor.，2014，16（1）：41-60.

[13] Keoh S L，Kumar S S，Tschofenig H. Securing the internet of things a standardization perspective [J]. IEEE Internet Things J，2014，1（3）：265-275.

[14] Kanti D S，Christian B. A lightweight framework for efficient M2M device management in oneM2M architecture [C]. 2015 International Conference on Recent Advances in Internet of Things（RIoT），IEEE.

[15] Ralf B，Jürgen D，Henrik M，et al. Intelligent M2M：Complex event processing for machine-to-machine communication [J]. Expert Syst. Appl.，2015，42（15 February（3））：1235-1246（http://dx.doi.org/10.1016/j.eswa.2014.09.005（ISSN 0957-4174）.

[16] Mineraud J，Mazhelis O，Su X，et al. A gap anal. Internet-of-Things platf. [J]. arXiv：1502. 01181，2015.

[17] OM2M [EB/OL]. http://www.eclipse.org/om2m.

[18] Seirra Wireless Legato [EB/OL]. http://source.sierrawireless.com/legato/.

[19] DeviceHive [EB/OL]. http://devicehive.com.

[20] OpenXC [EB/OL]. http://openxcplatform.com.

[21] Open Source Software Stack [EB/OL]. http://m2m.eclipse.org/.

[22] Paho [EB/OL]. http://www.eclipse.org/paho/.

[23] Koneki [EB/OL]. www.eclipse.org/koneki/.

[24] Mihini [EB/OL]. http://www.eclipse.org/mihini/.

[25] ETSI TS 102 690 V1.1.1，Technical specification machine to machine communication（M2M）; Functional architecture [Z]. October 2011.

[26] OpenEPC—open evolved packet core [EB/OL]. http://www.openepc.net/.

[27] FOKUS，Fraunhofer. OpenMTC platform—A generic M2M communication platform [Z]. Fraunhofer Institute for Open Communication Systems FOKUS. Berlin，Germany.

[28] Everyware Cloud [EB/OL]. http://www.eurotech.com/en/products/software+services/.

[29] SensorLogic [EB/OL]. http://www.gemalto.com/m2m/solutions/application-enablement.

[30] Google Cloud [EB/OL]. https://cloud.google.com/solutions/iot/.

[31] ThingPlus [EB/OL]. https://thingplus.net.

[32] ThingSpeak [EB/OL]. https://thingspeak.com/.

[33] Jorg S，Guang L，Philip J，et al. Toward a standardized common m2m service layer platform：Introduction to onem2m [J]. IEEE Wirel. Commun.，2014，21（3）：20-26.

[34] AllJoyn [EB/OL]. www.allseenalliance.org/framework.
[35] OpenIoT [EB/OL]. www.openiot.eu.
[36] Niyato D，Xiao L，Wang P. Machine-to-machine communications for home energy management system in smart grid [J]. IEEE Communications Society，2011，49（4）：53-59.
[37] 周雪婷. 智能用电管理中的M2M技术研究与应用 [D]. 西安：西安建筑科技大学，2019.
[38] Khan R H，Mahata K，Khan J Y. A novel scheduling service for distribution pilot protection over a WiMAX network [J]. Recent Patents on Telecommunication，2013，20（2）：24-26.

第 7 章

5G 与物联网

第五代移动通信（简称5G）的发展已成为物联网应用增长的主要驱动力[1]。根据国际数据公司（IDC）的报告，全球 70%的企业会将 5G 技术用于互联[1,2]。对于大量的物联网设备，未来物联网中的新应用和商业模式需要新的性能标准，如大规模连接、安全性、可靠性、无线通信覆盖范围、超低延迟、吞吐量、超可靠等[3]。为了满足这些要求，LTE 和 5G 技术有望为未来的物联网应用提供新的连接接口。目前，5G 的发展处于早期阶段，其目标是新的无线接入技术（radio access technology，RAT）、天线技术的改进、采用更高频率以及网络的重新架构[4]。然而，要取得重大进展，现有的移动通信技术需要在今后的几年在现有无线网络的基础上进行彻底改变，使其发生技术和架构以及业务流程的代际转变[2]。

支持 5G 的物联网（5G IoT）将连接大量的物联网设备，将极大地促进经济和社会发展。未来物联网应用的新要求和 5G 技术的发展是推动 5G 赋能物联网的两个重要趋势[5,6]。

7.1 5G 与物联网

5G 作为新一代网络，可以满足更复杂的通信需求，应对设备计算能力和智能化等挑战，以适应智能环境、工业 4.0 的通信要求[7-8]。

在物联网应用中，特别是在智能城市、医疗保健系统中涉及了大规模的机器类型通信（machine type communication，MTC），即机器对机器通信（M2M），从而使得这种大规模的连接网络产生了巨大的异构性，这就对物联网的应用及其实施产生了巨大的挑战。在过去的二十多年中，已经实现了许多 M2M 通信技术，包括短距离 MTC 通信、低能耗蓝牙、ZigBee、Wi-Fi 等，以及低功耗广域（LPWA）技术、Ingenu 随机相位多址（RPMA）技术[9]等。

为了确保 M2M 应用，第三代合作伙伴计划（3GPP）提出了增强型机器类型通信（eMTC），扩展了网络覆盖范围，并将 EC GSM-IoT 和 NB-IoT 作为基于蜂窝的物联网 LPWA 技术[4]。

7.1.1 5G 物联网架构

5G 将为物联网应用提供实时、随需、所有在线、可重新配置等功能以及良好的社交体验，这要求 5G 物联网架构能够端到端地协调，敏捷地、自动地进行智能操作[2]。

（1）架构的基本功能

5G 物联网架构将提供如下功能：

① 根据应用要求提供逻辑上独立的网络；

② 使用基于云的无线接入网络（cloud RAN）重建无线接入网络（RAN），以提供多个标准的大规模连接，实现 5G 所需的 RAN 功能的按需部署；

③ 简化核心网络架构，实现网络功能的按需配置。

对此，5G 中的物联网应用将需要满足如下要求，主要包括[2]：

① 高数据传输速率　面对未来的物联网应用，如高清视频流、虚拟现实（virtual reality，VR）、增强现实（augmented reality，AR）等，需要较高的数据传输速率，大约为 25Mbit/s，以提供可接受的性能。

② 高可扩展性和细粒度网络　为了提高网络可扩展性，5G 物联网需要更高的可扩展性，以支持通过网络功能虚拟化（network function virtualization，NFV）进行细粒度的前传网络分解。

③ 极低的延迟　触觉互联网、AR、视频游戏等需要较低的延迟，大约 1ms。

④ 可靠性恢复能力　应满足较广的覆盖范围和切换效率，以对物联网设备和用户提供广域覆盖。

⑤ 安全性　未来的物联网移动支付和数字钱包应用的安全性，与保护连接和用户隐私的一般安全策略不同，5G 物联网需要改进安全策略来提高整个网络的安全性。

⑥ 电池使用寿命长　5G 物联网应支持数十亿低功耗和低成本的物联网设备，需要低能耗解决方案。

⑦ 大连接密度　大量设备将在 5G 物联网中互连，这需要 5G 物联网能够支持在一定时间和区域内成功传递消息。

⑧ 高移动性　5G 物联网应该能够支持具有高移动性的大量设备到设备的连接。

（2）5G 物联网架构

5G 物联网架构的示例如图 7.1 所示。该示例为一个集成了 5G 基础设施的智能家居原型，其中 5G 物联网采用多种无线通信协议将许多资源受限的 IoT 设备桥接到远程云中。5G 物联网将主要基于 5G 无线系统，其架构一般包括两个平面[2,10]：

① 数据平面　侧重于通过软件定义的前传网络进行数据感知；

② 控制平面　由网络管理工具和可重新配置的服务（应用）提供者组成。

5G 物联网架构应该能够满足以下方面的服务要求：

① 可扩展性；

② 云化/网络功能虚拟化；

③ 先进的网络管理，包括移动控制、访问控制和资源高效的网络虚拟化；

④ 智能的服务提供者，能够提供基于大数据分析的智能服务。

7.1.2　无线网络功能虚拟化

作为 5G 的补充，无线网络功能虚拟化（wireless network function virtualization，WNFV）将实现整个网络功能的虚拟化，其目标是简化 5G 物联网的部署，其中 NFV 使硬件与底层网络功能变得更为灵活和更具可扩展性，以实现 5G 物联网专注于通用化的云服务器[11]。

NFV 能够将物理网络分成多个虚拟网络，如图 7.2 所示，可以根据应用的要求重新配置设备，从而构建多个网络。NFV 通过优化逻辑分片网络中的传输速率、容量和覆盖范围来满足应用需求，从而为 5G 物联网应用提供实时处理能力。可以说，5G 中的 NFV 能改变在 5G 物联网中构建网络的方式，并提供可扩展且灵活的网络功能。NFV 还能显著增强可行性无线接入网络（RAN）。

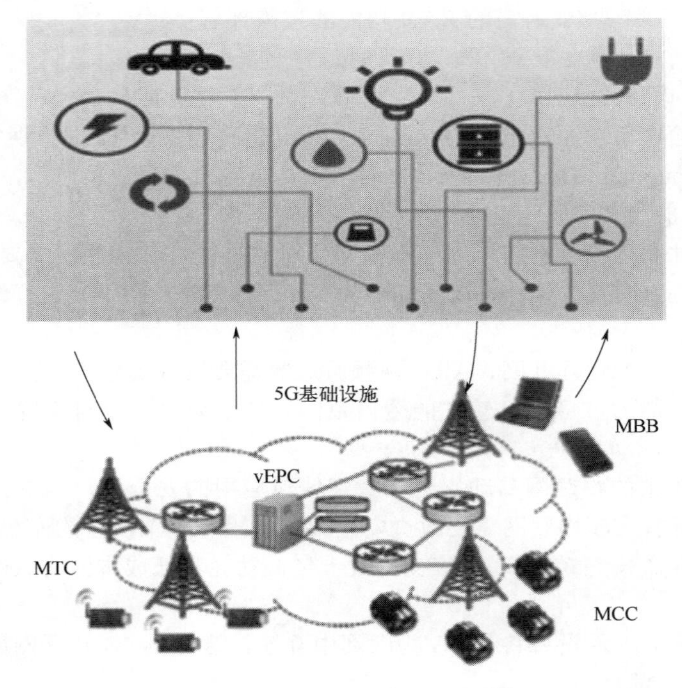

图 7.1　5G 物联网架构示例[10]

图 7.2　5G 中 NFV 技术[11]

7.2　5G 用例及服务需求

5G 将实现完全性的世界连接，这种全连接不仅针对人的交流，而且还使机器与“物”的通信成为可能，从而助力社会经济的发展并提高人们的生活水平。在这一愿景下，5G 用例从移动宽带（mobile broadband，MBB）扩展到了物联网[12]。

7.2.1　从 eMBB 到 IoT（mMTC 与 URLLC）

ITU-R 在 2015 年通过 ITU-RM.20832 建议书确立了 5G 愿景，表明 5G 将其应用场景从增强型移动宽带（enhanced mobile broadband，eMBB）扩展到海量机器类型通信（massive machine type communication，mMTC）和超可靠低延迟通信（ultra-reliable low-latency communication，URLLC）。

mMTC 和 URLLC 服务是物联网（IoT）服务的子集。它们被认为是 5G 进入以关键服务要求为特征的泛在物联网服务的第一步，是 5G 将无线连接扩展到人与人连接之外的发展目标。

5G 从 eMBB 扩展到 mMTC 与 URLLC，源于对应用趋势的观察和用户需求。一方面，高数据传输速率视频流既可以向下传输到人，也可以向上传输到云服务器；另一方面，即时和低延迟连接，对于包括增强现实（augmented reality，AR）和虚拟现实（virtual reality，VR）在内的用户体验非常重要。此外，在用户密度不断地增加（尤其是在城市地区）以及高流动性的情况下，用户希望获得令人满意的终端用户体验。因此，高数据传输速率要求以及高用户密度与高用户移动性成为 5G 发展的驱动力，这要求增强移动宽带服务的能力。

另外，在未来，任何可以从连接中受益的对象都将被连接，尽管部分或主要部分是采用无线技术连接的。这种趋势对连接各种应用中的对象（机器/物）提出了巨大的连接需求。例如，无人驾驶汽车、增强移动云服务、实时交通控制优化、紧急和灾难响应、智能电网、电子健康或高效的工业通信将是期望通过无线技术连接来实现或改善的几个领域[13]。通过仔细观察这些应用，可以发现其有两个主要特征：一个是所需连接的数量，另一个是给定延迟要求的可靠性。这两个主要特征刻画了 mMTC 与 URLLC 的性质。因此，5G 是以支持 eMBB、mMTC、URLLC 等多种使用场景和应用为目标的。以下是对这三种使用场景的初步了解[13]：

① 增强型移动宽带　移动宽带解决了以人为本的多媒体内容、服务和数据访问应用。对移动宽带的需求将继续增加。除了现有的移动宽带应用，增强型移动宽带应用场景将带来新的应用领域和需求，以提高网络性能和日益增加的无缝用户体验。这个应用场景针对不同需求涵盖了广域覆盖、热点等多种场景。热点即用户密度高的区域，需要非常高的业务容量，而对移动性的要求较低，用户数据传输速率高于广域覆盖的要求。对于广域覆盖情况，需要无缝覆盖和中高移动性，与现有数据传输速率相比，用户数据传输速率要提高很多，然而与热点相比，对数据传输速率的要求可以放宽（降低）。

② 超可靠低延迟通信　此类应用对吞吐量、延迟和可用性等有严格的要求，包括工业制造或生产过程的无线控制、远程医疗手术、智能电网中的配电自动化、运输安全等。

③ 海量机器类型通信　此类应用的特点是连接的设备数量非常大，通常传输相对较少的非延迟敏感数据，要求设备成本低，电池寿命长。

7.2.2　多样化服务与多样化需求

2020 年以来出现了大量的新服务，这些服务都在 5G 业务的范围内。这些 5G 服务根据上一节阐述的三种应用场景分为以下六类。

（1）eMBB 服务

增强型移动宽带服务，如网页浏览、具有文本消息的社交 App、文件共享和音乐下载，已经非常流行并得到 4G 的良好支持。未来，预计超高清（ultrahigh definition，UHD）视频、3D 视频以及增强现实和虚拟现实等更高数据传输速率的服务将主导人与人之间的通信需求。除了上述下行高数据传输速率服务外，上行高数据传输速率服务的需求也在不断涌现，例如来自用户的高清视频分享。这些服务需求定义了对 eMBB 开发的新需求，以便随时随地体验这些需求。

（2）UHD（超高清）视频流

4K/8K UHD 视频流需要高达 300Mbit/s 的数据传输速率。根据 3GPP 中对增强型移动宽带技术推动力的研究，表 7.1 列出了 4K 和 8K 超高清视频所需的数据传输速率。

表 7.1 4K 和 8K 超高清视频所需的数据速率[14]

视频类型	画质	帧速率/s	编码方案	质量要求	数据传输速率/（Mbit/s）
4K UHD	3840×2160	50	HEVC	中	20～30
4K UHD	3840×2160	50	HEVC	高	约 75
4K UHD	3840×2160	50	AVC	高	约 150
8K UHD	7680×4320	50	HEVC	高	约 300

（3）视频分享

随着社交应用的日益普及，从用户到云端的视频分享变得越来越常见。表 7.2 给出了 1080p 和 720p 视频所需的数据传输速率。

表 7.2 1080p 与 720p 视频所需的数据速率

视频类型	画质	帧速率/s	编码方案	数据传输速率/（Mbit/s）
720p	1280×720	60	H.264	3.8
1080p	1920×1080	40	H.264	4.5
1080p	1920×1080	60	H.264	6.8

（4）AR/VR 用户交付

AR 和 VR 将为 5G 用户带来全新的应用体验。增强现实通过计算机图形生成的“增强”视图为用户提供了真实世界环境的交互体验。虚拟现实通过计算机图形创建的沉浸式环境为用户提供了另一种交互体验，与物理现实相比，它可以是奇幻的或戏剧性的。AR 和 VR 都需要非常高的数据传输速率和低延迟，才能将计算机生成的图形和多媒体内容提供给最终用户，并保证流畅的用户体验。除需要非常高的数据传输速率外，AR/VR 对延迟的要求也变得越来越高。因此，高数据传输速率和低延迟将成为 5G 服务的主导。

（5）mMTC 服务

海量机器类型通信（mMTC）是一组新兴服务，它们通常使用大量传感器将传感数据报告给云端或中央数据中心，以便做出明智的决策和/或减少人工收集这些数据的工作量。mMTC 服务的要求主要是在特定服务质量（例如数据传输速率）下的连接密度（单位面积的设备数量）、电池寿命和传感器的覆盖能力。高连接密度、长电池寿命和广覆盖能力被认为是 mMTC 服务的主要特点。

（6）URLLC 服务

超可靠低延迟通信（URLLC）是一组对延迟和数据包丢失非常敏感的新兴服务，如工业制造或生产过程的无线控制、远程医疗手术、智能电网中的配电自动化、运输安全等。3GPP 中对其进行了较为深入的研究，并总结了此类服务的要求。正如 URLLC 的含义，主要要求低延迟与超高可靠性同时实现。也就是说，对于所传输的数据包，在给定的持续时间内应该保证高可靠性（非常低的数据丢包率）。

7.2.3　5G关键能力与技术性能要求

5G应用为定义5G关键能力及相关技术要求奠定了坚实的基础。在ITU-R中，5G的关键能力与5G所设想的应用场景一起定义。技术性能要求是根据5G愿景和关键能力定义的。

（1）5G关键能力

5G在ITU-R环境中也称为IMT-2020。与4G（也称为IMT-Advanced）相比，5G关键能力的目标得到增强。这些增强体现在eMBB、mMTC和URLLC这三个方面。

① eMBB　在ITU-R中，用户体验的数据传输速率和区域通信容量被确定为是与eMBB最相关的关键能力。这两种能力保证了对特定eMBB服务的系统支持，以确保其能够成功地交付给大多数用户。

a. 用户体验数据传输速率　用户体验数据传输速率定义为移动用户/设备在覆盖区域内泛在可用的可实现数据传输速率（以Mbit/s为单位）。与4G相比，用户体验的数据传输速率有望达到4G的10倍。密集城市地区的下行链路的边缘用户体验数据传输速率将达到100Mbit/s。虽然目标能力比NGMN要求低了一点，但仍然保证了大部分用户都能体验到良好的UHD视频，并具备部分AR/VR能力。这种能力远远超出了1080p和720p视频的服务需求。

b. 区域通信容量　区域通信容量定义为每地理区域服务的总吞吐量［以Mbit/(s·m^2)为单位］。在高用户密度场景（例如室内）中，区域通信容量预计为10Mbit/(s·m^2)。这意味着如果假设每1000m^{2}有20个用户同时传输数据，则可以支持500Mbit/s业务所需的数据传输速率。

与4G相比，此能力提高了100倍。这是10倍的用户体验数据传输速率提升以及10倍的连接密度提升的结果。

c. 移动性　移动性是一项重要的能力，可以支持高速车辆内的高数据传输速率。它被定义为在所属的不同层和/或无线电接入技术（多层/-RAT）的无线节点之间可以实现定义的QoS和无缝传输的最大速度（km/h）。支持高达500km/h的移动等级。该移动性等级是4G的约1.4倍（定义了高达350km/h的移动等级）。

d. 峰值数据传输速率　峰值数据传输速率定义为每个用户/设备在理想条件下可实现的最大数据传输速率（以Gbit/s为单位）。它表示设备传输数据的最大能力，预计为10～20Gbit/s。这意味着理想条件下的设备可以支持AR/VR应用。

除上述能力外，有助于降低运营成本的效率能力也被确定为5G的关键能力。

e. 能效　网络能效被认为是实现5G经济性的关键能力之一。能效有两个方面：

（a）在网络侧，能效是指每单位无线接入网（radio access network，RAN）能耗（bit/J）用户发送/接收的信息比特数。

（b）在设备端，能效是指通信模块每单位能耗传输的信息比特数（bit/J）。

对于网络能效，在提供增强能力的同时，要求能源消耗不应大于已部署的无线接入网络的能耗。因此，如果区域通信容量提高100倍，网络能效应该提高一个类似的因子。

f. 频谱效率　频谱效率包括两个方面，即平均频谱效率与边缘用户频谱效率。

（a）平均频谱效率定义为每单位频谱资源与每个发射-接收点的平均数据吞吐量［bit/(s·Hz·TRxP)］。

（b）边缘用户频谱效率定义为每单位频谱资源［bit/(s·Hz)］的第五百分位用户数据吞吐量。

如上所述，对平均频谱效率提高的要求与区域业务容量所需的增加量有关。ITU-R定义了区域通信容量提升100倍的能力。在这种情况下，数据传输速率的总量将至少提升100倍。

总数据传输速率由平均频谱效率乘以可用系统带宽（Hz）和该区域中的发射-接收点数（TRxP）计算得出。我们假设给定区域内的 TRxP 部署将提高 3 倍，可用带宽将提高 10 倍，那么平均频谱效率应该至少提高 3 倍。

对于边缘用户频谱效率，所提高的要求与支持的边缘用户体验数据传输速率、TRxP 下的用户数以及可用带宽有关。我们假设区域内的连接密度提高 10 倍（见下文“连接密度”能力），而区域内的 TRxP 数量可以提高 3 倍，那么一个 TRxP 中的用户数将提高 3 倍。另一方面，假设一个 TRxP 中的可用带宽提高了 10 倍，这意味着对于单个用户，可用带宽提高了 10/3 = 3.3 倍。在这种情况下，考虑支持 10 倍的边缘用户体验数据传输速率（见上文“用户体验数据传输速率”能力），边缘用户频谱效率应该提高 3 倍。

② mMTC　对于 mMTC 应用场景，连接密度和网络能效被确定为两个最相关的关键能力。除了关键能力外，运行寿命也被确定为用于 mMTC 的 5G 网络所需的能力。

a. 连接密度　连接密度是每单位面积（km^2）的连接和/或可访问设备的总数。对于 mMTC 应用场景，由于在 2020 年以后连接大量设备的需求，连接密度预计达到每平方千米一百万台设备。与 4G（IMT-Advanced）相比，提高了 10 倍。

b. 网络能效　网络能效也被认为是 mMTC 的重要关键能力之一。为 mMTC 设备提供大范围覆盖不应以增加大量的能耗为代价。

c. 运行寿命　运行寿命是指每个储能容量的运行时间。这对于需要非常长的电池寿命（例如超过 10 年）的机器/设备尤其重要，因为物理或经济原因，这些机器/设备的定期维护很困难。

③ URLLC　延迟、移动性被确定为 URLLC 的两个最相关的关键能力。

a. 延迟　它被定义为无线网络从信息源发送数据包到目标接收数据包的时间（以 ms 为单位）。所需的延迟应为 1ms。

b. 移动性　移动性与 URLLC 应用场景相关，因为交通安全应用等场景中的对象通常处于高速移动中。

除了上述关键能力外，可靠性和弹性也被确定为 URLLC 网络所需的能力。

c. 可靠性　可靠性与以非常高的可用性水平来提供给定服务的能力有关。

d. 弹性　弹性是网络在自然或人为干扰期间和之后继续正常运行的能力，例如主电源断电。

④ 频谱和带宽的灵活性　频谱和带宽的灵活性是指系统旨在处理不同场景时的灵活性，特别是在不同频率范围内的运行能力，包括比系统当时更高的频率和更宽的信道带宽。

⑤ 安全性和隐私性　安全和隐私涉及多个领域，例如用户数据和信令的加密和完整性保护，防止未经授权的用户跟踪终端用户的隐私，以及保护网络免受黑客攻击、欺诈、拒绝服务、中间人攻击等干扰。

上述能力表明，5G 频谱和带宽的灵活性以及安全性和隐私性将得到进一步增强。

（2）5G 技术性能要求

根据文献[13]中定义的关键能力和 IMT-2020 愿景，ITU-R M.2410 报告中定义了技术性能要求[15]。表 7.3～表 7.5 总结了技术性能要求。

表 7.3　eMBB 技术性能要求

技术性能要求	DL（下行链路）速率	UL（上行链路）速率	与 IMT-Advanced 相比
峰值数据传输速率	20Gbit/s	10Gbit/s	约 6×LTE-A（Rel-10）
峰值频谱效率	30bit/(s·Hz)	15bit/(s·Hz)	2×IMT-Advanced

续表

技术性能要求	DL（下行链路）速率	UL（上行链路）速率	与 IMT-Advanced 相比
用户体验速率	100Mbit/s	50Mbit/s	—
5%用户频谱效率	约 3×IMT-Advanced	约 3×IMT-Advanced	约 3×IMT-Advanced
平均频谱效率	约 3×IMT-Advanced	约 3×IMT-Advanced	约 3×IMT-Advanced
区域通信容量	10Mbit/(s・m^2)	—	—
能源效率	低负荷期间具有较长的睡眠率		—
移动性类别	—	高达 500km/h 移动等级	1.4 倍的移动等级
用户平面延迟	4ms	4ms	相比 IMT-A 减少为 1/2
控制平面延迟	20ms	20ms	相比 IMT-A 减少为 1/5
移动中断时间	0	0	大幅度减少

表 7.4　URLLC 技术性能要求

技术性能要求	DL 速率	UL 速率	与 IMT-Advanced 相比
用户平面延迟	1ms	1ms	相比 IMT-A 减少为不到 1/10
控制平面延迟	20ms	20ms	相比 IMT-A 减少为不到 1/5
移动中断时间	0	0	大幅度减少
可靠性	1ms 内达到 99.999%		—

表 7.5　mMTC 技术性能要求

技术性能要求	DL 速率	UL 速率	与 IMT-Advanced 相比
连接密度	—	100 万台设备/km^2	—

7.3　基于服务的 5GS 架构、帧结构及其物理信道与参考信号

由 3GPP 标准定义的 5G 系统（5GS）架构提供了增强连接、会话和移动性管理服务，以及 4G 的主要增强功能，支持网络切片、虚拟化和边缘计算。这些功能旨在为在同一网络中需要低延迟、高可靠性、高带宽或海量连接的一系列服务提供支持。

在基于服务的 5GS 架构中，基于服务的接口（service-based interfaces，SBI）定义在控制平面内，其目的是允许网络功能运用通用框架访问彼此的服务，而服务框架则采用生产者-消费者模型定义了 SBI 上的网络功能（network function，NF）间的交互。5GS 架构包含网络功能虚拟化和云化。

5GS 的一大特点是网络切片。以 3GPP 视角来看，网络切片是具有专用于特定用例、服务类型、流量类型或其他业务安排的特定功能/元素的逻辑网络。主要的切片类型是增强型移动宽带（eMBB）、超可靠低延迟通信（URLLC）和海量物联网（mIoT）。

5GS 架构也考虑对边缘计算的要求。在 3GPP 环境中，边缘计算是指服务需要托管在靠近 UE 接入网络的场景。5G 核心网络支持选择用户平面功能（user plane function，UPF）的能力，该能力允许将流量路由到靠近 UE 接入网络的本地数据网络中。

5G 中的载波、帧结构、物理信道和参考信号等是新无线电（new radio，NR）物理层技

术，它为5G奠定了坚实的基础。

7.3.1 基于服务的5G系统架构

与4G及前几代移动通信系统一样，3GPP 5G系统定义了用户设备（user equipment，UE）与端点间进行通信的架构，用户设备包括数据网络（data network，DN）中的应用服务器（application server，AS）或其他设备。UE与数据网络间的交互是通过3GPP标准定义的接入网络和核心网络进行的，如图7.3所示。本节我们将重点描述3GPP 5G标准为PLMN定义的5G核心网（core network）[16-18]。3GPP中的接入网称为无线接入网（radio access network，RAN）。

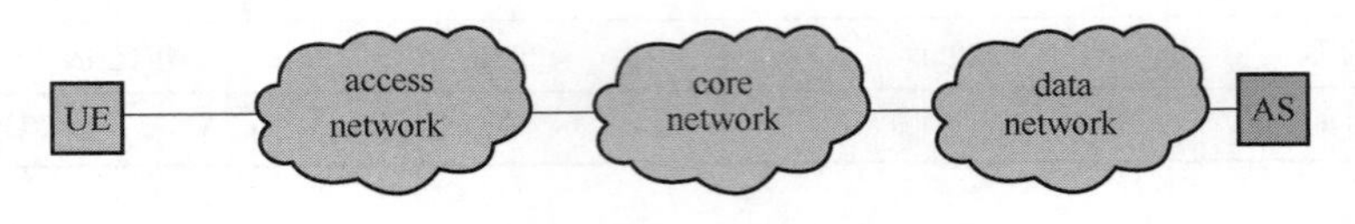

图7.3 端到端架构

在较高的层次上，核心网和RAN由若干个与控制平面和用户平面功能相关的网络功能组成。实际数据（也称为用户数据）通常通过用户平面中的路径传输，而控制平面用于建立用户平面中的路径。但短消息业务（short message service，SMS）是通过控制平面进行通信的。

5G系统架构在3GPP标准中以两种方式表示：一种是基于服务的表示，其中控制平面网络功能访问彼此的业务；另一种是以参考点表示，其中网络功能之间的交互以点对点的参考点表示。由于5G系统架构被定义为基于服务的架构，所以，我们采用基于服务的表示。

（1）基于服务的非漫游与漫游参考架构

3GPP 5GS基于服务的非漫游参考架构如图7.4所示，其基于服务的接口仅在控制平面内定义。在3GPP术语中，网络功能既可以在专用硬件上作为网络元素实现，也可以在专用硬件上运行软件实例实现，还可以在适当平台上以实例化的虚拟化功能实现（如在云基础设施上）。Rel-16规范增加了用于网络功能和网络功能服务之间的直接通信和间接通信的能力。间接通信是通过服务通信代理（service communication proxy，SCP）完成的。SCP不用于直接通信。

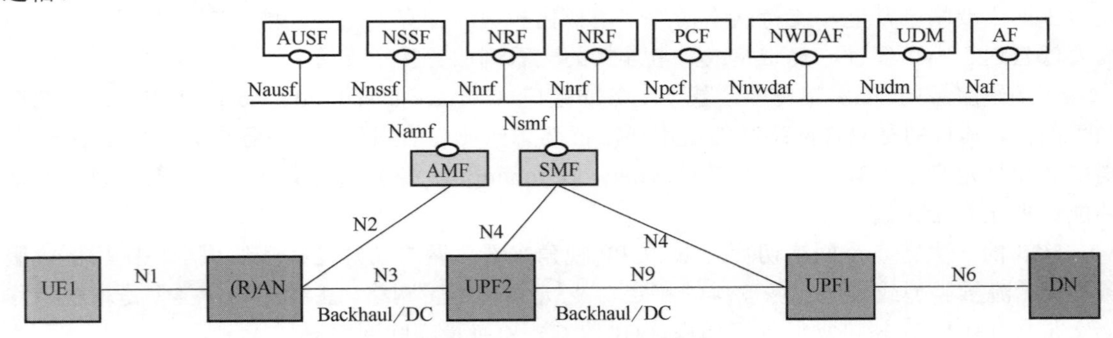

图7.4 基于服务的非漫游参考架构

Rel-14中的演进分组核心（evolved packet core，EPC）通过允许分离控制平面和用户平面的可选功能得到了增强。在此功能中，服务网关（serving gateway，SGW）和分组网关（packet gateway，PGW）分为不同的控制平面和用户平面功能（如SGW-C和SGW-U）。该可选功能给网络部署提供了更大的灵活性和效率。在 5GS 架构中，控制平面和用户平面的分离是一种固有的能力。会话管理功能（session management function，SMF）处理用于设置和管理会话的控制平面功能，而实际的用户数据通过用户平面功能（user plane function，UPF）进行路由。UPF 选择（或重新选择）由 SMF 处理。部署选项允许集中设置的 UPF 和/或靠近接入网络或位于接入网络处的分布式 UPF。

在 EPC 中，移动管理功能和会话管理功能由移动管理实体（mobility management entity，MME）处理。在 5GC 中，这些功能由单独的实体处理。接入和移动管理功能（access and mobility management function，AMF）处理移动管理和过程。AMF 是来自（无线）接入网络［(R)AN］和 UE 的控制平面连接的终止点。UE 和 AMF 间的连接（通过 RAN）被称为非接入层（non-access stratum，NAS）。会话管理功能（session management function，SMF）处理会话管理过程。移动性和会话管理功能的分离允许一个 AMF 支持不同的接入网络（3GPP 和非 3GPP），而 SMF 可以针对特定的接入进行定制。

图 7.5 为在被访问 PLMN（VPLMN）处所具有的本地分流的漫游架构。在此场景中，统一数据管理（unified data management，UDM）包括了订阅信息；身份验证服务器功能（AUSF）包括了身份验证/授权数据，以及网络切片特定身份验证和授权功能（network slice-specific authentication and authorization function，NSSAAF）（其支持网络切片特定、身份验证和授权），AUSF 位于原籍 PLMN（home PLMN，HPLMN）中。

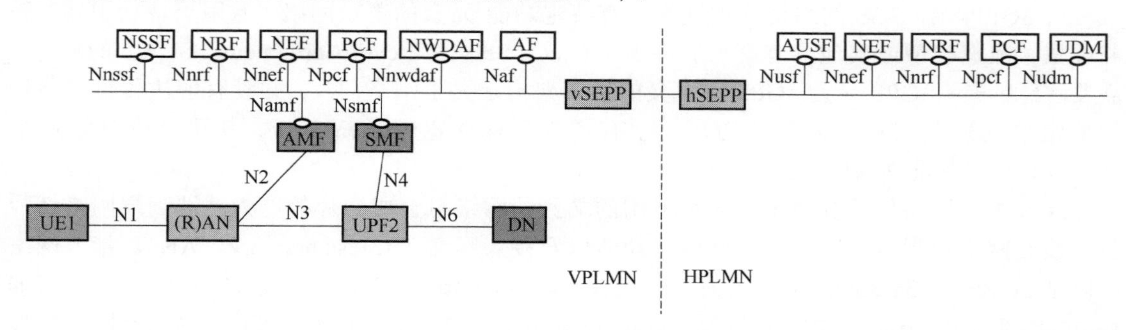

图 7.5　漫游 5G 系统架构

安全边缘保护代理（security edge protection proxies，SEPP）用于保护原籍与 VPLMN 之间的通信。UE 通过 VPLMN 中的用户平面功能（UPF）与数据网络（DN）通信。为 UE 处理移动性和会话管理的 AMF 及会话管理功能（SMF）也位于 VPLMN 中。

（2）基于服务的 5G 核心（5GC）架构

在基于服务的架构中，网络功能（network function，NF）采用通用框架，公开其服务来提供其他功能。在 5GC 架构模型中，网络功能之间的接口称为基于服务的接口（service based interface，SBI）。服务框架采用生产者-消费者模型定义 SBI 上的 NF 间的交互。因此，由 NF（生产者）提供的服务将会被授权使用该服务的另一个 NF（消费者）。这些服务在 3GPP 规范中通常称为“NF 服务”。

NF 间的交互可以是“请求-响应”（request-response）或“订阅-通知”（subscribe-notify）机制。在“请求-响应”模型中，NF（消费者）请求另一个 NF（生产者）提供服务和/或执行某个动作。

在“订阅-通知”模型中，NF（消费者）订阅另一个 NF（生产者）提供的服务，后者将结果通知订阅者。NF 服务消费者和 NF 服务生产者之间的通信可能是直接的或间接的。间接通信是通过服务通信代理（SCP）进行的。SCP 不用于直接通信。NF 服务生产者/消费者可以在响应/请求中包含绑定指示，NF 服务消费者可以使用该绑定指示为后续请求选择一个NF 服务生产者实例，或者由 NF 服务生产者使用它来发现合适的通知端点。对于间接通信，SCP 用绑定指示来发现合适的 NF 服务生产者实例或合适的通知目标。

如图 7.5 所示，在 5G 系统架构中，每个网络功能都有一个相关的基于服务的接口名称。例如，“Namf”表示访问与移动管理功能（access and mobility management function，AMF）所开展的服务。3GPP 规范定义了一组由每个网络功能提供/支持的服务。例如，为 AMF 指定的 NF 服务如表 7.6 所示。

表 7.6　为 AMF 指定的 NF 服务

服务名	描述
Namf_Communication	该业务使 NF 能够通过 N1 NAS 消息或以 AN 与 UE 进行通信。使 NF 消费者能够通过 AMF 与 UE 和/或 AN 进行通信。此业务使 SMF 能够请求 EBI 分配以支持与 EPS 互通
Namf_EventExposure	使其他 NF 消费者能够订阅或获得与移动性相关的事件、统计信息或其他事件 ID 通知
Namf_MT	使 NF 消费者能够确保 UE 可到达，以向目标 UE 发送 MT 信令或数据
Namf_Location	使 NF 消费者能够请求目标 UE 的位置信息

（3）网络切片

在 3GPP 中，5GS 网络切片被视为具有特定功能/元素的逻辑网络，专用于特定用例、服务类型、流量类型或其他具有商定服务水平协议（Service-Level Agreement，SLA）的业务。需要注意的是，3GPP 只为 3GPP 所定义的系统架构定义了网络切片，并没有解决传输网络切片或组件的资源切片。常见的切片类型有增强型移动宽带（eMBB）、超可靠低延迟通信（URLLC）和海量物联网（mIoT）。

5GS 中的网络切片提供了将多个专用的端到端网络组合成切片的能力。端到端网络切片包括核心网络控制平面和用户平面网络功能以及接入网络（access network，AN）。接入网络可以是 3GPP TS 38.300[19]中描述的下一代（next generation，NG）无线接入网络，或具有非 3GPP 互通功能（non-3GPP Inter Working Function，N3IWF）或通过可信非 3GPP 网关功能 TNGF 的非 3GPP 接入网络，或通过可信的 WLAN 互通功能（trusted WLAN interworking function，TWIF）接入到可信的 WLAN［在与有线接入网络互通的情况下，它将具备有线接入网关功能（wireline access gateway function，W-AGF)］。

为了强调网络切片有多个实例，3GPP 5GS 规范将“网络切片实例”定义为形成网络切片的一组网络功能实例和资源（如计算、存储和网络资源）。

在 5GS 中，网络切片所选择的辅助信息（network slice selection assistance information，NSSAI）是网络切片标识的集合。网络切片由称为 S-NSSAI（single-NSSAI）的术语标识。S-NSSAI 由 UE 向网络发送信号，以帮助网络选择特定的网络切片实例。S-NSSAI 由切片/服务类型（slice/service type，SST）和可选的切片区分器（slice differentiator，SD）组成，SD 用于区分相同切片/服务类型的多个网络切片。

S-NSSAI 可以有标准值或非标准值。具有标准值的 S-NSSAI 意味着它由具有标准化 SST 值的 SST 组成。具有非标准值的 S-NSSAI 标识与其关联的 PLMN 中的单个网络切片。

3GPP 在 TS 23.501 中定义了一些标准化的 SST 值（表 7.7)。这些 SST 值反映了最常用的切片/服务类型，并有助于切片的全局互操作性。PLMN 中不需要支持所有标准化的 SST 值。

表 7.7　标准化的 SST 值

切片/业务类型	SST 值	特征
eMBB	1	适用于处理 5G 增强型移动宽带的切片
URLLC	2	适用于处理超可靠低延迟通信的切片
mIoT	3	适用于海量物联网的处理的切片
V2X	4	适用于处理 V2X 业务的切片

正如 3GPP 标准中所定义的那样，网络可以通过 5G-AN 同时为单个 UE 提供一个或多个网络切片实例。图 7.6 给出了 5GS 中三个网络切片的示例。对于切片 1 和切片 2，服务于 UE1 和 UE2 的接入，移动管理功能（AMF）实例对于所有为它们服务的网络切片实例是通用的（或逻辑上属于）。切片 3 中的 UE 由另一个 AMF 服务。其他网络功能，例如会话管理功能（session management function，SMF）或用户计划功能（user plan function，UPF），将用于每个网络切片。UE 的网络切片实例选择通常由来自 UE 接收注册请求的第一个 AMF 作为注册过程触发。AMF 检索用户订阅所允许的切片，并将与网络切片选择功能（network slice selection function，NSSF）交互以选择适当的网络切片实例。NSSF 包含运营商的切片选择策略。另外，还可以在 AMF 中配置切片选择策略。作为 URSP（UE route selection policy，UE 路由选择策略）规则的一部分，原籍 PLMN 还可以为 UE 提供网络切片选择策略（network slice selection policy，NSSP）。

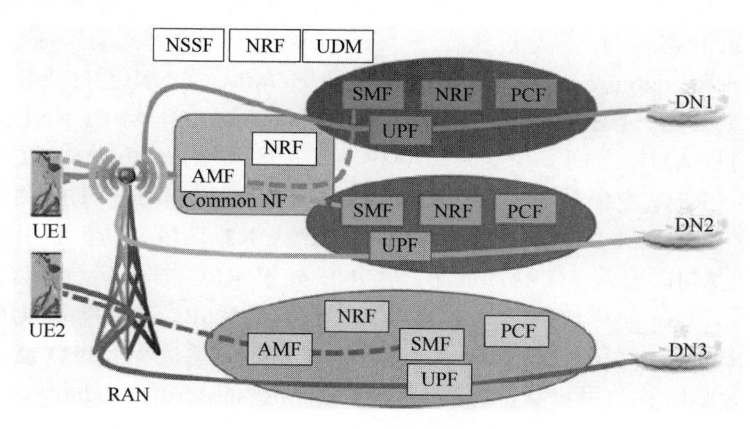

图 7.6　5GS 网络切片示例

UE 与数据网络（data network，DN）之间的数据连接在 5GS 中称为 PDU 会话。在 3GPP 标准中，PDU 会话与 S-NSSAI 和数据网络名称（data network name，DNN）相关联。当 AMF 接收到来自 UE 的会话管理消息时，触发 PDU 会话建立。AMF 用多个参数（包括 UE 请求中提供的 S-NSSAI）发现候选会话管理功能（session management function，SMF），并选择适当的 SMF。用户平面功能（user plane function，UPF）的选择由 SMF 执行。网络存储库功能（network repository function，NRF）用于用选定的网络切片实例发现所需的网络功能（详见 3GPP TS 23.502）。在网络切片中，数据传输可以在与数据网络 PDU 会话建立之后发生。与 PDU 会话相关的 S-NSSAI 被提供给（R）AN，以及策略和计费实体，以应用特定的切片策略。

对于漫游场景，适用于访问 PLMN（visited PLMN，VPLMN）的 S-NSSAI 值取决于 UE 是

否仅使用标准 S-NSSAI 值。如果 UE 使用标准 S-NSSAI 值，则原籍 PLMN（home PLMN，HPLMN）S-NSSAI 值将被用于访问 PLMN（VPLMN）。如果访问网络和原籍网络间存在支持非标准 S-NSSAI 值的 SLA，则 VPLMN 中的 NSSF 将所订阅的 S-NSSAI 值映射到将在 VPLMN 中使用的 S-NSSAI 值。访问运营商也可以在 AMF 中设置策略并配置，在这种情况下，AMF 可以决定在 VPLMN 中使用的 S-NSSAI 值以及所订阅的 S-NSSAI 值映射。

（4）注册、连接、服务请求和会话管理

下面简要介绍 5GS 中的注册管理、连接管理、服务请求和会话管理高级功能。

① 注册管理　用户（UE）定期向网络注册以保持可达性、移动性或更新其能力。在初始注册时，在 AMF 上对 UE 进行身份验证并基于统一数据管理（unified data management，UDM）中的订阅配置文件配置访问授权信息，并将服务 AMF 的标识符存储在 UDM 中。当此注册过程完成时，UE 的状态为变 5GMM-REGISTERED（在 UE 和 AMF 处）。在 5GMM-REGISTERED 状态下，UE 可以执行定期注册更新以通知其处于激活状态，如果服务小区不在注册期间提供的跟踪区域标识符（tracking area identifier，TAI）列表中，则执行移动性注册更新。UE/AMF 状态机将在定时器到期（并且 UE 尚未执行定期注册）或 UE/网络显式取消注册时转换为 5GMM-DEREGISTERED。当 UE 由同一 PLMN 的 3GPP 与非 3GPP 接入服务时，AMF 将多个特定于接入的注册环境与相同的 5G-GUTI（globally unique temporary identifier，全球唯一临时标识符）相关联。

② 连接管理　对于 UE 与 AMF 间的信令，采用非接入层（non-access stratum，NAS）连接管理过程。当 UE 处于 5GMM-REGISTERED 状态并且没有与 UE 建立 NAS 连接时（即处于 5GMM-IDLE 状态），UE 将通过执行一个 service request 过程来响应寻呼［除非在 MICO（mobile initiated connections only）模式下］，并进入 5GMM-CONNECTED 模式。如果 UE 有信令或用户数据要发送，UE 也将执行服务请求过程并进入 5GMM-CONNECTED 模式。当 N2 连接（接入网与 AMF 之间）建立时，AMF 为 UE 进入 5GMM-CONNECTED 模式。

在不激活时（RRC 空闲状态）接入网（AN）信令连接被释放，UE 将可能从 5GMM-CONNECTED 进入 5GMM-IDLE。当 NGAP 信令连接（N2 环境）与 N3 用户平面连接被释放时，对于 UE，AMF 进入 5GMM-IDLE。当 UE 处于 RRC 非激活状态以及处于 5GMM-CONNECTED 时，UE 的可达性和寻呼由 RAN 管理。AMF 通过配置 UE 特定的 DRX（discontinuous reception）值、注册区域、定期注册更新定时器值和 MICO 模式指示来提供帮助。UE 使用 5GS 临时移动用户身份（temporary mobile subscriber identity，TMSI）和 RAN 标识符监视寻呼。

③ 服务请求　服务请求过程允许 UE 将 5GMM-IDLE 状态转换到 5GMM-CONNECTED 状态。例如，当 UE 处于 5GMM-IDLE 状态（而不是 MICO 模式）时，网络将寻呼 UE 以指示其具有下行数据（临时缓存在 UPF 处）。一旦执行了服务请求过程，UE 和网络就会转换到该 UE 的 5GMM-CONNECTED 状态，并建立控制和数据平面路径。在上述情况下，已在 UPF 处缓冲的下行数据将传送到 UE。

服务请求可由 UE 触发或网络触发。在 UE 触发的服务请求中，处于 5GMM-IDLE 状态的 UE 请求建立与 AMF 的安全连接。UE 触发的服务请求是接收来自网络的寻呼请求，或者 UE 发送上行链路信令消息或数据。网络收到服务请求后，发起建立控制平面和用户平面连接过程。服务请求过程可以支持独立激活现有 PDU 会话的 UP 连接。

当网络需要向 UE 发送信号（N1 信令）或传送移动终端用户数据（例如 SMS）时，采用网络触发的服务请求过程。网络触发的服务请求可以在 5GMM-IDLE 或 5GMM-CONNECTED 状态下被调用。

④ 会话管理　5GS 提供了许多过程来支持各种会话管理功能。对于会话管理，除了 PDU 会话建立（如上所述）之外，还包括 PDU 会话修改和会话释放。

UE 注册、连接和移动过程包括所有的注册、服务请求过程、UE 配置、AN 释放和 N2 信令过程。SMF 和 UPF 过程用于设置和管理 UPF 中的 PDU 会话状态（设置、修改、删除、报告、计费）。用户配置文件管理过程用于通知订阅者数据更新、会话管理订阅通知以及清除 AMF 中的订阅者数据。

（5）5G 核心网中的 CP 和 UP 协议

5G 核心（5GC）协议用于注册 UE、管理其接入和连接、传输用户数据包以及用于 5G 网络功能之间的信令，以此管理并控制用户。与 4G（LTE）相比，它最显著的变化是引入了具有虚拟化与分解功能的基于服务的架构（service-based architecture，SBA），以及由此发生的信令协议的变化。

① CP 协议栈　控制平面（control plane，CP）协议栈包括 5G AN 与 5G 核心网（N2 接口）之间的 CP 栈、UE 和 5GC 之间的 CP 栈、5GC 中的网络功能之间的 CP 栈和用于不受信任的非 3GPP 访问的 CP 栈。图 7.7 给出了从 UE 到网络的 CP 协议栈。

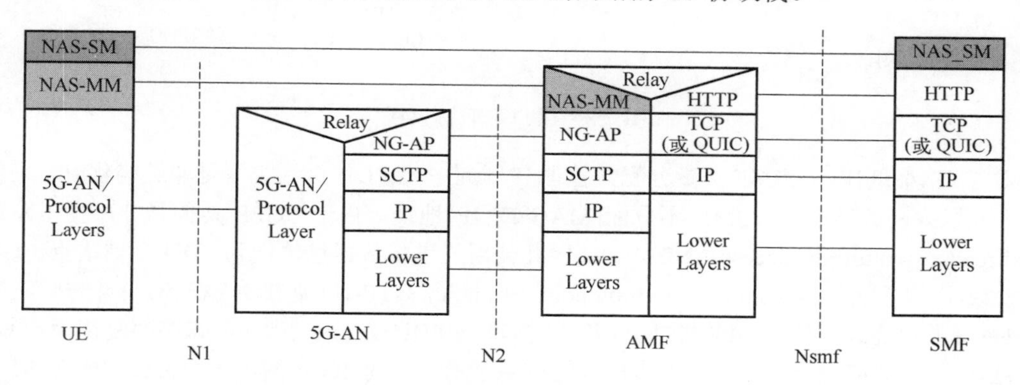

图 7.7　从 UE 到网络的 CP 协议栈

UE-5GAN N1 接口上的协议集取决于接入网络。在 NG-RAN 的情况下，TS 36.300 和 TS 38.300 中定义了 UE 与 NG-RAN（eNB、gNB）间的无线通信协议。对于非 3GPP 访问，EAP-5G/IKEv2 和 IP 在非 3GPP 无线（WLAN）上用 IPSec SA 建立安全关联，NAS 通过已建立的 IPSec 连接发送。

5G-AN 与 AMF 之间的 N2 接口具有运行 NG-AP 协议的 SCTP/IP 传输连接。5G-AN 与 5GC 之间的控制平面接口支持具有相同协议并支持不同种类的 AN（3GPP RAN、N3IWF）连接。N2 SM（会话管理）消息通过 AMF 中继的 AN-SMF 协议在 5G-AN 与 AMF 之间使用 NG-AP。此外，来自 UE 侧的 NAS 协议也通过 NG-AP 进行中继。

UE 与 AMF 间的 NAS-MM 层用于注册管理（registration management，RM）和连接管理（connection management，CM）以及中继会话管理（session management，SM）消息。NAS-SM 层承载 UE 与 SMF 间的会话管理消息。5G NAS 协议在 TS 24.501 中定义。

AMF 与 SMF 间的 Nsmf 接口和协议建立在基于服务的架构（service-based architecture，SBA）上，在 TCP 传输层上使用 HTTPS。预计随着 QUIC 传输在 IETF 中的标准化和稳定化，3GPP 将用它作为 SBA 信令传输层。核心网中的功能在 SBA 架构中通过 HTTPS 并使用 1∶*N*

（多）总线交互。SBA 中的服务发现是通过 NRF（Nnsf 接口）根据若干请求标准来解析目标服务功能。然而，SMF 与 UPF 间的控制平面信令使用 N4 接口和 TS 29.244[20]中定义的 PFCP（packet flow control protocol，数据包流控制协议）扩展协议。

② 用户平面协议栈　用户平面（user plane，UP）协议栈由用于 PDU 会话的协议栈和用于不受信任的非 3GPP 访问的用户平面组成（图 7.8）。

用户平面协议栈主要用于将 PDU 会话从 UE 传输到 UPF。PDU 层可以是 IPv4、IPv6 或 IPv4 和 IPv6。

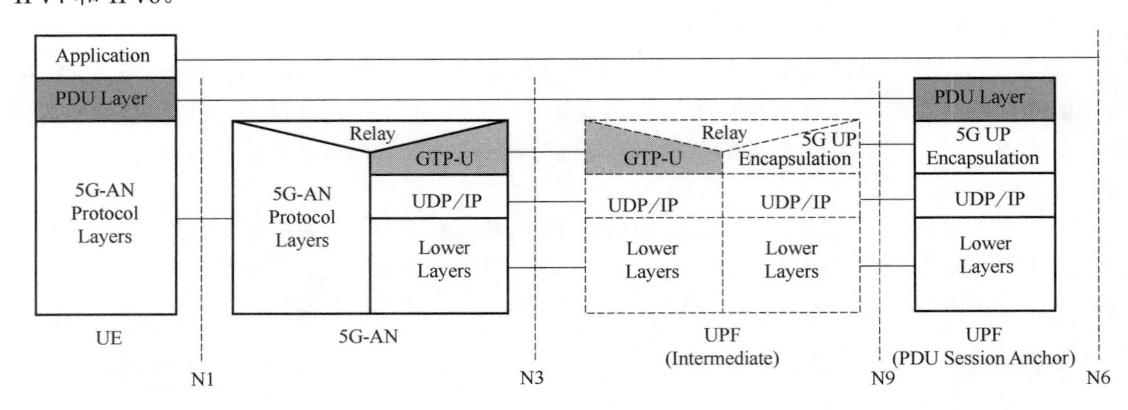

图 7.8　用户平面协议栈

对于 IPv4 和 IPv6，SMF 负责分配并管理 IP 地址。当 PDU 会话类型是非结构化时，采用以太网。在以太网的情况下，SMF 不分配 MAC 或 IP 地址。由于 3GPP 访问是非广播多路访问（non-broadcast multiple access，NBMA），因此使用隧道将数据包传送到 PDU 会话锚点。GPRS 隧道协议-用户平面（GPRS tunneling protocol-user plane，GTP-U）通过 N3 在 5G-AN 与中间 UPF（例如执行上行链路分类的 UPF）之间以及通过 N9 向 PDU 会话锚点 UPF 来多路复用用户数据。与 GTP-U 隧道对应一个承载（一个 UE 可能有多个承载）的 4G 不同，一个 UE 的所有通过 N3 或 N9 接口的数据包都通过单个 GTP-U 连接进行传输。与 QoS 流相关联的 QFI/流标记在此连接中明确地发出信号，以指示 IP 传输层中的 QoS 级别。

（6）支持虚拟化部署

5GS 的架构设计包含网络功能虚拟化和云化。5GS 支持不同的虚拟化部署场景，例如：

网络功能实例可部署为完全分布式、完全冗余、无状态和完全可扩展的 NF 实例，该实例从多个位置提供服务，并在每个位置上提供多个执行实例。

还可以部署网络功能实例，以便 NF 集中存在的多个网络功能实例是完全分布式的、完全冗余的、无状态的，并且可以作为一组 NF 实例进行扩展。

5GS 支持的网络切片功能也通过虚拟化来实现。网络功能实例可以在虚拟化环境中创建、实例化和相互隔离，分成不同的网络切片，以应用于不同的服务。

为了管理虚拟化的 5GS 功能及其实例的生命周期与网络切片的虚拟资源，5G OAM 提供了与虚拟化网络功能管理和编排能力集成的手段，并提供具有其他标准定义的虚拟化功能管理和编排系统标准化的生命周期管理接口（例如 ETSI ISG NFV），以及其他开源项目（例如 ONAP）。

（7）支持边缘计算

边缘计算被认为是有效地路由到运营商或第三方托管的应用程序服务器上以实现低延

迟以及有效利用传输网络的关键技术。

在 3GPP 中，边缘计算是指服务需要托管到 UE 的接入网络附近（例如在 RAN 处或附近）的场景。如前所述，在 5GS 中，数据（或用户）流量是通过 UPF 接口路由到数据网络完成传输的。5G 核心网支持选择 UPF 的能力，该 UPF 允许将流量路由到靠近 UE 接入网络的本地数据网络。这包括用于 UE 漫游以及非漫游的本地断开场景。

对于 UPF 选择（或重新选择）本地路由的决策可以基于来自边缘计算应用功能（application function，AF）的信息和/或其他标准，如订阅、位置和策略。根据运营商的政策和与第三方的安排，AF 可以通过网络暴露功能（network exposure function，NEF）直接或间接访问 5G 核心协议。例如，处于边缘数据中心的外部 AF 可以通过与策略控制功能（Policy Control Function，PCF）的交互来改变 SMF 路由决策，从而影响流量路由。

3GPP TS 23.501 第 5.13 条定义了若干个支持边缘计算的使能器，包括用户平面选择、本地路由和转向、会话和服务连续性、QoS、AF 路由影响、网络能力公开以及对局域网（LAN）的支持。

可以使用多个 PDU 会话连接模型来部署边缘计算。在 4G 所支持的模式中，PDU 会话锚点（PDU session anchor，PSA）UPF 位于中心位置并在会话期间固定（SSC 模式 1）。其他模式包括 PDU 会话锚点分布在 UE/无线接入网络附近的情况，或存在带有 UPF 上行链路分类器（uplink classifier，ULCL）和本地 UPF 锚点的会话中断的连接模型。在这些连接模型中，支持 UPF 会话锚点可重新定位的 SSC 模式（2、3）。

在每个连接模型中，应选择最近的服务器并将应用程序数据包路由到它。服务器选择通常涉及统一资源定位器（uniform resource locator，URL）的完全限定域名（fully qualified domain name，FQDN）部分的 DNS 解析。在 DNS 解析之后，应用数据包应该以最佳方式路由到托管应用服务器的边缘计算站点。

3GPP 网络中的路由侧重于将 PDU 会话转发到最近的服务器，并且在会话中断（ULCL-本地 PSA）的情况下，ULCL 中的路由信息将应用数据包定向到本地 PSA。

（8）接入流量引导、交换、拆分（access traffic steering、switching、splitting，ATSSS）

5G 是将用户连接到互联网的主要无线通信技术之一，但它并不是将用户连接到互联网的唯一无线技术，也有许多不同的非 3GPP（4G/5G）无线技术，如 Wi-Fi 和蓝牙，几乎每部智能手机都具有 Wi-Fi 功能。有很多场景，UE 可能会在不同的条件下采用不同的无线接入技术连接到不同的应用服务器，为了获得更高的可靠性，UE 可能会利用它所能获得的所有可用连接来传递一些高可靠性的流量。3GPP 标准定义了 ATSSS（接入流量引导、交换和拆分）功能，以启用多接入 PDU 连接服务，该服务允许一个 PDU 会话与两个同时访问建立连接，一个使用 3GPP 接入网络，另一个使用非 3GPP 接入网络，并且 PDU 会话在 PSA 和 RAN/AN 之间可以有两条独立的 N3/N9 隧道。通过这两个接入连接，UE 可以将该 PDU 会话中的流量引导、交换和拆分到不同的接入路径。为了激活 ATSSS，具有 ATSSS 能力的 UE 可以请求与网络建立多址 PDU 会话，然后网络将 QoS 和 ATSSS 规则应用于已建立的多址 PDU 会话与 UE 上。UE 和网络将使用 ATSSS 规则来引导和交换流量。

3GPP 标准定义了两种不同类型的功能来引导、交换和拆分 3GPP 和非 3GPP 访问路径间的流量：

① 高层控制功能，在 IP 层之上运行。目前 3GPP 定义了基于 IETF MPTCP 的高层引导功能，只能通过 TCP 通信支持 MPTCP，而 UPF 需要支持 MPTCP 代理。

② 低层引导功能，在 IP 层之下运行，由 3GPP 定义。此引导功能可用于转向、变换和拆分所有类型的流量，包括 TCP 流量、UDP 流量和以太网流量。ATSSS-LL 功能对于以太网类型流量的 MA PDU 会话是强制性的。

这两种功能可以共存，并且都可以在一个 UE 中激活。例如，在 UE 中的同一 MA PDU 会话中，可以通过使用 MPTCP 功能来引导 MPTCP 流，同时通过使用 ATSSS-LL 功能来引导所有其他流。但是对于相同的分组流，仅采用一种引导功能。UE 中的所有引导功能都使用相同的规则集来处理流量引导、交换和拆分以避免冲突。

目前在 3GPP 中定义并支持四种类型的引导模式，由 UE 和网络所用的定义模式 ATSSS 规则来决定如何引导流量：

① 主备（active-standby）：在这种模式下，只有一个访问处于激活模式，数据将通过该访问传送，而另一个访问处于待机模式，只有在激活的访问不可用时才被采用。

② 最小延迟：该模式允许网络和 UE 选择具有最小往返时间（round-trip time，RTT）的接入。这需要 UE 和 UPF 用 3GPP 定义的机制获得测量结果，并确定 3GPP 接入和非 3GPP 接入中的 RTT。此外，如果一个访问变得不可用，如果策略允许，所有流量都将切换到另一个可用的访问中。

③ 负载均衡：如果两个访问都可用，则此模式允许将数据流拆分到两个访问中，以减少一个访问的负载。它允许规则定义每次访问的流量在两个访问中的百分比。在最新的 3GPP 标准中，这种负载均衡只适用于非 GBR QoS 流。与其他引导模式一样，如果一个访问变得不可用，如果策略允许，100%的流量将切换到另一个可用访问。

④ 基于优先级：此模式用于将数据流的所有流量引导到高优先级接入，直到确定该接入被拥塞。当拥塞发生时，可以拆分数据流，部分流量会通过低优先级接入。当拥塞发生时，UE 与 UPF 如何确定接入取决于实现。

（9）支持非 3GPP 接入

3GPP 规范的 Release 16 通过不受信任的和受信任的非 3GPP 接入网络与有线接入网络来支持 UE 的连接。支持非 3GPP 接入网络的架构与过程已在 TS 23.501 和 TS 23.502 中给予了定义，在 TS 23.316[21]中增加了支持有线接入网络的附加规范。

可信的非 3GPP 网关功能（trusted non-3GPP gateway function，TNGF）用于将可信的非 3GPP 接入网络连接到 5GC 网络。非 3GPP 互通功能（non-3GPP inter working function，N3IWF）用于将不受信任的非 3GPP 接入网络连接到 5GC 网络。可信场景中的 TNGF 与不可信场景中的 N3IWF 通过 N2 接口连接到 5GC 网络控制平面，并通过 N3 接口连接到 5GC 网络用户平面。这些场景中的 UE 通过 N1 接口支持具有 NAS 信令的 5GC 网络控制平面。

UE 可以通过 3GPP 接入和非 3GPP 接入连接到 5G 核心网络，在这种情况下，每个连接都应有多个 N1 接口实例。如果 UE 同时连接到 PLMN 的相同的 5G 核心网络（即通过 3GPP 和非 3GPP 接入），则 UE 将由该 5G 核心网络中的单个 AMF 服务。UE 也有可能为 3GPP 接入选择一个 PLMN，为非 3GPP 接入选择一个不同的 PLMN，在这种情况下，它将向不同的 AMF 注册。UE 需要与 N3IWF 或 TNGF 建立 IPsec 隧道，以便通过非 3GPP 接入向 5G 核心网注册。

有线接入网关功能（wireline access gateway function，W-AGF）用于将有线 5G 接入网络（wireline 5G access network，W-5GAN）连接到 5GC 网络。W-AGF 通过 N2 接口连接到 5GC 网络控制平面，并通过 N3 接口连接到 5GC 网络用户平面。UE 通过 N1 接口支持具有 5GC 网络控制平面的 NAS 信令。

5G住宅网关（5G residential gateway，5G-RG）可以通过3GPP接入和有线5G接入网络（W-5GAN）连接到 5G 核心网络，在这种情况下，每个连接都应有多个N1接口。如果5G-RG同时连接到PLMN的同一5G核心网络（即通过3GPP和 W-5GAN），则UE将由该5G 核心网络中的单个AMF服务。

对于使用不支持5G的固定网络住宅网关（Fixed Network Residential Gateway，FN-RG）将W-5GAN连接到 5G 核心网络的场景，W-AGF 代表FN-RG向AMF 提供N1接口。

7.3.2 5G NR 的载波

（1）载波参数

与LTE相比，NR的频率范围更广，LTE目前将两个频率范围（frequency range，FR）定义为FR1和FR2。FR1与FR2的频率范围分别为450～6000kHz和24250～52600kHz，并且为FR1和FR2定义了一组工作频段[22]。对于3GHz以上的频谱，则有更大的频谱带宽可用，这些频段可满足IMT-2020的高数据传输速率要求[23]。

对于每个工作频段，UE或基站可以支持多个载波，这取决于载波的带宽和UE能力。载波带宽与基站和UE的处理能力有关。表7.8所示为FR1和FR2支持的载波带宽。然而，从UE的角度来看，由于UE 能力的有限，所支持的传输带宽（即UE信道带宽）将小于载波带宽。对此，网络可以为UE配置等于或小于UE信道带宽的部分连续频谱，也称为部分带宽（bandwidth part，BWP）。一个UE最多可以在下行链路和上行链路中配置四个BWP，但在给定时间只有一个BWP 处于激活状态。UE不希望在激活的BWP之外接收或发送，这有利于UE省电，因为它不必在整个系统带宽上发送或接收。基于CP-OFDM的波形适用于下行链路和上行链路传输。5G NR的载波的参数包括子载波间隔（subcarrier spacing，SCS）和CP。确定SCS的关键因素是载频和移动性有关的多普勒频移所造成的影响。

15kHz的SCS已在实际网络中得到很好的验证。考虑到要支持高达500km/h及更宽频率范围的移动性要求，仅具有15kHz的SCS是不够的，因此需要增加多个较大的$2^{\mu}\times15\text{kHz}$的SCS，其中$\mu=0,1,2,3,4$。较大的SCS将导致OFDM符号的间隔时间较短，这有助于延迟敏感的业务，例如远程控制。

CP长度的确定将很好地减轻延迟扩展的影响并使开销合理。在15kHz SCS 情况下的LTE中，对于每个时隙中除第一个以外的其他OFDM符号，CP长度与一个OFDM符号持续时间的比为144/2048 =7.03%。每个时隙中第一个 OFDM 符号的 CP 长度稍长，为 160/2048 = 7.81%，这是由于0.5ms时隙的限制，并有助于自动增益调整的建立。该CP长度已被证明是缓解延迟扩展与CP开销间的良好折中，因此，在15kHz SCS和普通CP的情况下，该CP长度可重用于 NR。由于一个 OFDM 符号的持续时间等于 SCS 的倒数，因此，用于其他 SCS 的 CP 长度将按照2^{μ}的比例减少，其中$\mu=0,1,2,3,4$，这保证了该 CP 与 5kHz 具有相同的CP开销比。这也可以使一个时隙内的不同SCS的OFDM符号对齐，有利于不同SCS的载波共存，特别是对于TDD网络，因为需要同步。需要注意的是，一个子帧内的第1和第$7\times2^{\mu}$个OFDM符号的CP长度稍长。扩展CP仅支持60kHz SCS，扩展CP的长度是由LTE的长度扩展的。预计 60kHz SCS 被设想为用于 URLLC 服务，因为由此产生的传输时间间隔（transmission time interval，TTI）较短。当用60kHz SCS的URLLC业务部署在sub-3GHz时，在高延迟扩展场景中，普通CP可能无法缓解符号间干扰，而扩展CP在这种场景中很有用。由于对于较大的SCS，CP会按比例减少，很明显，CP不适用于具有大延迟扩展的场景。因此，较大的 SCS 通常用于具有较小延迟扩展的高频频段[24]。不同 SCS 的频率范围限制如表 7.9 所示。一个 BWP 的 SCS 和 CP 可以分别从高层参数 subcarrierSpacing 和 cyclicPrefix 中获得。在一个载波中，可以配置多个参数。

表 7.8 FR1 和 FR2 所支持的载波带宽

频率范围	载波带宽/MHz
FR1	5，10，15，20，25，30，40，50，60，70，80，90，100
FR2	50，100，200，400

注：载波带宽取决于子载波间隔和工作频段。

表 7.9 不同 SCS 的频率范围限制

μ	SCS	循环前缀			适用频率范围			
	$\Delta f = 2^{\mu} \times 15\text{kHz}$	类型	一个子帧内 CP 的长度		FR1/GHz			RF2
		普通	$l = 0$ 或 7. 2^{μ}（普通 CP）	其他	Sub-1	1～3	3～6	
0	15	普通	$144\times\Delta f+16\times\Delta f$	$144\times\Delta f$	√	√	√	—
1	30	普通	$144\times\Delta f/2+16\times\Delta f$	$144\times\Delta f/2$	√	√	√	—
2	60	普通	$144\times\Delta f/4+16\times\Delta f$	$144\times\Delta f/4$	—	√	√	√
2	60	扩展	$512\times\Delta f$	—	—	√	√	—
3	120	普通	$144\times\Delta f/8+16\times\Delta f$	$144\times\Delta f/8$	—	—	—	√
4	240	普通	$144\times\Delta f/16+16\times\Delta f$	$144\times\Delta f/16$	—	—	—	—

给定一个 SCS，一个资源块被定义为频域中的 12 个连续子载波。与 LTE 不同，LTE 在一个资源块中总是有 7 或 6 个 OFDM 符号。这里对一个资源块内的符号数量没有限制，以促进每个 SCS 的多个短 TTI 传输。资源块内的最小资源单元称为资源元素（resource element，RE），用 (k,l) 表示，其中 k 是频域中的子载波索引，l 表示时域中相对于起始位置的 OFDM 符号索引。

3GPP 定义了两种资源块：公共资源块（common resource block，CRB）及物理资源块（physical resource block，PRB）。CRB 是从系统角度定义的，对于子载波间隔配置 μ，在频域中，CRB 从 0 开始编号，即 n_{CRB}^{μ}；对于所有的 SCS，k 是相对于通用载波频率起始位置（即参考点）的子载波索引。在一个 BWP 中，PRB 被定义为一组连续的公共资源块。CRB 与 RRB 之间的关系是 $n_{\text{CRB}} = n_{\text{PRB}} + N_{\text{BWP},i}^{\text{start}}$，其中，$N_{\text{BWP},i}^{\text{start}}$ 是 BWP 的起始位置，$i = 0,1,2,3$，由 CRB 表示。

每个载波的实际资源块数取决于载波带宽、SCS 和频带。

（2）帧结构

一个间隔时间为 10ms 的无线帧由 10 个子帧组成，每个子帧的持续时间为 1ms。每个无线帧被分为两个大小相等的由 5 个子帧组成的半帧，即由子帧 0～4 组成半帧 0，由子帧 5～9 组成半帧 1。一个子帧内的时隙数为 2^{μ}，$\mu = 0,1,2,3,4$，具体取决于 SCS。在一个时隙中，在普通 CP 的情况下，无论 SCS 配置如何，总是有 14 个 OFDM 符号。OFDM 符号数、时隙、子帧和无线帧之间的关系如图 7.9 所示。

5G NR 与 LTE 相比具有非常灵活的帧结构，有两种帧结构，分别用于 FDD 和 TDD。无线帧中的时隙可以灵活配置以用于下行或上行传输。时隙中的 14 个 OFDM 符号可分为“下行链路”“灵活”或“上行链路”。时隙格式包括下行符号、上行符号和灵活符号。下行和上行符号只能分别用于下行和上行传输；灵活符号可用于下行传输、上行传输、GP 或预留资源。时隙可以分为五种不同的类型：仅下行链路、仅上行链路、下行链路主导、上行链路主导和完全灵活（图 7.10）。对于 3 或 4 型，下行 PDSCH 调度和所对应的 ACK/NACK 或者 UL 授权和 PUSCH 传输都包含在一个时隙中，可以认为是一种自包含传输，用来减少延迟。5 型时隙中的所有 OFDM 符号都是灵活的，可以为将来保留，以实现前向兼容。

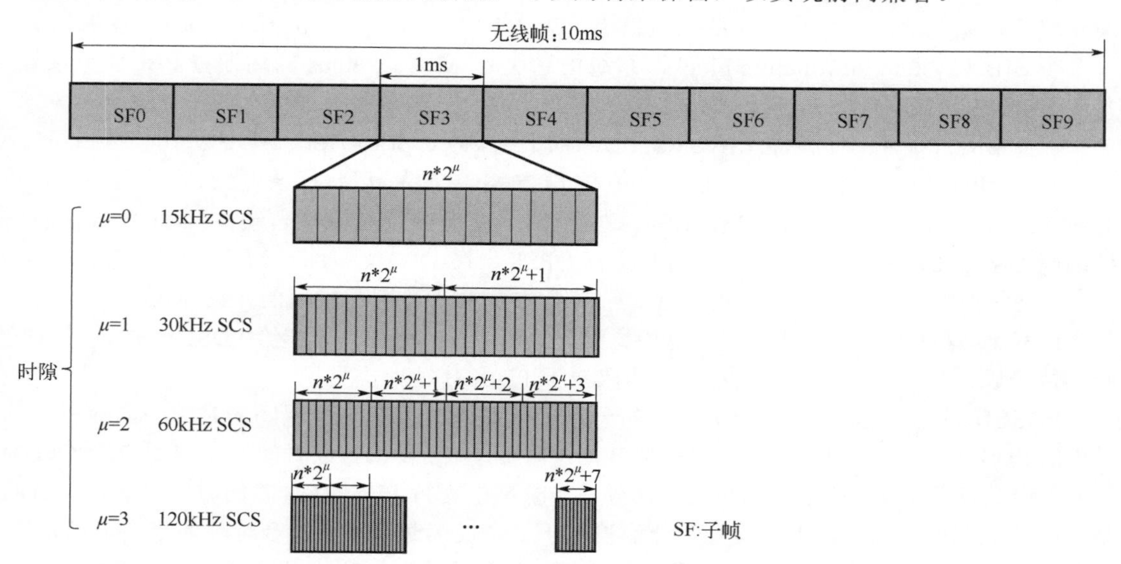

图 7.9 OFDM 符号数、时隙、子帧和无线帧之间的关系

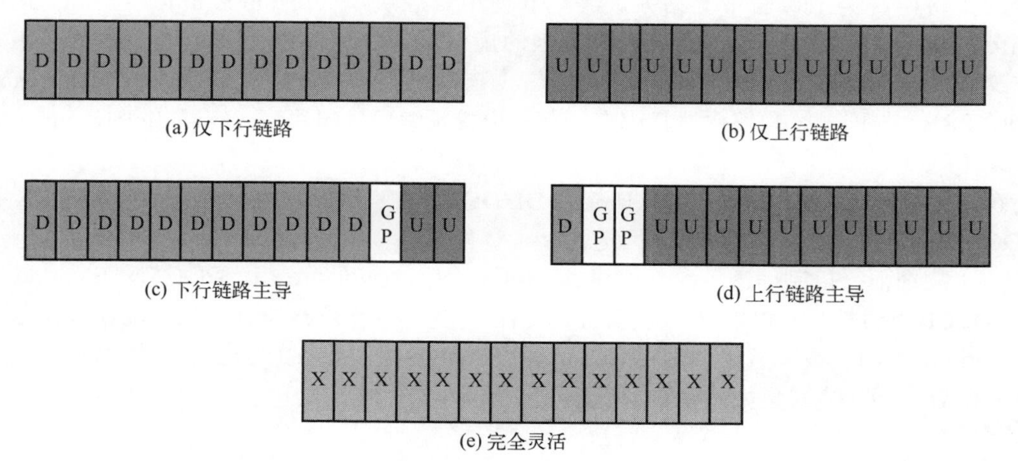

图 7.10 时隙类型

灵活的帧结构有利于适应下行和上行业务流量。UE 需要时隙格式信令来获得小区指定的高层配置、UE 指定的高层配置、UE 组 DCI 和 UE 指定的 DCI 帧结构。

7.3.3 物理信道

在初始化接入过程之后，gNB（基站）将开始与 UE 进行正常通信。在下行链路和上行链路中传输的信息将在不同的物理信道上传送。物理信道对应于一组资源元素，承载来自更高层的信息。根据物理信道的传输方向和承载信息的特点，定义了一组下行和上行物理信道[25]。本节将介绍不同物理信道在 DL 和 UL 传输中的作用。物理随机接入信道不传送来自高层的信息，而是传输前导码以建立无线资源控制（radio resource control，RRC）连接、上行链路同步等。

（1）物理广播信道（physical broadcast channel，PBCH）

PBCH 由 UE 检测并用于在 IAM（initial access and mobility）部分所描述的初始化接入期间获取基本系统信息。来自高层的系统信息分为 MIB（master information block，主信息块）和多个 SIB（system information block，系统信息块）。MIB 以 80ms 的周期在 PBCH 上承载，并在 80ms 内重复。

（2）物理下行共享信道（physical downlink shared channel，PDSCH）

对于 PDSCH 传输，只定义了一种传输方案，它基于上行解调参考信号（uplink demodulation reference signal，DM-RS）。对于 UE，它最多支持八层传输。PDSCH 传输的信道编码方案为 LDPC，PDSCH 的调制方案有 QPSK、16-QAM、64-QAM 和 256-QAM。

在 5G NR 中，由于低延迟是一项非常重要的要求[26]，因此更短的 TTI 非常重要。为了使 TTI 较短，PDSCH 的资源分配应更加灵活，尤其是在时域中。分配给 PDSCH 的 OFDM 符号个数可以是{3,4,⋯,14}或{2,4,7}，具体取决于 PDSCH 映射类型。

PDSCH 映射类型 A 用于具有三个符号区间的时隙或多个符号区间的时隙中的前三个符号中的 PDSCH 的开头。PDSCH 映射类型 B 用于时隙（该时隙的持续时间为 2、4 或 7 个 OFDM 符号）中的任何 PDSCH 的开头位置。此外，在时域中支持 PDSCH 传输的时隙聚合，其目的是提高覆盖范围。对此，相同的符号分配被用于多个连续时隙中。聚合时隙的个数可以是 2、4 或 8 个，由高层信令配置，但时隙聚合只有一个下行控制信道，以减少信令开销。频域资源分配支持两种类型，与带宽相关。类型 0 使用资源块组（resource block group，RBG）位图分配资源，其中每个 RBG 是一组连续的虚拟资源块。类型 1 将资源分配为一组连续的非交错或交错虚拟资源块。网络还可以向 UE 指示有多少物理资源块（physical resource block，PRB）与同一个预编码器捆绑在一起，构成预编码资源块组（precoding resource block group，PRG）。

在下行链路上，UE 通过 PDCCH 接收 DL DCI。DCI 格式 1_1 提供最大的调度灵活性，而 DCI 格式 1_0 更健壮，可用于回退。

（3）物理下行控制信道（physical downlink control channel，PDCCH）

PDCCH 承载用于 PDSCH 调度、PUSCH 调度的下行链路控制信息（downlink control information，DCI）或一些组控制信息，例如用于 PUSCH/PUCCH/SRS 的功率控制信息和时隙格式配置。DCI 格式集如表 7.10 所示。

表 7.10 DCI 格式集

DCI 格式	用途
0_0	小区中的 PUSCH 调度
0_1	小区中的 PUSCH 调度
1_0	小区中的 PDSCH 调度
1_1	小区中的 PDSCH 调度
2_0	通知一组 UE 时隙格式

续表

DCI 格式	用途
2_1	向一组 UE 通知 PRB 和 OFDM 符号，假设没有针对 UE 的传输
2_2	传输用于 PUCCH 和 PUSCH 的 TPC 命令
2_3	一个或多个 UE 为 SRS 传输一组 TPC 命令

（4）物理上行共享信道（physical uplink shared channel，PUSCH）

对于 PUSCH，支持基于 DFT-S-OFDM 和 CP-OFDM 的传输。PUSCH 支持两种传输方案：基于码本的传输和非基于码本的传输。这两种方案的区别在于预编码操作是否透明。对于基于码本的传输方案，所配置的 UE 使用一个或多个 SRS 资源进行 SRS 传输。非基于码本的传输方案更适用于具有信道互易性的 TDD 操作。

PUSCH 传输是基于 DM-RS 的，一个 UE 支持多达四层传输。传输层的数量由网络决定，无论是基于码本还是非基于码本的传输方案。使用与下行链路相同的码字到层映射，因此 PUSCH 只有一个码字。但是，从网络的角度来看，由于 DM-RS 的容量，它可以支持多达 12 层的 MU-MIMO 形式的传输。在 NR 中，下行和上行使用相同的 DM-RS 结构，以保持下行和上行参考信号的正交性，可以在灵活双工的情况下缓解交叉干扰。

（5）物理上行控制信道（physical uplink control channel，PUCCH）

PUCCH 传送上行链路控制信息（uplink control information，UCI），包括调度请求（scheduling request，SR）、HARQ-ACK 和周期性 CSI。根据 PUCCH 的控制内容和净载荷大小，支持多种 PUCCH 格式，如表 7.11 所示。

表 7.11 PUCCH 格式

PUCCH 格式	OFDM 符号长度 L	比特数	UCI 类型
0	1～2	1 或 2	HARQ-ACK，SR，HARQ-ACK/SR
1	4～14	1 或 2	HARQ-ACK，SR，HARQ-ACK/SR
2	1～2	＞2	HARQ-ACK，HARQ-ACK/SR，CSI，HARQ-ACK/SR/CSI
3	4～14	＞2	HARQ-ACK，HARQ-ACK/SR，CSI，HARQ-ACK/SR/CSI
4	4～14	＞2	CSI，HARQ-ACK/SR，HARQ-ACK/SR/CSI

7.3.4 物理层参考信号

对于无线通信系统，参考信号（又称导频信号）是整个系统的关键要素之一。参考信号通常承载多种基本功能，以确保适当和高效的物理层性能。这些功能包括确定发送器和接收器之间的时间、频率和相位同步；在发送器侧传输信道特性（长期和短期）以确定传输特性；在接收器侧进行信道估计和反馈，接入链路识别和质量测量。参考信号主要包括解调参考信号（demodulation reference signal，DM-RS）、信道状态信息参考信号（channel state information reference signal，CSI-RS）、探测参考信号（sounding reference signal，SRS）和相位跟踪参考信号（phase tracking reference signal，PT-RS）等。

（1）DM-RS

对于 DM-RS 的时间和频率资源模式，5G NR 中引入了两种配置类型（1 型和 2 型）。当为 DM-RS 传输配置 1 个符号时，1 型 DM-RS 配置最多支持 4 个正交 DM-RS 端口，当配置 2 个符号时，最多支持 8 个正交 DM-RS 端口。当为 DM-RS 传输配置 1 个符号时，2 型 DM-RS 配置最多支持 6 个正交 DM-RS 端口，当配置 2 个符号时，最多支持 12 个正交 DM-RS 端口。这些正交 DM-RS 端口由 OCC 在时域和频域中复用。两种类型的 DM-RS 配置均可针对下行链路和上行链路进行配置，并且可以配置为使用于 DM-RS 的下行链路与上行链路相互正交。

支持两个 16bit 的可配置的 DM-RS 加扰 ID 并由 RRC 进行配置，加扰的 ID 由 DCI 动态选择并指定。在 RRC 配置 16bit DM-RS 加扰 ID 之前，小区 ID 用于对 DM-RS 加扰。

（2）CSI-RS

用于 5G NR 的 CSI 参考信号（CSI reference signal，CSI-RS）除了支持 CSI 采集、波束管理、时频跟踪和 RRM 测量外，还支持其进一步扩展。为了支持这些不同性能的目标及各种功能，CSI-RS 应在天线端口数量、时间和频率资源模式、频率密度、时间周期等方面具有更大的灵活性和可配置性。

一般，NR CSI-RS 旨在支持从单端口到多达 32 个正交端口的多种天线端口，支持每个 PRB 具有{1/2、1、3}个 RE 的不同频域密度，并支持{ 4，5，8，10，16，20，32，40，64，80，160，320，640}个时隙以及非周期性（即基于触发的）传输。这里的时间周期是以时隙为单位的，因此取决于载波/BWP 参数。

（3）SRS

在上行链路上，支持由 UE 发送给 NR 的探测参考信号（sounding reference signal，SRS）。与 LTE 相比，5G NR 对 SRS 进行了增强性设计。

上行 SRS 最突出的用途是在 TDD 系统中获取下行 CSI，并利用信道互易性实现出色的下行 MIMO 性能。由于上行 SRS 是 UE 特定的信号，小区中可能存在大量的激活的 UE 以及由此产生的移动性，因而 SRS 容量可能成为瓶颈。另外，UE 的发射功率一般比 gNB 低很多，SRS 功率受限，SINR 比较低，因此 CSI 估计质量较差。所以，提高 SRS 容量与覆盖性是一个需要解决的关键问题。

另外，对 UE 的能力而言，下行链路接收与上行链路传输是不平衡的。通常，大多数 UE 可以在多个下行链路聚合载波上使用更多天线进行接收，但可能只能在较少数量的上行链路载波上同时使用这些天线的子集进行传输，这将限制 gNB 的能力以获取下行信道的完整 CSI。为了在不显著地增加 UE 的复杂性和成本的情况下解决这些问题，在 NR 中指定了从天线到天线以及从载波到载波的 SRS 传输切换。

SRS 当然也可以用于获取上行链路 CSI 并启用上行链路 MIMO。除了 LTE 中基于码本的上行 MIMO 之外，NR 还为上行链路引入了非基于码本的 MIMO 方案，其中潜在的上行链路预编码（由 UE 确定）通过预编码的 SRS 来选择。此外，为了支持具有波束成形功能的 FR2，至少对于没有波束处理能力的 UE，需要使用 SRS 进行上行波束管理。

SRS 可以用来执行 DL CSI 采集、天线切换、载波切换、基于码本和非基于码本的上行链路 MIMO 和 UL 波束管理。

（4）PT-RS

在 5G NR 中为高频段（FR2）引入了相位跟踪参考信号（phase tracking reference signal，PT-RS），以补偿下行链路和上行链路数据传输（PDSCH/PUSCH）的相噪声。当 PT-RS 由网络配置并动态指示（隐含地通过 DCI）时，UE 将假定 PT-RS 仅存在于用于 PDSCH/PUSCH 的资源块中，相应的时间、频率密度和位置由与数据传输格式相关的若干个因素来确定。PT-RS 对于 PDSCH、带有 CP-OFDM 的 PUSCH 和带有 DFT-s-OFDM 的 PUSCH 是不同的。

PT-RS 可由网络配置。此外，PT-RS 的时间和频率密度取决于所调度的 MCS 及其相关的 PDSCH 传输的带宽，可以在 PT-RS 开销和 PDSCH 解调性能之间取得良好的折中。

7.4 NR V2X 侧链

过去十多年汽车工业已发生了革命性变化，信息化与新能源的结合正在推动汽车向自动驾驶演进。车辆间的无线通信是自动驾驶的关键组成部分。车辆间的无线通信可以补充传感器的不足，以实现无缝的车与路的整合、拥挤交通中的导航，甚至并排驾驶。所有这些益处意味着采用无线通信将可以改善交通流量以减少交通拥堵，极大地提高人们的出行质量。

车对车（vehicle-to-vehicle，V2V）通信的研究始于 2000 年左右，采用 IEEE 802.11p 协议。大约在 2017 年，V2V 在 3GPP 中的 Release 14 LTE-V 中被给予了标准化。但这些研究主要集中在车辆安全上，采用简单的广播通信协议。随着 NR 的出现，车联网（vehicle-to-everything，V2X）的研究已开始，其目标是支持自动驾驶所需的高级服务。NR V2X 侧链的标准化已在 3GPP 的 Release 16 中完成。本节将讨论 NR V2X 侧链。

7.4.1 V2X 所涉及的消息

在 3GPP 开始 V2X 标准化之前，5G 汽车协会（5G Automotive Association，5GAA）的标准化早期工作已经完成，并定义了 V2X 消息。IEEE 的 DSRC/802.11p 标准则产生了第一个 V2X 系统。

为了让汽车行业与 5G 技术结合，5GAA 于 2016 年 9 月成立，目前拥有来自汽车和 ICT 行业的 80 多家会员企业，组成了一个全球性的跨行业组织，共同致力于采用 5G 技术为未来的移动和运输服务开发端到端解决方案。

5GAA 有 5 个工作组，涵盖未来互联汽车及其应用开发的各个方面，包括：

① WG1：为“用例和技术要求”组，它定义了用例的端到端解决方案，并为互联移动解决方案的认证推导了技术要求和性能指标，确保了 V2X 和其他受影响技术的互操作性。

② WG2：为“系统架构和解决方案开发”组，它定义、开发和推荐系统架构以及可互操作的端到端解决方案，以解决用例和感兴趣的服务。工作组还审查了无线空中接口技术、无线网络部署模型、无线接入网络和联网云、连接和设备管理及安全、隐私和身份验证等技术领域的当前可用解决方案。

③ WG3：为“评估、测试平台和试点”小组，通过测试平台评估和验证端到端解决方案。

④ WG4：为“标准和频谱”组，充当“行业规范组”，它制定了 ITS、MBB 和免授权频段中 V2X 的频谱要求。

⑤ WG5：为“商业模式和进入市场策略”组，它确定相关的组织和公司，并确定它们的优先级。它起草了示范性的上市计划，作为草人功能，用于测试中的商定用例和商业模型。它还提供了最佳实现目标互联移动解决方案认证的全球方法的指南。

V2X 功能包括四种类型的通信：车对车（vehicle-to-vehicle，V2V）、车对基础设施（vehicle-to-infrastructure，V2I）、车对网络（vehicle-to-network，V2N）和车对行人（vehicle-to-pedestrian，V2P）。该功能有两个互补的通信链路：网络链路和侧链（sidelink）。网络链路是传统的蜂窝链路，它提供远程能力。侧链是不同车辆之间的直接链接，它通常比网络链路具有更低的延迟，并且距离更短。

为了拥有一个功能齐全的 V2X 系统，有必要定义架构和通用消息。当 UE 发送消息时，接收的 UE 必须能够理解它。为实现该目标，必须定义消息格式和字典。这项工作是在 3GPP 范围之外完成的。世界各地发起了几项努力。在欧洲，ETSI 智能交通系统（intelligent transport system，ITS）技术委员会“负责标准化，以支持跨网络为交通网络、车辆和交通用户提供 ITS 服务的开发和实施，包括接口方面、多种交通方式和系统之间的互操作性”。在北美，这些消息是由“汽车工程师协会”（Society of Automotive Engineers，SAE）通过 V2X 通信指导委员会在 J2945 标准中定义的。在世界范围内进行了其他努力，但在很大程度上重用了 ETSI 和 SAE 的工作。下面，我们介绍用于 V2X 的消息的基本结构[27]。

（1）ETSI ITS 消息

ETSI ITS 消息在 ETSI TS 102 637 中给予了定义[28-30]。ETSI 定义了两种类型的消息：

① 合作意识消息（cooperative awareness message，CAM）[29]，由车辆动态持续触发以反映车辆状态。

② 分散式环境通知消息（decentralized environmental notification message，DENM）[31]，仅在发生与车辆相关的安全事件时触发。

CAM 携带每辆车的位置，对于基本安全很重要，因为其可用于更新周围车辆的位置。CAM 所包含的元素如表 7.12 所示。从表 7.12 可以看出，消息的大小是可变的，它不但取决于消息类型（特殊车辆容器），而且取决于发送的时间，例如，如果消息每 500ms 发送超过一次，LF 容器可能不会一直存在。但是，每条消息的大小是确定性的，并且可以及时预测。

对于基本安全信息，CAM 以 1～10Hz 的频率连续触发，这取决于车辆的速度、加速度和驶向。车辆每 100ms 检查一次表 7.13 中的三个条件。

忽略加速度和驶向，车速为触发 CAM 提供了一个下限，如表 7.14 所示。在高速公路上，CAM 每 100ms 触发一次，而在城市低速环境中，频率可能低至每秒触发一次。

虽然是安全服务定义，CAM（或类似消息）可用于更高级的服务（例如队列），但需要以更高的频率（例如 20ms）发送。CAM 消息提供了一种具有可变载荷的周期性流量。CAM 的特性被大量用于设计 LTE-V 和 NR V2X 资源分配程序。

表 7.12 CAM

数据元素	类型	典型大小/B	描述
报头	强制的	8	协议版本、消息类型、发送地址和时间戳
基本容器	强制的	18	类型（如轻型卡车、自行车、行人等）和位置
高频（HF）容器	强制的	23	车辆的所有快速变化的状态信息，即驶向、速度、加速度等
低频（LF）容器	强制的（500ms）	60	静态或缓慢变化的车辆数据，主要由路径历史组成。路径历史由多个路径历史点组成。根据路径历史记录点，它足以覆盖超过 90%的基于广泛测试的案例[6-7]。每个点大约 8B[4]
特定车辆容器	可选	2～11	特定车辆在道路交通中的作用（如公共交通、救援车辆等）

表 7.13 触发 CAM 的条件

触发条件	计算与先前 CAM 的差异
速度：当前位置与包含在前一个 CAM 中的位置超过 4m	运动 4m？

续表

触发条件	计算与先前 CAM 的差异
加速度：当前速度与前一个 CAM 中包含的速度的绝对差值超过 $0.5m/s^2$	加速度大于 $0.5m/s^2$?
驶向：车辆当前方向（朝北）与之前 CAM 中包含的方向之间的绝对差值超过 4°	驶向角 $\theta>4°$?

表 7.14　车速与 CAM 触发的相关性

序号	速度范围/（km/h）	触发 CAM 周期/ ms
1	＞144	100（下界）
2	72～144	200
3	48～72	300
4	36～48	400
5	28.8～36	500
6	24～28.8	600
7	20.6～24	700
8	18～20.6	800
9	16～18	900
10	＜16	1s（上界）

DENM 是由事件驱动触发的[31]，其可以提供非常多样化的信息。为了基本安全，所产生的 DENM 触发的事件示例如表 7.15 所示。

表 7.15　DENM 的用例

用例	直接事例代码	直接事例	子事例代码	子事例
紧急电子刹车灯	101	危险驾驶	1	硬刹车
错误驾驶警告	*	错误的驾驶方式	0	
违规信号警告	102	交叉路口违规	1	停车标志违规
			2	交通灯违规
			3	转弯违规
静态车辆：事故	*	事故	0	
静态车辆：车问题	103	车辆问题	1	车辆破损
			2	安全灯亮起，车速降低
慢车警告	*	车慢	0	
交通状况警告	*	交通拥堵	0	
道路施工警告	*	道路施工	0	
碰撞风险警告	104	交叉口碰撞	1	左转碰撞风险
			2	右转碰撞风险

续表

用例	直接事例代码	直接事例	子事例代码	子事例
碰撞风险警告	104	交叉口碰撞	3	穿越碰撞风险
			4	并线碰撞风险
危险场所	105	危险场所	1	危险曲线
			2	路障
沉降	*	沉降	*	暴雨
			*	暴雪
风	*	极端天气状况	0	
道路附着力	*	湿滑路面	*	路面附着力低
			*	黑冰
能见度	*	能见度降低	*	霜冻，能见度差
			*	暴风雨，能见度差
紧急车辆接近	*	救援途中	*	紧急车辆

DENM 的刻画比 CAM 更难：DENM 是不可预测的，其可能是周期性的，也可能不是周期性的，并且其大小可变。因此，DENM 通常被认为是随机的，类似于蜂窝链路上的事件驱动流量。

（2）SAE 消息

在美国，SAE 负责 V2X 消息的标准化。SAE J2735 中定义了 15 种类型的 V2X 消息[32]。这些消息中最重要的是必须由每辆车传输的基本安全消息（basic safety message，BSM）。BSM 在 SAE J2945.1 中给予了定义[33]。BSM 在功能上等同于 CAM。BSM 内容在表 7.16 中给出。每个 BSM 每 100ms 传输一次。

可以看出，BSM 很像 CAM，具有确定的消息大小。与 CAM 不同，它们以固定间隔（100ms）触发，而 CAM 以 100ms 的倍数生成。但是，两种流量类型都是周期性的。为 LTE-V 和 NR V2X 定义的资源分配程序可以高效地适应 CAM 和 BSM。

SAE 定义的非 BSM 也类似于 DENM。

表 7.16 BSM 内容

数据元素		类型	典型大小/B	描述
Part Ⅰ		强制的	39	快速变化的车辆动态与消息 ID
Part Ⅱ	事件标志	强制的	2	安全相关事件指示（例如紧急制动、失控等）
	路径预测	强制的	3	估计驾驶员预期的未来路径
	历史路径	强制的	56	静态或缓慢变化的车辆数据，主要是历史路径。历史路径由多个历史路径点组成。基于大量测试，历史路径点足以覆盖 90%以上的案例。每个点大约 8B

7.4.2 3GPP 的 V2X

3GPP 的 V2X 标准化较为复杂，它依赖于早期的侧链标准化工作。它有两个组件：LTE 和 NR。3GPP 的 V2X 标准化迄今为止已经历了六个版本。它从 Release 12 实现了设备到设备通信的标准化开始，已发展到 Release 17。

（1）Release 12、Release 13

Release 12 是第一个实现设备到设备标准化的版本，也是第一个提出“侧链”（sidelink）概念的版本，与上行链路是从 UE 到基站的链路，下行链路是从基站到 UE 的链路类似，侧链被定义为从一个 UE 到另一个 UE 的链路。另外，该标准给出了两个主要的 D2D 概念：①发现（discovery），即 UE 尝试自行发现或由 eNB 引导发现相邻 UE。这个概念主要是为了让 UE 发现服务，但不建立 UE 之间的通信链路。②通信（communication），即其中一个 UE 直接与另一个 UE 通信，而数据传输不经过 eNB。在 Release 12 中，物理层只能进行广播通信。D2D 链路是两个 UE 之间的直接通信，不通过 eNB 传输。这种通信模式是 LTE-V 链路的基础，也是 NR V2X 的间接基础。

对于侧链，Release 13 是一个小版本，它的主要特点是引入了 UE 中继。

（2）Release 14

在 Release 14 的制定期间，形成了第一套用于 V2X 服务的 3GPP 规范。V2X 比 V2V 更通用，包括以下内容：

① V2V　车辆之间的通信。

② V2P　车辆与行人之间的通信。注意，在 Release 14 中，仅强制要求“P2V”，即行人发送消息，车辆接收消息。

③ V2I　车辆和路边单元（road side unit，RSU）间的通信。RSU 是一种基础设施，通常被视为是固定的，与车载 UE 进行通信。例如，它可以安装在十字路口、交通信号灯上，并向车辆 UE 提供交通信号灯信息。其他用例包括位于路边的传感器的策略。

在 Release 14 LTE-V 制定期间，制定了以下内容：

① 侧链物理层结构。此结构很大程度上基于 Release 12 D2D 结构。

② 侧链资源分配过程。这些过程既可以是网络辅助的又可以是 UE 自治的。它们在很大程度上重用了 Release 12 的 D2D 资源分配原则，但最终结果与 D2D 过程有很大不同。

③ 侧链同步程序。在有用时使用 D2D 程序。然而，当可用时，通常使用诸如北斗之类的全球导航卫星系统（GNSS）。

④ 采用蜂窝链路而不是侧链的 V2V 通信规范。

⑤ 在所有用例中支持 V2X 通信所需的协议（通过侧链、蜂窝链路、网络辅助、完全自主操作）。

⑥ 各种频段部署所需的规范，最重要的是智能交通系统（intelligent transportation system，ITS）频段，该频段是为车辆服务预留的。

⑦ 支持 V2P 服务。

（3）Release 15

在 Release 14 推出之后，车辆服务的工作在 LTE 侧的 Release 15 中继续进行，WI 被称为“V2X 第 2 阶段”。此 WI 虽然比 Release 14 小，但包含多项重要增强功能，例如：

① 载波聚合。

② 减少延迟。

③ 采用 64-QAM。

这些改进填补了 Release 14 的漏洞，支持 64-QAM、分布式短距离通信（distributed short range communication，DSRC[34]），但不支持 Release 14。在该版本中，第一次提到了高级服务（队列、扩展传感器、高级驾驶、远程驾驶），这使得 Release 15 LTE-V 成为第一个超越基本安全并开始包含其他驾驶服务的规范，尽管范围有限。

除了LTE工作之外，NR标准化也同时开始了，使用一个小的NR SI来制定NR V2X侧链的评估方法[35]。SI中的工作可以看作是NR V2X侧链实际规范的准备工作，并定义了要使用的评估方法。最重要的方面是：

① 评估场景的定义。

② 用于高级V2X服务的流量模型。

③ V2X信道模型。

（4）Release 16

Release 16 NR V2X是迄今为止开发的最全面、最先进的车载通信标准。它完全能够解决所有先进的车辆用例，并可以提供高数据传输速率、极低的延迟以及先进驾驶所需的高可靠性。Release 16 NR V2X大量重用了为LTE-V开发的概念，但有了显著的改进，特别是：

① 提供真正的单播服务能力，具有从接收端UE到发送端UE的反馈信道。

② 支持混合ARQ（hybrid ARQ，HARQ）并完全支持自适应调制/编码（adaptive modulation/coding，AMC）。

③ 使用多天线技术进行分集或多流传输。

④ 支持具有类似URLLC要求的服务。

⑤ 与LTE-V无缝集成，重点关注两个系统的互补性。

与LTE-V一样，NR V2X侧链能够在有或没有网络的情况下工作，并具有完全的UE自治模式和网络辅助模式。

（5）Release 17

Release 17旨在解决V2X以外的其他用例，例如公共安全，以及解决V2X以外的V2X服务，例如V2P组件在Release 16中没有优化，将在Release 17中标准化（例如降低功耗的资源分配技术）。

此外，RAN也已经开始着手增强NR V2X侧链的工作，并在侧链定位上采用SI。侧链定位被无线和汽车行业视为自动驾驶的重要组成部分[36-37]。

（6）LTE-V与NR V2X侧链的交互

在3GPP系列中拥有两个V2X系统似乎是多余的，然而，这两个系统被设计为完全互补并协同工作以满足车辆的要求。基本安全消息（例如CAM）旨在在Release 14 LTE上发送，该组件已针对发送此类消息进行了优化，而高级服务则在NR或Release 15 LTE-V上发送。

此外，NR V2X侧链在Release 16标准化时，标准化了以下几个方面：

① NR系统能够在LTE侧链路上调度流量。

② LTE系统能够在NR侧链路上调度流量。

③ LTE和NR设备内共存的解决方案（不占用同一载波时）。

下面将详细介绍这些技术，但要确保LTE-V和NR V2X侧链协同工作，以提供最佳的系统性能，并确保与仅实现LTE-V的传统车辆之间的可操作性。

7.4.3 LTE-V

（1）安全性要求

3GPP的V2X标准工作始于SA WG1，通常称为SA1。SA1是定义服务需求的3GPP工作组，其目标是确定V2X服务、LTE所支持的用例及其相关的要求，同时也要考虑其他SDO

[例如 GSMA 互联生活、ETSI、美国的 SAE] 所定义的 V2X 服务和参数。待研究的 LTE V2X（V2V、V2I 和 V2P）的基本用例及其要确定的要求为：

① V2V 涵盖车辆之间的基于 LTE 的通信。

② V2P 涵盖车辆与个人携带的设备（例如行人、骑自行车者、驾驶员或乘客携带的手持终端）之间基于 LTE 的通信。

③ V2I 涵盖车辆与路边单元之间基于 LTE 的通信。

该目标定义了 27 个不同的用例，例如前方碰撞警告、V2V 紧急停车和易受伤害的道路使用者安全。部分内容如表 7.17 所示。

表 7.17 V2X 服务需求示例

序号	有效距离/m	支持 V2X 服务的 UE 的绝对速度/(km/h)	支持 V2X 服务的 2 个 UE 之间的相对速度/(km/h)	最大可容忍的延迟/ms	有效距离处的最小无线层消息接收可靠性（接收者在 100ms 内收到的概率）	累积传输可靠性示例
#1（郊区/主要道路）	200	50	100	100	90%	99%
#2（高速公路）	320	160	280	100	80%	96%
#3（高速公路）	320	280	280	100	80%	96%
#4（非视距/城市）	150	50	100	100	90%	99%
#5（城市路口）	50	50	100	100	95%	—
#6（校园/商业区）	50	30	30	100	90%	99%
#7（即将碰撞）	20	80	160	20	95%	—

（2）SA1 要求

SA1 为 V2X 服务定义了 33 项要求，其中最重要的是：

① 能够在覆盖范围内和覆盖范围外工作。

② 支持 RSU。RSU 被视为 V2X 通信的重要组成部分。其可以是部署在十字路口的固定实体，例如交通信号灯上。该支持对于实际部署场景极为重要，如果 RSU 用侧链与车辆通信，则可以将其视为静止的车载 UE（有时称为 UE 类 RSU）。如果 RSU 用蜂窝链路进行通信，则可以将其视为简化的基站（有时称为 eNB 型的 RSU）。

③ 具有在不同网络上的两个 UE 之间进行 V2X 通信的能力。

④ 支持高密度 UE。需要确保系统可以扩展并可供道路上的所有车辆使用。

⑤ 最大延迟高达 100ms，但当预感碰撞时其最大延迟为 20ms。

⑥ 支持高可靠性。

⑦ 在侧链上传输周期性消息，有效载荷为 50～300B，事件驱动的消息最大为 1200B。

⑧ 支持相对速度达 500km/h 的 V2V 通信。

（3）LTE-V 部署与设计原则

① 尽可能重用 LTE 模块。

② 系统可以在 LTE 覆盖范围内或覆盖范围外工作。

③ 系统可以在专用或共享蜂窝侧链载波上工作。

④ 系统可以使用或不使用 GNSS。

⑤ 系统的流量应该适中。

（4）LTE-V 的物理结构

在物理层，LTE-V 采用了 LTE 的大部分参数，特别是子载波间隔为 15kHz。资源元素（resource element，RE）和物理资源块（physical resource block，PRB）的概念被重用。但是，子帧和时序存在一些差异。此外，还为 LTE-V 引入了子信道的概念。

① LTE-V 子帧　与蜂窝 LTE 一样，LTE-V 采用了将无线帧拆分为 10 个子帧的概念。LTE-V 的子帧与蜂窝 LTE 的子帧非常相似，如图 7.11 所示。

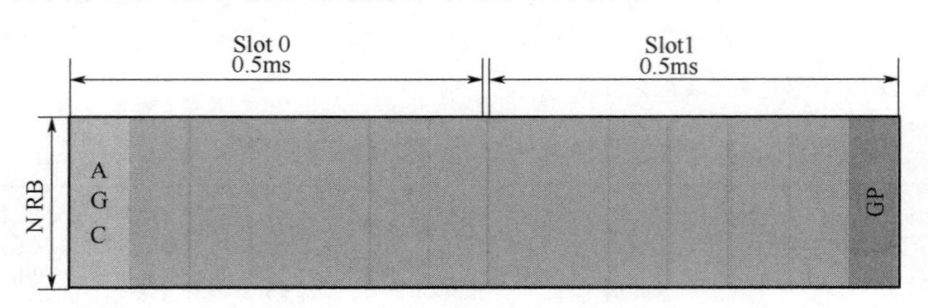

图 7.11　LTE-V 子帧结构

就像蜂窝 LTE 一样，子帧包含 14 个符号。但是，符号#0 和#13 是不同的：符号#0 用于 LTE-V 的自动增益（automatic gain control，AGC）控制；符号#13 是不进行传输的保护时间符号。

② LTE-V 时序　一个区域中的 UE 都同步到相同的时序，但仍然存在时序问题，如图 7.12 所示。

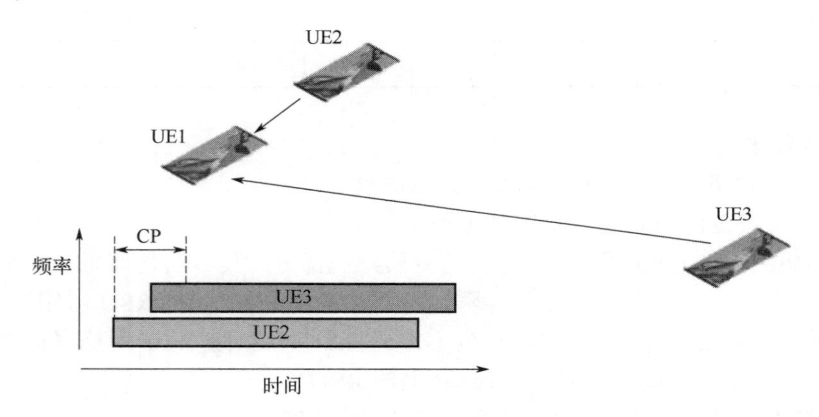

图 7.12　同时接收来自不同位置的 UE 的信号

在图 7.12 所示的场景中，UE1 在同一子帧中接收到两个频率复用的信号：一个来自 UE2，另一个来自 UE3。为了使用单个接收器，UE1 需要在循环前缀（cyclic prefix，CP）长度内接收 UE2 和 UE3。设 d 为 UE3 与 UE1 之间的传播时间与 UE2 与 UE1 之间的传播时间之差，r_1 为 UE1 与 UE2 间的信道扩展延迟，r_2 为 UE2 与 UE3 间的信道扩展延迟。为了避免两条链路间的干扰，我们需要有 $d > r_1 + r_2$。

对于 LTE，CP 长度为 4.7μs。这对应于 $4.7\times10^{-6}\times3\times10^{8}\approx1400$（m）的距离。考虑到 V2X 通信感兴趣的距离，对于高速公路部署为 320m，对于城市部署为 150m，很明显，CP 长度足够长，可以补偿传播延迟的差异以及两个信道上的多路径。因此，重用与 LTE 相同的 CP 长度就足够了。

注意，LTE 还支持具有扩展 CP 的传输模式，扩展 CP 约为总符号持续时间的 25%。鉴于正常 CP 长度足以满足 V2X 感兴趣的用例，因此决定不支持 LTE-V 的扩展 CP。

③ 子信道　除了 PRB，还为 LTE-V 定义了频域中的一个新物理概念——子信道。子信道由给定子帧中的一组 RB 组成，如图 7.13 所示。

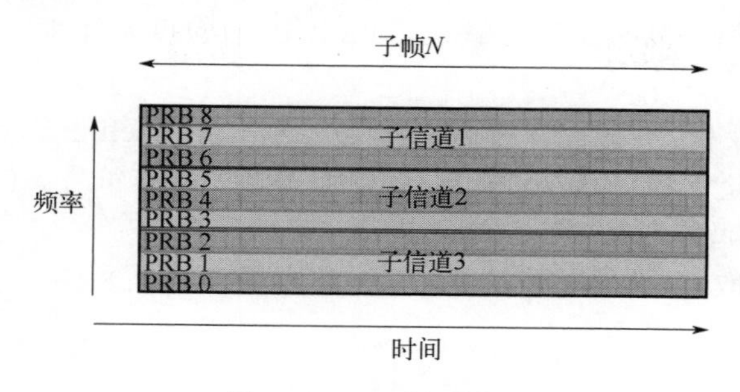

图 7.13　子信道概念

子信道的大小是可配置的，最小的子信道为 4 个 PRB。允许的子信道大小（以 PRB 的数量计）为 4、5、6、8、9、10、12、15、16、18、20、25、30，尽管最有可能使用最小的子信道。子信道是 LTE-V 的原子资源分配单位，就像 RB 是资源分配 2 型的单位，或者 RBG 是蜂窝 LTE 的资源分配 1 型的单位一样。子信道既用于传输控制信息又用于传输数据信息。

④ 资源池　资源池概念是在 Release 12 中引入的，用于 D2D 通信。它本质上是一种定义 UE 可以在侧链上进行通信的资源并将其与实际物理资源解耦。一旦定义了资源池，所有资源分配索引都通过资源池上的逻辑索引完成，与实际资源的物理位置无关。它也是在同一载波上蜂窝与侧链多路复用的技术。所定义的资源池中的主要元素如下：

a. 子帧位图，用于指示哪些子帧包含在资源池（sl-Subframe-r14）中。这使得能够在共享载波上的侧链和蜂窝系统之间进行时间复用。

b. 子信道大小。

c. 子信道号。

d. 第一个子信道的起点，由其在载波中的索引引用。

使用定义的资源池有两个弱约束：

a. 载波共享只能在子帧级上进行。

b. 子信道需要相邻。

⑤ 调制　对于 LTE D2D 通信，采用 SC-FDMA 作为调制方式。这主要针对峰均功率比（peak-to-average power ratio，PAPR）：SC-FDMA 的 PAPR 比 OFDM 低，因此对于相同的平均发射功率需要一个功率较小的放大器，并导致功耗略低。虽然这对于使用电池供电的手持设备进行公共安全传输来说是一个优势，但这对于车载 UE 来说不是必需的。

⑥ 数据传输信道　在 LTE D2D 的侧链上定义了几个信道，并被 LTE-V 重用。它们包括以下内容：

a. 物理侧链共享信道（physical sidelink shared channel，PSSCH）：这是传输数据的信道。

b. 物理侧链控制信道（physical sidelink control channel，PSCCH）：这是传输授权的信道。

c. 物理侧链广播信道（physical sidelink broadcast channel，PSBCH）：用于同步目的。

PSSCH 在功能上等同于 PDSCH 或 PUSCH。在 PSSCH 上，传输 MAC 数据包数据单元（packet data unit，PDU）。该信道用于传输数据以及 MAC 和 RRC 信令。PSSCH 采用与 LTE

蜂窝相同的 Turbo 码进行编码。它可以采用 QPSK、16-QAM 和 64-QAM（仅限 Release 15）。采用 SC-FDMA。对于 LTE-V，PSSCH 仅用于广播传输。因此，所用的加扰是针对非特定的 UE 的，每个 UE 都可以对其进行解码。PSSCH 的粒度是频率上的子信道和时间上的子帧。

PSSCH 传输侧链授权。侧链授权被称为侧链控制信息（sidelink control information，SCI）。PSSCH 总是占用子信道的最低两个 PRB，并占用子帧的所有符号。PSCCH 采用 QPSK 与 SC-FDMA 以咬尾卷积码的方式进行传输。

UE 以以下方式获取 PSCCH：UE 在每个子信道的最低两个 PRB 上尝试盲解码 PSSCH（最多盲解码 50 次）。

（5）同步

同步是通信的必要组成部分，甚至在建立链路之前，两个 UE 必须能够在相同的时序上运行。

① 同步源　同步源主要包括 eNB、GNSS，以及 UE（在没有蜂窝链路又没有 GNSS 覆盖的情况下）。

② 覆盖范围外的 UE 的同步过程　当 UE 与 eNB 同步时，它采用蜂窝同步。当 UE 与 GNSS 同步时，UE 根据绝对定时确定帧和符号时序。然而，当 UE 与另一个 UE 同步时，它需要使用一些参考信号。LTE-V 定义了 UE 可以发送同步信号的同步过程。定义了两个同步信号：主侧链同步信号（primary sidelink synchronization signal，PSSS）和辅助侧链同步信号（secondary sidelink synchronization signal，SSSS）。PSSS 和 SSSS 在时间上分别占据两个 SC-FDMA 符号，在频率上占据 6 个中心 RB。同步信号的位置如图 7.14 所示。

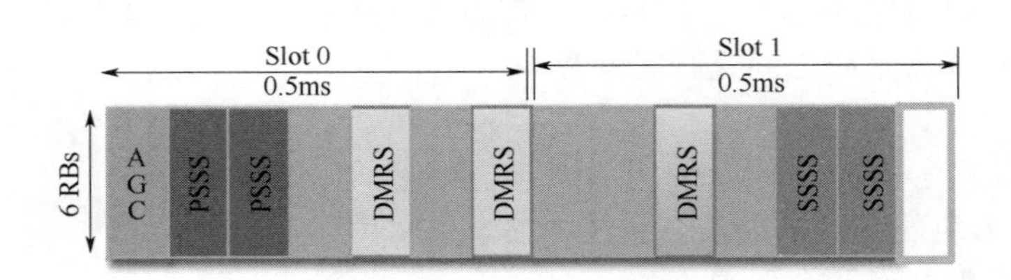

图 7.14　子帧内同步信号的位置

此外，LTE-V 还定义了一个包含访问系统所需的初始信息的信道——物理侧链广播信道（PSBCH）。PSBCH 在功能上等同于蜂窝 PBCH。PSBCH 在不被参考信号占用的 5 个符号上的 6 个中心 RB 上，与侧链同步信号在同一个子帧中传输。PSBCH 用 QPSK 传输，并使用咬尾卷积码进行编码。

同步过程与蜂窝 LTE 非常相似。UE 试图通过寻找 PSSS 来获得粗同步。PSSS 是已知的 SC-FDMA 序列。定义了两个 PSSS 序列。

在获取到 PSSS 后，UE 将尝试通过寻找 SSSS 来获得精细同步。由一个索引 $N_{\mathrm{ID}}^{\mathrm{SL}}$ 定义了 336 个可能的序列。一旦获得精细同步，UE 解码 PSBCH 并获得接入系统所需的信息。

表 7.18 给出了 PSBCH 的内容。侧链系统带宽字段是需要的，以便使 UE 知道它可以在哪里传输。该内容也包括所了解到的时序的信息：它提供子帧同步信息。此外，为共享载波提供了 TDD 配置，因此对于侧链，UE 仅在上行链路资源中进行传输和侦听。

覆盖范围内指示符与 $N_{\mathrm{ID}}^{\mathrm{SL}}$ 一起用于确定 UE 是处于覆盖范围内还是覆盖范围外，如果处于覆盖范围外，则确定它是否与覆盖范围内的 UE 同步。

表 7.18　LTE PSBCH 的内容

字段	比特数
侧链系统带宽	3
TDD UL-DL 配置	3
直接帧号	10
直接子帧号	4
覆盖指标	1
保留比特	19

（6）资源分配

数据/高层信令在 PSSCH 上传输，物理层信息（传输/接收授权）在 PSCCH 上传输。在 PSCCH 上发送的消息是侧链控制信息（sidelink control information，SCI）消息。LTE-V 给出了 SCI 格式 1 的定义[38]。SCI 格式 1 的内容在表 7.19 中给出。此外，也采用 16bit CRC。

采用这种格式，可以使用高达 20MHz 的侧链带宽。

表 7.19　SCI 格式 1 的内容

字段	长度
优先级	3bit
资源预留	4bit
首次传输的频率资源位置	$\log_2\left[N_{\text{subchannel}}^{\text{SL}}\left(N_{\text{subchannel}}^{\text{SL}}+1\right)/2\right]$，其中 $N_{\text{subchannel}}^{\text{SL}}$ 是资源池中的子信道总数
初始传输和重传之间的时间间隙	4bit
调制与编码方案	5bit
重传索引	1bit
传输格式	指示是使用速率匹配还是打孔
保留比特	填充达到 32bit

① 优先级字段表示数据包的优先级。与 LTE 不同，优先级处理是在物理层完成的。优先级字段用于 UE 自主选择资源时以及用于服务质量（QoS）目的。

② 资源预留用于指示资源仅被占用一次（由“0000”指示）还是被预留以供将来使用。如果被预留，则该字段指示预留期。

③ 首次传输的频率资源位置表示频率资源分配（以信道号表示）。由于 SCI 是在 PSCCH 上传输的，因此用于 PSSCH 传输的子帧和资源块的集合是从用于包含相关 SCI 格式 1 的 PSCCH 所传输的资源中计算出来的。

④ 时间间隙用于指示初始传输和重传之间的时间间隙（它是重复编码，而不是 ARQ 过程）。由于给定的数据包可以通过单次或两次来传输，因此当数据包被传输两次时，使用一个 4bit 字段来指示单独两次传输的子帧数。当数据包传输一次时，该字段设置为“0000”。

⑤ 重传索引指示这是第一次还是第二次传输。与重传索引相关的一个有趣的特性是，如果 UE 错过了与第一次传输相关的 SCI，它可以计算出来，并且假设它已经缓冲了先前的子帧，可以后退并解码第一次传输。

⑥ Release 15 中引入了传输格式，以指示如何处理 DMRS：打孔或速率匹配。

⑦ 所增加的保留比特，将有效负载填充到 32bit（CRC 为 48bit）。除了通过使用单一 SCI 格式来简化系统之外，这些比特还可用于下一个版本。这些比特中的一个在 Release 15 中用于指示传输格式。

每次数据包传输都会传输一个 SCI。每个子帧不可能在其关联的 PSCCH 上进行没有 SCI 的 PSSCH 传输。

LTE-V 定义了两种资源分配模式：

① 模式-3 资源分配（又称 eNB 调度模式）：对于模式-3，在侧链上进行传输的 UE 从 eNB 处接收侧链传输许可。

② 模式-4 资源分配（又称自主资源选择模式）：对于模式-4，UE 在感知到媒介后自行选择资源。

两种模式的特点如表 7.20 所示。

表 7.20　模式-3 与模式-4 的资源分配模式的特点

特点	模式-3	模式-4
调度	由 eNB 完成	由 UE 完成（感知）
频谱	共享或专用	共享或专用
干扰控制	干扰最小化（以集中控制器为代价）	避免干扰（通过感知）
拥塞控制	由 eNB 和 UE 完成	仅由 UE 完成
同步	eNB 或 GNSS	eNB 或 GNSS

7.4.4　5G NR

LTE-V 在 Release 15 中完成，这是 NR 的第一个版本。对于车辆服务，要么需要 LTE-V，要么需要使用 5G NR（以下简称 NR）。LTE-V 和 5G NR V2X 侧链组件是互补的，它们有很多共性，NR V2X 侧链设计大多基于 LTE-V，主要适应 NR。

（1）基本要求

3GPP 中关于高级服务的工作是在 SA 中开始的，更具体地说是在 SA1 中，即定义高级要求的工作组。需求方面的工作早在 2016 年发布 Release 15 时就开始了，发布了一份技术报告[39]，随后包含在 Release 15 中的工作项目中，并发布了技术规范[40]。这些项目研究了先进车辆服务的许多可能应用，从预期的（例如协作式防撞）到不太明显的应用（例如通过车辆进行绑定）。最后，定义了四类操作：车辆排队、高级驾驶、扩展传感器、远程驾驶。其定义如下[40]：

车辆排队（vehicles platooning）使车辆能够动态地组成一个团队一起行驶。排队中的所有车辆都接收来自前车的周期性数据，以便进行排队操作。该信息允许车辆之间的距离变得非常小，即转换为时间的间隙可以非常小（亚秒级）。排队应用可以让跟随的车辆自动驾驶。

高级驾驶可实现半自动或全自动驾驶。假设车距更长。每辆车和/或 RSU 与附近的车辆共享从其本地传感器获得的数据，从而允许车辆协调它们的轨迹或机动。此外，每辆车与附近的车辆共享其驾驶意图。这个用例组的好处是更安全地行驶、避免碰撞和提高交通效率。

扩展传感器支持在车辆、RSU、行人设备与 V2X 应用服务器之间交换通过本地传感器或视频设备收集的原始或处理后的数据。这些车辆可以增强对环境的感知，超出了自己的传感器可以检测的范围，并对当地情况有了更全面的了解。

远程驾驶使远程驾驶员或 V2X 应用程序能够对无法自行驾驶的乘客或位于危险环境中的车辆进行远程操作。对于变化有限且路线可预测的情况，例如公共交通，可以基于云计算进行驾驶。此外，该用例组可以考虑接入基于云的后端服务平台。

SA1 定义了四个表，其中包含每个服务的要求，如表 7.21～表 7.24 所示。

表 7.21　车辆排队性能要求

通信场景说明		Req #	载荷/B	发送速率/（消息/s）	最大端到端时延/ms	可靠性⑦/%	数据传输速率/（Mbit/s）	最小所需通信范围/m
情景	程度							
情景 1①	自动化程度最低	[R.5.2-004]	300～400④	30	25	90		
	自动化程度低	[R.5.2-005]	6500⑤	50	20			350
	自动化程度最高	[R.5.2-006]	50～1200⑥	30	10	99.99		80
	自动化程度高	[R.5.2-007]			20		65⑤	180
情景 2②	N/A	[R.5.2-008]	50～1200	2	500			
情景 3③	自动化程度较低	[R.5.2-009]	6000⑤	50	20			350
	自动化程度较高	[R.5.2-0010]			20		50⑤	180

① 车辆队列协同驾驶；支持 V2X 应用的一组 UE 间的信息交换。

② 支持 V2X 应用的 UE 之间与支持 V2X 应用的 UE 和 RSU 之间的队列需要报告。

③ 支持 V2X 应用的 UE 和 RSU 之间的队列信息共享。

④ 该值适用于数据包的触发传输和周期性传输。

⑤ 在此 V2X 场景中所考虑的数据包括可在同一时间段内使用两条单独的消息交换协作操作和协作感知数据（例如所需的延迟为 20ms）。

⑥ 此值不包括与安全相关的消息组件。

⑦ 对于此表中没有值的小区，也应提供足够的可靠性。

表 7.22　高级驾驶性能要求

通信场景说明		Req #	载荷/B	发送速率/（消息/s）	最大端到端时延/ms	可靠性⑨/%	数据传输速率/（Mbit/s）	最小所需通信范围/m
情景	程度							
情景 1①		[R.5.3-001]	2000⑨	100	10	99.99	10⑦	
情景 2②	自动化程度较低	[R.5.3-002]	6500⑦	10	100			700
	自动化程度较高	[R.5.3-003]			100		53⑦	360
情景 3③	自动化程度较低	[R.5.3-004]	6000⑦	10	100			700
	自动化程度较高	[R.5.3-005]			100		50⑦	360
情景 4④		[R.5.3-007]	UL：450	UL：50			UL：0.25 DL：50⑧	
情景 5⑤	自动化程度较低	[R.5.3-008]	300～400		25	90		

续表

通信场景说明		Req #	载荷/B	发送速率/（消息/s）	最大端到端时延/ms	可靠性[⑨]/%	数据传输速率/（Mbit/s）	最小所需通信范围/m
情景	程度							
情景 5[⑤]	自动化程度较高	[R.5.3-009]	12000		10	99.99		
情景 6[⑥]		[R.5.3-010]					UL：10	

① 支持 V2X 应用的 UE 之间的协作避免碰撞。

② 支持 V2X 应用的 UE 之间的自动驾驶信息共享。

③ 支持 V2X 应用的 UE 与 RSU 之间的自动驾驶信息共享。

④ RSU 与支持 V2X 应用的 UE 之间的交叉路口安全信息。

⑤ 支持 V2X 应用的 UE 之间的协作变道。

⑥ 支持 V2X 应用的 UE 和 V2X 应用服务器之间的视频共享。

⑦ 这包括可以在同一时间段内使用两个单独的消息交换的协作操作和协作感知数据（例如所需的延迟为 100ms）。

⑧ 该值是指最大 200 个 UE。50Mbit/s DL 的值适用于广播或单播的所有 UE 的最大聚合比特率。

⑨ 这些值仅基于合作机动进行计算。

表 7.23　传感器共享的性能要求

通信场景说明		Req #	载荷/B	发送速率/（消息/s）	最大端到端时延/ms	可靠性/%	数据传输速率/（Mbit/s）	最小所需通信范围/m
情景	程度							
情景 1[①]	自动化程度较低	[R.5.4-001]			100	99		1000
	自动化程度较高	[R.5.4-002]			10	95	25[③]	
		[R.5.4-003]			3	99.999	50	200
		[R.5.4-004]			10	99.99	25	500
		[R.5.4-005]			50	99	10	1000
		[R.5.4-006][④]			10	99.99	1000	50
情景 2[②]	自动化程度较低	[R.5.4-007]			50	90	10	100
	自动化程度较高	[R.5.4-008]			10	99.99	700	200
		[R.5.4-009]			10	99.99	90	400

① 支持 V2X 应用的 UE 之间的传感器信息共享。

② 支持 V2X 应用的 UE 之间的视频共享。

③ 这是峰值数据传输速率。

④ 这是针对即将发生的碰撞情况。

表 7.24　远程驾驶性能要求

通信场景说明	Req #	最大端到端时延/ms	可靠性/%	数据传输率/（Mbit/s）
支持 V2X 应用的 UE 与 V2X 应用服务器之间的信息交互	[R.5.5-002]	5	99.999	UL：25 DL：1

与 LET-V 相比，NR V2X 侧链对以下几个方面给予了增强：

① 支持广播、单播和组播。

② 支持 HARQ 和快速链路自适应调制/编码（adaptative modulation/coding，AMC）。

③ 支持侧链上的功率控制。

④ 支持两层通信：这也是为了支持提供高级服务所需的高数据传输速率。出于这个原因，考虑并引入了 MIMO 技术，尽管在 Release 16 中采用了相对简单的形式。

⑤ CSI 测量：由于 NR V2X 侧链的链路自适应需要比 LTE-V 更先进，因此必须引入机制来测量干扰等。为此，必须定义侧链 CSI-RS 和相关的测量报告。

⑥ 支持毫米波通信：NR V2X 侧链可以在低于 6GHz（FR1）和毫米波（FR2）频谱范围内运行。

⑦ 多样化的流量。

⑧ 支持类 URLLC 的流量：在考虑 V2X 环境（高移动性）时，一些具有 3ms 延迟要求、99.999% 可靠性要求和高数据传输速率的场景将是设计无线系统时要考虑的最困难的要求。

（2）NR 侧链的物理层

① 帧结构　对于侧链，一个时隙由 14 个符号组成，其中，第一个时隙保留，用于 AGC 设置，最后一个符号用于保护时间，以避免重叠时隙。NR 侧链时隙结构如图 7.15 所示。

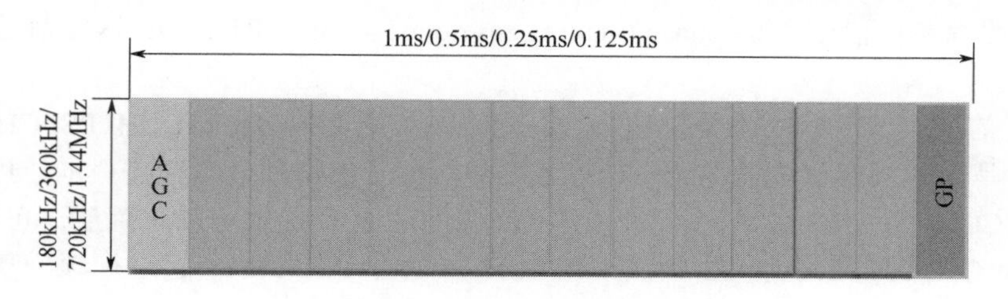

图 7.15　NR 侧链时隙结构

像蜂窝链路一样，侧链支持不同的参数集。所支持的子载波间隔为 15kHz、30kHz、60kHz、120kHz。仅 FR2 支持 120kHz。与蜂窝链路不同，此版本不支持 240kHz。此外，像蜂窝链路一样，侧链扩展 CP 支持 60kHz。每个子载波间隔的参数如表 7.25 所示。

表 7.25　所支持的子载波间隔参数

参数集/μ	0	1	2	3
子载波间隔/kHz	15	30	60	120
OFDM 符号长度/μs	66.67	33.33	16.67	8.33
正常 CP 长度/μs	4.69	2.34	1.17	0.59
扩展 CP 长度/μs	—	—	4.17	—

② BWP 和资源池　NR 的 Release 15 中引入了带宽部分（bandwidth part，BWP）概念。一个 UE 最多可以支持四个 BWP，一个 DL-BWP 和一个 UL-BWP 在给定时间用于给定 UE 的活动。UE 的所有发送和接收分别发生在其发送与接收的 BWP 内。NR BWP 使具有多种 RF 能力的 UE 在一个载波中共存并有助于 UE 节能。

③ 调制　NR 蜂窝同时采用了 OFDM 与 SC-FDM。SC-FDM 的峰均功率比（PAPR）低于 OFDM。其优点是：功率放大器不必像对 OFDM 那样对 SC-FDM 线性化。较低的 PAPR 还意味着对于相同的功率预算，在所有其他条件相同的情况下，SC-FDM 链路比 OFDM 链路的范围更广。另一方面，OFDM 具有比 SC-FDM 更好的链路性能。

NR 侧链最多支持 256-QAM。所有的 UE 必须能够接收 256-QAM，但 256-QAM 传输的支持是可选的，64-QAM 是强制性的。这使 NR 侧链能够具有极高的比特速率。假设一个时隙中有 14 个符号，其中 12 个符号可以在侧链上使用，理论上，侧链上的比特速率是蜂窝链路的 12/14（85%）。

此外，V2X 侧链支持的应用范围非常多样化。一些应用的要求相对宽松（如基本安全），而另一些应用类似于 URLLC 应用。因此，RRC 信令最多可以配置三个不同的 MCS 表，以满足所有服务需求，这需要在 SCI 中配置 0bit、1bit 或 2bit 字段，具体取决于配置的 MCS 表的数量。

④ 参考信号　参考信号是不包含数据的序列。其用于协助数据传输。NR V2X 侧链采用三种类型的参考信号：

a. 解调参考信号（demodulation reference signal，DMRS）：是用于执行相干解调的导频信号。

b. 信道状态信息参考信号（channel state information reference signal，CSI-RS）：在侧链上，这些信号用于执行测量。

c. 相位跟踪参考信号（the phase tracking reference signal，PT-RS）：这些信号用于补偿相位噪声。

⑤ 侧链信道　对于 NR V2X 侧链，定义了四个信道：PSSCH、PSCCH、PSFCH 和 PSBCH。

PSCCH 是一个相对简单的信道。对其分配是根据子信道的数量来完成的，其中的加扰序列由相关 PSCCH 的 CRC 初始化。PSSCH 传输既可以是一层也可以是两层。可以用 QPSK、16-QAM、64-QAM 或 256-QAM 调制。PSSCH 可以与 PSCCH 一起进行频分复用。第二段 SCI 随 PSSCH 传输，并使用相同的传输参数。

PSCCH 用于传输第一段 SCI。它最多占用一个信道。通过与资源池关联的（预）配置，它可以占用一个、两个或三个符号。加扰序列的种子也与资源池相关联并且是（预）配置的。PSCCH 传输是一层并使用 QPSK。

PSFCH 是为侧链定义的新信道，它是 HARQ 反馈信号从接收器发送到发送器的信道。在包含 PSFCH 的时隙中，当 PSSCH 结束时有一个保护符号，以避免使用不同的定时时出现 PSSCH 和 PSFCH 重叠。UE 可以发送 PSSCH，然后切换到接收以接收 PSFCH。因此，符号对于从发送切换到接收是必需的。此外，需要为 PSFCH 接收设置 AGC（如果需要），因此 PSFCH 在两个连续符号上传输，第一个符号是第二个符号的副本。包含 PSFCH 的时隙格式如图 7.16 所示。

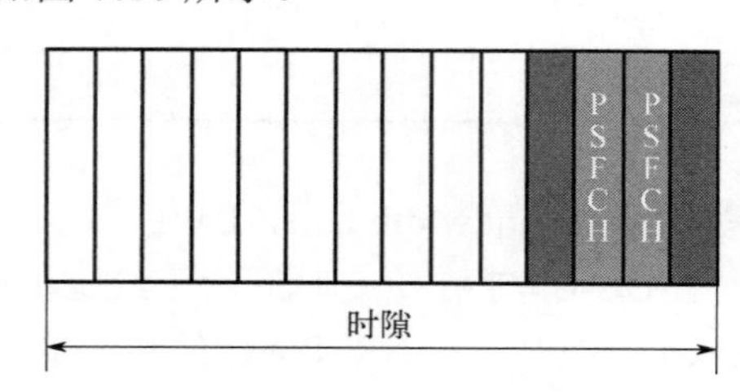

图 7.16　时隙中的 PSFCH 位置及其相关的保护符号

PSFCH 占用了一个时隙的很大一部分，并产生了 3 个符号的开销（包括额外的保护时间）。假设一个时隙的第一个符号用于 AGC 设置，一个时隙中只有 9 个用于 PSCCH/PSSCH 传输的有用符号，当延迟要求严格时，有时需要在每个时隙中进行 PSFCH 传输。然而，只要有可能，最好只在时隙的子集上使用 PSFCH，以减少开销。因此，PSFCH 周期可以由高层配置。PSFCH 周期的典型值为 4。

当 PSFCH 不是出现在每个时隙上时（如图 7.16 所示），UE 必须在同一个 PSFCH 上确认多个数据包，或者更糟的是，必须同时在 PSFCH 上接收和发送，这在实际中是不可行的。

PSFCH 在两个 PRB 上传输。传输数据包许可的 PSSCH 子信道索引和子帧索引的组合给出了需要传输的 PSFCH 的 PRB 索引。

对于 Release 16，仅支持 PSFCH 格式 0。PSFCH 格式 0 类似于 PUCCH 格式 0，其中 ACK 与第一个序列相关联，而 NACK 与与第一个序列不同的第二个序列相关联。在这种模式中，仅传输 NACK 关联序列，不传输 ACK 关联序列。

（3）同步

NR 侧链同步过程基本上与 LTE-V 同步过程类似。但是，同步信号是从 NR 同步信号中导出的。

LTE-V 采用 GNSS、eNB 和其他 UE 作为可能的同步源，类似地，NR V2X 侧链采用 GNSS、gNB 和其他 UE 作为可能的同步源，然而，考虑到也可能存在 LTE 系统，它还包括 eNB（如果存在）。NR 侧链定义了两个过程：系统主要与 GNSS 同步时与系统主要与网络同步时。

UE 经常需要与另一个 UE 同步。为此，定义了侧链同步信号以及 PSBCH。所定义的两个同步信号分别为 S-PSS 与 S-SSS，它们基于 NR 同步信号。另外也定义了侧链同步信号块（sidelink synchronization signal block，S-SSB）。与 NR 不同的是，S-SSB 使用相同的 SCS 与 CP 作为数据传输信道（PSSCH/PSCCH）。S-SSB 带宽为 11 个 PRB。主同步信号和辅助同步信号均使用 2 个符号。长度为 127 的 M 序列用于 S-PSS，长度为 127 的 Gold 序列用于 S-SSB。S-PSS 与 S-SSS 的两个符号均使用相同的序列。

对于 PSBCH 解调，采用 DMRS 序列。DMRS 由 $N_{\mathrm{ID}}^{\mathrm{SL}}$ 加扰，其中 $N_{\mathrm{ID}}^{\mathrm{SL}} = N_{\mathrm{ID},1}^{\mathrm{SL}} + 336N_{\mathrm{ID},2}^{\mathrm{SL}}$。$N_{\mathrm{ID}}^{\mathrm{SL}}$ 是一个重要参数，用于确定 UE 是与覆盖范围内还是与覆盖范围外的 UE 同步。DMRS 序列每四个 RE 映射一次。

PSBCH 承载 56bit 有效载荷，其中 32bit 是信息，24bit 是 CRC。

PSBCH 包含侧链 UE 能够正常运行所需的信息。PSBCH 携带的信息如下：

① DFN（D2D 帧号）：7bit。

② TDD 配置：12bit。这对于共享载波很重要，以避免侧链 UE 通过例如在下行链路子帧中进行传输时而产生的干扰。对于编码，1bit（称为 X）表示使用一种还是两种 TDD 模式，4bit（称为 Y）表示模式的周期性，7bit（称为 Z）表示上行链路时隙。

③ 覆盖范围内指示符：1bit，用于指示 UE 是否处于覆盖范围内。

④ 保留比特：2bit 供将来版本使用（如果需要）。

总之，NR V2X 侧链的同步过程大量重用了经过验证了的 LTE-V 同步过程，除了 S-SSB，它基于 NR 蜂窝现有的同步过程。

（4）资源分配

NR V2X 侧链有两种资源分配方式：Mode-1（模式-1）资源分配，类似于 LTE mode-3 资源分配，gNB 执行侧链调度；Mode-2 资源分配，类似于 LTE mode-4 资源分配，UE 感知到载波后，自主选择侧链上的资源。

① Mode-1 资源分配　gNB 可以通过三种不同的方式为 NR 分配资源：

a. 通过动态分配：在这种情况下，UE 发送 DCI 以调度单个数据包的传输。注意，即使传输单个数据包，一次也可以调度多达三个 HARQ 传输。

b. 使用类型 1 配置授权（configured grant，CG）：在这种情况下，gNB 通过 RRC 信令向 UE 分配资源。UE 可以使用它已分配的任何资源。

c. 使用类型 2 配置授权（configured grant，CG）：类型 2 配置授权类似于 LTE 中的 SPS 信令。gNB 通过 RRC 信令向 UE 分配资源。然而，与类型 1 CG 不同，DCI 用于激活/停用 RRC 授权。

以模式-1 进行的资源分配可以在与 NR 蜂窝相同的载波上执行，也可以在另一个专用的侧链载波上执行。

模式-1 支持 HARQ。这是 gNB 维护 QoS 的重要反馈。侧链 HARQ 反馈由 UE 发送报告给 gNB。

用于动态传输的模式-1 的调度是通过称为 DCI 格式 3_0 的 DCI 完成的。DCI 格式 3_0 也用于激活/停用配置授权类型 2。UE 基于用于加扰 CRC 的 RNTI 知道 DCI 格式 3_0 是用于动态授权还是用于激活/停用类型 2CG。

DCI 格式 3_0 的字段如表 7.26 所示。

表 7.26　DCI 格式 3_0 的字段

字段	比特数
资源池索引	$[\log_2 I]$，其中 I 是高层的（预）配置资源池的数量
时间间隙	3
HARQ 进程号	$[\log_2 N_{\text{process}}]$
新数据指示符	1
频率资源分配	如 SCI 格式 1-A 所载
时间资源分配	如 SCI 格式 1-A 所载
PSFCH 到 HARQ 反馈定时指示器	$[\log_2 N_{\text{fb-timing}}]$
PUCCH 资源指示符	3
配置索引	0/3
反向链接分配索引	2
填充位	当需要时

② 模式-2 资源分配　模式-2 资源分配与 LTE-V 过程非常相似，它依赖于感知和预留。为了支持事件驱动的通信，可以进行有保留或无保留的传输。

作为高层，资源（重新）选择过程包括两个步骤：

a. 在资源选择窗口内识别候选资源。

b. 从已识别的候选资源中选择用于（重）传输的资源。

（5）物理层过程

NR V2X 侧链不但要支持单播、组播和广播，还要支持 HARQ、侧链上的功率控制和 CSI 报告。

NR V2X 侧链支持 HARQ 与非 HARQ 过程。这两种过程都可以用来提高可靠性，传输次数将多达 32 次。HARQ 过程具有极大的灵活性，它可以根据业务需求、系统条件等提供一定范围的延迟、可靠性和链路效率。NR V2X 侧链是第一个在侧链上采用 HARQ 的系统，将满足未来 5G V2X 的需求。

对于 HARQ，有两个可能的选项：

HARQ 选项 1：UE 仅在没有正确接收到数据包时才报告 NACK。此外，HARQ 选项 1 最好在距离范围内工作。如果接收在距离范围内，它会在适当的时候报告 NACK。如果不在距离范围内，则 UE 不报告任何内容。

HARQ 选项 2：无论距离如何，如果数据包被正确接收，接收端 UE 报告 ACK，如果数据包没有被正确接收，则接收 NACK。

选项 2 是通信系统中通常使用的 HARQ 选项。它比选项 1 更健壮，因为当使用选项 1 的 UE 没有报告任何内容时，这可能意味着数据包被正确接收，或者可能意味着 UE 没有接收到 PSCCH，甚至不知道数据包被传输。然而，选项 1 使组播 HARQ 反馈更容易：组中的所有 UE 具有相同的 PSFCH 资源。接收 HARQ 反馈的 UE 只需对 PSFCH 资源进行能量检测。如果它检测到能量，则意味着至少有一个 UE 没有正确接收到数据包。另一方面，选项 2 要求组中的每个成员都有单独的 PSFCH 资源，并且接收 PSFCH 反馈的 UE 需要检查每个单独的 PSFCH 资源以确定该组是否正确接收到分组。

总的来说，对于单播，选项 2 最有意义，因为无论如何都有一个 PSFCH 资源。对于组播，根据服务的不同，这两个选项都有意义。

HARQ 反馈在 PSFCH 上发送。UE 可以在 PSFCH 上发送单个比特（ACK 或 NACK）。每个位与给定的循环移位相关联。UE 必须能够将 PSFCH 资源与实际传输相关联。第一个问题是确定 UE 在哪个 PSFCH 上并及时报告 HARQ。使用第一个可用的 PSFCH。注意，可以在每个资源池的基础上配置最小延迟（在 PSSCH 传输和 PSFCH 之间），如图 7.17 所示，延迟 3 个时隙。

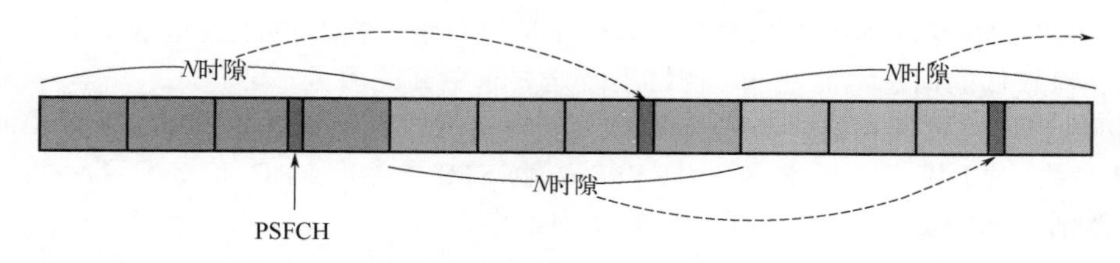

图 7.17 PSFCH 上报告 HARQ 反馈的时间线（$K=3$）

对于每个 PSFCH 报告周期，定义了 PSFCH 资源。每个子信道与若干个 PSFCH 资源相关联。在频率上，一个 PSFCH 资源由两个相邻的 PRB 组成。PSFCH 周期的时隙 0 的子信道 0 与 PSFCH 的 PRB 0/1 相关联，时隙 0 的子信道 1 与 PRB 2/3 相关联等。

对于每个 PSSCH 传输，可以分配一组 PSFCH 资源。有两个选项：

选项 1：该组由用于该 PSSCH 的起始子信道和时隙确定。

选项 2：该组由用于该 PSSCH 的子信道和时隙确定。

所使用的选项是（预）配置的每个资源池。

此外，对于给定的 PSFCH 频率资源，高层可以预先配置不同数量的循环对（从 1 到 6）。如果循环对的数量为 6，则在同一频率资源上最多可以复用 6 条链路。因此，对于每个子信道，可以使用多个可能的 PSFCH 资源。

由于有多个 PSFCH 资源可用，因此报告 HARQ 反馈的 UE 必须有一个过程来选择使用哪一个。对于单播和组播选项 1，资源基于 SCI 中所传输的源 ID。对于组播选项 2，资源基于源 ID 和“成员 ID”，“成员 ID”是与组中每个 UE 相关联的索引。

（6）功率控制过程

侧链支持功率控制。功率控制有两个不同的目的：

① 在共享载波的情况下，保护 gNB 免受来自侧链的干扰。

② 减少对侧链的干扰。

为了实现这两个目标，支持开环功率控制。对于同步信号和 PSFCH，采用 gNB 与 UE 间的路径损耗。对于 PSSCH，采用 gNB 与 UE 间的路径损耗和侧链路径损耗。

UE 确定两个功率电平：一个采用 gNB 的路径损耗，另一个采用侧链路径损耗，并采用这两个值中的较低值。

（7）QoS 和拥塞控制机制

拥塞控制是平滑侧链运行所需的关键技术。因此，NR V2X 侧链也使用拥塞控制。拥塞控制与 LTE-V 非常相似，只是进行了较小的调整。例如，CBR 是在 100 个时隙上计算的，以适应多个参数，而对于 LTE-V，它的计算时间超过 100ms，因为只定义了一个子帧持续时间为 1ms 的参数。否则，CBR 的定义类似于 LTE-V 的定义。类似的方法是采用信道占用率。CBR/CR 测量是在每个资源池的基础上进行的。

与 LTE-V 类似，基于 CBR，对 CR 的限制由拥塞控制确定。该限制基于数据包优先级。拥塞控制可以控制以下传输参数：

① MCS 范围。

② 子信道数。

③ 传输次数限制。

（8）跨 RAT（radio access technology）操作

① 跨 RAT 调度　在 Release 16 中，NR 蜂窝链路可以调度 LTE 侧链。这是一项重要的 5G 功能，可将 LTE-V 和 NR V2X 侧链作为一个单一系统，在 LTE 上发送基本安全消息和其他可靠性相对较低的消息，而在 NR 侧链上发送要求更高的服务。

NR 可以管理模式-3 和模式-4 操作的 LTE 侧链运行。对于模式-4 操作，NR SIB 提供所有 LTE-V 参数。对于模式-3 操作，仅允许 SPS 传输。SPS 传输由 RRC 信令配置，并由 NR DCI 格式 3_1 激活。NR DCI 3_1 的字段在表 7.27 中给出。

本质上，DCI 3_1 的大部分字段与 LTE DCI 格式 3_1 相同。只有以下字段是新的：

a. 定时偏移：该字段用于指示何时采用授权的定时。RRC 信令可以配置不同的定时值，范围从 0 到 20ms。

b. 子信道分配给初始传输的最低索引：对于 LTE 蜂窝调度的 LTE 侧链，该值是隐含信令，并且是从 PSCCH 位置导出的。这样的过程不能应用于 NR 调度 LTE 侧链，因此需要指示该值。

如有必要，将 DCI 格式 3_1 填充为与 DCI 格式 3_0 相同的规模。使用专门为跨 RAT 调度定义的 RNTI 值。

表 7.27　DCI 格式 3_1 的字段

字段	比特数
定时偏移	3
载波指示器	3（与 LTE DCI 5A 相同）
子信道分配给初始传输的最低索引	$\lceil \log_2 N_{\text{subchannel}}^{\text{SL}} \rceil$
初传和重传的频率资源位置	与 LTE DCI 5A 相同
初始传输和重传之间的时间间隙	与 LTE DCI 5A 相同
SL 索引	2（与 LTE DCI 5A 相同）
SL SPS 配置索引	3（与 LTE DCI 5A 相同）
激活/释放指示	1（与 LTE DCI 5A 相同）

② LTE 和 NR 侧链的设备内共存　Release 16 也解决了设备内共存问题，以确保 LTE 与

NR 侧链间的顺畅互操作性。共存不是针对同一载波，而是针对相邻载波，其中一个载波会对另一个载波产生重大干扰。有三种可能的技术：

a. 长期共存。其中 LTE 侧链与 NR 侧链路资源池不重叠。该解决方案可以在不影响标准的情况下部署，并消除干扰和抢占。它的缺点是不适用于低延迟流量。

b. 短期共存。它是可选支持的。如果对于重叠的数据包，无论是发送还是接收，UE 都知道 LTE 和 NR 数据包的优先级，它会根据各自的数据包优先级选择要处理的数据包（发送或接收）。如果它没有此信息，则将处理哪个数据包的选择留给 UE 实现。

c. FDD。当然，如果 LTE 与 NR 的侧链载波间隔足够大，不会互相干扰，那么两个载波可以共同使用。

（9）NR V2X 架构

对于 NR，定义了两种 V2X 通信模式：通过 LTE-Uu 和通过 PC5 参考点。此外，UE 可以独立地使用这两种模式进行传输和接收。

① 参考模型　用于两种 V2X 通信模式的参考非漫游架构如图 7.18 所示。漫游和跨 PLMN 的其他参考架构是相似的[41]。参考模型假设 LTE 和/或 NR 支持 PC5 参考点上的 V2X 通信；连接到 5G 核心网（5GC）的 E-UTRA 和/或 NR 支持的 Uu 参考点上进行 V2X 通信，因为在 LTE V2X 上，RSU 不是架构实体。在 Release 16 中，仅支持 Uu 上的单播 V2X 通信。

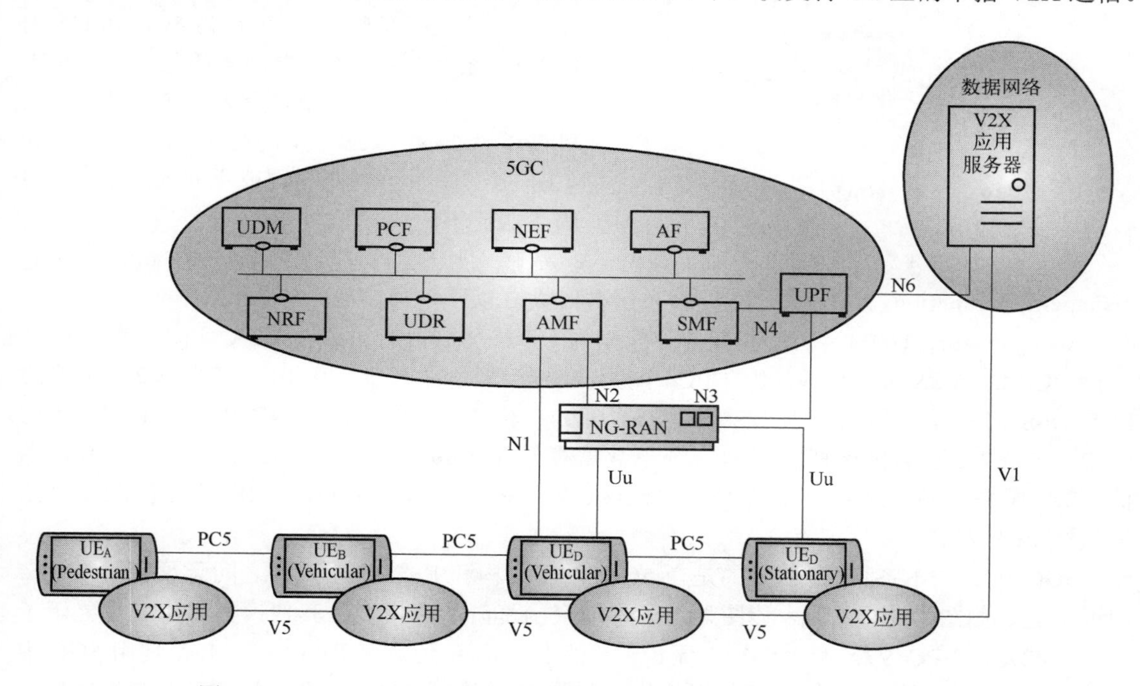

图 7.18　用于 PC5 和 LTE-Uu 模式的非漫游 5GC V2X 通信系统架构

支持 V2X 的 UE 通过 N1 参考点向 5GC 报告 V2X 的能力和 PC5 能力。V2X 配置参数可以在 UE 中预先配置或由网络提供。这些标准为 UE 提供服务授权并提供了多种方法。AMF 可以从 HPLMN 中的 PCF 处获取参数，并通过 N1 参考点（如果在覆盖范围内）或通过 V1 从 V2X 应用服务器向 UE 发送信号。开通与服务授权可以由 PCF 触发，或者 UE 可以通过 UE 策略容器（UE policy container）中的 V2X 策略供应请求（V2X policy provisioning request）触发 V2X 策略应用。它也可以由应用功能（application function，AF）启动（图 7.19）。如图

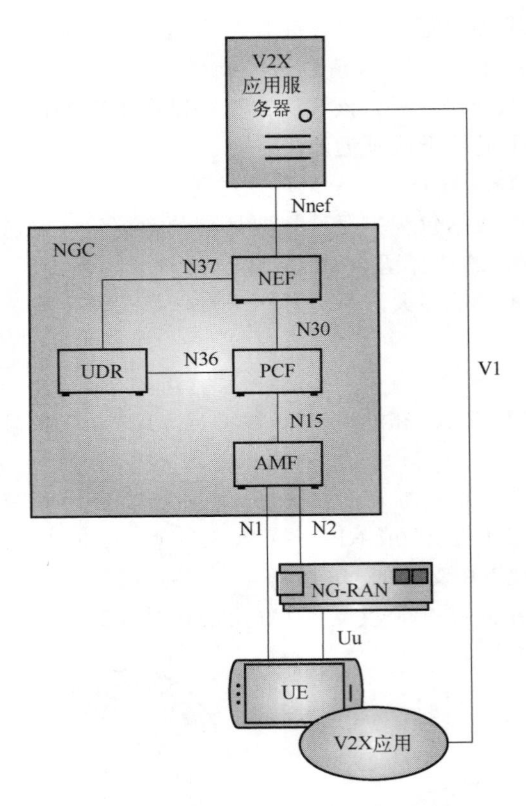

图 7.19　基于 5G AF 的 V2X 通信服务参数提供系统架构

所示，V2X 应用服务器被视为 AF，通过网络暴露功能（network exposure function，NEF）为 5GC 提供 V2X 服务参数。服务参数由 NEF 存储在 UDR 中。一旦 AF 提供给 5GC，就可以如前所述完成 UE 的规定。

对于 V2X 服务，PCF 具有以下附加功能：它可以根据接收到的用于 UE 的 V2X 的 PC5 能力，确定用于特定 PC5 RAT 的 V2X 策略/参数并提供给 UE；它决定向 UE 提供 V2X 配置，用于 PC5 参考点上的 V2X 通信和/或 Uu 参考点上的 V2X 通信；规定，如 NG-RAN 进行了定义，则 PC5 具有 AMF 的 QoS 参数；V2X 的参数是从统一数据存储库（unified data repository，UDR）获取的。

V2X 服务器可以接收上行单播数据，向 UE 发送单播下行数据。它还可以分别通过 PC5 和 Uu 或 PC5 和/或 Uu 参考点为 5GC 和 UE 提供 V2X 配置参数。还需要注意的是，虽然 V2X 应用服务器在图 7.18 中显示为一个实体，但它可以以分布的方式实现，因此 V2X 服务处理和 V2X 服务参数可以是相同或不同的 V2X 应用服务器提供的。

接入和移动管理功能（access and mobility management function，AMF）在支持 V2X 服务时具有以下附加功能：从统一数据管理（unified data management，UDM）功能获取并存储作为 UE 环境数据的一部分 V2X 订阅信息；选择支持 PCF 的 V2X，并将 V2X 的 PC5 能力报告给选定的 PCF；从 PCF 获取 V2X 相关的 PC5 QoS 信息并将其存储为 UE 环境的一部分；为 V2X 通信提供 NG-RAN；UDM 还为 PC5 上的 V2X 通信执行订阅管理；统一数据存储库（unified data repository，UDR）还存储 V2X 服务参数；网络存储库功能（network repository function，NRF）通过 V2X 功能来执行 PCF 发现。

5GC V2X 与 EPS V2X 的目的是在 5GC V2X 架构和 EPS V2X 架构之间无须任何新接口即可互通，如图 7.20 所示。该图显示了本地突围漫游参考模型，其他模型类似。也显示了 5GC PV2X 与 EPC V2X 配置路径。无论 UE 处于 5GC 中还是在 EPS 中，UE 都使用 5GC 中的 PCF 或 EPC 中的 V2X 控制功能提供的有效 V2X 策略和参数进行 V2X 通信。EPS 的 V2X 相关参数的配置可以由 PCF 或 V2X 控制功能提供，而涉及 5GC 的仅由 PCF 提供。

② 功能描述　下面将介绍在 PC5 参考点上为 NG-RAN 进行 V2X 通信的服务授权的几个关键过程：注册、服务请求和切换。

UE 注册允许 UE 通知网络它仅支持 LTE PC5、仅支持 NR PC5 或同时支持 LTE 与 NR PC5。此信息位于 PC5 能力中，作为注册请求消息中“5GMM 能力”的一部分。AMF 存储此信息并在 UE 注册过程中使用 Nudm_SDM 服务从 UDM 获取 V2X 订阅数据，并作为用户订阅数据的一部分，如果它没有可用的参数，则从 PCF 获取 QoS 参数。基于可用信息，AMF 确定

UE 是否被授权，以通过 PC5 进行 V2X 通信。如果 UE 具有 PC5 能力并被授权进行 V2X 通信，则 AMF 包括“V2X 服务授权”、每个 PC5 RAT 的 UE-PC5-AMBR 与跨 RAT PC5 控制授权（如果适用）、NGAP 消息中的 PC5 QoS 参数发送到 NG-RAN。“V2X 服务授权”（V2X services authorized）指示 UE 是否被授权通过 PC5 参考点作为车辆 UE、行人 UE 或两者使用 V2X 通信。此外，AMF 不会在注册过程完成后发出信令使连接释放。NAS 释放信令是由 NG-RAN 负责的。

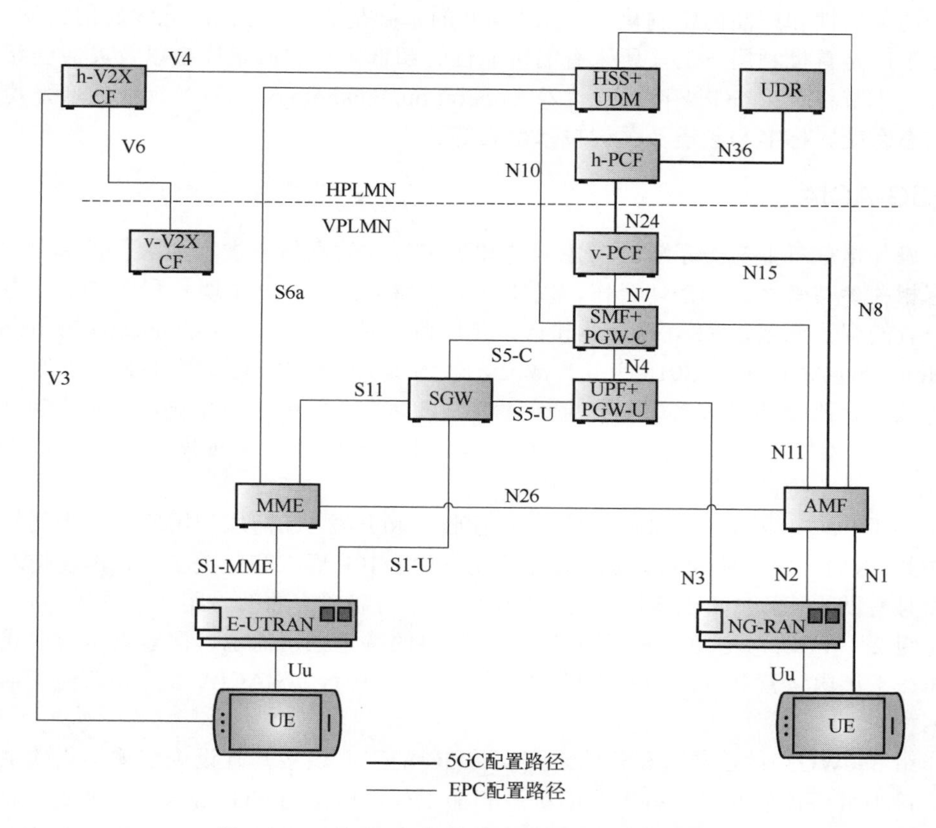

图 7.20 EPS V2X 架构与本地突围漫游的互联

如果网络支持 V2X 特性，基于 N2 的 UE 切换或 Inter-RAT 到 NG-RAN 的切换过程扩展如下。如果 UE 能够并被授权通过 PC5 使用 V2X，则目标 AMF 向目标 NG-RAN 发送“V2X 服务授权”指示、UE-PC5-AMBR、跨 RAT PC5 控制授权和 PC5 QoS 参数。对于内部 AMF 切换，NGAP 切换请求消息包含“V2X 服务授权”指示、UE-PC5-AMBR、跨 RAT PC5 控制授权和 PC5 QoS 参数。对于到 NG-RAN 的 AMF 间切换或 RAT 间切换，包含“V2X 服务授权”指示、UE-PC5-AMBR、跨 RAT PC5 控制授权和 PC5 QoS 参数的 NGAP 切换请求消息被发送到目标 NG-RAN。

对于 V2X，基于 Xn 的切换过程增强如下。如果“V2X 服务授权”指示是 UE 环境的一部分，则源 NG-RAN 将向目标 NG-RAN 发送包含“V2X 服务授权”指示、UE-PC5-AMBR 的 XnAP 切换请求消息、跨 RAT PC5 控制授权和 PC5 QoS 参数。如果 UE 能够并授权通过 PC5 进行 V2X，则 AMF 将向目标 NG-RAN 发送路径切换请求确认消息，其中包含“V2X 服务授权”指示、UE-PC5-AMBR、跨 RAT PC5 控制授权和 PC5 QoS 参数。

7.5 5G 工业物联网

工业 4.0 是 2013 年正式推出的，旨在通过提高数字化以及产品、价值链和商业模式的互连来推动制造业向智能化方向发展。它为物联网服务的进一步发展带来了机会。另外，人工智能和大数据对工业生产的日益渗透，使得工业生产的诸多方面具有了智能化，由此提高了企业生产的灵活性和产品的定制化。而工业 4.0 的基础是 5G 所提供的无线通信。

智能工厂是首批利用 5G 前所未有的可靠性、超低延迟、海量连接以及灵活创新架构的垂直行业。本节将讨论 5G 支持运营技术（operation technology，OT）行业的增强功能，也将讨论生态系统、标准和频谱及关键技术增强等。

7.5.1 5G-ACIA

为了确保电信行业充分了解和考虑制造和加工行业的具体需求和要求，尤其是 3GPP，需要所有相关参与者之间的密切合作，以便制造和加工行业充分实现和利用 5G 能力。鉴于相关参与者的强烈愿望，5G 互联工业和自动化联盟（5G Alliance for Connected Industries and Automation，5G-ACIA）于 2018 年 4 月成立，作为工业领域的 5G 方面的解决方案、讨论和评估相关技术、监管和业务的中心和全球论坛。它反映了整个生态系统，包括来自 OT（运营技术）行业、ICT（信息和通信技术）行业和学术界的所有相关利益相关者。5G-ACIA 的活动目前由五个不同的工作组（WG）组成：

工作组 1（WG1）：负责从制造和加工行业收集和开发 5G 需求和用例，并将其作为输入提供给 3GPP SA1。它还将向 OT 参与者介绍现有的 3GPP 要求和相关工作，不仅使双方保持一致，而且有助于识别 5G 在满足这些 OT 合作伙伴的需求方面的差距。

工作组 2（WG2）：是确定并阐明工业 5G 网络的特定频谱需求、探索新运营模式的工作组，例如在工厂内运营私有或中立主机 5G 网络，以及协调 5G-ACIA 参与相关监管活动（例如频谱）。

工作组 3（WG3）：是塑造和评估未来支持 5G 的工业连接基础设施整体架构的主要技术工作组。该小组还评估并将一些关键的制造和加工行业概念与 5G 相结合，例如工业以太网和时间敏感网络（time sensitive network，TSN）。工作组的工作将基于 3GPP 标准技术以及其他相关标准组织（如 IEC 和 IEEE）的技术。目前 WG3 已经完成了工厂环境的无线传播分析和评估，3GPP RAN WG 是研究工厂环境的信道模型。WG3 还致力于研究专网部署、5G 网络接口对 OT/IT 应用的暴露、工业以太网技术在 5G 架构中的无缝集成，以及如何将 5G 架构对齐并集成到参考架构模型工业 4.0（reference architecture model industrie 4.0，RAMI 4.0）中。

工作组 4（WG4）：WG4 通过建立联络活动和发起适当的促销措施来处理与其他倡议和组织的互动。

工作组 5（WG5）：WG5 处理 5G 工业应用的最终验证，包括启动互操作性测试、更大规模的试验和可能的专用认证程序。

由于 3GPP 标准的 5G 技术及其标准化工作是 5G-ACIA 的关键支柱之一，因此 3GPP 与 5G-ACIA 正在建立密切合作。不仅工作组正在进行的工作与 3GPP 5G 工作密切相关，而且 5G-ACIA 也被 3GPP 批准为 3GPP MRP（market representative partner）带来的所需的密切协作，以实现适用于工厂应用的统一的 5G 网络。

5G-ACIA 一直在研究 5G 在未来智能工厂中的应用[42]，并与 3GPP 合作。在文献[43]中提出了工业应用的要求，文献表明，迄今为止确定的所有用例可大致分为五个主要特征：工厂自动化、过程自动化、HMI（人机界面）和生产 IT、物流和仓储以及监控和维护。工厂自动化处理工厂流程和工作流程的自动控制、监控和优化。过程自动化是生产设施中物质（如食品、化学品等）的控制和处理的自动化。HMI 和生产 IT 是生产设备（如机器上的面板）到 IT 设备（如计算机、笔记本电脑、打印机等）的人机界面，以及基于 IT 的制造应用，如制造执行系统（MES）和企业资源规划（ERP）系统。物流和仓储涉及工业制造中材料和产品的存储和流动。监控和维护涵盖工业制造中材料和产品的存储和流动。除了通常的 5G 性能要求外，这些用例通常还包含操作和功能要求。

7.5.2 IIoT 频谱

5G 工业物联网（5G industrial internet of things，IIoT）的成功将与该服务的频谱可用性有关。有四种主要频谱可供选择。第一种选择是使用公共移动运营商拥有的许可频谱。这是经典许可频谱模型的延续。这里的选择范围从 OT 公司直接从运营商那里获得服务，到与运营商租赁或共享频谱。由于 OT 实体不单独控制频谱，因此 OT 行业已通过此选项提出了可靠性、隐私和安全问题。

第二种选择是 OT 行业通过当地许可在其运行的有限区域内获得的专用频谱。鉴于频谱和网络都归 OT 实体所有，它们对服务的可靠性和安全性负有全部责任。截至 2020 年 9 月，主要 OT 国家宣布了可能使用 OT 的频谱，频谱带不是全部一致的。但是，鉴于部署场景是本地非公共网络，并且并非所有频段都同样适用于各种工业应用，因此这不是主要问题。

第三种选择是具有动态信道访问的共享的免许可的频谱。这是经典免许可频谱与现有共存规则的延续。也就是说，IIoT 服务必须在部署服务的免许可频段内使用先听后说（listen-before-talk，LBT）的共享协议。全球 5GHz 免许可频段是领先频段。其他频段正在路上。例如，美国已经开放了 6GHz 频段，而欧洲目前正在考虑。

第四种选择是具有半静态信道访问共享的免授权频谱。这种选择已经研究了一段时间，很可能是新频段分配的接入共享方法。这里的关键技术是它需要在频段不同的用户之间有共同的同步参考，并且需要监管机构制定新的规定。目前正在研究许多不同的共享协议[44-45]，最有前途的协议之一是美国 FCC 正在研究的协议，该协议由实时提供动态和安全频谱分配的频谱访问系统管理和执行。可以使用的第一个频段是美国的 6GHz 频段。可预见的新型频谱共享技术的免许可的更高频段将扩展到 52GHz 以上。

7.5.3 IIoT 增强功能

工业物联网（industrial internet of things，IIoT）是 3GPP 中 Release 16 的工作项目，其中所制定的功能用以支持要求苛刻的应用，例如机械自动化控制和具有 NR 网络的智能电网。这些应用通常是基于 TSN（time-sensitive networking，时间敏感的网络）的，因为所涉及的网络节点是紧密同步的。应用性能要求包括 99.9999%～99.999999%量级的高可靠性和低至 0.5ms 的单向端到端传输的低延迟。更具体地说，从所谓的主时钟到客户端时钟的同步误差应在 1μs 以内[46]。为了满足这些性能要求，RAN1 开发了基于 Release 15 URLLC（超可靠低延迟通信）的进一步增强功能；RAN2 开发了 Release 16 功能，包括准确的参考时序配置、调度增强、以太网报头压缩、UE 内优先级/复用和 PDCP 复制。3GPP TSG SA 还添加了非公共网络（non-public network，NPN）功能以及支持时间敏感通信的系统，以增强其对 IIoT 的支持。

（1）提供准确的参考时序

对于 TSN 应用，提供了明确的时间信息（时间戳），以便客户端可以以预定义时间的方式处理应用数据。当 RAN 作为 TSN 桥接器时，采用“透明”的解决方案来保持 RAN 与 TSN 的其他节点同步。上述时间信息在上行链路上从 UE 传送到 UPF，在下行链路上由 UPF 传送到具有用户平面数据的 UE 中[47]。与 5G 系统（5GS）时间和 TSN 时间同步的两个“翻译器”实体 DS-TT 和 NW-TT 将记录用户平面数据进入和离开 5GS 时的入口和出口时间，得出从入口到出口的“驻留时间”，并将“驻留时间”写入用户平面数据的时间戳。

在 5GS 中，gNB 时钟与 UE 时钟的同步是通过空中接口上的准确参考时间配置来实现的（图 7.21）。基于 UE 辅助信息，gNB 将知道 UE 更愿意被提供准确的时间信息。gNB 可以通过广播或单播消息向 UE 提供 Release 16 的准确时间信息。这些消息与例如系统帧之间具有预定义的关系。UE 可以基于携带时间信息的广播或单播消息以及相关联的系统帧来将其时钟与 gNB 时钟同步。gNB 可以通过 gPTP 协议[IEEE 1588 ref]与 UPF 和其他 TSN 节点同步，以便 gNB 可以从 TSN 主时钟获得准确的时间。gNB 也可以从现场 GNSS 接收器获取时间信息。

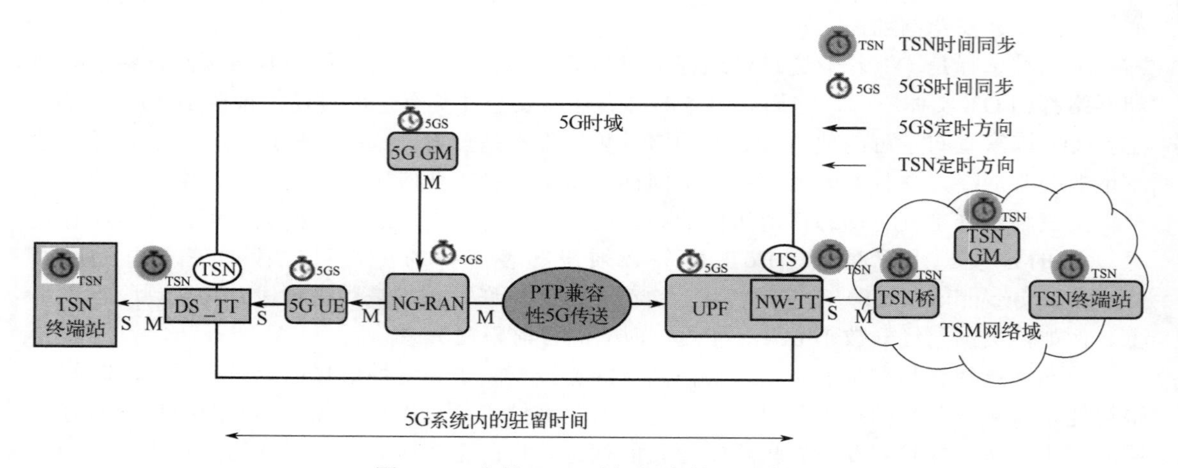

图 7.21　支持 TSN 时间同步的 5G 系统

为了支持 TSN 时钟同步，整个 5G 系统被视为符合 IEEE 802.1AS 的“时间感知系统”的桥。这个桥可以是 TSN 主（GM）时钟，并充当边界时钟，将所有端口上的时间信息提供给其他时间感知节点。5GS 有自己的内部同步过程，按照 3GPP 标准 TS38.331 为 5G RAN 同步提供参考时钟，不应视为同一个 TSN 时钟同步过程。5G 系统内的 TSN 时钟同步是另一个为 TSN 网络提供同步服务的独立并行过程。这两个过程是独立的，但也可以连接起来，为 TSN 时间同步提供支持。例如，5GS 中的 UE、gNB、UPF、NW-TT 和 DS-TT 都使用 5GS 同步过程与 5G GM（即 5G 内部系统时钟）同步，以保持这些网元同步，而 UPF 侧的 NW-TT 和 UE 侧的 DS-TT 是支持 IEEE 802.1AS TSN 同步功能的，因此可以测量和计算这些同步的 5G 节点之间的数据包传输延迟，作为 TSN 同步的输入。该机制在下面解释并在图 7.21 中说明。

为了支持 TSN 同步，5GS 计算并添加所测得的 TSN 转换器之间的驻留时间，并将其添加到通过 5G 系统传送的 TSN 工作域的同步数据包的校正字段（Correction Field，CF）中。

驻留时间是通过网络侧 TSN 转换器（network-side TSN translator，NW-TT）的入口点和设备端 TSN 转换器（device-side TSN translator，DS-TT）的出口点之间的时间戳差来测得的。当通用精确时间协议（generalized precision time protocol，gPTP）消息通过 UPF 进入 5GS 时，NW-TT 实体根据 5GS 内部时钟生成入口时间戳（TSi），并将时间戳嵌入 gPTP 消息中。然后具有 NW-TT 的 UPF 通过已建立的用户平面将 gPTP 消息转发给 5G UE。一旦 UE 接收到 gPTP 消息并将其提供给 DS-TT，DS-TT 就会为下一个 TSN 时间感知系统（例如 TSN 终端站）创建 gPTP 消息的出口时间戳（TSe）。为了方便计算停留时间，这个出口时间戳也是基于 5GS 内部时钟的。TSi 与 TSe 之间的差被认为是该 gPTP 消息在 5GS 内花费的停留时间。DS-TT 根据计算出的 5GS 驻留时间修改从 gPTP 消息接收到的 TSN 时间信息，并将其发送到下一个时间感知系统。

在 Release 16 中，3GPP 只定义了 TSN 下行链路时间同步，假设 TSN 主时钟始终在网络侧。在 Release 17 中，5G 将能够支持 TSN 上行链路时间同步，这意味着 TSN 时钟参考可以作为上行链路流量发送到 5GS。

5G 被认为是工业 4.0 的最重要的推动力之一，尽管同时也开发并部署了由 IEEE 802.1 定义的一组标准的 TSN，作为智能工厂与加工企业未来的低延迟有线通信部署。因此，5G 与 TSN 的互通被视为使 5G 适用于未来工业物联网的主要目标。3GPP Release 16 开始支持 IEEE 802.1Qcc 中定义的时间敏感通信，以作为 5G 与 TSN 集成工作的一部分。而 Release 17 中的新工作自 2020 年开始继续集成 TSN，其中包括支持 TSN 上行链路与设备中的 TSN Grand Maste 时间同步、完全分布式的 TSN 配置模型等。

5G 核心网中最新的 3GPP 5G-TSN 集成标准工作主要集中在 3 个方面：

① 5G-TSN 架构集成。

② 通过 5G 系统支持高度准确的 TSN 时间同步。

③ 支持 TSN 确定性流量，并具有严格的 QoS 要求。

为了将 TSN 顺利融入 5G 网络，同时尽量减少对 TSN 标准和现有部署的影响，将 5G 系统部署为 TSN 网络的“逻辑”TSN 桥接器，为 TSN 提供连接（图 7.22）。将 5G 系统作为 TSN 桥的实现，对另一个外部 TSN 系统，5G 系统是黑匣子桥，不仅隐藏了 5G 系统的内部过程，而且降低了 TSN 与 5G 系统之间交互过程中所产生的潜在的标准化工作的复杂性。

3GPP 的 5G 系统不但充当 TSN 桥，同时 5G 网络也对 TSN 网络的其余部分保持透明性。为此，在 5G 系统的边缘定义了 2 个 TSN 转换器功能，用于 TSN 的控制和用户平面，即 DS-TT 和 NW-TT。一方面，这些转换器功能位于 TSN 用户平面上，代表了 5G 系统，以支持对 TSN 网络的其余部分的 TSN 桥接功能，例如 TSN 的时间同步连接和数据连接配置；另一方面，还与其他 5G 功能进行协调，以实现 5G 系统的 TSN 桥功能。

为了帮助外部 TSN 系统与 5G 控制平面中的 TSN 流量管理进行交互，引入了 TSN 自适应功能（TSN adaption function，TSN AF），并作为代表与 5G 系统交互的外部 TSN 系统的虚拟代理以实现控制平面功能。它的功能包括 TSN 网络参数和 5GS 的新确定性 QoS 配置文件之间的映射，协商流量处理和相关的 QoS 策略。

Release 16 仅支持完全集中的 TSN 配置模型，其中 TSN AF 与 5G PCF 进行交互，并且 TSN 集中式网络配置（centralized network configuration，CNC）用于桥接管理。预计将来的版本将完全支持分布式或混合模型。5G-TSN 集成架构如图 7.22 所示。

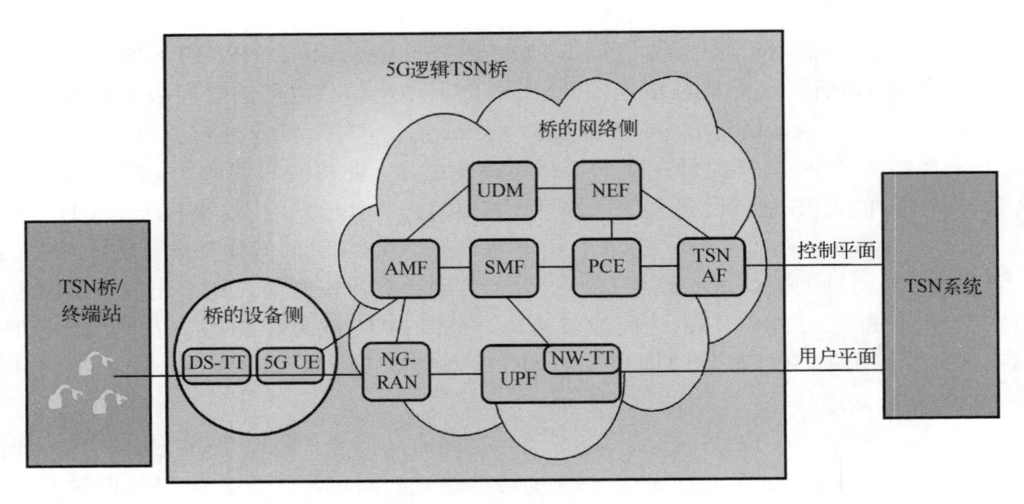

图 7.22 出现在 5GS 中作为 TSN 桥的系统架构

每个 5GS TSN 桥由三个部分组成：一个带有 NW-TT 的 UPF 上的 TSN 端口，UE 与 UPF 之间的用户平面信道（例如 PDU 会话），以及 UE 上的 TSN 端口（与 DS-TT 进行交互）（图 7.23）。因此，5GS TSN 桥的粒度是每个 UPF，于是每个 5G TSN 桥的 ID 都与提供 TSN 连接的 UPF 的标识符相关联。连接到特定 UPF 的所有 PDU 会话均被分组，并属于单个虚拟 5GS TSN 桥。5G 系统可能有多个 UPF，因此具有多个 UPF 的 5G 系统可以建模为多个 TSN 桥。每个 DS-TT 端口都与 5GS 中的特定 PDU 会话相关联，而 NW-TT 端口与 UPF 的物理端口关联。在 UE/DS-TT 或 UPF/NW-TT 上的端口之间的关联信息以及 5GS 中的 PDU 会话被给出并存储在 TSN AF 中，然后将桥信息进行注册并对 TSN 网络进行更新。

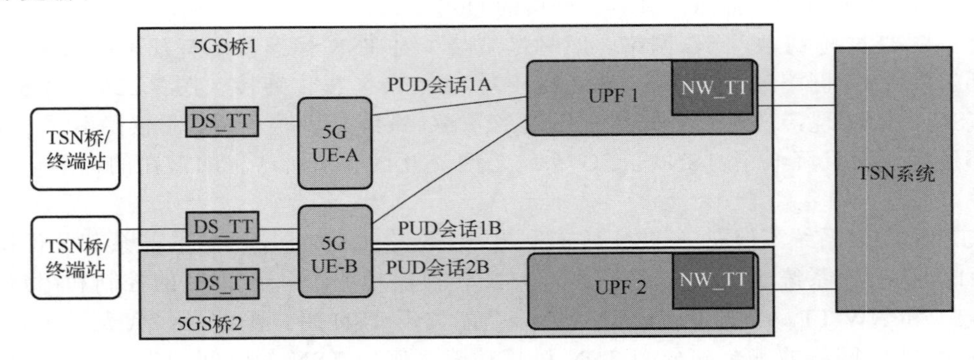

图 7.23 每个基于 UPF 的 5GS TSN 桥的示意图

IEEE 802.1Qcc 定义了三类 TSN 连接配置模型：完全集中式模型、完全分布式模型和集中式网络/分布式用户模型（又名混合模型）。目前，3GPP 仅支持集中式 TSN 配置模型，通过 5GS、TSN AF 和 TSN CNC 之间的交互来交换和分发 5GS TSN 桥信息。也可以使用预先配置的信息建立 5GS TSN 桥。5GS TSN 桥建立起来后，5GS 系统可以在 PDU 会话建立时通过 TSN AF 向 TSN 网络上报 5GS TSN 桥的桥与端口管理信息。然后，TSN AF 将接收到的桥信息构造为 5GS TSN 桥信息，并报告给 TSN 控制器（即 CNC）以进行桥注册并用于未来的修改。当 CNC 要配置 5GS TSN 桥时，TSN AF 将这些 5GS TSN 桥配置映射到相应的 PDU 会话中的 5GS QoS 上，并将它们提供给 5GS，以用于 QoS 和桥的配置。

（2）调度增强

调度增强是根据 TSN 服务的特性设计的，这些特性通常是重复的，具有固定的模式。这些增强尤其针对上行链路的配置授权（configured grant，CG）和下行链路的半持久调度（semi-persistent scheduling，SPS）。

从 Release 15 开始，CG 和 SPS 的周期被扩展为包括任何整数个时隙（大于 1，小于一个最大数）。为了适应多个 TSN 业务流，以及进一步最小化 CG 和 SPS 资源周期与 TSN 流量周期的差异，一个 BWP 允许进行多个 CG 和 SPS 配置。对于服务小区所给定的 BWP，UE 可以配置多达 12 个激活的上行链路 CG 以及多达 8 个激活的下行链路 SPS。

（3）以太网报头的压缩

以太网报头压缩（ethernet header compression，EHC）旨在提高 TSN 数据通过空中接口传输的效率和可靠性。对于以太网数据包，以太网报头字段，如 DESTINATION ADDRESS、SOURCE ADDRESS、802.1Q TAG 和 LENGTH/TYPE 通常是静态的，因此可以用预定义的环境 ID 给予替换（图 7.24）。虽然与鲁棒的报头压缩非常相似，但考虑到 TSN 环境是稳定的，EHC 机制以简单的方式制定。EHC 不包括以太网格式的多个配置文件、压缩器/解压缩器的状态转换和压缩纠错。

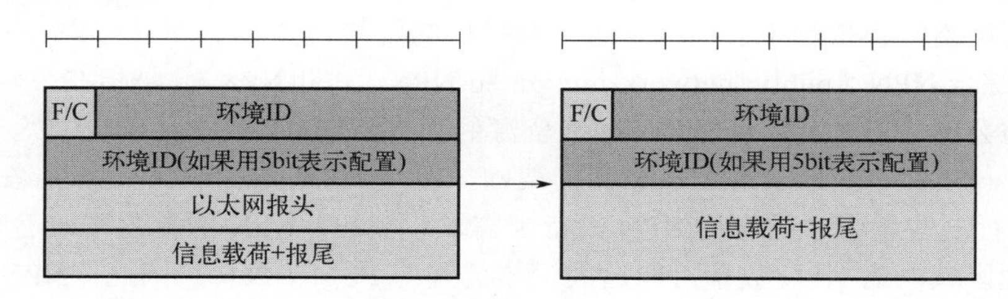

图 7.24　配置了 EHC 的 DRB 的 PDCP 数据 PDU，其中静态字段包括 DESTINATION ADDRESS、SOURCE ADDRESS、802.1Q TAG 和 LENGTH/TYPE，被替换为环境 ID

EHC 可以通过压缩器发送 FH（full header）数据包和一个环境 ID 来启动。环境 ID 表示 FH 字段值的唯一组合。在解压器建立/存储环境 ID 与字段值组合的映射关系后，解压器将所建立的环境 ID 反馈给压缩器。收到此确认后，压缩器开始发送环境 ID，而不是后续压缩报头（compressed header，CH）数据包中的字段值组合。当接收到一个已建立的环境 ID 时，解压缩器将恢复“压缩”字段值并将 FH 数据包传递给上层。

EHC 可以选择性地配置为一个专用无线承载（dedicated radio bearer，DRB）。压缩器可以通过使用“全零”环境 ID 绕过压缩操作。当压缩器发送已建立环境 ID 的 FH 数据包时，解压缩器将使用 FH 数据包中的以太网报头字段值更新/覆盖已建立的环境。

（4）UE 内的优先级/复用

UE 内的优先级/复用是处理一个 UE 的重叠资源间的优先级。当配置的上行链路授权传输与动态分配的上行链路传输或与同一服务小区中的另一个配置的上行链路授权传输在时间上重叠时，UE 首先确定与该传输相关联的优先级。一次传输的优先级是基于要在重叠资源上传输的数据的逻辑信道的最高优先级来确定的。

当优先级比较涉及调度请求（scheduling request，SR）时，SR 的优先级由触发调度请求的逻辑通道的优先级确定。

在某些情况下，UE 已经生成了一个 MAC PDU，但是无法将其传送到 PHY 层（物理层）上进行传输。这种所谓的去优先级传输将由 UE 保留以供以后重传。gNB 可以调度去优先级的 MAC PDU 的重传。当 gNB 没有明确地进行调度重传时，该 MAC PDU 可以由 UE 作为新传输使用相同 CG 配置的后续资源以进行“自主”传输。

（5）5G 非公网

由于对安全性、隐私性、可靠性和灵活性的考虑，越来越多的垂直机构，如制造企业、加工企业、多媒体制作和发行等，都表现出希望能够部署自己的私有 5G 网络。该专用网络可以与其他网络物理隔离并由用户自己管理，也可以将该网络部署为虚拟专用网络，这意味着该网络可以与其他公共用户共享一些物理组件和其他资源，但保持一定的隔离级别，例如使用网络切片。总的来说，专网在 5G 中并不是一个新概念，因为已经部署了 4G 专网。但随着 5G 引入了新功能，如网络切片、虚拟化等以支持专网的新特性，5G 专网有望成为垂直行业主要的 5G 网络部署之一。

为了支持 5G 的这种专网部署需求，以及区分 3GPP 中旧的专网定义，即完全隔离的网络部署，不与公网交互，在 5GS 中引入了“非公网”（non-public network，NPN）来代替“私有网络”，以适应灵活的专用网络部署。根据与公共陆地移动网络（public land mobile network，PLMN）的关系，有两种主要类型的 5G NPN 部署：

① 独立非公共网络（stand-alone non-public network，SNPN），是指由 NPN 运营商拥有和控制的私有网络，不依赖于公共网络运营商提供的网络功能。

② 公网综合 NPN（public network integrated NPN，PNI-NPN），是指在公网运营商的支持下部署并与公网（PLMN）共享部分网络资源的私有网络。

在 5G 中，SNPN 基于与 PLMN 相同的架构。但是 NPN 与 PLMN 之间存在一些差异，需要对 5G 进行一些增强才能满足 NPN 的特定需求。例如，NPN 的覆盖区域远小于 PLMN，因此特定地理区域内的 NPN 数量可能远大于该位置的 PLMN 数量。因此，NPN 可能使用与 3GPP 已经使用和定义的不同的安全机制和凭证，并且对 NPN 的通信监管要求可能比 PLMN 更少或不同，例如紧急服务、合法拦截等。在 Release 16 中，仅针对 3GPP 访问指定了对 SNPN 的直接访问，SNPN 不支持与增强型分组核心（enhanced packet core，EPS）的互通。SA2 工作组正在努力支持 Release 17 的 5G NPN 的其他增强功能，例如紧急服务、具有 SNPN 订阅的 UE 的 SNPN 选择增强、NPN 设备载入和配置。

总之，5G 通信能力被 OT 行业认为是工业 4.0 所设想的未来智能工厂的关键推动力之一。该生态系统围绕 5G-ACIA 形成，其作为解决、讨论和评估与 5G 领域相关的技术、监管和业务方面的全球论坛被视为3GPP的上游论坛。3GPP制定了一套对整个生态系统的统一要求，使3GPP 在 5G 发展过程中充分考虑 OT 行业需要的特性。此外，5G-ACIA 还开发了工业概念验证以测试所开发的标准并将任何需要的信息反馈给 3GPP，以进一步开发标准。两个论坛之间的这种共生关系提供了必要的全球统一标准，这将提供将智能工厂变为现实所需的规模经济。

智能工厂需要 5G 中的许多关键功能。许多标准在用于支持 eMBB、URLLC 和 V2X 服务的部分标准中进行了标准化。

整个 5G 系统被视为符合 IEEE 802.1AS 的“时间感知系统”的桥梁。该桥充当主时钟，将所有端口的时间信息提供给其他时间感知节点。对于外部的 TSN 系统，5GS 只是一个黑盒桥。在架构上，引入了新定义的 TSN 适配功能（TSN adaption function，TSN AF）作为虚拟代理，帮助外部 TSN 系统与 5GS 控制平面进行交互。从 Release 16 开始，仅支持完全集中的 TSN 配置。预计未来版本将支持其他配置。对 CG 和 SPS 的调度进行了增强，以适应多个 TSN 服务流。为了提高 TSN 流程的效率和可靠性，开发了 EHC。为了处理 UE 内重叠资源的优先级，UE 内的优先级/复用被标准化。IIoT 服务要求的更高可靠性需要通过更多 RLC 实体来增强 PDCP 复制。

但也许所开发的最重要的 IIoT 功能是 5G 支持非公网的能力。5GS 中引入了“非公网”一词来替换“私有网络”，以适应灵活的专用网络部署。Release 16 支持两种类型的 5G NPN：SNPN 与 PNI-NPN。SNPN 基于与 PLMN 相同的架构，并进行了增强，使其更适合 NPN。PNI-NPN 允许与 PLMN 共享一些网络资源。

本章小结

5G 已成为物联网应用增长的主要驱动力。未来全球 70%的企业将采用 5G 技术进行互联通信。对于大量的物联网设备，未来物联网中的新应用和商业模式需要新的性能标准，如大规模连接、安全性、可靠性、无线通信覆盖范围、超低延迟、吞吐量、超可靠等。为了满足这些要求，LTE 和 5G 技术有望为未来的物联网应用提供新的连接接口。5G IoT 将连接大量的物联网设备，将极大地促进经济和社会发展，未来物联网应用的新要求和 5G 技术的发展是推动 5G 物联网的两个重要趋势。

在物联网应用中涉及了大规模的机器类型通信（MTC）即机器对机器通信（M2M），从而使得这种大规模的连接网络产生了巨大异构性，这就对物联网的应用及实施产生了巨大的挑战。为了确保 M2M 应用，3GPP 提出了增强型机器类型通信（eMTC），它扩展了覆盖范围，并将 EC GSM-IoT 和 NB-IoT 作为基于蜂窝的物联网 LPWA 技术。

5G 将为物联网应用提供实时、随需、所有在线、可重新配置以及良好的社交体验，这要求 5G 物联网架构应能够端到端地协调，敏捷地、自动地进行智能操作。为此，5G 物联网架构需要根据应用要求提供逻辑上独立的网络、采用基于云的无线接入网络、简化核心网络架构来实现网络功能的按需配置。

5G 物联网主要基于 5G 无线系统，其架构一般包括用户与控制两个平面。这两个平面可以提供云化/网络功能虚拟化、先进的网络管理、智能服务提供者的功能。

5G 将其应用场景从增强型移动宽带（eMBB）扩展到海量机器类型通信（mMTC）和超可靠低延迟通信（URLLC）。

由 3GPP 标准定义的 5G 系统（5GS）架构提供了增强连接、会话和移动性管理服务，及 4G 主要的增强功能，它支持网络切片、虚拟化和边缘计算。这些功能旨在为在同一网络上需要低延迟、高可靠性、大带宽或海量连接的一系列服务提供支持。

在基于服务的 5GS 架构中，基于服务的接口（SBI）定义于控制平面内，其目的是允许网络功能运用通用框架访问彼此的服务，而服务框架则采用生产者-消费者模型定义了 SBI 上的网络功能（NF）间的交互。5GS 架构包含网络功能虚拟化和云化。

5GS 的一大特点是网络切片。以 3GPP 视角来看，网络切片是具有专用于特定用例、服务类型、流量类型或其他业务安排的特定功能/元素的逻辑网络。主要的切片类型是增强型移动宽带（eMBB）、超可靠低延迟通信（URLLC）和海量物联网（mIoT）。

5GS 架构也考虑对边缘计算的要求。在 3GPP 环境中，边缘计算是指服务需要托管在靠近 UE 接入网络的场景。5G 核心网络支持选择用户平面功能（user plane function，UPF）的能力，该功能允许将流量路由到靠近 UE 接入网络的本地数据网络中。

5G 中的载波、帧结构、物理信道和参考信号等是 NR 物理层技术，它为 5G 奠定了坚实的基础。

信息化与新能源的结合正在推动汽车向自动驾驶演进。车辆之间的无线通信是自动驾驶的关键组成部分。车辆间无线通信可以补充传感器的不足，以实现无缝的车与路的整合、拥挤交通中的导航，甚至并排驾驶。

实现车对车（V2V）通信的研究始于 2000 年左右，采用 IEEE 802.11p 协议。V2V 在 3GPP 的 Release 14 LTE-V 给予了标准化，但采用了简单的广播通信协议。随着 NR 的出现，车联网（V2X）的研究已开始，其目标是支持自动驾驶所需的高级服务。NR V2X 侧链的标准化从 3GPP 的 Release 16 开始。

V2X 包括四种类型的通信：车对车（V2V）、车对基础设施（V2I）、车对网络（V2N）和车对行人（V2P）。V2X 有两个互补的通信链路：网络和侧链（sidelink）。网络链路是传统的蜂窝链路，它提供远程能力。侧链是不同车辆之间的直接链接，它通常比网络链接具有更低的延迟，并且范围更小。

工业 4.0 是 2013 年推出的一项倡议，旨在通过提高数字化以及产品、价值链和商业模式的互连来推动制造业向智能化方向发展。它为物联网服务的进一步发带来了机会。另外，人工智能和大数据理解对工业生产的日益渗透，使得工业生产的诸多方面具有了智能化，由此提高了企业生产的灵活性和产品的可定制性。工业 4.0 的基础是 5G 所提供的无线通信。

未来的智能工厂将成为首批利用 5G 前所未有的可靠性、超低延迟、海量连接以及灵活创新架构的垂直行业。

参考文献

[1] I-Scoop. 5G and IoT in 2018 and beyond：The mobile broadband future of IoT [OL]. https://www.i-scoop.eu/internet-of-things-guide/5g-iot/.

[2] Li Shancang，Xu Lida，Zhao Shanshan. 5G internet of things：A survey [J]. Journal of Industrial Information Integration，2018，10：1-9（https://doi.org/10.1016/j.jii.2018.01.005）.

[3] Jaiswal N，Analysys mason. 5G：Continuous evolution leads to quantum shift [OL]. https://www.telecomasia.net/content/5gcontinuous-evolution-leads-quantum-shift.

[4] Akpakwu G A，Silva B J，Hancke G P，et al. A survey on 5G networks for the Internet of things：Communication technologies and challenges [J]. IEEE Access PP（99），2017.

[5] Egham. Gartner says 8.4 billion connected "things" will be in use in 2017，up 31 percent from 2016 [OL]. https://www.gartner.com/newsroom/id/3598917.

[6] GSA. The road to 5G：Drivers，applications，requirements and technical development，2015 [R]. Arxiv：1512. 03452.

[7] Nunez M. What is 5G and how will it make my life better? [OL]. https://gizmodo.com/what-is-5g-and-how-will-it-make-my-life-better-1760847799.

[8] Costanzo A，Masotti D. Energizing 5G [J]. IEEE Microwave Magazine，2017.

[9] RPMA technology for the Internet of Things，Ingenu，Tech. Rep [R]. 2016.

[10] Akyildiz I F，Wang P，Lin S C. Softair：A software defined networking architecture for 5G wireless systems [J]. Comput. Netw.，2015，85（C）：1-18.

[11] Akyildiz I F，Lee A，Wang P，et al. A roadmap for traffic engineering in SDN-openflow networks [J]. Comput. Netw. J.，2014，71：1-30.

[12] Wan L，Anthony C K，Soong，et al. 5G system design—An end to end perspective（Second Edition）[M]. Springer，2021（ISBN 978-3-030-73702-3，https://doi.org/10.1007/978-3-030-73703-0）.

[13] ITU-R. Recommendation ITU-R M. 2083，September，2015 [OL/E]. https:// www.itu.int/rec/R-REC-M.2083.

[14] 3GPP. 3GPP TR22. 863：Feasibility study on new services and markets technology enablers -enhanced mobile broadband，September 2016 [OL/E]. https://portal.3gpp.org/desktopmodules/ Specifications/SpecificationDetails.aspx? specificationId=3015.

[15] ITU-R. ITU-R Report M. 2410：Minimum requirements related to technical performance for IMT-2020 radio interface（s），November 2017 [OL/E]. https://www.itu.int/pub/R-REP-M.2410-2017.

[16] 3GPP. 3GPP TS 23.501：Technical specification group services and system aspects; system architecture for the 5G System; Stage 2，June 2019 [OL/E]. https://www.3gpp.org/ftp/Specs/ archive/23_series/23.501/.

[17] 3GPP. 3GPP TS 23.502：Technical specification group services and system aspects; Procedures for the 5G system; Stage 2，June 2019 [OL/E]. https://www.3gpp.org/ftp/Specs/ archive/23_series/23.502/.

[18] 3GPP. 3GPP TS 23.503：Technical specification group services and system aspects; Policy and charging control framework for the 5G system; Stage 2，June 2019 [OL/E]. https://www.3gpp.org/ftp/Specs/archive/23_ series /23.503/.

[19] 3GPP. 3GPP TS 38.300：Technical specification group radio access network; NR; NR and NG-RAN overall description; Stage 2，June 2019 [OL/E]. https://www.3gpp.org/ftp/ Specs/archive/ 38_series/38.300/.

[20] 3GPP. 3GPP TS 29.244：Technical specification group core network and terminals; Interface between the control plane and the user plan nodes; Stage 3，June 2019 [OL/E]. https://www.3gpp.org/ftp/Specs/archive/29_ series/29.244/.

[21] 3GPP. 3GPP TS 23.316：Technical specification group services and system aspects; wireless and wireline convergence access support for the 5G System（5GS），December 2020 [OL/E]. https://portal.3gpp.org/desktopmodules/Specifications/SpecificationDetails.aspx?specificationId=3576.

[22] 3GPP. TS 38.104，Base Station（BS）radio transmission and reception（Release 15），December 2018. [OL/E]. https://portal.3gpp.org/desktopmodules/Specifications/SpecificationDetails.aspx? specificationId=3202.

[23] IMT-2020（5G）PG. 5G vision and requirement white paper，May，2014 [OL/E]. http://www.imt-2020.cn/zh/documents/download/1.

[24] 3GPP. TR 38.901：Study on channel model for frequencies from 0.5 to 100 GHz（Release 15），June，2018 [OL/E]. https://portal.3gpp.org/desktopmodules/Specifications/SpecificationDetails.aspx? specificationId=3173.

[25] 3GPP. TS 38.211：NR，Physical channels and modulation（Release 15），September，2018 [OL/E]. https://portal.3gpp.org/desktopmodules/Specifications/SpecificationDetails.aspx? specificationId=3213.

[26] 3GPP. TR 38.913 Study on scenarios and requirements for next generation access technologies，June 2017 [OL/E]. https://portal.3gpp.org/desktopmodules/Specifications/SpecificationDetails.aspx?specificationId=2996.

[27] Huawei，HiSilicon. 3GPP R1-153803：V2V traffic model and performance metrics，August 2015 [OL/E]. https://www.3gpp.org/ftp/tsg_ran/WG1_RL1/TSGR1_82/Docs/.

[28] ETSI. ETSI TS 102 637-1：Intelligent transport systems（ITS）; Vehicular communications; Basic set of applications; Part 1：Functional requirements，September 2010 [OL/E]. https://www.etsi.org/deliver/etsi_ts/102600_102699/10263701/01.01.01_60/ts_10263701v010101p.pdf.

[29] ETSI. ETSI TS 102 637-2：Intelligent transport systems（ITS）; Vehicular communications; Basic set of applications; Part 2：Specification of cooperative awareness basic service，March 2011 [OL/E]. https://www.etsi.org/deliver/etsi_ts/102600_102699/10263702/01.02.01_60/ts_ 10263702v010201p.pdf.

[30] ETSI. ETSI TS 102 637-3：Intelligent transport systems（ITS）; Vehicular communications; Basic set of applications; Part 3：Specifications of decentralized environmental notification basic service，September 2010 [OL/E]. https://www.etsi.org/deliver/etsi_ts/102600_102699/ 10263703/01.01.01_60/ ts_10263703v010101p.pdf.

[31] ETSI. ETSI EN 302 637-3：Intelligent transport systems（ITS）; Vehicular communications; Basic set of applications; Part 3：Specifications of decentralized environmental notification basic service，April 2019 [OL/E]. https://

www.etsi.org/deliver/etsi_en/302600_302699/30263703/ 01.03.01_60/en_30263703v010301p.pdf.

[32] SAE. SAE J2735：Dedicated short range communications（DSRC）message set dictionary，July 2020 [OL/E]. https://www.sae.org/standards/content/j2735_200911/.

[33] SAE. SAE J2945. 1：On-board system requirements for V2V safety communications，April 2020 [OL/E]. https://www.sae.org/standards/content/j2945/1_201603/.

[34] SAE. SAE J2735：Dedicated short range communications（DSRC）message set dictionary，July 2020 [OL/E]. https://www.sae.org/standards/content/j2735_200911/.

[35] Huawei，CATT，LG electronics，HiSilicon，China Unicom. RP-171069：Revision of WI：V2X phase 2 based on LTE，June 2017 [OL/E]. https://www.3gpp.org/ftp/tsg_ran/TSG_RAN/ TSGR_76/Docs.

[36] LG Electronics，FirstNet. RP-201384：New SID：Study on Scenarios and Requirements of In-Coverage，Partial Coverage，and Out-of-Coverage Positioning Use Cases，June 2020 [OL/E]. https://www.3gpp.org/ftp/tsg_ran/ TSG_RAN/TSGR_88e/Docs.

[37] 5GAA Working Group 4. RP-192376：LS on 3GPP Rel-17 and sidelink Enhancements，2019 December [OL/E]. https://www.3gpp.org/ftp/tsg_ran/TSG_RAN/TSGR_86/Docs.

[38] 3GPP. 3GPP TS 36. 212：3rd Generation partnership project; Technical specification group radio access network; Evolved universal terrestrial radio access（E-UTRA）; Multiplexing and channel coding，July 2020 [OL/E]. https://portal.3gpp.org/desktopmodules/Specifications/ SpecificationDetails.aspx? specificationId=2426.

[39] 3GPP. 3GPP TR22.886：3rd generation partnership project technical specification group services and system aspects，Study on enhancement of 3GPP support for 5G V2X services，December 2018 [OL/E]. https://portal.3gpp.org/desktopmodules/Specifications/Specification Details.aspx?specificationId=3108.

[40] 3GPP. 3GPP TS 22.186：3rd generation partnership project technical specification group services and system aspects，enhancement of 3GPP support for V2X scenarios，Stage 1，June 2019 [OL/E]. https://portal.3gpp.org/ desktopmodules/Specifications/SpecificationDetails.aspx? specificationId=3180.

[41] 3GPP. 3GPP TS 23.287：3rd generation partnership project; Technical specification group services and system aspects; Architecture enhancements for 5G System（5GS）to support vehicle-to-everything（V2X）services（Release 16）v16. 4. 0，September 2020 [OL/E]. https://portal.3gpp.org/desktopmodules/Specifications/SpecificationDetails.aspx?specificationId=3578.

[42] 5G-ACIA. 5G for connected industries and automation，28 February 2019 [OL/E]. https://www.5g-acia.org/index.php?id=5125.

[43] 3GPP. TR 22-804 v16.2.0 Study on communication for automation in vertical domains（CAV），December 2018 [OL/E]. https://portal.3gpp.org/desktopmodules/Specifications/ SpecificationDetails.aspx? specificationId=3187.

[44] US President's council of advisors on science and technology. Realizing the full potential of government-held spectrum to spur economic growth，July 2012 [OL/E]. https://obamawhitehouse.archives.gov/sites/default/files/microsites/ostp/pcast_spectrum_report_ final_july_20_2012.pdf.

[45] Dynamic Spectrum Alliance. Enhancing connectivity through spectrum sharing，September 2019 [OL/E]. http://dynamicspectrumalliance.org/wp-content/uploads/2019/10/Enhancing-Connectivity-Through-Spectrum-Sharing.pdf.

[46] 3GPP. TR 22.804：Study on communication for automation in vertical domains（CAV）V16.3.0，July 2020 [OL/E]. https://portal.3gpp.org/desktopmodules/Specifications/specification details.aspx? specificationId=3187.

[47] GPP. TS 24.519：5G System（5GS）; Time-sensitive networking（TSN）application function（AF）to device-side TSN translator（DS-TT）and network-side TSN translator（NW-TT）Protocol Aspects; Stage 3，September 2020 [OL/E]. https://portal.3gpp.org/desktopmodules/Specifications/ SpecificationDetails.aspx? specificationId=3714.

第 8 章

物联网常用的通信协议

目前已提出了许多物联网标准，其目的是促进和简化物联网应用与服务。目前各种组织和机构创建了不同的小组来研究并提供支持物联网发展的协议，主要包括万维网联盟（World Wide Web Consortium，W3C），互联网工程任务组（Internet Engineering Task Force，IETF），EPCglobal，电气与电子工程师协会（Institute of Electrical and Electronics Engineers，IEEE）以及欧洲电信标准协会（European Telecommunications Standards Institute，ETSI），中国通信标准化协会（China Communications Standards Association，CCSA），传感器网络工作组（Working Group on Sensor Networks，WGSN），电子标签标准技术委员会等。我们将物联网协议分为四大类，即应用协议、服务发现协议、基础设施协议和其他协议。本章将对部分常用协议进行较为详细的讨论。

8.1 常用协议简介

物联网中一些常用的协议见表 8.1。

表 8.1 常用的物联网标准[1]

<table>
<tr><td colspan="2">应用协议</td><td>DDS</td><td>CoAP</td><td>AMQP</td><td>MQTT</td><td>MQTT-SN</td><td>XMPP</td><td>HTTP</td></tr>
<tr><td colspan="2">服务发现协议</td><td colspan="4">mDNS</td><td colspan="3">DNS-SD</td></tr>
<tr><td rowspan="4">基础设施协议</td><td>路由协议</td><td colspan="7">PRL</td></tr>
<tr><td>网络层</td><td colspan="5">6LoWPAN</td><td colspan="2">IPv4/IPv6</td></tr>
<tr><td>链路层</td><td colspan="7">IEEE 802.15.4</td></tr>
<tr><td>物理/设备层</td><td colspan="2">LTE-A/5G</td><td colspan="2">EPC</td><td colspan="2">BLE</td><td>Z-Wave</td></tr>
<tr><td colspan="2">其他协议</td><td colspan="6">IEEE 1888.3，IPSec</td><td>IEEE 1905.1</td></tr>
</table>

8.1.1 应用协议

应用协议主要包括 CoAP、MQTT、XMPP、AMQP、DDS 以及 HTTP。

（1）CoAP（constrained application protocol，约束应用协议）

该协议为 IETF 的 CoRE（constrained RESTful environments）工作组所创建，是一个用于物联网的应用层协议[2]。CoAP 是在 HTTP 功能之上定义了基于 representational state transfer（REST）的 Web 传输协议。REST 是一种通过 HTTP 在客户端和服务器之间交换数据的简单方法。REST 使客户端和服务器能够公开并采用简单对象访问协议（simple object access protocol，SOAP）等 Web 服务。与 REST 不同，CoAP 默认绑定到 UDP（而不是 TCP），这使其更适合物联网应用。

（2）MQTT（message queue telemetry transport，消息队列遥测传输）

该协议是一种消息传递协议，由 IBM 的 Andy Stanford-Clark 和 Arcom 的 Arlen Nipper（现为 Eurotech）于 1999 年推出，并于 2013 年在 OASIS[3]给予了标准化。MQTT 旨在连接嵌入式的具有应用程序和中间件的设备与网络。连接操作使用路由机制，MQTT 现为物联网和 M2M 的最佳连接协议。

（3）XMPP（extensible messaging and presence protocol，可扩展消息和表示协议）

该协议是一种 IETF 即时消息（instant messaging，IM）标准，用于多方聊天，语音和视频呼叫以及远程呈现[4]。XMPP 允许用户通过在 Internet 上发送即时消息来相互通信，独立于操作系统。XMPP 允许 IM 应用实现身份验证、访问控制、隐私测量、逐跳和端到端加密，以及与其他协议兼容。

（4）AMQP[5]（advanced message queuing protocol，高级消息队列协议）

该协议是用于物联网的开放标准应用层协议，侧重于面向消息的环境。它通过消息传递保证原语支持可靠的通信，包括最多一次（at-most-once）、至少一次（at-least-once）和一次传送（exactly once delivery）。AMQP 需要像 TCP 这样的可靠传输协议来交换消息。

（5）DDS（data distribution service，数据分发服务）

该协议是由对象管理组组（object management group，OMG）[6]开发的用于实时 M2M 通信的发布-订阅协议。与其他发布-订阅应用程序协议（如 MQTT 或 AMQP）相比，DDS 依赖于无代理架构，并使用多播为其应用带来优质的服务质量和高可靠性。DDS 无须代理的发布-订阅架构，非常适合物联网和 M2M 通信。DDS 支持 23 种 QoS 策略，通过这些策略，开发人员可以解决各种通信标准，如安全性、紧急性、优先级、持久性和可靠性等。

表 8.2 提供了常见物联网应用协议之间的简要比较。表中的最后一列表示每个协议所需的最小标头大小。

表 8.2 物联网应用协议的简单比较[1]

协议	RESTful	传输	发布/订阅	请求/响应	安全	QoS	标头大小/B
CoAP	√	UDP	√	√	DTLS	√	4
MQTT	×	TCP	√	×	SSL	√	2
MQTT-SN	×	TCP	√	×	SSL	√	2
XMPP	×	TCP	√	√	SSL	×	—
AMQP	×	TCP	√	×	SSL	√	8
DDS	×	TCP，UDP	√	×	SSL，DTLS	√	—
HTTP	√	TCP	×	√	SSL	×	—

8.1.2 服务发现协议与基础设施协议

（1）服务发现协议

物联网的高可扩展性需要一种资源管理机制，能够以自配置、高效和动态的方式注册和发现资源和服务。该方面最主要的协议是多播 DNS（multicast DNS，mDNS）和 DNS 服务发现（DNS service discovery，DNS-SD），它们可以发现物联网设备提供的资源和服务。虽然这两个协议最初是为资源丰富的设备而设计的，但可以为物联网环境修订为轻量级版本[7-8]。

（2）基础设施协议

基础设施协议主要包括：

① RPL 低功耗和有损网络的路由协议（routing protocol for low power and lossy networks，RPL）是其相关的工作组的 IETF 路由标准化协议，它是 IPv6 的与链路无关的路由协议，用于资源受限节点[9-10]。创建 RPL 是为了通过在有损链路上构建健壮的拓扑来支持最小的路由要求。该路由协议支持简单和复杂的流量模型，如多点对点、点对多点和点对点。

② 6LoWPAN 许多物联网通信可能依赖的低功率无线个域网（Low power Wireless Personal Area Networks）具有一些不同于以前的链路层技术的特殊特性，例如有限的分组大小（例如，IEEE 802.15.4 的最大 127B）、各种地址长度和低带宽。因此，需要构建适合 IPv6 数据包、符合 IEEE 802.15.4 规范的适配层。IETF 6LoWPAN 工作组在 2007 年制定了这样的标准。6LoWPAN 是 IPv6 在低功率 WPAN 上所需的映射服务规范，用于维护 IPv6 网络。该标准提供报头压缩以减少传输开销、碎片以满足 IPv6 最大传输单元（maximum transmission unit，MTU）的要求，并转发到链路层以支持多跳传输。

③ IEEE 802.15.4 IEEE 802.15.4 协议用于介质访问控制（medium access control，MAC）的子层以及用于低速率无线专用区域网络（low-rate wireless private area networks，LR-WPAN）的物理层（physical layer）。由于其低功耗、低数据传输速率、低成本和大吞吐量的特点，被 IoT、M2M 和 WSN 广泛应用。它在不同平台上提供了可靠的通信、可操作性，并且可以处理大量节点（大约 65000）。它还提供了高级别的安全性及加密和身份验证服务。但是，它不提供 QoS 保证。该协议是 ZigBee 协议的基础，为 WSN 构建完整的网络协议栈。

④ BLE 是蓝牙低功耗（bluetooth low-energy，BLE）或蓝牙智能使用短距离无线技术协议。与以前的蓝牙协议版本相比，可以运行更长时间。它的覆盖范围（约 100m）是传统蓝牙的 10 倍，而其延迟则缩短为原来的 1/15[11]。BLE 可以通过 0.01～10mW 的传输功率运行。因此，BLE 就是物联网应用的理想选择[12]。与 ZigBee 相比，BLE 在能量消耗和每个传输比特的传输能量比方面更好[13-14]。

⑤ EPC 电子产品代码（the electronic product code，EPC）主要用于识别物品，是物品的唯一的标识码，存储在 RFID 标签上。EPCglobal 作为负责 EPC 开发的原始组织，管理 EPC 和 RFID 技术和标准。它的底层架构使用基于互联网的 RFID 技术以及廉价的 RFID 标签和阅读器来共享产品信息[15-16]。由于其开放性、可扩展性、互操作性和可靠性，在物联网中得到广泛应用。

⑥ LTE-A/5G LTE-A/5G 包含一组适用于机器类型通信（MTC）和物联网基础设施的蜂窝通信协议，尤其适用于长期发展的智能城市[17]。此外，它在服务成本和可扩展性方面优于其他蜂窝解决方案。

⑦ Z-Wave　Z-Wave 作为家庭自动化网络（home automation network，HAN）的低功耗无线通信协议，已广泛应用于智能家居和小型商业领域的远程控制应用[18]。该协议最初由 ZenSys（目前为 Sigma Designs）开发，后来由 Z-Wave Alliance 使用和改进。Z-Wave 能覆盖约 30m 的点对点通信，适用于需要微小数据传输的应用，如灯光控制、家用电器控制、智能能源和 HVAC、门禁控制、可穿戴式医疗设备控制和火灾探测。

8.2　一些常用的协议

8.1 节简要地介绍了一些常用协议，这些协议主要由一些组织和机构提出，其目的是促进和简化物联网应用者和服务提供商的工作。下面具体介绍一下常用的协议。

8.2.1　应用协议

（1）约束应用协议（constrained application protocol，CoAP）

采用 CoAP 协议构成的系统结构如图 8.1 所示。

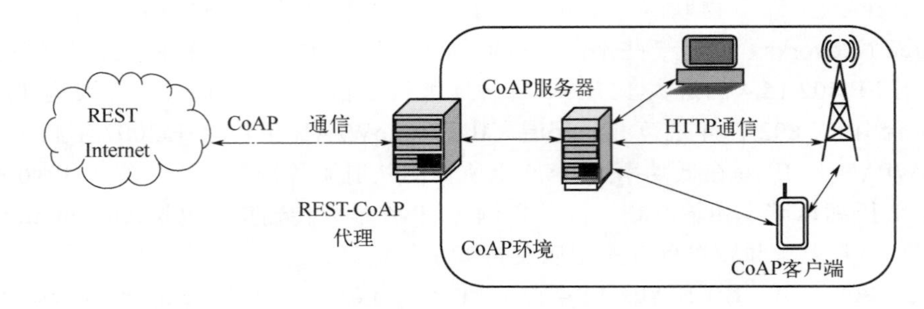

图 8.1　CoAP 系统构成

REST 可以看作是一种可缓存的连接协议，它依赖于无状态的客户端-服务器体系结构，在移动和社交网络应用中应用。它通过使用 HTTP GET、POST、PUT 和 DELETE 方法消除歧义。REST 使客户端和服务器能够公开并采用简单对象访问协议（simple object access protocol，SOAP）等 Web 服务。

与 REST 不同，CoAP 默认绑定到 UDP（而不是 TCP），这使其更适合物联网应用。此外，CoAP 还修改了一些 HTTP 功能以满足物联网需求，例如低功耗和存在有损和噪声链路时的操作。由于 CoAP 是基于 REST 设计的，因此 REST-CoAP 代理中这两个协议之间的转换非常简单。CoAP 旨在实现具有低功耗、低计算和通信功能的微型设备来利用 RESTful 进行交互。

CoAP 可以分为两个子层，即消息传递子层和请求/响应子层。消息传递子层使用指数回退机制来检测重复，并通过 UDP 传输层提供可靠的通信。而请求/响应子层处理 REST 通信。CoAP 采用了四种类型的消息：可确认（confirmable）、不可确认（non-confirmable）、重置（reset）和确认（acknowledgement）。CoAP 的可靠性通过可确认和不可确认消息的混合来实现。它还采用了四种响应模式，如图 8.2 所示。当服务器需要在回复客户端之前等待某个特定时段时，将用单独的响应模式。在 CoAP 的不可确认响应模式中，客户端在不等待 ACK 消息的情况下发送数据，而消息 ID 用于检测重复。当错过消息或发生通信问题时，服务器端会使用 RST 消息进行响应。

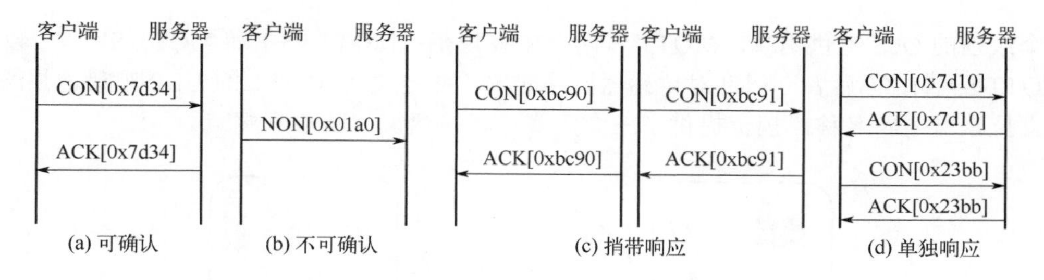

图 8.2　CoAP 消息类型

与 HTTP 一样，CoAP 利用 GET、PUT、POST 和 DELETE 等方法来实现创建、检索、更新和删除（CRUD）操作。例如，服务器可以使用 GET 方法使用搭载响应模式来查询客户端的数据，客户端发回数据（如果存在）；否则，它会回复一个状态代码，表明找不到所请求的数据。

CoAP 使用简单的小格式来编码消息。每条消息的第一个和固定部分是 4 个字节的标题。接着可能出现一个令牌值，其长度范围从 0～8 个字节。令牌值用于关联请求和响应。选项和信息载荷是下一个可选字段。典型的 CoAP 消息可以在 10～20 个字节之间。CoAP 包的消息格式如图 8.3 所示。

0 1	2 3	4 5 6 7	8	16　　31
Ver	T	OC	代码	Transaction ID
令牌(如果有)				
选项(如果有)				
信息载荷(如果有)				

图 8.3　消息格式

标题中的字段如下：Ver 是 CoAP 的版本，T 是 Transaction 的类型，OC 是 option count，code，代表请求方法（1～10）或响应代码（40～255）。例如，GET、POST、PUT 和 DELETE 的代码分别为 1、2、3 和 4。标题中的 Transaction ID 是用于匹配响应的唯一标识符。

CoAP 提供的一些重要功能为[2,19]：

① 资源观察（resource observation）：按需订阅以使用发布/订阅机制监视感兴趣的资源。

② 分块资源传输（block-wise resource transport）：能够在客户端和服务器之间交换收发器数据，而无须更新整个数据以此减少通信开销。

③ 资源发现（resource discovery）：服务器根据 CoRE 链接格式的 Web 链接字段使用众所周知的 URI 路径，为客户端提供资源发现。

④ 与 HTTP 交互（interacting with HTTP）：灵活地与多个设备通信，通用 REST 架构使 CoAP 能够通过代理轻松地与 HTTP 进行交互。

⑤ 安全性（security）：CoAP 是一种安全协议，因为它建立在数据报传输层安全性（Datagram Transport Layer Security，DTLS）的基础之上，因此保证了交换消息的完整性和机密性。

（2）MQTT

MQTT 利用发布/订阅模式来提供转换的灵活性和实现的简单性，如图 8.4 所示。此外，MQTT 适用于使用不可靠或低带宽链路的资源受限设备。MQTT 建立在 TCP 协议之上，它通过三个级别的 QoS 提供消息。MQTT 有两个主要规范：MQTT v3.1 和 MQTT-SN[20]（以前称为 MQTT-S）v1.2。后者专门针对传感器网络定义，并定义了 MQTT 的 UDP 映射，并添加了代理支持索引主题名称。规范提供了三个元素：连接语义、路由和端点。

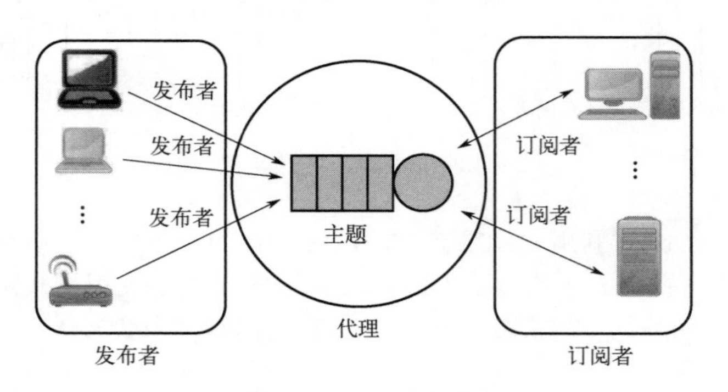

图 8.4　MQTT 架构

MQTT 只包含三个组件，即订阅者（subscriber）、发布者（publisher）和代理（Broker）。感兴趣的设备将注册为特定主题的订阅者，以便在发布者发布其感兴趣的主题时由代理通知它。发布者充当有趣数据的生成者。发布者通过代理将信息发送给感兴趣的实体（订阅者）。此外，代理通过检查发布者和订阅者的授权来实现安全性。许多应用使用 MQTT，例如监控和智能电表等。因此，MQTT 协议代表了物联网和 M2M 通信的理想消息传递协议，并且能够为易受攻击和低带宽网络中的小型、廉价、低功耗和低存储空间设备提供路由。图 8.5 给出了 MQTT 进行发布/订阅的过程，图 8.6 给出了 MQTT 协议使用的消息格式。消息的前两个字节是固定的标题。在此格式中，消息类型字段的值指示各种消息，包括 Connect（1）、Connack（2）、Publish（3）、Subscribe（8）等。DUP 标志表示消息是重复的，并且接收者之前可能已经接收过该消息。QoS 级别字段用于发布消息的传递保证的三个级别的 QoS。保留字段通知服务器保留上次收到的“发布”消息，并将其作为第一条消息提交给新订阅者。剩余长度字段显示消息的剩余长度，即可选部分的长度。

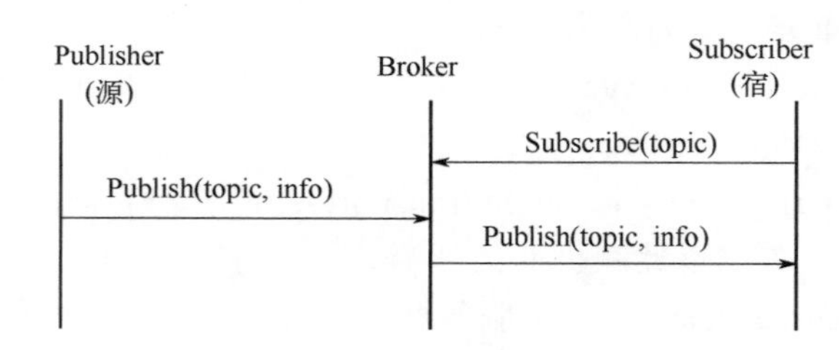

图 8.5　MQTT 进行发布/订阅的过程

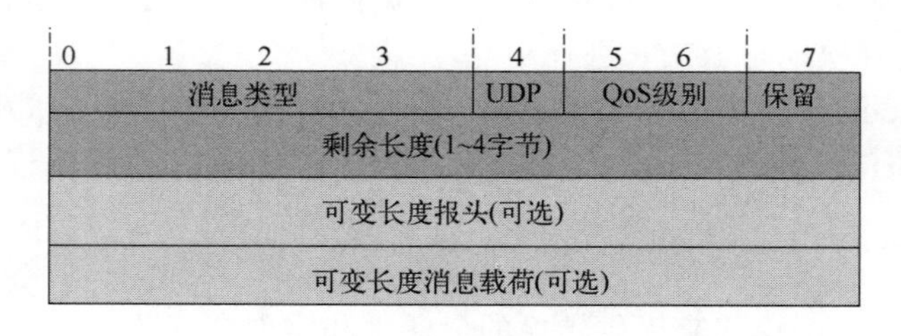

图 8.6　MQTT 消息格式

（3）XMPP

XMPP 是由 Jabber 开源社区开发的，是用于支持开放、安全、无垃圾邮件和分散的消息传递协议。图 8.7 给出了 XMPP 协议的整体架构，其中网关可以在外部消息传递网络之间架起桥梁。

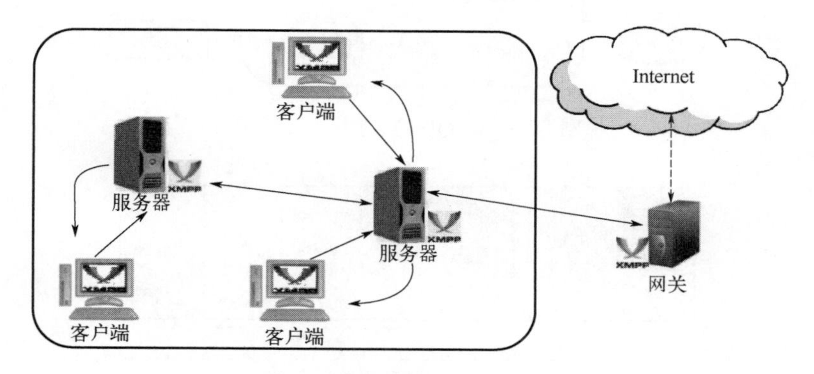

图 8.7　XMPP 通信

XMPP 以分散的方式运行在各种基于 Internet 的平台上，使用 XML 节（stanzas）的流将客户端连接到服务器。XML 节表示一段代码，它分为三个部分：消息（message）、呈现（presence）和 iq（信息/查询）（参见图 8.8）。消息节标识使用 PUSH 方法检索数据的 XMPP 实体的源及目标地址、类型和 ID。消息节使用消息标题和内容填充主题及正文字段。呈现节显示并通知客户状态更新为已授权。iq 节对消息发送者和接收者进行配对。

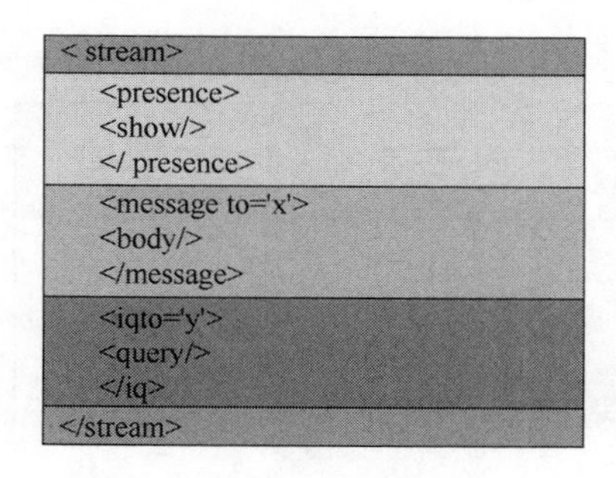

图 8.8　XMPP 节的结构

（4）AMQP

通过定义线级（wire-level）协议，AMQP 能够实现彼此互操作。通信由两个主要组件处理：交换和队列，如图 8.9 所示。交换用于将消息路由到适当的队列。交换和队列之间的路由基于一些预定义的规则和条件。消息可以存储在消息队列中，然后发送给接收者。除了这种类型的点对点通信，AMQP 还支持发布/订阅机制。

AMQP 在其传输层之上定义了消息传递层，消息传递功能在此层中处理。AMQP 定义了两种类型的消息：由发送者提供的裸消息（bare message）和在接收者处看到的具有注释的消息（annotated message）。图 8.10 中给出了 AMQP 的消息格式。此格式的标题传达了交付注释数，包括持久性（durability）、优先级（priority）、生存时间（time to live）、第一个收单方（first acquirer）和交付计数（delivery count）。

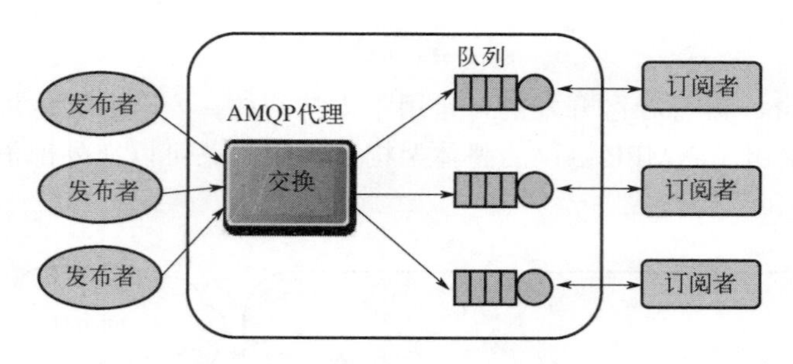

图 8.9　AMQP 的订阅/发布机制

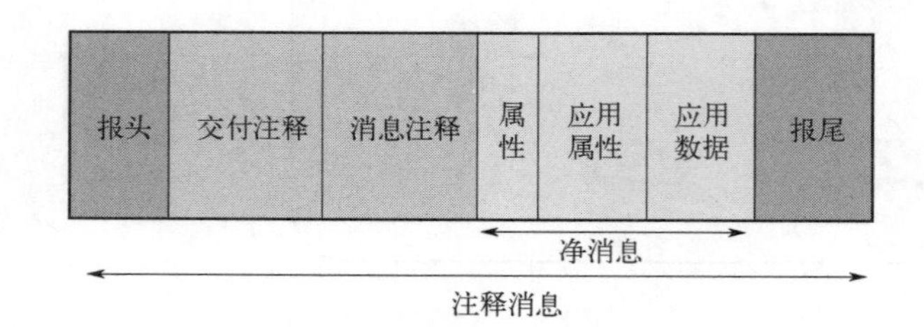

图 8.10　AMQP 消息格式

传输层为消息传递层提供所需的扩展点。在该层中，通信是面向框架的。AMQP 帧的结构如图 8.11 所示。前四个字节表示帧大小。DOFF（data offset，数据偏移）给出了框架内的主体位置。“类型”字段指示框架的格式和用途。例如，0x00 用于表示帧是 AMQP 帧，0x01 表示 SASL 帧。

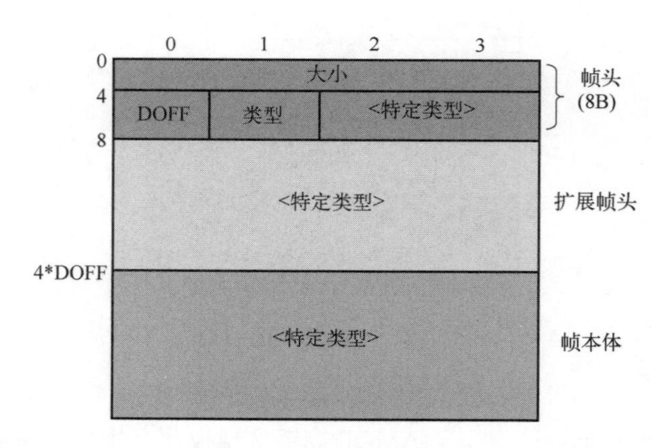

图 8.11　AMQP 帧格式

（5）DDS

DDS 架构定义了两个层：以数据为中心的发布-订阅（data-centric publish-subscribe，DCPS）和数据-局部重建层（data-local reconstruction layer，DLRL）。DCPS 负责向订阅者提供信息。DLRL 是可选层，并且用作 DCPS 功能的接口。它有助于在分布式对象之间共享分布式数据[6,22]。

五个实体涉及 DCPS 层中的数据流：

① 传播数据的发布者。

② DataWriter，应用程序使用它与发布者交互，了解特定于给定类型的数据的值和更改，DataWriter 和 Publisher 的关联表明应用程序将在提供的上下文中发布指定的数据。

③ 接收已发布数据并将其发送到应用程序的订阅者。

④ 订阅者用来访问接收数据的 DataReader。

⑤ 由数据类型和名称标识的主题。主题将 DataWrite 与 DataReader 相关联。

在 DDS 域内允许传输数据，DDS 域是用于连接发布和订阅应用程序的虚拟环境。图 8.12 给出了该协议的架构。

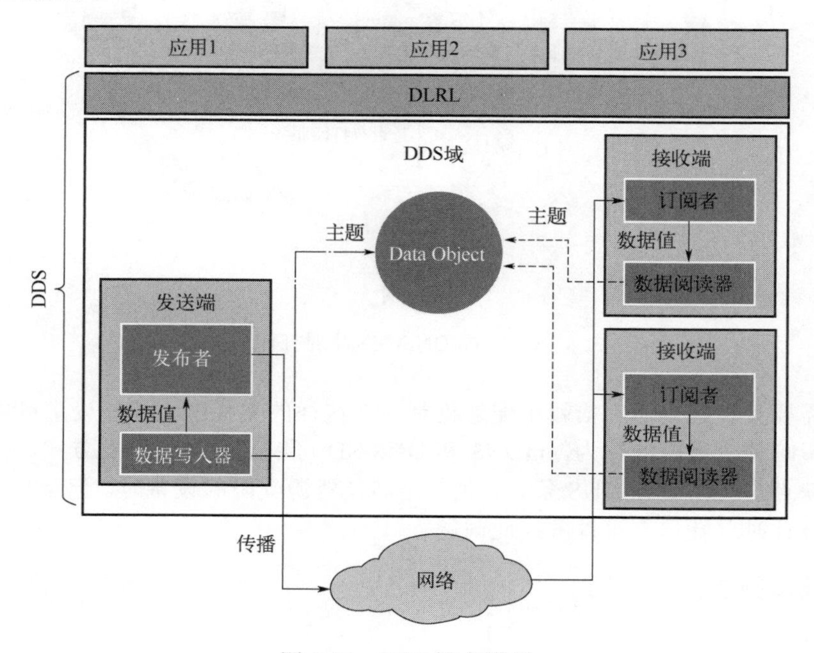

图 8.12 DSS 概念模型

8.2.2 服务发现协议

(1) mDNS

多播 DNS（mDNS）的主要作用是对聊天等一些物联网应用的基本服务进行名称解析。mDNS 可以执行单播 DNS 服务器的服务任务。由于 DNS 命名空间在本地使用而无须额外费用或配置，因此 mDNS 非常灵活。mDNS 是嵌入式基于 Internet 的设备的合适选择，这是因为不需要手动重新配置或额外管理设备。另外，它还能够在没有基础设施的情况下运行。如果基础设施发生故障，它能够继续工作。

mDNS 通过向本地域中的所有节点发送 IP 多播消息来查询名称。通过该查询，客户端要求具有给定名称的设备进行回复。当目标主机收到设备名称时，它会多播一条包含其 IP 地址的响应消息。网络中获取响应消息的所有设备都使用给定的名称和 IP 地址更新其本地缓存。

(2) DNS-SD

客户端使用 mDNS 所需服务的配对功能称为基于 DNS 的服务发现（DNS-based service discovery，DNS-SD）。使用此协议，客户端可以通过使用标准 DNS 消息在特定网络中发现一组所需服务。图 8.13 显示了该协议是如何工作的。DNS-SD 与 mDNS 一样，可以在没有外部管理或配置的情况下连接主机。

本质上，DNS-SD 利用 mDNS 通过 UDP 将 DNS 数据包发送到特定的多播地址。处理服务发现有两个主要步骤：查找所需服务的主机名，例如打印机；使用 mDNS 将 IP 地址与其主机名配对。查找主机名很重要，因为 IP 地址可能会更改，而名称则不会。配对功能将网络附件详细信息（如 IP）和端口号多播到每个相关主机。使用 DNS-SD，网络中的实例名称可以尽可能保持不变，以增加信任和可靠性。

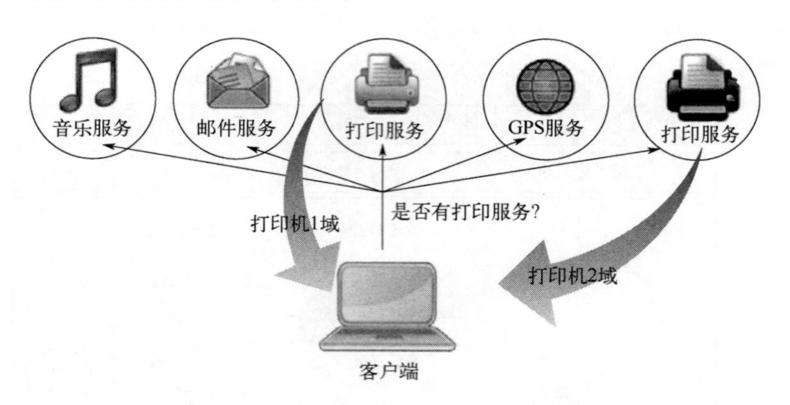

图 8.13　通过 DNS-SD 发现打印服务

物联网需要某种架构而不依赖于配置机制。在这样的架构中，智能设备可以加入平台或离开它而不影响整个系统的行为。mDNS 和 DNS-SD 可以平滑这种开发方式。但是，这两个协议的主要缺点是需要缓存 DNS 条目，尤其是涉及资源受限的设备时。但是，对特定时间间隔的缓存进行计时并耗尽它可以解决此问题。

8.2.3　基础设施协议

（1）RPL

面向目标的有向无环图（destination oriented directed acyclic graph，DODAG）为 RPL 的核心算法，它表示了节点的路由图。DODAG 是具有单根的有向无环图，如图 8.14 所示。DODAG 中的每个节点都知道其父节点，但它们没有关于相关子节点的信息。此外，RPL 为每个节点保留至少一个路径到根节点，并且首选父节点来寻求更快的路径以提高性能。

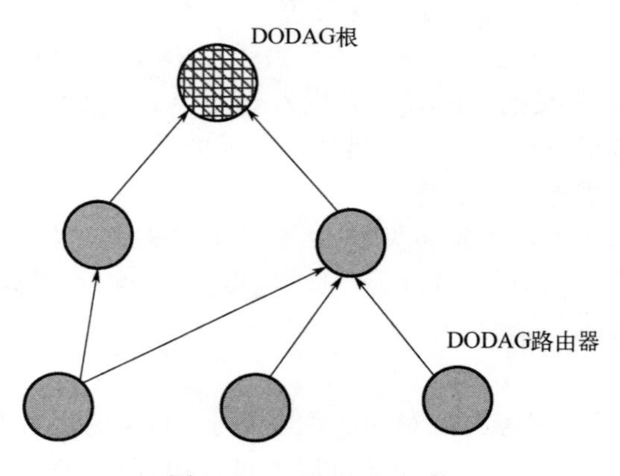

图 8.14　DODAG 拓扑

为了维护路由拓扑并保持路由信息的更新，RPL 使用四种类型的控制消息。最重要的消息是 DODAG 信息对象（DODAG information object，DIO），用于保持节点的当前等级（级别），根据某些特定度量确定每个节点到根的距离，并选择首选父路径。另一种消息是目标广告对象（destination advertisement object，DAO）。RPL 使用 DAO 消息提供向上流量以及向下流量支持，通过 DAO 消息，它向所选父节点广播目的地信息。第三个消息是 DODAG 信息请求（DODAG information solicitation，DIS），节点使用该消息从可达的相邻节点获取 DIO 消息。最后一种消息是 DAO Acknowledgement（DAO-ACK），它是对 DAO 消息的响应，由 DAO 父节点或 DODAG 根等 DAO 接收节点发送。

当根（由 DODAG 组成的唯一节点）开始使用 DIO 消息将其位置发送到所有低功耗有损网络（low-power lossy network，LLN）级时，DODAG 开始构成。在每个级，接收方路由器为每个节点注册父路径和参与路径。它们反过来传播其 DIO 消息，整个 DODAG 逐渐建立起来。构建 DODAG 时，路由器获得的首选父节点是朝向根节点的默认路径（向上路由）。根还可以存储由其 DIO 消息中的其他路由器的 DIO 获得的目的地前缀以具有向上路由。为了支持向下路由，路由器应通过父节点单播发送 DAO 消息。这些消息标识路由前缀的相应节点以及交叉路由。

RPL 路由器在两种操作模式（modes of operation，MOP）之一下工作：非存储模式或存储模式。在非存储模式下，RPL 路由消息基于 IP 源路由向较低级别移动；而在存储模式下，向下路由基于目标 IPv6 地址。

（2）6LoWPAN

由 6LoWPAN 包裹的数据报后面跟着一些标题的组合。这些标题有四种类型，由两位标识构成：（00）NO 6LoWPAN 标题，（01）Dispatch Header（调度标题），（10）Mesh Addressing（网格寻址）和（11）Fragmentation（分段）。通过 NO 6LoWPAN 标题，将丢弃不符合 6LoWPAN 规范的数据包。通过指定 Dispatch Header 来执行 IPv6 标题或多播的压缩。Mesh Addressing 标题的标识必须是转发到链路层的那些IEEE 802.15.4 数据包。对于长度超过单个 IEEE 802.15.4 帧的数据包，应使用 Fragmentation（分段）报头。

6LoWPAN 消除了大量 IPv6 开销，以便在最佳情况下可以通过单个 IEEE 802.15.4 跳发送小型 IPv6 数据包。它还可以将 IPv6 标题压缩为两个字节。

（3）BLE

BLE 的网络堆栈如下：在 BLE 堆栈的最低级别，有一个物理（PHY）层，用于发送和接收数据流。在 PHY 层上，提供了链路层服务，包括介质访问、连接建立、错误控制和流控制。然后，逻辑链路控制和适配协议（L2CAP）为数据信道提供多路复用，为更大的分组提供分段和重组。其他上层是通用属性协议（GATT），它提供传感器的高效数据收集以及通用访问配置文件（GAP），允许应用程序在不同模式下进行配置和操作，如广告或扫描，以及连接启动和管理[15]。

BLE 允许设备在星形拓扑中作为主设备或从设备运行。对于发现机制，从设备通过一个或多个专用广告信道发送广告。如被发现为从设备，主设备将扫描这些通道。除了两个设备正在交换数据的时间之外，它们在其余时间处于睡眠模式。

（4）EPC

EPC 分为四种类型：96bit、64bit（Ⅰ）、64bit（Ⅱ）和 64bit（Ⅲ）。所有的 64bit 类型的 EPC 都支持大约 16000 家具有独特身份的公司，涵盖了 100 万～900 万个类型的产品和每个类型的 3300 万个序列号。96bit 类型支持大约 2.68 亿个具有独特身份的公司，1600 万个产品类别和每个类别 680 亿个序列号。

RFID 系统可分为两个主要部分：标签和阅读器。标签由两个部分组成：用于存储对象的唯一标识的芯片和射频通信的天线。阅读器生成射频场，通过阅读标签的信息识别对象。RFID 系统通过使用无线电波将标签的代码发送到阅读器来工作，如图 8.15 所示。阅读器将该代码传递给称为对象命名服务（object-naming services，ONS）的特定计算机应用。ONS 从数据库中查找标签的详细信息。

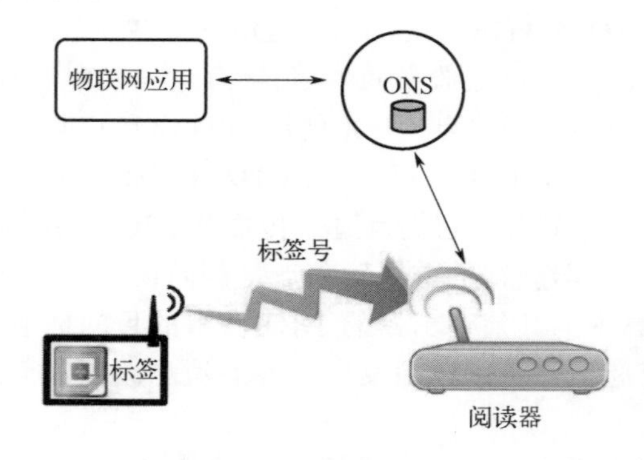

图 8.15　RFID 系统

EPC 系统可分为五个组件：EPC、ID 系统、EPC 中间件、发现服务和 EPC 信息服务。EPC 作为对象的唯一编号，由四部分组成，如图 8.16 所示。

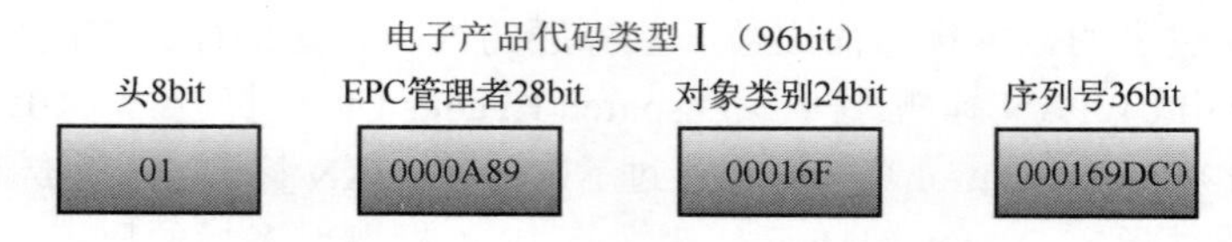

图 8.16　EPC 96bit 标签

ID 系统通过中间件使用 EPC 阅读器将 EPC 代码链接到数据库。发现服务是 EPC 使用 ONS 通过标签查找所需数据的机制。

2006 年中期推出的第二代 EPC 标签(称为 Gen 2 标签)旨在在全球覆盖各种公司的产品。Gen 2 标签比第一代标签（称为无源 RFID）提供了更好的服务，这些标签基于以下特性：异构对象下的互操作性，满足所有要求的高性能、高可靠性以及廉价的标签和阅读器。

8.2.4　其他

除了定义物联网应用操作框架的标准和协议之外，还应考虑安全性和互操作性等其他一些注意事项。

（1）安全

互联网中使用的传统安全协议无法保护物联网的新功能和新机制。此外，支持物联网的新协议和体系结构导致了新的安全问题，在物联网的所有层面，从应用层到基础设施层，包括保护资源受限设备内的数据，都应考虑这一问题。

为了安全存储数据，Codo 为文件系统的安全提供了解决方案，它专为 Contiki OS 而设计。通过将缓存用于批量加密和解密数据，Codo 可以提高安全允许性能。在链路层，IEEE 802.15.4 安全协议提供了保护两个相邻设备之间通信的机制。在网络层，IPSec 是 IPv6 网络层的强制安全协议。考虑到 6LoWPAN 网络中的多跳特性和消息大小，IPSec 可提供比 IEEE 802.15.4

安全性更高的通信机制。由于 IPSec 在网络层工作，它可以服务于任何上层，包括在 TCP 或 UDP 上的所有应用协议。另一方面，传输层安全性（transport layer security，TLS）协议是众所周知的安全协议，用于为 TCP 通信提供安全传输层。其保护 UDP 通信的对应版本称为数据报 TLS（Datagram TLS，DTLS）协议。

在应用层，没有很多安全解决方案，大多时候都依赖于传输层的安全协议，即 TLS 或 DTLS。支持加密和认证的此类解决方案的一些实例是 EventGuard 和 QUIP。因此，应用协议具有其自己的安全考虑因素和方法。大多数 MQTT 安全解决方案针对特定项目，或者只是利用 TLS/SSL 协议。OASIS MQTT 安全小组委员会致力于开发使用 MQTT 网络安全框架来保护 MQTT 消息传递的标准。XMPP 使用 TLS 协议来保护数据流，它还使用简单身份验证和安全层（SASL）协议的特定配置文件来验证流。AMQP 使用 TLS 会话以及 SASL 协商来保护底层通信。

除了物联网通信的加密和认证服务之外，6LoWPAN 针对网络内部和互联网上的无线攻击还可能存在其他一些漏洞。在这种情况下，需要入侵检测系统（IDS）。

（2）互操作性（IEEE 1905.1）

物联网环境中的各种设备依赖于不同的网络技术，因此需要互操作底层技术。IEEE 1905.1 标准是为融合数字家庭网络和异构技术而设计的。它提供了一个抽象层，隐藏了如图 8.17 所示的介质访问控制拓扑的多样性，同时不需要改变底层。该标准提供了通用家庭网络技术的接口，因此数据链路和物理层协议的组合包括 IEEE 1901 over the power lines，Wi-Fi/IEEE 802.11 over RF band，Ethernet over duplex 或 fiber cable，以及 MoCA 1.1 同轴电缆。

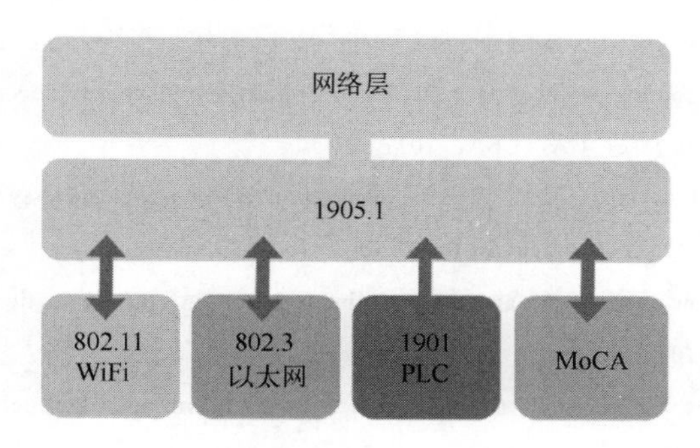

图 8.17　IEEE 1905.1 网络栈

本章小结

目前各种组织和机构已提出了许多物联网标准，并提供支持物联网发展的协议。这些协议主要为四大类，即应用协议、服务发现协议、基础设施协议和其他协议。

应用协议主要包括 CoAP、MQTT、XMPP、AMQP、DDS 以及 HTTP 协议。这些协议都采用基于 TCP 或 UDP 的互联网协议进行数据传输与通信，同时也采用了 DTLS 或 SSL 的安全机制，这实质上简化了通信的复杂性，使得物联网的高层应用得以简化便捷。

物联网的高可扩展性需要一种资源管理机制，能够以自配置、高效和动态的方式注册和发现资源及服务，对此，多播 mDNS 和 DNS 服务发现协议满足了这些要求，它们可以发现物联网设备提供的资源和服务。

基础设施协议包括诸如 RPL、6LoWPAN、BLE 等，它们为能量受限的物联网终端提供了满足其低功耗、低传输速率、短距离通信等方面的功能，使得这些能量受限的物联网终端能更好地以低功耗的方式传输所感知的数据。

参考文献

[1] Al-Fuqaha，Guizani M H，Mohammadi M，et al. IoT：Survey on enabling technologies，protocols，and applications [J]. IEEE Communication Surveys and Tutorials，2015，17（4）：2347-2379.

[2] Bormann C，Castellani A P，Shelby Z，et al. CoAP：An application protocol for billions of tiny internet nodes [J]. IEEE Internet Comput.，2012，16（2（Mar. /Apr.））：62-67.

[3] Locke D. MQ telemetry transport（MQTT）v3.1 protocol specification，IBM developer works，Markham，ON，Canada，Tech. Lib.，2010 [OL]. Http://www.Ibm.Com/Developerworks/ Webservices/Library/Ws-Mqtt/Index.Html.

[4] Saint-Andre P. Extensible messaging and presence protocol（XMPP）：Core，Internet Eng [S]. Task Force（IETF），Fremont，CA，USA，Request for Comments：6120，2011.

[5] OASIS advanced message queuing protocol（AMQP）Version 1.0 [R]. Adv. Open Std. Inf. Soc.（OASIS），Burlington，MA，USA，2012.

[6] Data distribution services specification，V1.2，Object Manage. Group（OMG），Needham，MA，USA，Apr. 2，2015. [OL]. http://www.omg.org/spec/DDS/1.2/.

[7] Jara A J，et al. Light-weight multicast DNS and DNS-SD（lmDNS-SD）：IPv6-based resource and service discovery for the web of things [C]. Proc. 6th Int. Conf. IMIS Ubiquitous Comput.，2012：731-738.

[8] Klauck R，Kirsche M. Chatty things—Making the Internet of Things readily usable for the masses with XMPP [C]. Proc. 8th Int. Conf. CollaborateCom，2012：60-69.

[9] Vasseur J，et al. RPL：The IP routing protocol designed for low power and lossy networks [M]. Internet Protocol for Smart Objects（IPSO）Alliance，San Jose，CA，USA，2011.

[10] Winter T，Thubert E P，Brandt A，et al. RPL：IPv6 routing protocol for low-power and lossy networks [R]. Internet Eng. Task Force（IETF），Fremont，CA，USA，Request for Comments：6550，2012.

[11] Frank R，et al. Bluetooth low energy：An alternative technology for VANET applications [C]. Proc. 11th Annu. Conf. WONS，2014：104-107.

[12] Decuir J. Introducing bluetooth smart：Part 1：A look at both classic and new technologies [J]. IEEE Consum. Electron. Mag.，2014，3（1（Jan.））：12-18.

[13] Mackensen E，et al. bluetooth low energy（BLE）based wireless sensors [C]. IEEE Sens.，2012：1-4.

[14] Siekkinen M，et al. How low energy is bluetooth low energy? Comparative measurements with ZigBee/802.15.4 [C]. Proc. IEEE WCNCW，2012：232-237.

[15] Jones E C，Chung C A. RFID and auto-ID in planning and logistics：A practical guide for military UID applications [M]. Boca Raton，FL，USA：CRC Press，2011.

[16] Minoli D. Building the Internet of Things with IPv6 and MIPv6：The evolving world of M2M communications [M]. New York，NY，USA：Wiley，2013.

[17] Hasan M，Hossain E，Niyato D，et al. Random access for machine-to-machine communication in LTE-Advanced networks：Issues and approaches [J]. IEEE Commun. Mag.，2013，51（6（Jun.））：86-93.

[18] Gomez C，Paradells J. Wireless home automation networks：A survey of architectures and technologies [J]. IEEE Commun. Mag.，2010，48（6（Jun.））：92-101.

[19] Lerche C，et al. Industry adoption of the Internet of Things：A constrained application protocol survey [C]. Proc. IEEE

17th Conf. ETFA，2012：1-6.

[20] Hunkeler U，et al. MQTT-S—A publish/subscribe protocol for wireless sensor networks [C]. Proc. 3rd Int. Conf. Comsware，2008：791-798.

[21] OASIS advanced message queuing protocol（AMQP）Version 1.0 [R]. Adv. Open Std. Inf. Soc.（OASIS），Burlington，MA，USA，2012.

[22] Esposito C，et al. Performance assessment of OMG compliant data distribution middleware [C]. Proc. IEEE IPDPS，2008：1-8.